LEÇONS

SUR L'INTÉGRATION

DES ÉQUATIONS

AUX DÉRIVÉES PARTIELLES

DU SECOND ORDRE

A DEUX VARIABLES INDÉPENDANTES

PAR

E. GOURSAT,

PROFESSEUR DE CALCUL DIFFÉRENTIEL ET INTÉGRAL A L'UNIVERSITÉ DE PARIS

TOME II

LA MÉTHODE DE LAPLACE. — LES SYSTÈMES EN INVOLUTION
LA MÉTHODE DE M. DARBOUX. — LES ÉQUATIONS DE LA PREMIÈRE CLASSE
TRANSFORMATIONS DES ÉQUATIONS DU SECOND ORDRE
GÉNÉRALISATIONS DIVERSES

PARIS

LIBRAIRIE SCIENTIFIQUE A. HERMANN

LIBRAIRE DE S. M. LE ROI DE SUÈDE ET DE NORVÈGE
8, Rue de la Sorbonne, 8

1898

LEÇONS SUR L'INTÉGRATION

DES

ÉQUATIONS AUX DÉRIVÉES PARTIELLES

DU SECOND ORDRE

LEÇONS

SUR L'INTÉGRATION

DES ÉQUATIONS

AUX DÉRIVÉES PARTIELLES

DU SECOND ORDRE

A DEUX VARIABLES INDÉPENDANTES

PAR

E. GOURSAT,

PROFESSEUR DE CALCUL DIFFÉRENTIEL ET INTÉGRAL A L'UNIVERSITÉ DE PARIS

TOME II

LA MÉTHODE DE LAPLACE. — LES SYSTÈMES EN INVOLUTION
LA MÉTHODE DE M. DARBOUX. — LES ÉQUATIONS DE LA PREMIÈRE CLASSE
TRANSFORMATIONS DES ÉQUATIONS DU SECOND ORDRE
GÉNÉRALISATIONS DIVERSES

PARIS

LIBRAIRIE SCIENTIFIQUE A. HERMANN

LIBRAIRE DE S. M. LE ROI DE SUÈDE ET DE NORVÈGE

8, Rue de la Sorbonne, 8

1898

PRÉFACE

Le présent volume renferme la fin de mon ouvrage sur les *Équations aux dérivées partielles du second ordre*. Il est consacré presque en entier à l'exposition de la méthode de Laplace et de la méthode plus générale de M. Darboux. J'avais d'abord eu l'intention de terminer ce volume par un chapitre sur l'intégration par *quadratures partielles*. Mais j'ai préféré rester dans le même ordre d'idées, et j'ai consacré le dernier chapitre à diverses généralisations des méthodes précédemment exposées.

M. Bourlet et mon éditeur, M. Hermann, m'ont continué pour ce second volume le concours qu'ils m'avaient prêté pour le premier. M. E. Cosserat, qui a pris une part active à la correction des épreuves, m'a soumis sur plusieurs points des remarques dont j'ai profité pour ma rédaction. M. Léonce Laugel, bien connu du public mathématique par les nombreuses traductions qu'il a déjà publiées, a bien voulu traduire pour moi plusieurs mémoires importants. Je leur adresse à tous mes affectueux remerciements.

19 décembre 1897.

E. Goursat.

LEÇONS
SUR L'INTÉGRATION DES ÉQUATIONS
AUX DÉRIVÉES PARTIELLES DU SECOND ORDRE

CHAPITRE V

LA MÉTHODE DE LAPLACE [1]

Les deux cas d'intégrabilité par la méthode de Monge. — Transformations de Laplace. — Définition des invariants. — Étude de la suite de Laplace. — Recherche des cas où la suite de Laplace est terminée dans un sens ou dans les deux sens. — Retour sur l'équation aux dérivées partielles des surfaces minima. — Proposition permettant de reconnaître, dans certains cas, que la suite de Laplace est limitée. — Application aux surfaces à lignes de courbure planes. — Extension de la méthode de Laplace aux équations linéaires de forme quelconque, d'après Legendre. — Classification des équations linéaires en trois types.

101. Soit

$$(1) \qquad \frac{\partial^2 z}{\partial x \partial y} + a \frac{\partial z}{\partial x} + b \frac{\partial z}{\partial y} + cz = M$$

une équation linéaire où les coefficients a, b, c et le second membre M sont des fonctions données des variables indépendantes x et y. Pour que cette équation admette une intégrale intermédiaire dépendant d'une fonction arbitraire, on a vu plus haut (t. I, p. 94) que les coefficients a, b, c doivent vérifier l'une au moins des deux relations [2]

$$\frac{\partial a}{\partial x} + ab - c = 0, \qquad \frac{\partial b}{\partial y} + ab - c = 0.$$

---

[1] Auteurs à consulter : EULER, *Institutiones Calculi Integralis* (t. III). — LAPLACE, *Recherches sur le calcul intégral aux différences partielles* (Mémoires de l'Académie : 1773). — DARBOUX, *Leçons sur la théorie générale des surfaces* (t. II; chapitre II et suivants).

[2] Ces conditions ont d'abord été trouvées par Euler, en cherchant à ramener l'équation (1) à l'une des formes :

$$\frac{\partial^2 v}{\partial x \partial y} + P \frac{\partial v}{\partial x} + Q = 0, \qquad \frac{\partial^2 v}{\partial x \partial y} + P \frac{\partial v}{\partial y} + Q = 0,$$

par un changement de fonction inconnue tel que $z = ve^V$ (*Institutiones Calculi Integralis*, t. III. *Pars prima. Sectio secunda.*)

Supposons, par exemple, que l'on ait

$$(2) \qquad \frac{\partial a}{\partial x} + ab - c = 0 ;$$

l'équation (1) peut s'écrire

$$\frac{\partial}{\partial x}\left(\frac{\partial z}{\partial y} + az\right) + b\left(\frac{\partial z}{\partial y} + az\right) = M.$$

En prenant pour fonction inconnue $\frac{\partial z}{\partial y} + az = u$, cette fonction u est déterminée par l'équation aux dérivées partielles linéaire du premier ordre

$$(3) \qquad \frac{\partial u}{\partial x} + bu = M,$$

qui s'intègre comme une équation différentielle et dont l'intégrale générale est

$$u = e^{-\int b\,dx}\left\{ Y + \int M e^{\int b\,dx}\,dx \right\},$$

Y étant une fonction arbitraire de y. On a donc une intégrale intermédiaire, avec une fonction arbitraire de y,

$$(4) \qquad \frac{\partial z}{\partial y} + az = e^{-\int b\,dx}\left\{ Y + \int M e^{\int b\,dx}\,dx \right\};$$

cette équation du premier ordre peut, à son tour, être intégrée comme une équation différentielle linéaire, et finalement on obtient pour l'intégrale générale de l'équation (1) l'expression suivante

$$(5) \quad z = e^{-\int a\,dy}\left[X + \int\left\{ Y + \int M e^{\int b\,dx}\,dx \right\} e^{\int a\,dy - b\,dx}\,dy \right],$$

avec une fonction arbitraire X de la variable x qui ne figure sous aucun signe de quadrature, et une fonction arbitraire Y de la seconde variable y qui est engagée sous un tel signe.

On peut remarquer que cette expression est de la forme

$$z = \alpha\left[X + \int \beta Y\,dy \right] + \gamma,$$

α, β, γ désignant trois fonctions déterminées de x et de y, X et Y deux fonctions arbitraires de x et de y respectivement. Inversement, toute expression de cette forme représente, quelles que soient les fonctions α, β, γ, l'intégrale générale d'une équation de la forme (1), où les coefficients a, b, c satisfont à la relation (2). On tire, en effet, de la valeur de z

$$(6) \qquad \frac{\partial}{\partial y}\left(\frac{z-\gamma}{\alpha}\right) = \beta Y$$

et par suite

$$\frac{\partial}{\partial x}\left\{\frac{1}{\beta}\frac{\partial}{\partial y}\left(\frac{z-\gamma}{\alpha}\right)\right\} = 0\,;$$

si l'on développe les calculs, on trouve bien une équation linéaire en s, p, q, z, dont la relation (6) est une intégrale intermédiaire avec une fonction arbitraire Y.

On voit de même que, si l'on a

$$(7) \qquad \frac{\partial b}{\partial y} + ab - c = 0,$$

l'intégrale générale de l'équation (1) est représentée par la formule

$$(8) \qquad z = e^{-\int b\,dx}\left[Y + \int\left\{X + \int M e^{\int a\,dy}\,dy\right\} e^{\int b\,dx - a\,dy}\,dx\right].$$

Dans les deux cas qui viennent d'être examinés, l'intégrale générale de l'équation proposée s'obtient donc par des quadratures. La solution du problème de Cauchy se ramène elle-même à des quadratures ; car, si l'on a, par exemple

$$\frac{\partial a}{\partial x} + ab - c = 0,$$

la connaissance d'une courbe située sur la surface intégrale, et du plan tangent en chaque point de cette courbe, détermine la fonction arbitraire Y qui figure dans l'intégrale intermédiaire (4) (I ; n° 32). On est donc ramené à chercher une intégrale d'une équation du premier ordre passant par une courbe donnée. Les seuls cas exceptionnels qui puissent se présenter sont ceux où la courbe donnée est située dans un plan parallèle à l'un des deux plans $x = 0$, $y = 0$.

Remarque. — Lorsqu'on a à la fois

$$\frac{\partial a}{\partial x} + ab - c = 0, \qquad\qquad \frac{\partial b}{\partial y} + ab - c = 0,$$

l'équation (1) admet deux intégrales intermédiaires distinctes, dépendant chacune d'une fonction arbitraire ; on peut donc la ramener à la forme $s = o$ (I ; n° 43). La vérification est facile ; des relations précédentes on déduit

$$\frac{\partial a}{\partial x} = \frac{\partial b}{\partial y},$$

ce qui montre que b et a sont les dérivées partielles d'une fonction $V(x, y)$ par rapport à x et à y respectivement,

$$V = \int b\,dx + a\,dy.$$

En posant, dans l'équation (1), $z = ve^{-V}$, on est conduit à l'équation

$$\frac{\partial^2 v}{\partial x \partial y} = e^{V} M,$$

dont l'intégrale générale est

$$v = \int_{x_0}^{x} dx \int_{y_0}^{y} M e^{V} dy + X + Y.$$

102. Lorsqu'aucune des conditions

$$\frac{\partial a}{\partial x} + ab - c = o, \qquad \frac{\partial b}{\partial y} + ab - c = o$$

n'est vérifiée, l'équation proposée du second ordre n'admet pas d'intégrale intermédiaire, et la méthode de Monge ne permet pas d'obtenir l'intégrale générale. On doit à Laplace une méthode de transformation célèbre, qui permet, dans certains cas, de ramener l'intégration d'une équation linéaire de la forme (1), n'admettant pas d'intégrale intermédiaire, à l'intégration d'une autre équation de la même forme, pour laquelle il existe une intégrale intermédiaire ([1]). Une étude complète de cette méthode a été faite par M. Darboux dans le tome II de ses *Leçons sur la théorie des surfaces* ; je me bornerai à en exposer les points essentiels.

____

([1]) Il convient de faire remarquer qu'avant Laplace Euler avait donné un grand nombre d'exemples d'équations linéaires, dont on peut trouver sous forme explicite l'intégrale générale, sans qu'il existe d'intégrale intermédiaire.

Posons, pour abréger,

$$h = \frac{\partial a}{\partial x} + ab - c,$$

$$k = \frac{\partial b}{\partial y} + ab - c,$$

et supposons que h et k ne soient pas nuls.

L'équation (1) peut toujours s'écrire

$$\frac{\partial}{\partial x}\left(\frac{\partial z}{\partial y} + az\right) + b\left(\frac{\partial z}{\partial y} + az\right) - hz = M,$$

ou

$$(9) \qquad \frac{\partial z_1}{\partial x} + bz_1 - hz = M,$$

en posant

$$(10) \qquad z_1 = \frac{\partial z}{\partial y} + az.$$

L'élimination de z_1 entre les deux équations (9) et (10) conduit naturellement à l'équation (1) elle-même; si, au contraire, on élimine z, on est conduit à la nouvelle équation, de même forme que la première,

$$(11) \qquad \frac{\partial^2 z_1}{\partial x \partial y} + a_1 \frac{\partial z_1}{\partial x} + b_1 \frac{\partial z_1}{\partial y} + c_1 z_1 = M_1,$$

où l'on a

$$(12) \quad \begin{cases} a_1 = a - \dfrac{\partial \log h}{\partial y}, \quad b_1 = b, \quad c_1 = c - \dfrac{\partial a}{\partial x} + \dfrac{\partial b}{\partial y} - b\dfrac{\partial \log h}{\partial y}, \\[2mm] M_1 = M\left(a - \dfrac{\partial \log h}{\partial y}\right) + \dfrac{\partial M}{\partial y}. \end{cases}$$

L'intégration des deux équations (1) et (11) constitue deux problèmes équivalents; si z est l'intégrale générale de l'équation (1), la formule (10) permettra d'en déduire l'intégrale générale de l'équation (11). Inversement, si z_1 est l'intégrale générale de l'équation (11), la formule (9) donnera l'intégrale générale de l'équation proposée

$$z = \frac{\dfrac{\partial z_1}{\partial x} + bz_1 - M}{h}.$$

D'après les valeurs des coefficients a_1, b_1, c_1, on a, pour la nouvelle équation,

$$(13) \quad \left\{ \begin{aligned} \frac{\partial a_1}{\partial x} + a_1 b_1 - c_1 &= 2h - k - \frac{\partial^2 \log h}{\partial x \partial y}, \\ \frac{\partial b_1}{\partial y} + a_1 b_1 - c_1 &= h; \end{aligned} \right.$$

on ne peut avoir, par hypothèse, $h = 0$, mais il peut se faire que l'on ait

$$\frac{\partial a_1}{\partial x} + a_1 b_1 - c_1 = 0,$$

de sorte que la nouvelle équation (11) admette une intégrale intermédiaire. S'il en est ainsi, on pourra intégrer l'équation (11) et, par suite, l'équation proposée elle-même.

A cause de la symétrie de l'équation linéaire en x et y, on peut encore appliquer à l'équation proposée une transformation analogue à la première, en posant

$$z_{-1} = \frac{\partial z}{\partial x} + bz,$$

ce qui conduit pour z_{-1} à l'équation

$$\frac{\partial^2 z_{-1}}{\partial x \partial y} + a_{-1} \frac{\partial z_{-1}}{\partial x} + b_{-1} \frac{\partial z_{-1}}{\partial y} + c_{-1} z_{-1} = M_{-1},$$

avec les valeurs suivantes de a_{-1}, b_{-1}, c_{-1}, M_{-1} :

$$\left\{ \begin{aligned} a_{-1} &= a, \quad b_{-1} = b - \frac{\partial \log k}{\partial x}, \quad c_{-1} = c - \frac{\partial b}{\partial y} + \frac{\partial a}{\partial x} - a \frac{\partial \log k}{\partial x}, \\ M_{-1} &= M \left(b - \frac{\partial \log k}{\partial x} \right) + \frac{\partial M}{\partial x}. \end{aligned} \right.$$

On a, pour cette nouvelle équation,

$$(14) \quad \left\{ \begin{aligned} \frac{\partial a_{-1}}{\partial x} + a_{-1} b_{-1} - c_{-1} &= k, \\ \frac{\partial b_{-1}}{\partial y} + a_{-1} b_{-1} - c_{-1} &= 2k - h - \frac{\partial^2 \log k}{\partial x \partial y}; \end{aligned} \right.$$

et on en déduit, pour l'équation (1), un nouveau cas d'intégrabilité, celui où l'on aurait

$$2k - h - \frac{\partial^2 \log k}{\partial x \partial y} = 0.$$

Remarque. — Les deux transformations de Laplace, que nous venons de définir, présentent avec les transformations de contact une différence essentielle. Tandis que toute transformation de contact, appliquée à une équation aux dérivées partielles du second ordre, conduit à une nouvelle équation du second ordre, les deux transformations

$$z_1 = \frac{\partial z}{\partial y} + az, \qquad z_{-1} = \frac{\partial z}{\partial x} + bz,$$

appliquées à l'équation (1), ne réussissent qu'à cause de la forme particulière de cette équation. Si l'on appliquait une de ces transformations à une équation de forme quelconque, on serait conduit, pour la nouvelle inconnue, non à une équation du second ordre unique, mais à un système de plusieurs équations d'ordre supérieur au second.

On peut remarquer encore que chacune de ces transformations peut se décomposer en plusieurs transformations simples; on peut écrire, par exemple,

$$z_1 = e^{-\int a\,dy} \frac{\partial}{\partial y} \left\{ ze^{\int a\,dy} \right\},$$

ce qui montre que la transformation est équivalente à la suite des trois suivantes

$$u = ze^{\int a\,dy}, \qquad v = \frac{\partial u}{\partial y}, \qquad z_1 = ve^{-\int a\,dy},$$

dont la première et la troisième s'appliquent à toute équation du second ordre, tandis que la seconde ne réussit que pour des équations d'une forme particulière.

103. Pour continuer l'étude de la méthode de Laplace, nous remarquerons d'abord qu'on peut, sans diminuer la généralité, supposer $M = o$; car, si z' est une intégrale particulière de l'équation proposée, il suffit de prendre pour nouvelle inconnue $z - z'$ pour être ramené à ce cas. Du reste, les propriétés que nous allons établir s'étendent, sans modification essentielle, au cas où M n'est pas nul.

Les fonctions h et k, introduites plus haut, jouent dans cette étude un rôle fondamental. M. Darboux a donné à ces fonctions h et k le nom d'*invariants*, qui est justifié par les propriétés suivantes :

Faisons d'abord dans l'équation linéaire sans second membre

$$(15) \qquad \frac{\partial^2 z}{\partial x \partial y} + a\frac{\partial z}{\partial x} + b\frac{\partial z}{\partial y} + cz = o,$$

le changement de variables

$$x = \varphi(x'), \qquad\qquad y = \psi(y');$$

on est conduit à une nouvelle équation de même forme

$$\frac{\partial^2 z}{\partial x' \partial y'} + a\psi'(y')\frac{\partial z}{\partial x'} + b\varphi'(x')\frac{\partial z}{\partial y'} + c\varphi'(x')\psi'(y')z = 0,$$

dont les nouveaux invariants sont respectivement

$$h' = h\varphi'(x')\psi'(y'),$$
$$k' = k\varphi'(x')\psi'(y').$$

Si l'on change x en y, et y en x, on échange les valeurs de h et de k. De même, si, dans l'équation (15), on pose $z = \lambda z'$, λ étant une fonction quelconque de x et de y, on trouve une nouvelle équation de même forme

$$(16) \qquad \frac{\partial^2 z'}{\partial x \partial y} + a'\frac{\partial z'}{\partial x} + b'\frac{\partial z'}{\partial y} + c'z' = 0,$$

les coefficients a', b', c' ayant les valeurs suivantes

$$(17) \qquad \left\{ \begin{aligned} a' &= a + \frac{\partial \log \lambda}{\partial y}, \\ b' &= b + \frac{\partial \log \lambda}{\partial x}, \\ c' &= c + a\frac{\partial \log \lambda}{\partial x} + b\frac{\partial \log \lambda}{\partial y} + \frac{1}{\lambda}\frac{\partial^2 \lambda}{\partial x \partial y}; \end{aligned} \right.$$

on vérifie sans difficulté que l'on a

$$(18) \qquad \left\{ \begin{aligned} \frac{\partial a'}{\partial x} + a'b' - c' &= \frac{\partial a}{\partial x} + ab - c, \\ \frac{\partial b'}{\partial y} + a'b' - c' &= \frac{\partial b}{\partial y} + ab - c. \end{aligned} \right.$$

On voit ainsi que *les invariants de l'équation* (16) *sont respectivement égaux aux invariants de l'équation primitive* (15).

Étant données deux équations linéaires, telles que (15) et (16), pour que l'on puisse passer de l'une à l'autre en posant $z = \lambda z'$, il est donc *nécessaire* que les deux équations aient les mêmes invariants. Ces conditions sont aussi suffisantes ; en effet, si la transformation est possible, les deux premières équations (17) donnent

$$\frac{\partial \log \lambda}{\partial y} = a' - a, \qquad\qquad \frac{\partial \log \lambda}{\partial x} = b' - b,$$

et la condition d'intégrabilité

$$\frac{\partial a'}{\partial x} - \frac{\partial a}{\partial x} = \frac{\partial b'}{\partial y} - \frac{\partial b}{\partial y}$$

est une conséquence des équations (18). La valeur de λ ainsi obtenue

$$\lambda = e^{\int (b' - b)\, dx + (a' - a)\, dy}$$

satisfait aussi à la dernière des équations (17), comme le montre un calcul facile. On voit par suite que, si l'on ne considère pas comme distinctes deux équations linéaires qui se déduisent l'une de l'autre par une transformation telle que $z = \lambda z'$, une équation linéaire est complètement déterminée, quand on connaît ses invariants. Il est en effet possible de trouver des formes réduites dont les coefficients peuvent se calculer au moyen des invariants exclusivement [1].

Considérons en particulier une équation de la forme

$$\frac{\partial^2 z}{\partial x \partial y} - mz = 0 ;$$

ses deux invariants sont égaux et, par conséquent, elle ne peut être prise pour forme canonique d'une équation linéaire quelconque. Pour qu'une équation linéaire puisse être ramenée à cette forme, *il faut que ses invariants soient égaux*. La condition est d'ailleurs suffisante, car, si les deux invariants d'une équation sont égaux à h, elle a les mêmes invariants que l'équation

$$\frac{\partial^2 z'}{\partial x \partial y} - hz' = 0,$$

et, par suite, les deux équations se ramènent l'une à l'autre.

104. Revenons maintenant à la transformation de Laplace. Soit (E) l'équation linéaire sans second membre, à laquelle on applique cette transformation, (E_1) l'équation linéaire de même forme que l'on en

____
[1] DARBOUX, *loc. cit.*, p. 26.

déduit par la première transformation de Laplace

$$z_1 = \frac{\partial z}{\partial y} + az,$$

(E_{-1}) l'équation que l'on déduit de (E) par la seconde transformation

$$z_{-1} = \frac{\partial z}{\partial x} + bz\ ;$$

appelons de même $h,\ k\ ;\ h_1, k_1\ ;\ h_{-1},\ k_{-1}$ les invariants de ces trois équations respectivement. On a, d'après les formules obtenues plus haut (13) et (14),

$$(19)\qquad \begin{cases} h_1 = 2h - k - \dfrac{\partial^2 \log h}{\partial x \partial y}, \\[2mm] k_1 = h\ ; \end{cases}$$

$$(20)\qquad \begin{cases} h_{-1} = k, \\[2mm] k_{-1} = 2k - h - \dfrac{\partial^2 \log k}{\partial x \partial y}. \end{cases}$$

Les invariants des deux équations (E_1), (E_{-1}) ne dépendent donc que des invariants de l'équation (E); propriété importante, qui montre que, si deux équations (E), (E′) peuvent se déduire l'une de l'autre en posant $z = \lambda z'$, il en est de même des transformées correspondantes (E_1), (E_1') et (E_{-1}), (E'_{-1}).

A chacune des équations (E_1), (E_{-1}) on peut évidemment appliquer de nouveau la méthode de Laplace, mais il est essentiel de remarquer que chacune d'elles ne donnera pas naissance à deux équations nouvelles. Prenons, par exemple, l'équation (E_1)

$$\frac{\partial^2 z_1}{\partial x \partial y} + \left(a - \frac{\partial \log h}{\partial y}\right)\frac{\partial z_1}{\partial x} + b\frac{\partial z_1}{\partial y} + \left(c - \frac{\partial a}{\partial x} + \frac{\partial b}{\partial y} - b\frac{\partial \log h}{\partial y}\right) z_1 = 0,$$

et appliquons-lui la seconde transformation de Laplace en posant

$$z' = \frac{\partial z_1}{\partial x} + bz_1\ ;$$

en se reportant à la formule (9), et faisant $M = 0$, il reste simplement

$$z' = hz,$$

de sorte que la seconde transformation, appliquée à l'équation (E_1), nous ramènerait à une équation qui se déduirait de (E) en changeant z en hz.

La première transformation, appliquée à l'équation (E_{-1}), conduirait de même à une équation qui se déduirait de (E) par le changement de z en hz. Si donc on regarde comme équivalentes deux équations qui se ramènent l'une à l'autre par le changement de z en λz, l'application répétée de la méthode de Laplace conduira seulement à une suite linéaire d'équations

$$\ldots (E_{-2}), \quad (E_{-1}), \quad (E), \quad (E_1), \quad (E_2) \ldots$$

à indices positifs et négatifs, dans laquelle chaque équation (E_i) se déduira de l'équation (E_{i-1}) par la première substitution et de l'équation (E_{i+1}) par la deuxième.

Il résulte de ce qui précède que deux équations de cette suite s'intègrent en même temps et, par suite, on saura intégrer toutes les équations de la suite dès qu'on saura intégrer l'une d'elles. D'une manière plus précise, si l'on sait résoudre le problème de Cauchy pour une équation de la suite, on peut résoudre le même problème pour toutes les autres équations de la suite. Il suffit évidemment de prouver que ce problème se résout en même temps pour deux équations consécutives. Afin de simplifier les notations, considérons les deux équations (E) et (E_1). Supposons qu'on veuille obtenir une intégrale de l'équation (E) passant par une courbe C, le plan tangent étant donné en chaque point de cette courbe. Le long de C, x, y, z, $\dfrac{\partial z}{\partial x}$, $\dfrac{\partial z}{\partial y}$ sont des fonctions données d'un paramètre variable θ ; quand on fait la transformation de Laplace

$$z_1 = \frac{\partial z}{\partial y} + az,$$

à la courbe C correspond une autre courbe C_1. Comme l'équation proposée peut s'écrire

$$\frac{\partial z_1}{\partial x} + bz_1 = hz,$$

on connaîtra aussi la valeur de $\dfrac{\partial z_1}{\partial x}$ le long de la courbe C_1, et on aura ensuite la valeur de $\dfrac{\partial z_1}{\partial y}$ au moyen de la relation ·

$$dz_1 = \frac{\partial z_1}{\partial x}\, dx + \frac{\partial z_1}{\partial y}\, dy.$$

On est donc ramené à chercher une intégrale de l'équation (E_1) passant par la courbe C_1 et ayant un plan tangent connu le long de cette courbe.

Si, en poursuivant l'application de la méthode de Laplace, on arrive à une équation (E_i) ayant un invariant nul, on ne peut plus continuer l'application de la méthode, car cet invariant sera nécessairement h_i, si i est positif, et la suite de Laplace relative à l'équation (E) est limitée de ce côté à l'équation (E_i). Dans ce cas, l'équation (E_i) et, par conséquent, toutes les équations de la suite, s'intègrent par des quadratures ; la solution du problème de Cauchy se ramène aussi, pour l'une quelconque des équations de la suite, à des quadratures. Il en serait de même si la suite se terminait à une équation d'indice négatif.

Les invariants des équations (E_i) se déduisent des invariants h et k par l'emploi répété des formules (19) et (20) ; en appelant h_i et k_i les invariants de l'équation (E_i) on a

$$(21) \qquad \left\{ \begin{aligned} h_{i+1} &= 2h_i - k_i - \frac{\partial^2 \log h_i}{\partial x \partial y} \\ k_{i+1} &= h_i \end{aligned} \right.$$

et en faisant successivement $i = 0, 1, 2\ldots$, on calculera de proche en proche les invariants des équations (E_i) à indice positif. Pour calculer les invariants des équations à indice négatif, on emploiera les formules

$$(22) \qquad \left\{ \begin{aligned} h_i &= k_{i+1}, \\ k_i &= 2k_{i+1} - h_{i+1} - \frac{\partial^2 \log k_{i+1}}{\partial x \partial y} \end{aligned} \right.$$

où l'on fera successivement $i = -1, -2, -3\ldots$

105. Lorsque la suite de Laplace relative à l'équation (E) se termine d'un côté, on obtient pour l'intégrale générale de cette équation une expression renfermant explicitement une fonction arbitraire et ses dérivées en nombre fini, tandis que la seconde fonction arbitraire figure sous des signes de quadrature. Remarquons d'abord que, si z_i est l'intégrale générale de l'équation (E_i) d'indice positif, d'après la façon dont on passe de l'équation (E) à l'équation (E_i), l'intégrale générale de l'équation (E) est une fonction linéaire et homogène de z_i, $\dfrac{\partial z_i}{\partial x}\ldots \dfrac{\partial^i z_i}{\partial x^i}$, dont les coefficients sont des fonctions déterminées de x et de y. Si l'invariant h_i de l'équation (E_i)

$$\frac{\partial^2 z_i}{\partial x \partial y} + a_i \frac{\partial z_i}{\partial x} + b_i \frac{\partial z_i}{\partial y} + c_i z_i = 0$$

est nul, l'intégrale générale de cette équation est de la forme (n° 101)

$$z_i = \alpha \left(X + \int \beta Y \, dy \right),$$

α et β étant des fonctions déterminées de x et de y, X une fonction arbitraire de x, et Y une fonction arbitraire de y. L'intégrale générale de l'équation (E) sera donc

$$(23) \quad z = A \left(X + \int Y\beta \, dy \right) + A_1 \left(X' + \int Y \frac{\partial \beta}{\partial x} \, dy \right) + \cdots$$
$$+ A_i \left(X^{(i)} + \int Y \frac{\partial^i \beta}{\partial x^i} \, dy \right),$$

A, A_1, ..., A_i désignant aussi des fonctions déterminées de x et de y. On voit que la fonction arbitraire Y est engagée sous plusieurs signes d'intégration, qu'il est en général impossible de faire disparaître. Si l'on suppose Y $=$ o, on obtient une intégrale où figure une seule fonction arbitraire X

$$(24) \qquad z = AX + A_1 X' + \ldots + A_i X^{(i)},$$

sans aucun signe d'intégration.

Réciproquement, *toutes les fois qu'une équation linéaire admet une solution de la forme précédente, où X est une fonction arbitraire, la suite de Laplace relative à cette équation se termine d'un côté après i opérations au plus* (¹).

En effet, remarquons d'abord que, si l'on substitue dans le premier membre de l'équation (15) une expression de la forme (24), le résultat de la substitution est de la forme

$$HX + H_1 X' + H_2 X'' + \ldots + H_{i+1} X^{(i+1)};$$

si l'équation doit être vérifiée, quelle que soit la fonction X, on doit avoir séparément H $=$ H_1 $= \ldots = H_{i+1}$ $=$ o. Autrement, en attribuant à y une valeur particulière n'annulant pas tous ces coefficients, on obtiendrait une équation linéaire pour déterminer X. En calculant les coeffi-

---

(¹) LAPLACE, *Mémoires de l'Académie des Sciences*, 1773, art. VII, p. 362.

cienis H_i, H_{i+1}, qui sont seuls utiles, on trouve les conditions

$$H_{i+1} = \frac{\partial A_i}{\partial y} + a A_i = 0,$$

$$H_i = \frac{\partial A_{i-1}}{\partial y} + a A_{i-1} + \frac{\partial^2 A_i}{\partial x \partial y} + a \frac{\partial A_i}{\partial x} + b \frac{\partial A_i}{\partial y} + c A_i = 0.$$

Si dans la seconde relation on remplace $\frac{\partial A_i}{\partial y}$ par sa valeur déduite de la première, on trouve

$$\frac{\partial A_{i-1}}{\partial y} + a A_{i-1} = h A_i.$$

Cela posé, appliquons à l'équation (15) la première substitution de Laplace définie par la formule

$$z_1 = \frac{\partial z}{\partial y} + a z;$$

d'après les relations établies entre A_i, A_{i-1}, la solution de l'équation (E_1) qui correspond à la solution (24) de l'équation (E) ne contiendra plus les dérivées de la fonction arbitraire X que jusqu'à l'ordre $i-1$ au plus, et le coefficient de $X^{(i-1)}$ dans z_1 sera $h A_i$.

Par suite, en répétant l'application de la méthode de Laplace un nombre suffisant de fois, on arrivera à une équation (E_j) d'indice inférieur à i dont l'invariant h_j sera nul, ou bien, après i opérations, on sera conduit à une équation (E_i) admettant une solution de la forme

$$z = AX,$$

et un calcul direct prouve que l'invariant h_i doit être nul. La proposition énoncée est donc établie.

Remarque. — Étant donnée une expression de la forme

$$AX + A_1 X' + \ldots + A_i X^{(i)},$$

on peut toujours la mettre sous une forme analogue, où figurent une fonction arbitraire et ses dérivées jusqu'à un ordre aussi élevé qu'on le veut ; par exemple, en remplaçant X par $X_1 + X'_1$, on a une expression qui renferme la dérivée $X_1^{(i+1)}$. On dit qu'une expression de la forme (24) est de *rang $i+1$ par rapport à x*, lorsque l'ordre de la plus haute dérivée qu'elle contient est i, et lorsqu'il est impossible de la mettre sous une forme analogue où ne figureraient que des dérivées d'ordre inférieur à i de la fonction arbitraire.

D'après ce qui précède, lorsque la suite de Laplace relative à l'équation (E) se termine à une équation (E_i) d'indice positif, l'équation (E) admet une solution de la forme (24). Cette solution est bien de rang $i + 1$; en effet, si elle pouvait se ramener à une expression de rang inférieur $j + 1$ $(j < i)$, l'application répétée de la première substitution de Laplace conduirait à une équation ayant un invariant nul après j opérations au plus, d'après la réciproque qui vient d'être établie.

106. En échangeant le rôle des variables x et y, on voit de la même façon que, si l'application répétée de la seconde substitution de Laplace conduit, après j opérations, à une équation (E_{-j}) ayant un invariant nul, l'intégrale générale est représentée par une formule analogue à la formule (23), où la fonction arbitraire X figure sous plusieurs signes d'intégration. L'équation proposée admet une intégrale particulière

$$z = BY + B_1 Y' + \ldots + B_j Y^{(j)},$$

de rang $j + 1$ par rapport à y, et inversement.

Enfin, si la suite de Laplace relative à l'équation (E) est terminée dans les deux sens, d'une part à l'équation (E_i) d'indice positif, d'autre part à l'équation (E_{-j}) d'indice négatif, les deux fonctions arbitraires peuvent être débarrassées de tout signe de quadrature dans l'intégrale générale, qui est représentée par une expression de la forme

$$z = AX + A_1 X' + \ldots + A_i X^{(i)} + BY + B_1 Y' + \ldots + B_j Y^{(j)}$$

de rang $(i + 1)$ par rapport à x et de rang $j + 1$ par rapport à y.

Remarquons que toutes les équations de la suite

$$(E_{-j}), (E_{-j+1}), \ldots (E_{-1}), (E), (E_1), \ldots (E_i),$$

ont pour intégrale générale une expression de même forme. Quand on passe d'une équation (E_k) à l'équation voisine (E_{k+1}), le rang de la solution par rapport à x diminue d'une unité, tandis que le rang par rapport à y augmente d'une unité.

107. Proposons-nous maintenant de former toutes les équations linéaires dont la méthode de Laplace peut fournir l'intégrale générale. Le problème revient évidemment à former toutes les suites d'équations linéaires, se déduisant les unes des autres par la méthode de Laplace, et qui sont terminées dans un sens ou dans les deux sens.

Pour obtenir une suite terminée dans un sens, il suffit évidemment de partir d'une équation ayant un invariant nul, et de former la suite d'équations que l'on obtient par l'application répétée de l'une des transformations de Laplace. Par exemple, en partant d'une équation (E), pour laquelle l'invariant h est nul et en appliquant la seconde transformation, on formera une suite en général illimitée.

Il est plus difficile d'obtenir toutes les suites de Laplace limitées dans les deux sens, car, si on part d'une équation *quelconque* ayant un invariant nul, la suite de Laplace sera en général illimitée dans l'autre sens. Je rappellerai succinctement la méthode employée par M. Darboux. Soit (E) une équation linéaire

$$\frac{\partial^2 z}{\partial x \partial y} + a \frac{\partial z}{\partial x} + b \frac{\partial z}{\partial y} + cz = 0,$$

pour laquelle l'invariant $h = \dfrac{\partial a}{\partial x} + ab - c$ est nul ; si l'on fait la transformation

$$z = \theta e^{-\int a\,dy},$$

on est conduit à une équation en θ

$$(25) \qquad \frac{\partial^2 \theta}{\partial x \partial y} + A \frac{\partial \theta}{\partial y} = 0,$$

qui admet une intégrale intermédiaire de la forme

$$(26) \qquad \frac{\partial \theta}{\partial y} = \alpha Y_1$$

α étant une fonction déterminée de x et de y, et Y_1 une fonction arbitraire de y. Si la suite obtenue en appliquant à l'équation (25) la seconde transformation de Laplace se termine après n opérations, cette équation admet une intégrale de la forme

$$(27) \qquad \theta = BY + B_1 Y' + \ldots + B_n Y^{(n)}$$

où $B, B_1, \ldots, B_n$ sont des fonctions déterminées de x et de y, Y une fonction arbitraire de y, et réciproquement, s'il en est ainsi, la suite relative à la seconde transformation de Laplace se termine après n transformations *au plus*.

Tout revient donc à exprimer que l'équation (25) admet une intégrale de la forme (27). En substituant cette expression de θ dans l'intégrale intermédiaire (26) et attribuant à x une valeur numérique quelconque, on reconnaît que les deux fonctions arbitraires Y et Y_1 doivent être liées par une relation de la forme

$$(28) \qquad Y_1 = \lambda Y + \lambda_1 Y' + \ldots + \lambda_{n+1} Y^{(n+1)},$$

$\lambda, \lambda_1, \ldots, \lambda_{n+1}$ désignant des fonctions de y déterminées.

Si l'on remplace θ et Y_1 par leurs valeurs dans l'équation (26), on devra donc avoir

$$\frac{\partial}{\partial y} (BY + B_1 Y' + \ldots + B_n Y^{(n)}) = \alpha (\lambda Y + \lambda_1 Y' + \ldots + \lambda_{n+1} Y^{(n+1)}),$$

et cela pour toutes les formes possibles de la fonction Y. Pour qu'il en soit ainsi, il faut évidemment que les coefficients de $Y, Y', \ldots, Y^{(n+1)}$ soient égaux dans les deux membres, c'est-à-dire que l'on ait

$$\frac{\partial B}{\partial y} = \alpha \lambda,$$
$$\frac{\partial B_1}{\partial y} + B = \alpha \lambda_1,$$
$$\cdot \quad \cdot \quad \cdot \quad \cdot \quad \cdot$$
$$\frac{\partial B_n}{\partial y} + B_{n-1} = \alpha \lambda_n,$$
$$B_n = \alpha \lambda_{n+1}.$$

En éliminant les quantités B, on trouve que α doit satisfaire à l'équation

$$\alpha \lambda - \frac{\partial}{\partial y} (\alpha \lambda_1) + \frac{\partial^2}{\partial y^2} (\alpha \lambda_2) \ldots + (-1)^{n+1} \frac{\partial^{n+1}}{\partial y^{n+1}} (\alpha \lambda_{n+1}) = 0,$$

qui est linéaire et d'ordre $(n+1)$ par rapport à α; tous les coefficients étant des fonctions de y, on en conclut que α *doit être de la forme*

$$(29) \qquad \alpha = x_1 y_1 + x_2 y_2 + \ldots + x_{n+1} y_{n+1},$$

$x_1, x_2, \ldots, x_{n+1}$ *désignant des fonctions de la variable* x, *et* $y_1, y_2, \ldots y_{n+1}$ *des fonctions de la variable* y.

Il est facile d'établir directement que, si α est de cette forme, on peut trouver sous forme explicite l'intégrale générale de l'équation (25) qui peut aussi s'écrire

$$\frac{\partial}{\partial x}\left(\frac{1}{\alpha}\frac{\partial \theta}{\partial y}\right) = 0.$$

En effet, l'intégrale générale de cette équation a pour expression

$$\theta = X + \int \alpha Y_1 \, dy,$$

ou, en remplaçant α par sa valeur (29),

$$\theta = X + x_1 \int y_1 Y_1 \, dy + x_2 \int y_2 Y_1 \, dy + \ldots + x_{n+1} \int y_{n+1} Y_1 \, dy \, ;$$

nous allons montrer que l'*on peut mettre la fonction arbitraire* Y_1 *sous une forme telle que les* $(n + 1)$ *intégrales*

$$(30) \qquad \int y_1 Y_1 \, dy, \qquad \int y_2 Y_1 \, dy, \qquad \ldots \qquad \int y_{n+1} Y_1 \, dy$$

s'expriment explicitement au moyen d'une fonction arbitraire Y *et de ses dérivées jusqu'à l'ordre* n.

En remplaçant Y_1 par $\dfrac{Y_2'}{y_1}$, Y_2 désignant une nouvelle fonction arbitraire, on fait disparaître la première quadrature, car on aura

$$\int y_1 Y_1 \, dy = Y_2,$$

et il restera seulement n intégrales

$$(31) \qquad \int \frac{y_2}{y_1} Y_2' \, dy, \qquad \int \frac{y_3}{y_1} Y_2' \, dy, \qquad \ldots \qquad \int \frac{y_{n+1}}{y_1} Y_2' \, dy \, ;$$

d'ailleurs, on peut écrire, en intégrant par parties,

$$\int \frac{y_2}{y_1} Y_2' \, dy = \frac{y_2}{y_1} Y_2 - \int \frac{d\left(\dfrac{y_2}{y_1}\right)}{dy} Y_2 \, dy$$

et, en appliquant le même procédé aux autres intégrales (31), on ramène ainsi les $(n + 1)$ intégrales (30) à n intégrales de même forme renfermant une fonction arbitraire Y_2. En répétant n fois de suite la même transformation, il est clair qu'on fera disparaître tous les signes d'intégration, et les $(n + 1)$ intégrales considérées s'exprimeront de la façon annoncée [1].

Il est essentiel de remarquer que, si les fonctions x_1, x_2, x_3, ..., x_{n+1} ne sont pas linéairement distinctes, la suite de Laplace relative à l'équation (25) se terminera avant n opérations. Si on a, par exemple, une relation de la forme

$$x_{n+1} = C_1 x_1 + ... + C_n x_n,$$

où C_1, C_2, ..., C_n sont des constantes, en remplaçant x_{n+1} par cette valeur dans l'expression de α, il vient

$$\alpha = x_1 (y_1 + C_1 y_{n+1}) + ... + x_n (y_n + C_n y_{n+1});$$

on voit qu'on a une expression du même genre que la première, où entrent seulement n fonctions de x et n fonctions de y. On pourrait obtenir une réduction analogue si les $(n + 1)$ fonctions $y_1, y_2, ..., y_{n+1}$ n'étaient pas linéairement distinctes.

108. Pour donner au moins un exemple de la théorie générale, reprenons l'équation aux dérivées partielles des surfaces minima. On a déjà remarqué qu'on peut ramener cette équation à une équation linéaire de la forme considérée ici par une transformation de contact convenable (I; n° 50). Cette transformation de contact revient, au fond, à prendre les variables introduites par M. Bonnet dans la théorie des surfaces [2]. Écrivons l'équation d'un plan tangent à une surface

$$(32) \qquad (1 - \alpha\beta) x + i (1 + \alpha\beta) y + (\alpha + \beta) z + \xi = 0,$$

ξ étant une fonction des variables α, β; d'après la formule qui donne les rayons de courbure principaux, la somme de ces rayons de courbure sera nulle, pourvu que la fonction ξ vérifie l'équation

$$(33) \qquad (\alpha - \beta) \frac{\partial^2 \xi}{\partial \alpha \partial \beta} + \frac{\partial \xi}{\partial \alpha} - \frac{\partial \xi}{\partial \beta} = 0.$$

Pour appliquer à cette équation la méthode de Laplace, écrivons-la,

[1] Pour plus de détails sur les équations linéaires dont la suite de Laplace est terminée dans les deux sens, ainsi que pour l'historique, je renverrai le lecteur à l'ouvrage de M. Darboux. Je dois cependant rappeler que le problème a d'abord été résolu par M. Moutard, dans un Mémoire inédit présenté, en 1870, à l'Académie des Sciences.

[2] DARBOUX, *Théorie générale des surfaces*, t. I, p. 244.

en divisant par $(\alpha - \beta)$,

$$\frac{\partial}{\partial \alpha}\left\{\frac{\partial \xi}{\partial \beta} + \frac{\xi}{\alpha - \beta}\right\} - \frac{1}{\alpha - \beta}\left\{\frac{\partial \xi}{\partial \beta} + \frac{\xi}{\alpha - \beta}\right\} + \frac{2\xi}{(\alpha - \beta)^2} = 0,$$

et posons

$$\xi_1 = \frac{\partial \xi}{\partial \beta} + \frac{\xi}{(\alpha - \beta)} \, ;$$

l'équation devient

$$\frac{\partial \xi_1}{\partial \alpha} - \frac{\xi_1}{\alpha - \beta} + \frac{2\xi}{(\alpha - \beta)^2} = 0.$$

L'élimination de ξ conduit à une équation en ξ_1

$$\frac{\partial^2 \xi_1}{\partial \alpha \partial \beta} - \frac{\dfrac{\partial \xi_1}{\partial \alpha} + \dfrac{\partial \xi_1}{\partial \beta}}{\alpha - \beta} + \frac{2\xi_1}{(\alpha - \beta)^2} = 0,$$

ou

$$\frac{\partial}{\partial \alpha}\left\{\frac{\partial \xi_1}{\partial \beta} - \frac{\xi_1}{\alpha - \beta}\right\} - \frac{1}{\alpha - \beta}\left\{\frac{\partial \xi_1}{\partial \beta} - \frac{\xi_1}{\alpha - \beta}\right\} = 0,$$

dont l'intégration se ramène à celle des deux équations du premier ordre

$$(\alpha - \beta)\frac{\partial u}{\partial \alpha} - u = 0,$$

$$\frac{\partial \xi_1}{\partial \beta} - \frac{\xi_1}{\alpha - \beta} = u.$$

De la première on tire

$$u = (\alpha - \beta)\,\psi(\beta),$$

$\psi(\beta)$ étant une fonction arbitraire de β, et l'on a ensuite

$$\xi_1 = \frac{2\varphi(\alpha) + \int \psi(\beta)(\alpha - \beta)^2 d\beta}{\alpha - \beta},$$

$\varphi(\alpha)$ étant une fonction arbitraire de α.

En remplaçant $\psi(\beta)$ par $\psi'''(\beta)$, on peut effectuer la quadrature, et il vient

$$\xi_1 = 2\,\frac{\varphi(\alpha) + \psi(\beta)}{\alpha - \beta} + 2\psi'(\beta) + (\alpha - \beta)\,\psi''(\beta) \, ;$$

on a ensuite

$$\xi = \frac{\alpha - \beta}{2}\,\xi_1 - \frac{(\alpha - \beta)^2}{2}\,\frac{\partial \xi_1}{\partial \alpha}$$

$$= (\alpha - \beta)\,\{\,\psi'(\beta) - \varphi'(\alpha)\,\} + 2\varphi(\alpha) + 2\psi(\beta);$$

on en déduira aisément les expressions de x, y, z en fonction de α et de β, $(x,\ y,\ z)$ étant les coordonnées du point où le plan variable (32) touche son enveloppe.

Il était évident *a priori*, d'après la symétrie de l'équation (33) en $(\alpha,\ \beta)$ que, si la suite de Laplace se terminait d'un côté, elle devait se terminer aussi dans l'autre sens, après le même nombre d'opérations.

109. Étant donnée une équation linéaire de la forme considérée, on peut, en partant des invariants h et k de cette équation et en appliquant les formules de récurrence établies plus haut, calculer de proche en proche les invariants des équations successives que l'on obtient par l'application répétée de la méthode de Laplace. Mais les expressions de ces invariants en fonction de h et de k deviennent très rapidement compliquées, de sorte qu'il paraît très difficile de reconnaître *a priori*, sur une équation déterminée, si l'application de la méthode de Laplace conduira à une équation intégrable. Dans un grand nombre de problèmes de la théorie des surfaces, l'application de la proposition suivante permet d'affirmer d'avance que certaines équations linéaires sont intégrables. par l'application de cette méthode.

Si, entre $n + 1$ intégrales linéairement distinctes de l'équation

$$\frac{\partial^2 z}{\partial x \partial y} + a\,\frac{\partial z}{\partial x} + b\,\frac{\partial z}{\partial y} + cz = 0,$$

il existe une relation linéaire et homogène dont les coefficients sont des fonctions d'une seule des variables x, y, la suite de Laplace relative à cette équation se termine dans un sens après $n - 1$ transformations au plus [1].

Nous disons que $n + 1$ intégrales sont *linéairement distinctes*, s'il n'existe entre ces intégrales aucune relation linéaire et homogène à coefficients constants, où quelques-uns des coefficients sont différents de

---

[1] Voir mon Mémoire *Sur les équations linéaires et la méthode de Laplace* (*American Journal of Mathematics*, vol. XVIII). M. Darboux avait déjà traité quelques cas particuliers et posé la question générale dans le tome IV de la *Théorie générale des Surfaces*.

zéro. Lorsqu'il existe entre $n + 1$ intégrales linéairement distinctes une relation linéaire et homogène dont les coefficients ne dépendent que d'une seule des variables, de y, par exemple, on peut supposer cette relation résolue par rapport à l'une des intégrales et l'écrire

$$(34) \qquad z_{n+1} = \varphi_1(y)\, z_1 + \varphi_2(y)\, z_2 + \dots + \varphi_n(y)\, z_n \quad\cdot$$

z_1, z_2, ..., z_{n+1} étant les $n + 1$ intégrales dont il s'agit, et $\varphi_1(y)$, $\varphi_2(y)$, ..., $\varphi_n(y)$ des fonctions de y, que l'on peut aussi, sans diminuer la généralité, supposer linéairement indépendantes.

S'il existait, en effet, une relation telle que

$$\varphi_n(y) = C_1 \varphi_1(y) + \dots + C_{n-1}\varphi_{n-1}(y) + C_n$$

où C_1, C_2, ..., C_n sont des constantes, l'équation (34) pourrait s'écrire :

$$z_{n+1} - C_n z_n = \varphi_1(y)\,(z_1 + C_1 z_n) + \dots + \varphi_{n-1}(y)\,(z_{n-1} + C_{n-1} z_n)$$

et l'on aurait une relation de même forme entre n intégrales seulement

$$z_1 + C_1 z_n, \qquad \dots, \qquad z_{n-1} + C_{n-1} z_n, \qquad z_{n+1} - C_n z_n.$$

On peut aussi supposer qu'il n'existe, entre les intégrales z_1, z_2, ..., z_{n+1}, qu'une seule relation de la forme (34); car, s'il en existait deux, l'élimination de z_{n+1} conduirait à une relation de même forme entre n intégrales seulement.

Cela posé, vérifions d'abord que la loi est vraie pour $n = 1$ et pour $n = 2$.

Si $n = 1$, la relation (34) s'écrit

$$z_2 = \varphi_1(y)\, z_1\,;$$

en posant, dans l'équation proposée, $z = z_1 u$, on est conduit à une équation en u qui doit admettre les deux intégrales $u_1 = 1$, $u_2 = \varphi_1(y)$, ce qui exige que le coefficient de u et le coefficient de $\dfrac{\partial u}{\partial y}$ soient nuls. Un des invariants est donc nul pour cette équation en u et, par suite, pour l'équation en z.

Si $n = 2$, la relation (34) est de la forme

$$z_3 = \varphi_1(y)\, z_1 + \varphi_2(y)\, z_2\,;$$

Cette relation exprime que z_1, z_2, z_3 sont trois intégrales particulières d'une équation du second ordre de la forme

$$(35) \qquad \frac{\partial^2 z}{\partial x^2} + \lambda \frac{\partial z}{\partial x} + \mu z = 0,$$

où λ et μ sont des fonctions de x et de y, et nous avons à rechercher les conditions pour que l'équation (35) et l'équation proposée

$$(36) \qquad \frac{\partial^2 z}{\partial x \partial y} + a \frac{\partial z}{\partial x} + b \frac{\partial z}{\partial y} + cz = 0$$

admettent *trois* intégrales communes linéairement distinctes. En différentiant l'équation (35) par rapport à y, on trouve :

$$\frac{\partial^3 z}{\partial x^2 \partial y} + \lambda \frac{\partial^2 z}{\partial x \partial y} + \mu \frac{\partial z}{\partial y} + \frac{\partial \lambda}{\partial y} \frac{\partial z}{\partial x} + \frac{\partial \mu}{\partial y} z = 0 \, ;$$

en différentiant de même l'équation (36) par rapport à x, il vient

$$\frac{\partial^3 z}{\partial x^2 \partial y} + a \frac{\partial^2 z}{\partial x^2} + b \frac{\partial^2 z}{\partial x \partial y} + \frac{\partial z}{\partial x}\left(c + \frac{\partial a}{\partial x}\right) + \frac{\partial b}{\partial x} \frac{\partial z}{\partial y} + \frac{\partial c}{\partial x} z = 0.$$

En égalant les deux valeurs de $\dfrac{\partial^3 z}{\partial x^2 \partial y}$ et en remplaçant ensuite $\dfrac{\partial^2 z}{\partial x^2}$ par $-\left(\lambda \dfrac{\partial z}{\partial x} + \mu z\right)$ et $\dfrac{\partial^2 z}{\partial x \partial y}$ par $-\left(a \dfrac{\partial z}{\partial x} + b \dfrac{\partial z}{\partial y} + cz\right)$, on aboutit à une nouvelle équation

$$(37) \qquad \left\{ \begin{aligned} &\left(\frac{\partial \lambda}{\partial y} + ab - c - \frac{\partial a}{\partial x}\right) \frac{\partial z}{\partial x} + \left(\mu - \lambda b + b^2 - \frac{\partial b}{\partial x}\right) \frac{\partial z}{\partial y} \\ &\qquad + \left\{ \frac{\partial \mu}{\partial y} + a\mu - \lambda c + bc - \frac{\partial c}{\partial x} \right\} z = 0, \end{aligned} \right.$$

qui doit être vérifiée par toute intégrale commune aux deux équations (35) et (36). Si le coefficient de $\dfrac{\partial z}{\partial y}$ n'est pas nul, on en déduira, A et B étant des fonctions de x et de y,

$$\frac{\partial z}{\partial y} = Az + B \frac{\partial z}{\partial x} \, ;$$

cette équation et celles qu'on en tire par des différentiations successives permettent d'exprimer toutes les dérivées $\dfrac{\partial^{i+k} z}{\partial x^i \partial y^k}$ au moyen de z,

$\frac{\partial z}{\partial x}, \ldots, \frac{\partial^n z}{\partial x^n}, \ldots$ D'autre part, l'équation (35) et celles qu'on en déduit en différentiant par rapport à x donnent toutes les dérivées $\frac{\partial^n z}{\partial x^n}$ au moyen de $x, y, z, \frac{\partial z}{\partial x}$. Il suit de là que, pour une intégrale commune aux équations (35) et (36), on connaît les valeurs de toutes les dérivées en un point (x_0, y_0), dès qu'on connaît les valeurs de z et de $\frac{\partial z}{\partial x}$ en ce point. L'intégrale générale de ce système ne dépend donc que de *deux* constantes arbitraires au plus; et, comme les équations sont linéaires, elles ne peuvent admettre plus de deux intégrales communes linéairement distinctes.

Si le coefficient de $\frac{\partial z}{\partial y}$ est nul, sans que celui de $\frac{\partial z}{\partial x}$ soit nul, l'équation (37) est de la forme

$$\frac{\partial z}{\partial x} = \Lambda z ;$$

l'intégrale générale de cette équation est de la forme $z = z'Y$, Y étant une fonction arbitraire de y, et z' une fonction déterminée de x et de y. Il y aurait donc entre les trois intégrales z_1, z_2, z_3, deux relations telles que

$$z_2 = z_1 \psi_1 (y), \qquad z_3 = z_1 \psi_2 (y),$$

et nous retombons sur le cas qui vient d'être examiné.

Il faut donc que l'équation (37) se réduise à une identité, ou que l'on ait

$$(38) \quad \begin{cases} \dfrac{\partial \lambda}{\partial y} + ab - c = \dfrac{\partial a}{\partial x}, \\[2mm] \mu - \lambda b + b^2 = \dfrac{\partial b}{\partial x}, \\[2mm] \dfrac{\partial \mu}{\partial y} + a\mu - \lambda c + bc = \dfrac{\partial c}{\partial x}; \end{cases}$$

l'élimination de λ et μ entre ces trois équations conduit à une équation de condition entre a, b, c.

Pour faire cette élimination, considérons l'invariant k de l'équation linéaire

$$k = \frac{\partial b}{\partial y} + ab - c ;$$

on a

$$\frac{\partial k}{\partial x} = \frac{\partial^2 b}{\partial x \partial y} + a \frac{\partial b}{\partial x} + b \frac{\partial a}{\partial x} - \frac{\partial c}{\partial x}.$$

Des équations (38) on tire

$$\frac{\partial^2 b}{\partial x \partial y} = \frac{\partial \mu}{\partial y} - \lambda \frac{\partial b}{\partial y} - b \frac{\partial \lambda}{\partial y} + 2b \frac{\partial b}{\partial y},$$

et, en remplaçant $\dfrac{\partial^2 b}{\partial x \partial y}$, $\dfrac{\partial a}{\partial x}$, $\dfrac{\partial b}{\partial x}$, $\dfrac{\partial c}{\partial x}$ par leurs valeurs, il reste, toutes réductions faites

$$\frac{\partial \log k}{\partial x} = 2b - \lambda.$$

D'autre part, on a aussi

$$2k - h =: 2 \frac{\partial b}{\partial y} - \frac{\partial a}{\partial x} + ab - c = 2 \frac{\partial b}{\partial y} - \frac{\partial \lambda}{\partial y},$$

et, par suite,

$$\frac{\partial^2 \log k}{\partial x \partial y} - 2k + h = 0.$$

Or, cette relation exprime précisément que l'invariant k_{-1} de l'équation (E_{-1}), obtenue par la transformation

$$z_{-1} = \frac{\partial z}{\partial x} + bz,$$

est nul. La suite de Laplace se termine donc d'un côté après une seule opération.

110. Passons maintenant au cas général et supposons, comme on peut le faire, qu'entre les $(n+1)$ intégrales $z_1, z_2, \ldots, z_{n+1}$, il existe une relation et *une seule* de la forme (34). Dans ces conditions, les $n+1$ intégrales $z_1, z_2, \ldots, z_{n+1}$ vérifient une même équation linéaire d'ordre n

$$(39). \qquad \frac{\partial^n z}{\partial x^n} + A_1 \frac{\partial^{n-1} z}{\partial x^{n-1}} + \cdots + A_{n-1} \frac{\partial z}{\partial x} + A_n z = 0,$$

où les coefficients $A_1, \ldots, A_{n-1}, A_n$ sont des fonctions de x et de y, et ne vérifient aucune équation de même forme et d'ordre inférieur à n.

En différentiant l'équation proposée (36) par rapport à x, plusieurs fois de suite, on peut exprimer $\dfrac{\partial^2 z}{\partial x \partial y}$, $\dfrac{\partial^3 z}{\partial x^2 \partial y}$, $\ldots$, $\dfrac{\partial^{n+1} z}{\partial x^n \partial y}$ en fonction de x, y, z, $\dfrac{\partial z}{\partial y}$, $\dfrac{\partial z}{\partial x}$, $\ldots$, $\dfrac{\partial^n z}{\partial x^n}$. De même, en différentiant l'équation (39) par rapport à y, il vient

$$\frac{\partial^{n+1}z}{\partial x^n \partial y} + A_1 \frac{\partial^n z}{\partial x^{n-1} \partial y} + \ldots + \frac{\partial A_n}{\partial y}\, z = 0\,;$$

si l'on remplace ensuite dans cette relation $\dfrac{\partial^{n+1}z}{\partial x^n \partial y},\ \ldots,\ \dfrac{\partial^2 z}{\partial x \partial y}$ et enfin $\dfrac{\partial^n z}{\partial x^n}$ par leurs valeurs, il reste une équation de la forme

$$(40) \qquad C_0 \frac{\partial^{n-1}z}{\partial x^{n-1}} + C_1 \frac{\partial^{n-2}z}{\partial x^{n-2}} + \ldots + C_{n-1}z + D \frac{\partial z}{\partial y} = 0,$$

qui est vérifiée par toute intégrale commune aux équations (36) et (39). Si D n'est pas nul, cette équation (40) et celles qu'on en déduit par des différentiations successives permettront d'exprimer toutes les dérivées partielles de z au moyen de z et de ses dérivées prises par rapport à la variable x seulement. L'équation (39) et celles qu'on en déduit au moyen de différentiations successives par rapport à x donnent d'ailleurs toutes les dérivées par rapport à x en fonction des $(n-1)$ premières. Il suit de là que, si z est une intégrale commune aux équations (36) et (39), toutes les dérivées partielles de cette fonction en un point $(x_0,\ y_0)$ sont connues, dès qu'on connaît en ce point les valeurs de $z,\ \dfrac{\partial z}{\partial x},\ \ldots,\ \dfrac{\partial^{n-1}z}{\partial x^{n-1}}.$ L'intégrale générale du système formé par les équations (36) et (39) dépend donc de n constantes arbitraires au plus, et, comme ces équations sont linéaires, elles ne peuvent admettre $n+1$ intégrales linéairement distinctes.

Il faut donc que l'on ait $D = 0$, et alors l'équation (40) doit se réduire à une identité; s'il en était autrement, les intégrales $z_1,\ z_2,\ \ldots,\ z_{n+1}$ vérifieraient une équation linéaire de même forme que l'équation (39) et d'ordre inférieur à n; ce qui est contraire à l'hypothèse.

Si la relation (40) est vérifiée identiquement, comme cette relation a été obtenue en combinant linéairement l'équation (36) et ses $n-1$ premières dérivées par rapport à x, l'équation (39) et sa dérivée par rapport à y, on a une identité de la forme

$$(41)\ \frac{d^{n-1}\Phi(z)}{dx^{n-1}} + \alpha_1 \frac{d^{n-2}\Phi(z)}{dx^{n-2}} + \ldots + \alpha_{n-1}\Phi(z) + \beta_1 \frac{dF(z)}{dy} + \beta_2 F(z) = 0,$$

en posant, pour abréger,

$$F(z) = \frac{\partial^n z}{\partial x^n} + A_1 \frac{\partial^{n-1}z}{\partial x^{n-1}} + \ldots + A_{n-1} \frac{\partial z}{\partial x} + A_n z,$$

$$\Phi(z) = \frac{\partial^2 z}{\partial x \partial y} + a \frac{\partial z}{\partial x} + b \frac{\partial z}{\partial y} + cz,$$

α_1, α_2, ..., α_{n-1}, β_1, β_2 désignant des fonctions de x et de y, dont nous n'écrirons pas l'expression, qui nous sera inutile. On dit alors que les équations (36) et (39) forment un *système en involution*.

Cela posé, nous allons montrer que, *si une équation linéaire* (36) *forme un système en involution avec une équation linéaire d'ordre n telle que l'équation* (39), *une des équations obtenues par l'application de la transformation de Laplace forme un système en involution avec une équation linéaire d'ordre n — 1.*

Si on remplace z par $z'e^{-\int b\,dx}$, l'équation proposée (36) se change en une équation de même forme, ne renfermant pas de terme en $\dfrac{\partial z'}{\partial y}$. Pour ne pas multiplier les notations, nous supposerons qu'on a effectué d'abord cette transformation de telle façon qu'on ait

$$\Phi\,(z) = \frac{\partial^2 z}{\partial x\,\partial y} + a\,\frac{\partial z}{\partial x} + cz.$$

Dans l'identité (41), le coefficient de $\dfrac{\partial^{n+1}z}{\partial x^n\,\partial y}$ est $\beta_1 + 1$; on doit donc avoir $\beta_1 = -1$; il n'y a qu'un terme en $\dfrac{\partial z}{\partial y}$ provenant de $\dfrac{dF\,(z)}{dy}$, dont le coefficient est $-\,\mathrm{A}_n$. Il faut, par conséquent, qu'on ait $\mathrm{A}_n = \mathrm{o}$, et $\mathrm{F}\,(z)$ ne renferme pas de terme en z

$$\mathrm{F}\,(z) = \frac{\partial^n z}{\partial x^n} + \mathrm{A}_1\,\frac{\partial^{n-1}z}{\partial x^{n-1}} + \cdots + \mathrm{A}_{n-1}\,\frac{\partial z}{\partial x}.$$

Appliquons maintenant à l'équation $\Phi\,(z) = \mathrm{o}$ la transformation de Laplace

$$\frac{\partial z}{\partial x} = u\,;$$

la nouvelle inconnue u doit satisfaire à l'équation

$$\Phi_1\,(u) = \frac{\partial^2 u}{\partial x\,\partial y} + a\,\frac{\partial u}{\partial x} - \frac{\partial \log c}{\partial x}\,\frac{\partial u}{\partial y} + \left(c + \frac{\partial a}{\partial x} - a\,\frac{\partial \log c}{\partial x}\right) u = \mathrm{o}$$

et l'on a identiquement

$$(42) \qquad \frac{d\Phi\,(z)}{dx} - \frac{\partial \log c}{\partial x}\,\Phi\,(z) = \Phi_1\,(u).$$

L'équation $F(z) = o$ devient de même

$$F_1(u) = \frac{\partial^{n-1}u}{\partial x^{n-1}} + A_1 \frac{\partial^{n-2}u}{\partial x^{n-2}} + \ldots + A_{n-1}u = o.$$

En différentiant l'équation (42) plusieurs fois de suite par rapport à x, on en déduira $\frac{d\Phi(z)}{dx}$, $\frac{d^2\Phi(z)}{dx^2}$, $\ldots$, $\frac{d^{n-1}\Phi(z)}{dx^{n-1}}$ exprimées au moyen de $\Phi(z)$, $\Phi_1(u)$, $\frac{d\Phi_1(u)}{dx}$, $\ldots$, $\frac{d^{n-2}\Phi_1(u)}{dx^{n-2}}$; l'identité (41) devient, après la substitution,

$$(43) \quad \frac{d^{n-2}\Phi_1(u)}{dx^{n-2}} + \alpha_1' \frac{d^{n-3}\Phi_1(u)}{dx^{n-3}} + \ldots + \alpha_{n-2}'\Phi_1(u) + \gamma\Phi(z)$$
$$+ \beta_1 \frac{dF_1(u)}{dy} + \beta_2 F_1(u) = o.$$

Si l'on y remplace u par $\frac{\partial z}{\partial x}$, le seul terme en z est γc; il faudra donc que l'on ait $\gamma = o$, c'est-à-dire que les deux équations

$$\Phi_1(u) = o, \qquad F_1(u) = o$$

forment aussi un système en involution. Le raisonnement suppose toutefois que c n'est pas nul, c'est-à-dire que l'invariant k de l'équation proposée n'est pas nul. Mais, dans ce cas, la suite de Laplace s'arrêterait à l'équation elle-même.

En répétant la même transformation sur la nouvelle équation $\Phi_1(u) = o$ ou (E_{-1}), et ainsi de suite, ou bien on arrivera à une équation (E_{-j}), l'indice j étant inférieur à $n-1$, pour laquelle l'invariant k_{-j} sera nul, ou bien on arrivera à une équation (E_{1-n}) formant un système en involution avec une équation du premier ordre. L'invariant k_{1-n} sera évidemment nul, car cette équation pourra s'écrire

$$\frac{\partial}{\partial y} U + \beta U = o,$$

U étant le premier membre d'une équation linéaire du premier ordre. Dans les deux cas, la suite de Laplace est limitée du côté des indices négatifs, après $n-1$ transformations au plus.

111. La réciproque de la proposition générale, qui vient d'être établie, est à peu près évidente. Si la suite de Laplace, relative à l'équation (E), se termine à l'équation (E_{1-n}), elle admet pour intégrale une expression de la forme

$$z = BY + B_1 Y' + \ldots + B_{n-1} Y^{(n-1)},$$

$B, B_1, \ldots, B_{n-1}$ étant des fonctions déterminées de x et de y, et Y une
fonction arbitraire de y. Remplaçons Y successivement par $(n+1)$ fonctions $Y_1, Y_2, \ldots, Y_{n+1}$, choisies de telle façon que les intégrales correspondantes $z_1, z_2, \ldots, z_{n+1}$ soient linéairement distinctes. Entre les $(n+1)$
équations qui donnent $z_1, z_2, \ldots z_{n+1}$, on peut éliminer $B, B_1, \ldots B_{n-1}$,
de sorte que ces $n+1$ intégrales particulières vérifient la relation

$$\begin{vmatrix} z_1 & Y_1 & Y_1' & \ldots & Y_1^{(n-1)} \\ z_2 & Y_2 & Y_2' & \ldots & Y_2^{(n-1)} \\ \cdot & \cdot & \cdot & \cdot & \cdot \\ \cdot & \cdot & \cdot & \cdot & \cdot \\ z_{n+1} & Y_{n+1} & Y_{n+1}' & \ldots & Y_{n+1}^{(n-1)} \end{vmatrix} = o$$

dont tous les coefficients ne dépendent que de la variable y.

Si la suite de Laplace relative à l'équation (E) se termine à une
équation $(E_{-\mu})$, où $\mu < n-1$, elle admet une intégrale de la forme

$$z = BY + B_1 Y' + \ldots B_\mu Y^{(\mu)},$$

$B, B_1, \ldots, B_\mu$ étant des fonctions déterminées de x et de y, et Y une
fonction arbitraire de y. Soient, en outre, $v_1, v_2, \ldots, v_{n-\mu-1}$ des
intégrales de l'équation (E) qui ne rentrent pas dans la forme précédente. L'expression

$$z = C_1 v_1 + \ldots + C_{n-\mu-1} v_{n-\mu-1} + BY + B_1 Y' + \ldots B_\mu Y^{(\mu)}$$

est aussi une intégrale, quelles que soient les valeurs des constantes
$C_1, \ldots, C_{n-\mu-1}$. Si l'on attribue à la fonction Y successivement $(n+1)$
formes différentes et que l'on prenne en même temps pour les constantes $C_1, \ldots, C_{n-\mu-1}$, $(n+1)$ systèmes de valeurs différentes, on
obtient $(n+1)$ intégrales $z_1, z_2, \ldots, z_{n+1}$, entre lesquelles existe une
relation linéaire de la forme

$$\begin{vmatrix} z_1 & C_1^1 & \ldots & C_{n-\mu-1}^1 & Y_1 & Y_1' & \ldots & Y_1^{(\mu)} \\ \cdot & \cdot & \cdot & \cdot & \cdot & \cdot & \cdot & \cdot \\ \cdot & \cdot & \cdot & \cdot & \cdot & \cdot & \cdot & \cdot \\ z_{n+1} & C_1^{n+1} & \ldots & C_{n-\mu-1}^{n+1} & Y_{n+1} & Y_{n+1}' & \ldots & Y_{n+1}^{(\mu)} \end{vmatrix} = o,$$

dont les coefficients ne dépendent que de y. Il est clair qu'on peut toujours choisir les constantes C_i^k et les fonctions Y_1, Y_2, ..., Y_{n+1}, de telle façon que les $(n+1)$ intégrales z_1, z_2, ..., z_{n+1} soient linéairement distinctes et que les coefficients de la relation précédente soient différents de zéro.

112. Pour donner une application du théorème qui précède, reprenons le problème de la détermination des surfaces à lignes de courbure planes dans un système et supposons qu'on se donne sur la sphère de rayon 1 une famille de cercles, qui sont les images sphériques des lignes de courbure planes de la surface cherchée (I, p. 136-145). Si l'on écrit l'équation du plan tangent à une surface sous la forme (^{1})

$$(\alpha + \beta)\, x + i\, (\beta - \alpha)\, y + (\alpha\beta - 1)\, z + \xi = 0,$$

l'équation différentielle des lignes de courbure est

$$\frac{\partial^2 \xi}{\partial \alpha^2}\, d\alpha^2 - \frac{\partial^2 \xi}{\partial \beta^2}\, d\beta^2 = 0,$$

et les cosinus directeurs de la normale à la surface ont pour valeurs

$$(44) \qquad c = \frac{\beta + \alpha}{1 + \alpha\beta}, \qquad c' = i\,\frac{\beta - \alpha}{1 + \alpha\beta}, \qquad c'' = \frac{\alpha\beta - 1}{1 + \alpha\beta}.$$

La détermination des surfaces admettant une représentation sphérique donnée pour leurs lignes de courbure se ramène donc à l'intégration d'une équation de la forme

$$(45) \qquad \frac{\partial^2 \xi}{\partial \alpha^2} - \lambda\,(\alpha,\, \beta)\, \frac{\partial^2 \xi}{\partial \beta^2} = 0\,;$$

on a déjà remarqué que, si l'on prend deux nouvelles variables ρ, ρ_1, telles que les courbes $\rho = C^{te}$, $\rho_1 = C^{te}$ représentent respectivement les deux familles de courbes sphériques orthogonales qui sont les images sphériques des lignes de courbure (I, p. 144), l'équation (45) prend la forme

$$(46) \qquad \frac{\partial^2 \xi}{\partial \rho \partial \rho_1} + a\, \frac{\partial \xi}{\partial \rho} + b\, \frac{\partial \xi}{\partial \rho_1} = 0,$$

(^{1}) **Darboux**, *Théorie des Surfaces*, t. I, p. 246.

a et b étant des fonctions de ρ et de ρ_1. Cela posé, si les courbes $\rho = C^{te}$ sont des cercles, il existe deux combinaisons intégrables pour les équations différentielles de ce système de caractéristiques (I, p. 144 145) ; l'une d'elles est $d\rho = 0$, et par suite l'équation (46) admet une intégrale intermédiaire de la forme

$$\alpha \frac{\partial \xi}{\partial \rho} + \beta \xi = \varphi(\rho).$$

Il en résulte que l'invariant $k = \dfrac{\partial b}{\partial \rho_1} + ab$ relatif à l'équation (46) doit être nul, et la suite de Laplace relative à cette équation est limitée d'une part à l'équation elle-même.

D'autre part, lorsque ρ reste constant, le point de coordonnées (c, c', c'') décrit un petit cercle, et par conséquent on a une relation de la forme

$$c\varphi_1(\rho) + c'\varphi_2(\rho) + c''\varphi_3(\rho) + \varphi_4(\rho) = 0,$$

$\varphi_1(\rho)$, $\varphi_2(\rho)$, $\varphi_3(\rho)$, $\varphi_4(\rho)$ ne dépendant que de ρ ; en remplaçant c, c', c'' par leurs valeurs (44), on obtient une relation de même forme

$$(47) \qquad \alpha\beta\psi_1(\rho) + \alpha\psi_2(\rho) + \beta\psi_3(\rho) + \psi_4(\rho) = 0.$$

Or, quelle que soit la fonction $\lambda(\alpha, \beta)$, l'équation (45) admet les quatre intégrales $\alpha\beta$, α, β, 1 ; il en est évidemment de même de l'équation (46). Par conséquent, d'après le théorème général qui vient d'être démontré, la suite de Laplace relative à cette équation doit se terminer, après deux transformations au plus, à une équation d'indice positif. En réunissant ces résultats, on voit que l'intégrale générale de l'équation (46), dont dépend le problème, a pour expression

$$\xi = A\psi(\rho_1) + B\varphi(\rho) + B_1\varphi'(\rho) + B_2\varphi''(\rho),$$

A, B, B_1, B_2 étant des fonctions déterminées de ρ et de ρ_1, $\varphi(\rho)$ une fonction arbitraire de ρ, $\psi(\rho_1)$ une fonction arbitraire de ρ_1.

113. Toute équation linéaire de la forme

$$(48) \qquad Ar + 2Bs + Ct + Dp + Eq + Fz + G = 0,$$

où A, B, C, D, E, F, G sont des fonctions quelconques de x et de y, peut être ramenée à la forme

$$(49) \qquad \frac{\partial^2 z}{\partial u \partial v} + a\,\frac{\partial z}{\partial u} + b\,\frac{\partial z}{\partial v} + cz + M = 0,$$

pourvu que $B^2 - AC$ ne soit pas nul (I, n° 51). Il suffit de prendre pour nouvelles variables u et v, deux fonctions de x, y, satisfaisant respectivement aux deux relations

$$\frac{\partial u}{\partial x} + \lambda_1\,\frac{\partial u}{\partial y} = 0, \qquad \frac{\partial v}{\partial x} + \lambda_2\,\frac{\partial v}{\partial y} = 0,$$

λ_1 et λ_2 désignant les deux racines de l'équation

$$A\lambda^2 - 2B\lambda + C = 0.$$

Legendre a montré ([1]) qu'on peut appliquer directement à l'équation (48) une méthode analogue à celle de Laplace, sans être obligé de faire la transformation qui précède. M. Imschenetsky a présenté le procédé de Legendre sous une forme très simple.

L'un au moins des coefficients A, C étant différent de zéro, supposons, par exemple, que A ne soit pas nul. On peut alors diviser par A et écrire l'équation

$$(50)\quad r + (\lambda_1 + \lambda_2)\,s + \lambda_1\lambda_2 t + Dp + Eq + Fz + G = 0,$$

D, E, F, G n'ayant plus la même signification.

Posons alors

$$X(f) = \frac{\partial f}{\partial x} + \lambda_1\,\frac{\partial f}{\partial y}, \qquad Y(f) = \frac{\partial f}{\partial x} + \lambda_2\,\frac{\partial f}{\partial y},$$

d'où on tire inversement

$$\frac{\partial f}{\partial x} = \frac{\lambda_2 X(f) - \lambda_1 Y(f)}{\lambda_2 - \lambda_1}, \qquad \frac{\partial f}{\partial y} = \frac{Y(f) - X(f)}{\lambda_2 - \lambda_1}.$$

On aura aussi

$$(51)\quad \begin{cases} X[Y(f)] = \dfrac{\partial^2 f}{\partial x^2} + (\lambda_1 + \lambda_2)\,\dfrac{\partial^2 f}{\partial x \partial y} + \lambda_1\lambda_2\,\dfrac{\partial^2 f}{\partial y^2} + \dfrac{\partial f}{\partial y}\,X(\lambda_2), \\[2ex] Y[X(f)] = \dfrac{\partial^2 f}{\partial x^2} + (\lambda_1 + \lambda_2)\,\dfrac{\partial^2 f}{\partial x \partial y} + \lambda_1\lambda_2\,\dfrac{\partial^2 f}{\partial y^2} + \dfrac{\partial f}{\partial y}\,Y(\lambda_1), \end{cases}$$

[1] *Histoire de l'Académie des Sciences;* 1787. — *Mémoire sur l'intégration de quelques équations aux différences partielles*, § IV, p. 319 à 323.

de sorte que p, q et $r + (\lambda_1 + \lambda_2)s + \lambda_1\lambda_2 t$ peuvent s'exprimer linéairement au moyen de

$$X(z), \qquad Y(z), \qquad X[Y(z)],$$

et l'équation proposée peut être mise sous la forme

$$(52) \qquad X[Y(z)] + aX(z) + b\,Y(z) + cz + M = o,$$

a, b, c, M étant des fonctions de x et de y. On peut encore écrire cette équation

$$X\,|\,Y(z) + az\,| + b\,|\,Y(z) + az\,| + z\,|\,c - ab - X(a)\,| + M = o\,;$$

si le coefficient de z est nul,

$$h = X(a) + ab - c = o,$$

l'intégration de cette équation revient à l'intégration de deux équations du premier ordre successivement,

$$X(u) + bu + M = o,$$
$$Y(z) + az = u,$$

et l'équation (52) possède une intégrale intermédiaire dépendant d'une fonction arbitraire.

On obtient un nouveau cas d'intégrabilité en intervertissant l'ordre des opérations X et Y ; des relations (51) on déduit

$$X[Y(f)] - Y[X(f)] = |\,X(\lambda_2) - Y(\lambda_1)\,|\,\frac{\partial f}{\partial y}$$
$$= \mu\,[Y(f) - X(f)],$$

en posant

$$\mu = \frac{X(\lambda_2) - Y(\lambda_1)}{\lambda_2 - \lambda_1},$$

et l'équation (52) peut encore s'écrire

$$(53) \quad Y[X(z)] + (a - \mu)\,X(z) + (b + \mu)\,Y(z) + cz + M = o,$$

ou :

$$Y\,[X(z) + (b + \mu)\,z] + (a - \mu)\,[X(z) + (b + \mu)\,z]$$
$$+ [c - (a - \mu)(b + \mu) - Y(b + \mu)]\,z + M = o.$$

Si la quantité

$$k = \mathrm{Y}\,(b + \mu) + (a - \mu)\,(b + \mu) - c$$

est nulle, l'intégration de l'équation proposée se ramène à l'intégration de deux équations du premier ordre successivement,

$$\mathrm{Y}\,(u) + (a - \mu)\,u + \mathrm{M} = 0,$$
$$\mathrm{X}\,(z) + (b + \mu)\,z = u.$$

Les quantités que nous avons désignées par h et k

$$h = \mathrm{X}\,(a) + ab - c$$
$$k = \mathrm{Y}\,(b + \mu) + (a - \mu)\,(b + \mu) - c$$

jouent donc le même rôle que les invariants qui sont désignés par les mêmes lettres dans la théorie de l'équation réduite

$$s + ap + bq + cz = 0.$$

114. Si h n'est pas nul, on est conduit à une équation de même forme que la première en prenant pour nouvelle inconnue

$$z_1 = \mathrm{Y}\,(z) + az;$$

l'équation proposée peut, en effet, s'écrire

$$\mathrm{X}\,(z_1) + bz_1 + \mathrm{M} - hz = 0,$$

et l'élimination de z conduit à une équation du second ordre en z_1,

$$(54) \quad \mathrm{X}\,[\mathrm{Y}\,(z_1)] + a_1 \mathrm{X}\,(z_1) + b_1 \mathrm{Y}\,(z_1) + c_1 z_1 + \mathrm{M}_1 = 0;$$

où l'on a :

$$(55) \quad \left\{ \begin{array}{l} a_1 = a + \mu - \mathrm{Y}\,(\log h), \qquad b_1 = b - \mu, \\ c_1 = c - \mathrm{X}\,(a) + \mathrm{Y}\,(b) - b\mathrm{Y}\,(\log h), \\ \mathrm{M}_1 = \mathrm{Y}\,(\mathrm{M}) + \mathrm{M}\,[a - \mathrm{Y}\,(\log h)]. \end{array} \right.$$

Les valeurs des quantités analogues à h et k pour la nouvelle équation sont respectivement

$$(56) \quad \left\{ \begin{array}{l} h_1 = 2h - k - \mathrm{X}\,[\mathrm{Y}\,(\log h)] + \mathrm{X}\,(\mu) + \mathrm{Y}\,(\mu) + \mu\mathrm{Y}\,(\log h) - 2\mu^2 \\ k_1 = h, \end{array} \right.$$

et ne dépendent, par conséquent, que de h, k, μ.

CHAPITRE VI

LES SYSTÈMES EN INVOLUTION

Généralités sur les équations simultanées dont l'intégrale générale dépend d'un nombre fini de constantes arbitraires. — Intégrales communes à une équation du premier ordre et à une équation du second ordre. — Intégrales communes aux deux équations $r + f = 0$, $t + \varphi = 0$. — Systèmes en involution. — Multiplicités caractéristiques. — Systèmes linéaires. — Exemples divers. — Étude du système formé par deux équations du second ordre de forme quelconque. — Recherche des intégrales communes à une équation du second ordre et à une équation d'ordre n. — Extension des résultats précédents. — La méthode de M. Sophus Lie. — Remarque de M. de Tannenberg. — Théorèmes de M. J. König sur les systèmes complètement intégrables.

117. Depuis les travaux classiques de Cauchy, de M. Darboux et de Mme de Kowalewski sur les équations aux dérivées partielles, les systèmes d'équations simultanées, entre plusieurs fonctions inconnues et plusieurs variables indépendantes, ont été l'objet d'un certain nombre de recherches. Nous signalerons, parmi les Mémoires les plus importants, ceux de M. Julius König ([1]), de M. Hamburger ([2]), de M. Sophus Lie ([3]), de MM. Méray et Riquier ([4]), de M. Riquier seul ([5]), de M. Bourlet ([6]), de M. Beudon ([7]), de M. E. von Weber ([8]), de M. Tresse ([9]), de M. Delassus ([10]), etc. En particulier, le Mémoire de M. Riquier,

([1]) Ueber die Integration, etc. (*Mathematische Annalen*, t. XXIII).

([2]) *Crelle*, t. LXXXI, XCIII, CX.

([3]) Zur allgemeinen Theorie der partiellen Differentialgleichungen beliebiger Ordnung (*Berichte der Königl. Sächs Gesellschaft der Wissenschaften zu Leipzig*; 1895)

([4]) *Annales de l'Ecole normale*; 1890.

([5]) *Annales de l'Ecole normale*; 1893. *Mémoires des Savants étrangers*; t. XXXIII.

([6]) Thèse de Doctorat (Paris, 1891).

([7]) Thèse de Doctorat (Paris, 1896).

([8]) Ueber gewisse Systeme Pfaffscher Gleichungen (*Sitzungsberichte der k. bayer Akad. der Wissenschaften*. München; 1895).

([9]) Thèse de Doctorat (Paris, 1893).

([10]) *Annales de l'Ecole normale* (1896, 1897).

L'intégration de ces équations aux dérivées partielles du premier ordre se ramène, à son tour, à l'intégration des deux systèmes d'équations différentielles

$$\frac{dx}{1} = \frac{dy}{\lambda_1} = \frac{-\,du}{b_i u + M_i},$$

$$\frac{dx}{1} = \frac{dy}{\lambda_2} = \frac{-\,dz_i}{a_i z_i - u};$$

on est donc toujours obligé d'intégrer les deux équations différentielles du premier ordre

$$dy - \lambda_1 dx = 0, \qquad dy - \lambda_2 dx = 0,$$

c'est-à-dire de déterminer les caractéristiques de l'équation linéaire (48) qu'il s'agit d'intégrer. Le seul avantage du procédé de Legendre, c'est qu'il permet d'appliquer la transformation de Laplace avant d'avoir effectué la détermination des caractéristiques.

115. Les formules de récurrence établies plus haut pour calculer h_i, k_i, de proche en proche, sont d'une forme plus compliquée que dans le cas d'une équation ramenée à la forme réduite, où ne figure que $\dfrac{\partial^2 z}{\partial x \partial y}$ parmi les dérivées du second ordre. Ceci tient à la présence dans ces formules du facteur μ, ou encore à cette circonstance que les deux opérations $X\,(f)$ et $Y\,(f)$ ne sont pas, en général, permutables. Mais il est facile de voir que cette différence est plus apparente que réelle et qu'on peut remplacer, sans rien changer à l'exposition précédente, $X\,(f)$ et $Y\,(f)$ par deux opérations permutables. Posons, en effet :

$$X_1\,(f) = \alpha X\,(f), \qquad Y_1\,(f) = \beta Y\,(f),$$

α et β étant deux fonctions quelconques de x et de y; on aura

$$X_1\,[Y_1\,(f)] = \alpha X\,(\beta)\, Y\,(f) + \alpha\beta X\,[Y\,(f)],$$
$$Y_1\,[X_1\,(f)] = \beta Y\,(\alpha)\, X\,(f) + \alpha\beta Y\,[X\,(f)],$$

et, par suite,

$$X_1[Y_1\,(f)] - Y_1\,[X_1\,(f)] = \alpha X\,(\beta)\, Y\,(f) - \beta Y\,(\alpha)\, X\,(f) - \alpha\beta\mu \,\big\{ X\,(f) - Y\,(f) \big\}$$

puisque l'on a, par hypothèse,

$$X\,[Y\,(f)] - Y\,[X\,(f)] = \mu \,\big\{ Y\,(f) - X\,(f) \big\}.$$

Pour que les deux opérations $X_1(f)$ et $Y_1(f)$ soient permutables, c'est-à-dire pour que l'on ait identiquement

$$X_1[Y_1(f)] = Y_1[X_1(f)],$$

il suffira de prendre pour α et β deux fonctions satisfaisant respectivement aux deux relations

$$X(\log \beta) = -\mu, \qquad Y(\log \alpha) = -\mu;$$

les fonctions α et β étant ainsi déterminées, l'équation du second ordre proposée peut s'écrire aussi

$$X_1[Y_1(z)] + aX_1(z) + bY_1(z) + cz + M = o,$$

a, b, c, M n'ayant plus la même signification que plus haut, et l'on peut répéter sur cette équation tous les raisonnements qui ont été faits sur l'équation

$$\frac{\partial^2 z}{\partial x \partial y} + a\frac{\partial z}{\partial x} + b\frac{\partial z}{\partial y} + cz + M = o,$$

en remplaçant partout $\dfrac{\partial f}{\partial x}$ par $X_1(f)$ et $\dfrac{\partial f}{\partial y}$ par $Y_1(f)$ (¹).

116. Tous les raisonnements qui ont été faits jusqu'ici s'appliquent aussi bien aux valeurs imaginaires des variables qu'aux valeurs réelles. Lorsque les coefficients de l'équation (48) sont des fonctions réelles de x et de y, et qu'on ne veut employer que des transformations réelles, il y a lieu de distinguer trois cas.

1°. — Si $B^2 - AC$ est positif, les caractéristiques de l'équation proposée sont réelles, et on dit qu'elle appartient au type *hyperbolique*. On peut, *par une substitution réelle*, ramener cette équation à la forme

$$\frac{\partial^2 z}{\partial x \partial y} + a\frac{\partial z}{\partial x} + b\frac{\partial z}{\partial y} + cz + M = o;$$

on peut ensuite, en remplaçant z par $\lambda z + \mu$, λ et μ étant des fonctions convenablement choisies de x et de y, faire disparaître le terme indé-

---

(¹) Au sujet des invariants de l'équation linéaire de forme générale, on pourra consulter deux notes récentes, de M. Cotton (*Comptes Rendus de l'Académie des Sciences;* 30 *novembre* 1896) et de M. Burgatti (*Rendiconti della R. Accademia dei Lincei;* 20 *décembre* 1896), ainsi que le travail inséré par ce dernier, en 1895, au tome 23 des *Annali di Matematica*, 2ᵉ série.

pendant M et un des coefficients, et prendre pour forme réduite une des trois formes

$$\frac{\partial^2 z}{\partial x \partial y} + a\,\frac{\partial z}{\partial x} + b\,\frac{\partial z}{\partial y} = 0,$$

$$\frac{\partial^2 z}{\partial x \partial y} + a\,\frac{\partial z}{\partial x} + cz = 0,$$

$$\frac{\partial^2 z}{\partial x \partial y} + b\,\frac{\partial z}{\partial y} + cz = 0.$$

Mais on ne peut pas, en général, faire disparaître plus d'un des coefficients a, b, c.

2°. — Si $B^2 - AC$ est négatif, les caractéristiques sont imaginaires, et l'équation appartient au type *elliptique*. On ne peut plus la ramener à la forme précédente par une substitution réelle, mais on peut prendre pour forme canonique

$$\frac{\partial^2 z}{\partial u^2} + \frac{\partial^2 z}{\partial v^2} + a\,\frac{\partial z}{\partial u} + b\,\frac{\partial z}{\partial v} + cz + M = 0,$$

les nouvelles variables u et v étant des fonctions réelles de x et de y. En effet, si ces fonctions u et v satisfont aux relations

$$\frac{\partial u}{\partial x} = \alpha\,\frac{\partial u}{\partial y} - \beta\,\frac{\partial v}{\partial y}, \qquad \frac{\partial v}{\partial x} = \alpha\,\frac{\partial v}{\partial y} + \beta\,\frac{\partial u}{\partial y},$$

on vérifie aisément (I, n° 51 ; p. 103) que la nouvelle équation aura la forme voulue, pourvu qu'on ait

$$A\alpha + B = 0, \qquad A^2\beta^2 = AC - B^2;$$

comme $AC - B^2$ est positif, α et β sont réels, et on peut, par conséquent, prendre pour u et v des fonctions réelles de x et de y. Une transformation telle que $z = \lambda z' + \mu$ permettra ensuite de faire disparaître M et un des coefficients a, b, c.

3°. — Enfin, lorsque $B^2 - AC = 0$, il n'y a plus qu'un système de caractéristiques, qui est nécessairement réel, et l'équation appartient au type *parabolique*. Si l'on choisit un nouveau système de variables u et v, telles que les caractéristiques soient les courbes $v = C^{te}$, l'équation prendra la forme

$$\frac{\partial^2 z}{\partial u^2} + a\,\frac{\partial z}{\partial u} + b\,\frac{\partial z}{\partial v} + cz + M = 0;$$

en changeant z en $\lambda z + \mu$, on peut ensuite faire disparaître le terme, indépendant M et le coefficient de z, et il reste une équation

$$\frac{\partial^2 z}{\partial u^2} + a\,\frac{\partial z}{\partial u} + b\,\frac{\partial z}{\partial v} = 0.$$

Mais on peut ici pousser plus loin la simplification, comme on l'a déjà remarqué (I, note de la page 152). En effet, prenons pour variables indépendantes v et une intégrale u_1 de l'équation elle-même ; l'équation ne change pas de forme, et, comme elle doit admettre la solution $z = u_1$, le coefficient de $\frac{\partial z}{\partial u_1}$ doit être nul. On peut donc adopter comme forme réduite d'une équation linéaire du type parabolique l'équation

$$\frac{\partial^2 z}{\partial x^2} + b\,\frac{\partial z}{\partial y} = 0 ;$$

on voit de plus que cette forme réduite n'est pas unique, mais peut être obtenue d'une infinité de façons.

Remarque. — Soit

$$\frac{\partial^2 z}{\partial x^2} + \frac{\partial^2 z}{\partial y^2} + a\,\frac{\partial z}{\partial x} + b\,\frac{\partial z}{\partial y} + cz = 0$$

une équation du type elliptique ; les deux expressions

$$H = \frac{\partial a}{\partial y} - \frac{\partial b}{\partial x}, \quad K = \frac{\partial a}{\partial x} + \frac{\partial b}{\partial y} + \frac{a^2 + b^2}{2} - 2c$$

sont deux invariants relativement à la transformation $z = \lambda z'$. Si H et K sont nuls, on peut ramener l'équation proposée à l'équation de Laplace $\frac{\partial^2 z}{\partial x^2} + \frac{\partial^2 z}{\partial y^2} = 0$. Si H est nul et K différent de zéro, on peut ramener l'équation à la forme $\frac{\partial^2 z}{\partial x^2} + \frac{\partial^2 z}{\partial y^2} + cz = 0$; si K est nul, l'équation peut s'écrire

$$\beta\,\frac{\partial^2 \alpha z}{\partial x^2} + \alpha\,\frac{\partial^2 \beta z}{\partial y^2} = 0,$$

α et β étant des fonctions de x et de y [1].

[1] Burgatti, *loc. cit. Annali di Matematica*, t. 23, 2ᵉ série.

CHAPITRE VI

LES SYSTÈMES EN INVOLUTION

Généralités sur les équations simultanées dont l'intégrale générale dépend d'un nombre fini de constantes arbitraires. — Intégrales communes à une équation du premier ordre et à une équation du second ordre. — Intégrales communes aux deux équations $r + f = o$, $t + \varphi = o$. — Systèmes en involution. — Multiplicités caractéristiques. — Systèmes linéaires. — Exemples divers. — Étude du système formé par deux équations du second ordre de forme quelconque. — Recherche des intégrales communes à une équation du second ordre et à une équation d'ordre n. — Extension des résultats précédents. — La méthode de M. Sophus Lie. — Remarque de M. de Tannenberg. — Théorèmes de M. J. König sur les systèmes complètement intégrables.

117. Depuis les travaux classiques de Cauchy, de M. Darboux et de Mme de Kowalewski sur les équations aux dérivées partielles, les systèmes d'équations simultanées, entre plusieurs fonctions inconnues et plusieurs variables indépendantes, ont été l'objet d'un certain nombre de recherches. Nous signalerons, parmi les Mémoires les plus importants, ceux de M. Julius König [1], de M. Hamburger [2], de M. Sophus Lie [3], de MM. Méray et Riquier [4], de M. Riquier seul [5], de M. Bourlet [6], de M. Beudon [7], de M. E. von Weber [8], de M. Tresse [9], de M. Delassus [10], etc. En particulier, le Mémoire de M. Riquier,

[1] Ueber die Integration, etc. (*Mathematische Annalen*, t. XXIII).

[2] *Crelle*, t. LXXXI, XCIII, CX.

[3] Zur allgemeinen Theorie der partiellen Differentialgleichungen beliebiger Ordnung (*Berichte der Königl. Sächs Gesellschaft der Wissenschaften zu Leipzig;* 1895)

[4] *Annales de l'Ecole normale;* 1890.

[5] *Annales de l'Ecole normale;* 1893. *Mémoires des Savants étrangers;* t. XXXIII.

[6] Thèse de Doctorat (Paris, 1891).

[7] Thèse de Doctorat (Paris, 1896).

[8] Ueber gewisse Systeme Pfaffscher Gleichungen (*Sitzungsberichte der k. bayer Akad. der Wissenschaften.* München; 1895).

[9] Thèse de Doctorat (Paris, 1893).

[10] *Annales de l'Ecole normale* (1896, 1897).

publié dans le tome XXXIII des *Mémoires des Savants étrangers*, et les travaux de M. Delassus contiennent des résultats tout à fait généraux. Comme notre but n'est pas d'écrire une théorie générale des équations aux dérivées partielles simultanées, nous n'emprunterons que peu de chose aux travaux précédents, et les résultats dont il sera fait usage seront établis directement.

Un système d'équations aux dérivées partielles, entre m fonctions z_1, z_2, ..., z_m et n variables indépendantes x_1, x_2, ... x_n, est dit *intégrable*, s'il existe au moins un système de fonctions

$$z_1 = \varphi_1 (x_1, x_2, \quad ..., \quad x_n),$$
$$\cdot \quad \cdot \quad \cdot \quad \cdot \quad \cdot \quad \cdot \quad \cdot \quad \cdot$$
$$z_m = \varphi_m (x_1, x_2, \quad ..., \quad x_n),$$

telles qu'en remplaçant z_1, z_2, ..., z_m par ces fonctions dans les premiers membres des équations proposées les résultats soient identiquement nuls. Soit p l'ordre des dérivées de l'ordre le moins élevé qui figurent dans ces équations ; si toute équation, d'ordre égal ou inférieur à p, qui admet toutes les intégrales du système, est une conséquence *algébrique* de ces équations, on dit que le système est *complètement intégrable* (*unbeschränkt integrabel*).

Il peut arriver qu'un système de m équations, renfermant moins de m inconnues, admette des intégrales dépendant d'une infinité de constantes arbitraires. M. Sophus Lie a proposé d'appeler *systèmes de Darboux* les systèmes qui possèdent cette propriété. Il y aurait encore lieu de les distinguer en plusieurs classes, la classe la plus importante étant formée par les systèmes de Darboux, dont l'intégrale générale possède le plus haut degré de généralité possible, ou *systèmes en involution*. Nous donnerons un peu plus loin une définition plus précise des systèmes en involution, pour le cas qui nous occupe. Par intégrale générale d'un pareil système, nous entendons toujours l'ensemble des intégrales dont l'existence est démontrée par les théorèmes généraux qui vont suivre.

118. Parmi les systèmes d'équations aux dérivées partielles

$$(1) \qquad\qquad F_1 = 0, \quad ..., \quad F_\mu = 0,$$

à n variables indépendantes et à m fonctions inconnues z_1, z_2, ..., z_m, il y a lieu de distinguer tout d'abord ceux qui sont tels qu'en poussant assez loin la différentiation des équations (1) on puisse exprimer toutes les dérivées d'un certain ordre des fonctions inconnues au moyen des variables, des fonctions inconnues elles-mêmes et des dérivées d'ordre inférieur. De pareils systèmes ont été considérés par M. Sophus Lie (¹) et par M. Bourlet (²). Il est clair que l'intégrale générale d'un pareil système ne peut dépendre que d'un nombre *fini* de constantes arbitraires ; en effet, si toutes les dérivées d'ordre p, par exemple, des fonctions inconnues s'expriment au moyen des dérivées d'ordre inférieur à p, il en sera de même de toutes les dérivées d'ordre supérieur à p. On connaîtra donc les valeurs de toutes les dérivées partielles des fonctions inconnues en un point $(x_1^0, \ldots x_n^0)$, où ces fonctions sont supposées régulières, dès qu'on connaîtra les valeurs en ce même point des fonctions inconnues et d'un nombre fini de leurs dérivées ; les coefficients des développements de ces m fonctions ne peuvent donc dépendre que d'un nombre fini de constantes.

Il ne s'ensuit pas qu'un système de cette espèce soit toujours intégrable, ni que l'intégrale générale dépende d'un nombre de constantes égal au nombre des fonctions inconnues, augmenté du nombre des dérivées d'ordre inférieur à p au moyen desquelles s'expriment toutes les dérivées d'ordre p et d'ordre inférieur ; il faut, en outre, que certaines conditions d'intégrabilité soient vérifiées. Nous renverrons pour ce point au travail de M. Bourlet, en rappelant seulement le résultat essentiel, qui est le suivant : *Étant donné un système de l'espèce précédente, on peut toujours, par des différentiations et des opérations algébriques, reconnaître si ce système est incompatible, ou trouver le nombre de constantes arbitraires dont dépend l'intégrale générale ; la détermination de cette intégrale est ramenée à l'intégration d'un système d'équations différentielles ordinaires.*

Nous ferons seulement, relativement aux conditions d'intégrabilité, une remarque à peu près évidente, et qui sera utile par la suite. Soit z une fonction inconnue de n variables indépendantes $x_1, x_2, \ldots x_n$, devant satisfaire à un système de μ équations d'ordre r,

$$(2) \qquad F_1 = o, \qquad F_2 = o, \qquad \ldots, \qquad F_\mu = o,$$

μ étant égal au nombre des dérivées partielles d'ordre r ; nous supposons que le déterminant fonctionnel des μ fonctions $F_1, F_2, \ldots, F_\mu$, par rapport aux dérivées d'ordre r, n'est pas identiquement nul, de telle sorte qu'on puisse tirer des équations (2) les valeurs des dérivées de cet ordre au moyen des dérivées d'ordre inférieur. En introduisant comme inconnues auxiliaires toutes les dérivées partielles $p_{\alpha_1 \alpha_2}, \ldots, \alpha_n$

(¹) *Theorie der Transformationsgruppen*, t. I, chap. x.
(²) Thèse de Doctorat (1ʳᵉ partie).

d'ordre inférieur à r, on peut former un système d'équations aux différentielles totales

$$(3) \quad \begin{cases} dz = p_{100...}dx_1 + p_{010...}dx_2 + ... + p_{00...1}dx_n, \\ dp_{\alpha_1,\alpha_2...\alpha_n} = p_{\alpha_1+1,\alpha_2,...\alpha_n}dx_1 + ... + p_{\alpha_1,\alpha_2,...\alpha_n+1}dx_n, \end{cases}$$

la somme $\alpha_1 + \alpha_2 + ... + \alpha_n$ étant égale ou inférieure à $r - 1$, qui est équivalent au système proposé (2). Il y a un certain nombre de conditions d'intégrabilité de ce système qui sont vérifiées identiquement ; ce sont celles qui sont du type

$$\frac{\partial p_{\alpha_1+1,\alpha_2...\alpha_n}}{\partial x_2} = \frac{\partial p_{\alpha_1,\alpha_2+1,...\alpha_n}}{\partial x_1},$$

où la somme $\alpha_1 + \alpha_2 + ... + \alpha_n$ est inférieure à r ; les seules conditions d'intégrabilité qui ne sont pas toujours vérifiées sont donc celles de la forme précédente où la somme $\alpha_1 + ... + \alpha_n$ est égale à r. Ces équations de condition peuvent s'écrire

$$(4) \quad \begin{cases} \dfrac{\partial p_{\alpha_1...,\alpha_i...\alpha_k,...,\alpha_n}}{\partial x_k} = \dfrac{\partial p_{\alpha_1,\alpha_i-1,...,\alpha_k+1...\alpha_n}}{\partial x_i} \\ (\alpha_1 + \alpha_2 + ... + \alpha_n = r). \end{cases}$$

En différentiant les μ équations (2) par rapport à x_h, on peut calculer les valeurs des μ dérivées

$$\frac{\partial p_{\alpha_1,\alpha_2,...,\alpha_n}}{\partial x_h},$$

puisque, par hypothèse, le déterminant fonctionnel des fonctions $F_1, ..., F_\mu$ n'est pas nul. En faisant successivement $h = 1, 2, ..., n$, et en imaginant qu'on substitue les valeurs obtenues dans les équations de condition, on voit que ces conditions expriment que les relations obtenues en différentiant les μ équations (2) par rapport à l'une quelconque des variables $x_1, ..., x_n$, qui sont en nombre $n\mu$, permettent de déterminer un système de valeurs unique pour les dérivées d'ordre $r + 1$ de la fonction inconnue.

Donc, *pour que le système formé par les équations (2) soit complètement intégrable, il faut et il suffit que les $n\mu$ équations obtenues en différentiant ces équations par rapport à chacune des variables se réduisent à μ' équations distinctes (μ' étant le nombre des dérivées d'ordre $r + 1$).*

Ceci peut avoir lieu en tenant compte des équations (2) elles-mêmes, ou identiquement; dans ce dernier cas, les équations

$$F_1 = C_1, \qquad F_2 = C_2, \quad ..., \quad F_\mu = C_\mu,$$

forment elles-mêmes un système complètement intégrable, quelles que soient les valeurs des constantes C_i.

119. Considérons maintenant en particulier une fonction z de deux variables indépendantes x et y, et soit

$$p_{i,k} = \frac{\partial^{i+k} z}{\partial x^i \partial y^k};$$

un élément d'ordre n (I, p. 181) est un système particulier de valeurs $(x, y, z, p_{10}, p_{01}, p_{20}, ..., p_{0n})$ attribuées à x, y, z, et à toutes les quantités $p_{i,k}$ pour lesquelles la somme $i + k$ ne dépasse pas n. Deux éléments infiniment voisins d'ordre n

$$(x, y, z, \quad ..., \quad p_{ik}, \quad ...)$$
$$(x + dx, y + dy, z + dz, \quad ..., \quad p_{ik} + dp_{ik}, \quad ...)$$

sont dits *unis* lorsque l'on a

$$dz = p_{10}\, dx + p_{01}\, dy,$$
$$dp_{i,k} = p_{i+1, k}\, dx + p_{i, k+1}\, dy, \qquad (i + k \leqq n - 1).$$

Il est clair qu'une surface quelconque détermine une double infinité d'éléments unis d'ordre n; une courbe située sur cette surface détermine une infinité simple d'éléments unis d'ordre n; nous appellerons une telle multiplicité une *orientation* d'éléments d'ordre n, et nous dirons que la courbe considérée sert de *support* à cette orientation d'éléments.

Étant donné un système d'équations aux dérivées partielles

$$F_1 = 0, \qquad F_2 = 0, \quad ..., \quad F_\mu = 0,$$

où les dérivées d'ordre le plus élevé qui figurent sont celles d'ordre n, il est naturel, en adoptant les idées introduites par M. Lie pour les équations du premier ordre, d'appeler *intégrale* tout système doublement infini d'éléments unis d'ordre n, vérifiant ces équations. Cette définition s'applique à des intégrales qui ne représentent pas de surfaces, ni même des multiplicités doublement infinies d'éléments du premier ordre. Ainsi soit

$$(5) \qquad \mathrm{H}r + 2\mathrm{K}s + \mathrm{L}t + \mathrm{M} + \mathrm{N}\,(rt - s^2) = 0$$

une équation du second ordre, et soit M_1 une multiplicité caractéristique du premier ordre (I, n° 27) représentée par les équations

$$(6) \qquad y = f_1\,(x), \quad z = f_2\,(x), \quad p = \varphi_1\,(x), \quad q = \varphi_2\,(x).$$

Si on ajoute aux équations précédentes les relations

$$dp = r\,dx + s\,dy, \qquad dq = s\,dx + t\,dy,$$

ou

$$\varphi_1'\,(x) = r + s f_1'\,(x), \qquad \varphi_2'\,(x) = s + t f_1'\,(x),$$

on peut en tirer y, z, p, q, r, s, t, exprimées au moyen de deux variables indépendantes, x et t par exemple. On a donc ainsi une multiplicité doublement infinie d'éléments unis du second ordre; cette multiplicité est une *intégrale* de l'équation (5), au sens plus étendu du mot. En effet, la multiplicité M_1 étant une multiplicité caractéristique du premier ordre, si on tire des relations

$$dp = r\,dx + s\,dy, \qquad dq = s\,dx + t\,dy$$

r et s en fonction de t, et qu'on substitue dans l'équation proposée (5), on est conduit nécessairement à une identité (t. I ; n° 22).

Soit

$$(7) \qquad \mathrm{F}\,(x, y, z, p, q, r, s, t) = 0$$

une équation du second ordre de forme quelconque. Quand on se propose de déterminer une intégrale de cette équation admettant une multiplicité simplement infinie M_1 d'éléments du premier ordre donnée, c'est-à-dire passant par une courbe C et ayant un plan tangent donné en chaque point de cette courbe, on a vu déjà que l'on pouvait, par des différentiations et des calculs algébriques, calculer de proche en proche les valeurs des dérivées secondes, des dérivées troisièmes, etc., de la fonction inconnue en tous les points de la courbe C (t. I, n° 16), sauf dans des cas exceptionnels, et en particulier dans le cas où la multiplicité M_1 appartient à une caractéristique. En d'autres termes, la connaissance d'une courbe C située sur une surface intégrale et du plan tangent en chaque point de cette courbe permet de déterminer l'orientation d'éléments d'ordre n de la surface intégrale tout le long de cette courbe, quel que soit le nombre entier n.

Nous dirons, pour abréger, qu'une orientation d'éléments d'ordre n $(n > 2)$ appartient à l'équation (7), lorsque les coordonnées de tous les éléments de cette multiplicité satisfont à cette équation et à toutes celles qu'on en déduit par des différentiations successives. Toute orientation d'éléments d'ordre n, appartenant à l'équation (7), détermine une intégrale et une seule de cette équation, sauf lorsque cette orientation est une caractéristique:

120. Nous nous proposons, dans ce chapitre, d'étudier les systèmes formés par une équation du second ordre et une ou plusieurs équations d'ordre quelconque.

Considérons d'abord un système formé d'une équation du second ordre

$$\text{(8)} \qquad F(x, y, z, p, q, r, s, t) = o$$

et d'une équation du premier ordre

$$\text{(9)} \qquad q = f(x, y, z, p).$$

On déduit de l'équation (9), en différentiant successivement par rapport à x et par rapport à y,

$$s = \frac{\partial f}{\partial x} + \frac{\partial f}{\partial z} p + \frac{\partial f}{\partial p} r,$$

$$t = \frac{\partial f}{\partial y} + \frac{\partial f}{\partial z} f + \frac{\partial f}{\partial p} \left\{ \frac{\partial f}{\partial x} + \frac{\partial f}{\partial z} p + \frac{\partial f}{\partial p} r \right\},$$

et, en portant ces valeurs de q, s, t dans l'équation du second ordre, il reste une relation entre x, y, z, p, r,

$$\text{(10)} \qquad \Phi(x, y, z, p, r) = o.$$

Plusieurs cas peuvent se présenter : si la relation (10) se réduit à une identité, l'équation (8) est une conséquence de l'équation (9) et admet, par conséquent, toutes les intégrales de cette équation du premier ordre. Si la relation (10) contient r, on voit que q, r, s, t et, par suite, toutes les dérivées d'ordre supérieur au second s'expriment au moyen de x, y, z, p. La solution la plus générale du système formé par les équations (8) et (9) dépend donc au plus de deux constantes arbitraires, si toutes les conditions d'intégrabilité sont vérifiées; en supposant, par exemple, que l'intégrale soit holomorphe dans le voisinage d'un point (x_0, y_0), elle est complètement déterminée, si on connaît les valeurs initiales $z = z_0$, $p = p_0$, pour $x = x_0$, $y = y_0$. Si la relation (10) ne contient pas r, mais contient p, on aura p et q exprimés au moyen de x, y, z; l'intégrale commune ne dépend donc que d'une constante arbitraire, si la condition d'intégrabilité est vérifiée.

En résumé, lorsque l'équation du premier ordre (9) n'est pas une intégrale intermédiaire de l'équation du second ordre (8), l'intégrale générale de ce système d'équations dépend de *deux* constantes arbitraires *au plus*.

121. Prenons maintenant un système de deux équations du second ordre ([1]) que nous supposerons résolues par rapport à deux des trois dérivées du second ordre r, s, t. Pour que cette résolution fût impossible, il faudrait, en effet, que l'on pût déduire des deux équations proposées une nouvelle équation ne renfermant plus de dérivées du second ordre, et on serait ramené au cas qui vient d'être examiné. On peut donc supposer les deux équations résolues par rapport à l'un des couples de dérivées (r, t), (r, s), (s, t), et, comme le troisième cas se ramène au second en permutant x et y, on peut le négliger. Si les équations sont résolues par rapport à r et à s

$$r + f(x, y, z, p, q, t) = 0, \qquad s + \varphi(x, y, z, p, q, t) = 0,$$

on peut admettre que φ ne contient pas t, car autrement la dernière équation donnerait t, et on serait ramené au premier cas. Lorsque φ ne contient pas t, en faisant le changement de variables

$$x = x', \qquad y = x' + y',$$

les deux équations précédentes deviennent

$$r' - 2s' + t' + f(x', x' + y', z, p' - q', q', t') = 0,$$
$$s' - t' + \varphi(x', x' + y', z, p' - q', q') = 0,$$

où

$$p' = \frac{\partial z}{\partial x'}, \quad q' = \frac{\partial z}{\partial y'}, \quad r' = \frac{\partial^2 z}{\partial x'^2}, \quad s' = \frac{\partial^2 z}{\partial x' \partial y'}, \quad t' = \frac{\partial^2 z}{\partial y'^2},$$

et peuvent être résolues par rapport à t' et r'. On peut donc toujours supposer, sans diminuer la généralité, que les deux équations du second

([1]) Bianchi, *Rendiconti dell' Accademia dei Lincei*, 4ᵉ série, t. II, p. 218, 237, 307 (1886). E. von Weber, *Mathematische Annalen*, t. 47. Brudon, *Thèse de Doctorat*.

ordre considérées sont résolues par rapport aux dérivées r et t'

$$(11) \quad \begin{cases} r + f(x, y, z, p, q, s) = 0, \\ t + \varphi(x, y, z, p, q, s) = 0. \end{cases}$$

Nous nous proposons de rechercher les intégrales de ce système qui sont holomorphes dans le voisinage d'un point (x_0, y_0), et qui sont telles que les fonctions f et φ soient elles-mêmes holomorphes dans le voisinage des valeurs correspondantes $(x_0, y_0, z_0, p_0, q_0, s_0)$. Les dérivées du troisième ordre de la fonction inconnue sont déterminées par les quatre équations

$$(12) \quad \begin{cases} \alpha + \dfrac{\partial f}{\partial s}\beta + \left(\dfrac{df}{dx}\right) = 0, \\[2ex] \beta + \dfrac{\partial f}{\partial s}\gamma + \left(\dfrac{df}{dy}\right) = 0, \\[2ex] \gamma + \dfrac{\partial \varphi}{\partial s}\beta + \left(\dfrac{d\varphi}{dx}\right) = 0, \\[2ex] \delta + \dfrac{\partial \varphi}{\partial s}\gamma + \left(\dfrac{d\varphi}{dy}\right) = 0, \end{cases}$$

où on a posé

$$\alpha = \frac{\partial^3 z}{\partial x^3}, \quad \beta = \frac{\partial^3 z}{\partial x^2 \partial y}, \quad \gamma = \frac{\partial^3 z}{\partial x \partial y^2}, \quad \delta = \frac{\partial^3 z}{\partial y^3},$$

$$\left(\frac{d}{dx}\right) = \frac{\partial}{\partial x} + \frac{\partial}{\partial z}p - \frac{\partial}{\partial p}f + \frac{\partial}{\partial q}s,$$

$$\left(\frac{d}{dy}\right) = \frac{\partial}{\partial y} + \frac{\partial}{\partial z}q + \frac{\partial}{\partial p}s - \frac{\partial}{\partial q}\varphi.$$

Les deux équations intermédiaires (12) peuvent être résolues par rapport à β et γ, pourvu que le déterminant

$$\begin{vmatrix} 1 & \dfrac{\partial f}{\partial s} \\[2ex] \dfrac{\partial \varphi}{\partial s} & 1 \end{vmatrix} = 1 - \frac{\partial f}{\partial s}\frac{\partial \varphi}{\partial s}$$

ne soit pas nul ; la première et la dernière des équations (12) donnent ensuite α et δ. Dans ce cas, toutes les dérivées successives de la fonction inconnue peuvent être calculées de proche en proche, dès qu'on connaît les valeurs de z, p, q, s. L'intégrale générale du système (11) dépend donc au plus de *quatre* constantes arbitraires, et il n'en est ainsi que si toutes les conditions d'intégrabilité sont vérifiées. Si

$1 - \frac{\partial f}{\partial s}\frac{\partial \varphi}{\partial s} = 0$, on peut éliminer β et γ entre les équations (12), et on est conduit à la nouvelle relation

$$(13) \qquad \left(\frac{df}{dy}\right) - \frac{\partial f}{\partial s}\left(\frac{d\varphi}{dx}\right) = 0,$$

qui est vérifiée par toute intégrale commune aux équations (11). Nous avons encore à distinguer plusieurs cas : 1° lorsque la relation (13) contient s, les équations (11) et (13) donnent r, s, t en fonction de x, y, z, p, q, et on peut, par conséquent, calculer toutes les dérivées de la fonction inconnue dès qu'on connaît z, p, q : l'intégrale générale du système (11) dépend au plus de 3 constantes arbitraires; 2° si la relation (13) ne contient pas s, sans se réduire à une identité, elle constitue une équation du premier ordre, et on retombe sur le cas qui vient d'être examiné; 3° il ne reste donc plus à étudier que le cas où l'on a à la fois identiquement

$$(14) \qquad 1 - \frac{\partial f}{\partial s}\frac{\partial \varphi}{\partial s} = 0, \qquad \left(\frac{df}{dy}\right) - \frac{\partial f}{\partial s}\left(\frac{d\varphi}{dx}\right) = 0.$$

Nous dirons alors, avec M. Sophus Lie, que les équations (11) forment un *système en involution*. Un système de cette espèce admet une infinité d'intégrales dépendant d'une infinité de constantes arbitraires.

122. Remarquons d'abord que les équations (12) se réduisent à trois équations distinctes seulement

$$(15)\; A = \alpha + \frac{\partial f}{\partial s}\beta + \left(\frac{df}{dx}\right) = 0,\; B = \beta + \frac{\partial f}{\partial s}\gamma + \left(\frac{df}{dy}\right) = 0,\; C = \delta + \frac{\partial \varphi}{\partial s}\gamma + \left(\frac{d\varphi}{dy}\right) = 0,$$

puisque la relation

$$B_1 = \gamma + \frac{\partial \varphi}{\partial s}\beta + \left(\frac{d\varphi}{dx}\right) = 0$$

est équivalente à l'équation $B = 0$; on peut donc choisir arbitrairement la valeur d'une des dérivées troisièmes α, β, γ, δ. Il en est de même pour chaque ordre de dérivées. Les dérivées d'ordre $n + 3$ vérifient, en effet, les $3n + 3$ équations obtenues en différentiant les trois équations $A = 0$, $B = 0$, $C = 0$, n fois de suite par rapport à x et à y,

$$\frac{d^n A}{dx^n} = 0, \qquad \frac{d^n A}{dx^{n-1}\,dy} = 0, \qquad \cdots, \qquad \frac{d^n A}{dy^n} = 0,$$

$$\frac{d^n B}{dx^n} = 0, \qquad \cdots, \qquad \cdots, \qquad \frac{d^n B}{dy^n} = 0,$$

$$\frac{d^n C}{dx^n} = 0, \qquad \cdots, \qquad \cdots, \qquad \frac{d^n C}{dy^n} = 0,$$

et celles-là seulement, car la différentiation de l'équation

$$B_1 = \gamma + \frac{\partial \varphi}{\partial s}\,\beta + \left(\frac{d\varphi}{dx}\right) = 0$$

donne des relations comprises dans les précédentes. Or, d'après la dépendance qui existe entre A et B, les $2n + 2$ équations des deux premières lignes précédentes se réduisent à $n + 2$ équations distinctes. Pour la même raison les $2n + 2$ équations

$$\frac{d^n B_1}{dx^n} = 0, \qquad \cdots, \qquad \frac{d^n B_1}{dy^n} = 0,$$

$$\frac{d^n C}{dx^n} = 0, \qquad \cdots, \qquad \frac{d^n C}{dy^n} = 0,$$

se réduisent à $n + 2$ équations seulement, et comme le système

$$\frac{d^n B_1}{dx^n} = 0, \qquad \cdots, \qquad \frac{d^n B_1}{dy^n} = 0,$$

est équivalent au système

$$\frac{d^n B}{dx^n} = 0, \qquad \cdots, \qquad \frac{d^n B}{dy^n} = 0,$$

en tenant compte des relations qui lient les dérivées précédentes, on voit donc qu'on n'a en tout que $n + 3$ équations distinctes entre les $n + 4$ dérivées d'ordre $n + 3$. Ainsi on aura quatre équations seulement entre les cinq dérivées du quatrième ordre, cinq équations entre les six dérivées du cinquième ordre, etc. On peut donc, dans chaque ordre, choisir arbitrairement la valeur d'une dérivée partielle, par exemple se donner les valeurs initiales de toutes les dérivées $\frac{\partial^n z}{\partial x^n}$, ou $\frac{\partial^n z}{\partial y^n}$. Ceci prouve qu'on peut former une infinité de séries entières, dépendant d'une infinité de constantes arbitraires, qui satisfont *formellement* aux équations (11). Il reste à démontrer que l'on peut choisir ces constantes arbitraires de façon à obtenir une série convergente.

Pour établir ce point, nous mettrons les équations (11) sous une forme un peu différente. D'après la relation $1 - \frac{\partial f}{\partial s}\frac{\partial \varphi}{\partial s} = o$, la dérivée $\frac{\partial f}{\partial s}$ ne peut être nulle, pour des valeurs de x, y, z, p, q, s, pour lesquelles les fonctions f et φ sont régulières. On peut donc supposer les équations (11) résolues par rapport aux dérivées s et t, et écrire ces équations

$$(16) \qquad \begin{cases} s = \mathrm{F}\,(x, y, z, p, q, r), \\ t = \Phi\,(x, y, z, p, q, r); \end{cases}$$

pour que ce système soit en involution, il faut que les quatre relations qui lient les dérivées du troisième ordre se réduisent à trois équations distinctes. On déduit des équations (16)

$$\beta = \frac{\partial \mathrm{F}}{\partial x} + \frac{\partial \mathrm{F}}{\partial z}\,p + \frac{\partial \mathrm{F}}{\partial p}\,r + \frac{\partial \mathrm{F}}{\partial q}\,\mathrm{F} + \frac{\partial \mathrm{F}}{\partial r}\,\alpha,$$

$$\gamma = \frac{\partial \mathrm{F}}{\partial y} + \frac{\partial \mathrm{F}}{\partial z}\,q + \frac{\partial \mathrm{F}}{\partial p}\,\mathrm{F} + \frac{\partial \mathrm{F}}{\partial q}\,\Phi + \frac{\partial \mathrm{F}}{\partial r}\,\beta,$$

$$\gamma = \frac{\partial \Phi}{\partial x} + \frac{\partial \Phi}{\partial z}\,p + \frac{\partial \Phi}{\partial p}\,r + \frac{\partial \Phi}{\partial q}\,\mathrm{F} + \frac{\partial \Phi}{\partial r}\,\alpha,$$

$$\delta = \frac{\partial \Phi}{\partial y} + \frac{\partial \Phi}{\partial z}\,q + \frac{\partial \Phi}{\partial p}\,\mathrm{F} + \frac{\partial \Phi}{\partial q}\,\Phi + \frac{\partial \Phi}{\partial r}\,\beta;$$

si on tire les valeurs de β et de γ de la première et de la troisième équation et qu'on les porte dans la seconde, on devra être conduit à une identité. Il faut pour cela que l'on ait

$$(17) \qquad \frac{\partial \Phi}{\partial r} = \left(\frac{\partial \mathrm{F}}{\partial r}\right)^{2},$$

$$(18) \quad \frac{\partial \Phi}{\partial x} + \frac{\partial \Phi}{\partial z}\,p + \frac{\partial \Phi}{\partial p}\,r + \frac{\partial \Phi}{\partial q}\,\mathrm{F} = \frac{\partial \mathrm{F}}{\partial y} + \frac{\partial \mathrm{F}}{\partial z}\,q + \frac{\partial \mathrm{F}}{\partial p}\,\mathrm{F} + \frac{\partial \mathrm{F}}{\partial q}\,\Phi$$
$$+ \frac{\partial \mathrm{F}}{\partial r}\left\{\frac{\partial \mathrm{F}}{\partial x} + \frac{\partial \mathrm{F}}{\partial z}\,p + \frac{\partial \mathrm{F}}{\partial p}\,r + \frac{\partial \mathrm{F}}{\partial q}\,\mathrm{F}\right\}.$$

Si ces conditions sont vérifiées *identiquement*, on a le théorème suivant : *soient x_0, y_0, z_0, p_0, q_0, r_0, un système de valeurs des variables x, y, z, p, q, r, dans le voisinage desquelles les fonctions F et Φ sont holomorphes ; soit, de plus, $\Pi\,(x)$ une fonction holomorphe dans le voisinage du point x_0, telle que l'on ait $\Pi\,(x_0) = z_0$, $\Pi'\,(x_0) = p_0$, $\Pi''\,(x_0) = r_0$. Il existe* *une intégrale des équations* (16), *régulière dans le voisinage des valeurs* x_0, y_0, *se réduisant à* $\Pi(x)$ *pour* $y = y_0$, *et pour laquelle la dérivée* $\dfrac{\partial z}{\partial y}$ *prend la valeur* q_0 *pour* $x = x_0$, $y = y_0$.

Les conditions précédentes reviennent à se donner les valeurs initiales

$$z_0, \ \left(\frac{\partial z}{\partial y}\right)_0, \quad \left(\frac{\partial z}{\partial x}\right)_0, \quad \left(\frac{\partial^2 z}{\partial x^2}\right)_0, \quad \ldots, \quad \left(\frac{\partial^n z}{\partial x^n}\right)_0, \quad \ldots,$$

pour $x = x_0$, $y = y_0$. Les équations (16) et celles qu'on en déduit par les différentiations successives permettent de calculer de proche en proche les valeurs initiales de toutes les autres dérivées. Le système (16) étant en involution, on a, en effet, pour calculer les n dérivées inconnues d'ordre n, un certain nombre d'équations linéaires, qui se réduisent à n équations distinctes. On peut, par exemple, procéder comme il suit : en différentiant l'équation

$$s = \mathrm{F}\,(x, y, z, p, q, r)$$

un nombre quelconque de fois par rapport à x, on calcule de proche en proche les valeurs initiales

$$\left(\frac{\partial^2 z}{\partial x \partial y}\right)_0, \quad \left(\frac{\partial^3 z}{\partial x^2 \partial y}\right)_0, \quad \ldots, \quad \left(\frac{\partial^{n+1} z}{\partial x^n \partial y}\right)_0, \quad \ldots$$

Connaissant les valeurs initiales

$$z_0, \ \left(\frac{\partial z}{\partial x}\right)_0, \quad \left(\frac{\partial^2 z}{\partial x^2}\right)_0, \quad \ldots, \quad \left(\frac{\partial^n z}{\partial x^n}\right)_0, \quad \ldots,$$

$$\left(\frac{\partial z}{\partial y}\right)_0, \quad \left(\frac{\partial^2 z}{\partial x \partial y}\right)_0, \quad \ldots, \quad \left(\frac{\partial^n z}{\partial x^{n-1} \partial y}\right)_0, \quad \ldots,$$

l'équation

$$t = \Phi\,(x, y, z, p, q, r),$$

et celles qu'on en déduit par des différentiations successives permettront ensuite de calculer de proche en proche les valeurs initiales de toutes les autres dérivées, absolument comme dans le théorème classique de Cauchy.

Pour établir la convergence du développement ainsi obtenu, nous décomposerons la démonstration en deux parties. Démontrons d'abord que la série

$$(19) \quad \left(\frac{\partial z}{\partial y}\right)_0 + \frac{x - x_0}{1} \left(\frac{\partial^2 z}{\partial x \partial y}\right)_0 + \cdots, + \frac{(x - x_0)^n}{n!} \left(\frac{\partial^{n+1} z}{\partial x^n \partial y}\right)_0 + \cdots$$

est convergente pour des valeurs de $x - x_0$ de module suffisamment petit. En effet, d'après un théorème établi antérieurement (I, n° **84**) l'équation

$$s = F(x, y, z, p, q, r)$$

admet une infinité d'intégrales holomorphes dans le voisinage du point (x_0, y_0), se réduisant à $\Pi(x)$ pour $y = y_0$, et telles que l'on ait $\frac{\partial z}{\partial y} = q_0$ pour $x = x_0$, $y = y_0$; car ces conditions reviennent à se donner une courbe C

$$y = y_0, \qquad z = \Pi(x),$$

située sur la surface intégrale et le plan tangent en un point (x_0, y_0, z_0) de cette courbe. La tangente à la courbe C en ce point coïncide avec la tangente à l'une des caractéristiques, car l'équation qui détermine les tangentes aux deux caractéristiques est ici

$$\frac{\partial F}{\partial r} \, dy^2 + dx \, dy = 0.$$

Soit $z = \psi(x, y)$ une de ces intégrales; pour $y = y_0$, $\frac{\partial \psi}{\partial y}$ se réduit à une fonction de x, holomorphe dans le domaine du point $x = x_0$, qui est précisément représentée par la série (19). La première partie de la proposition est donc démontrée. Nous remarquerons en passant que toutes les intégrales de l'équation $s - F = 0$, satisfaisant aux conditions initiales, sont tangentes le long de la courbe C, qui est une caractéristique pour chacune d'elles.

Cela posé, soit $\chi(x)$ la somme de la série (19); les calculs qu'il faut effectuer pour obtenir les autres coefficients du développement de la fonction inconnue sont identiques à ceux qui donneraient les coefficients du développement en série entière d'une fonction régulière pour $x = x_0$, $y = y_0$, satisfaisant à l'équation

$$t = \Phi(x, y, z, p, q, r),$$

se réduisant à $\Pi(x)$ pour $y = y_0$, tandis que $\frac{\partial z}{\partial y}$ se réduit à $\chi(x)$. On sait, d'après le théorème général de Cauchy rappelé plus haut, que le développement ainsi obtenu est convergent. La proposition énoncée est donc complètement établie.

Remarque. — Les conditions imposées à l'intégrale reviennent à se donner une courbe plane, dont le plan est parallèle au plan des yz, située sur cette surface, et le plan tangent *en un point* de cette courbe. Plus généralement, une intégrale du système (16) est complètement déterminée, en général, si on se donne une courbe, plane ou gauche, située sur cette surface et le plan tangent en un point de cette courbe. Nous verrons un peu plus loin comment on peut obtenir cette intégrale.

123. L'intégration d'un système en involution se ramène à l'intégration d'un système d'équations différentielles ordinaires par une méthode qui n'est que la généralisation de la méthode de Cauchy, pour l'intégration d'une équation aux dérivées partielles du premier ordre. Pour plus de symétrie dans les calculs, nous supposerons d'abord qu'on a mis le système en involution sous la forme (11), les relations (14) étant vérifiées identiquement.

L'équation de condition

$$1 - \frac{\partial f}{\partial s} \frac{\partial \varphi}{\partial s} = 0$$

exprime que les deux équations du second degré

$$dy^2 - \frac{\partial f}{\partial s}\, dx\,dy = 0, \qquad \frac{\partial \varphi}{\partial s}\, dx\,dy - dx^2 = 0,$$

ont une racine commune

$$\frac{dy}{dx} = \frac{\partial f}{\partial s} = \frac{1}{\dfrac{\partial \varphi}{\partial s}}.$$

Par conséquent, si l'on considère une intégrale de l'équation $r + f = 0$, et une intégrale de l'équation $t + \varphi = 0$, ayant un élément commun du second ordre, les deux surfaces ont en cet élément une direction de caractéristique commune. Toute intégrale du système (11) est donc un lieu de caractéristiques communes aux deux équations $r + f = 0$, $t + \varphi = 0$. Ce sont ces caractéristiques que nous allons d'abord déterminer.

Soit $z = F(x, y)$ une intégrale du système en involution; sur cette surface (S) considérons une famille de courbes définies par l'équation du premier ordre

$$\frac{dy}{dx} = \frac{\partial f}{\partial s},$$

où on suppose z, p, q, s, remplacés par leurs valeurs en fonction des variables x, y, déduites de l'équation de la surface. Le long d'une de ces courbes x, y, z, p, q, s, sont des fonctions d'une seule variable indépendante, satisfaisant à un système d'équations différentielles ordinaires, que l'on peut former sans connaître l'intégrale F (x, y). On a, en effet, le long d'une de ces courbes,

$$\frac{dy}{dx} = \frac{\partial f}{ds}, \qquad \frac{dz}{dx} = p + q\,\frac{dy}{dx}, \qquad \frac{dp}{dx} = r + s\,\frac{dy}{dx},$$

$$\frac{dq}{dx} = s + t\,\frac{dy}{dx}, \qquad \frac{ds}{dx} = \beta + \gamma\,\frac{\partial f}{\partial s},$$

ou, en tenant compte des équations (11) et (12),

$$(20) \quad \left\{ \begin{array}{lll} \dfrac{dy}{dx} = \dfrac{\partial f}{\partial s}, & \dfrac{dz}{dx} = p + q\,\dfrac{\partial f}{\partial s}, & \dfrac{dp}{dx} = -f + s\,\dfrac{\partial f}{\partial s}, \\[2ex] & \dfrac{dq}{dx} = s - \varphi\,\dfrac{\partial f}{\partial s}, & \dfrac{ds}{dx} = -\left(\dfrac{df}{dy}\right). \end{array} \right.$$

Les équations différentielles (20), jointes aux équations (11) elles-mêmes, définissent une famille de multiplicités à une dimension d'éléments du second ordre, dépendant de *cinq* constantes arbitraires ; nous appellerons ces multiplicités les *caractéristiques* du système en involution. Toute caractéristique renferme, sauf des cas exceptionnels, une multiplicité ponctuelle à une dimension qui sera appelée *courbe caractéristique* du système. Une caractéristique est définie, en général, quand on se donne un élément initial du second ordre $(x_0, y_0, z_0, p_0, q_0, r_0, s_0, t_0)$ satisfaisant aux relations

$$r_0 + f\,(x_0, y_0, z_0, p_0, q_0, s_0) = 0,$$
$$t_0 + \varphi\,(x_0, y_0, z_0, p_0, q_0, s_0) = 0,$$

pourvu que les fonctions f et φ restent holomorphes dans le voisinage.

On en conclut que, *si deux intégrales du système en involution ont un élément commun du second ordre, elles ont en commun une infinité d'éléments du second ordre, qui constituent la caractéristique issue de cet élément.* De tout élément du premier ordre $(x_0, y_0, z_0, p_0, q_0)$, il part une infinité de caractéristiques, car on peut choisir arbitrairement la valeur initiale s_0 de s. Les courbes caractéristiques correspondantes forment, en général, une surface admettant cet élément du premier ordre.

124. Toute surface intégrale étant un lieu de multiplicités caractéristiques, le premier pas à faire pour intégrer le système en involution proposé consiste à déterminer ces multiplicités, c'est-à-dire à intégrer le système d'équations différentielles ordinaires (20). Ce problème étant supposé résolu, il reste ensuite à examiner comment on doit associer ces caractéristiques pour obtenir une surface intégrale. Pour plus de symétrie dans les calculs, introduisons une variable auxiliaire λ, en écrivant le système (20) sous la forme suivante

$$(21) \quad \left\{ \frac{dx}{1} = \frac{dy}{\frac{\partial f}{\partial s}} = \frac{dz}{p + q\frac{\partial f}{\partial s}} = \frac{dp}{-f + s\frac{\partial f}{\partial s}} = \frac{dq}{s - \varphi\frac{\partial f}{\partial s}} = \frac{ds}{-\left(\frac{df}{dy}\right)} = K d\lambda, \right.$$

K étant une constante ou une fonction de x, y, z, p, q, s, λ, que l'on peut prendre à volonté. Soient

$$(22) \quad \left\{ \begin{aligned} &x = f_1\,(\lambda\,;\, x_0,\, y_0,\, z_0,\, p_0,\, q_0,\, s_0), \\ &y = f_2\,(\lambda\,;\, \ldots\ldots\ldots\, s_0), \\ &\cdot\ \cdot\ \cdot\ \cdot\ \cdot\ \cdot\ \cdot\ \cdot\ \cdot\ \cdot \\ &\cdot\ \cdot\ \cdot\ \cdot\ \cdot\ \cdot\ \cdot\ \cdot\ \cdot\ \cdot \\ &s = f_6\,(\lambda\,;\, x_0,\, y_0,\, z_0,\, p_0,\, q_0,\, s_0), \end{aligned} \right.$$

les formules qui représentent l'intégrale générale de ce système, x_0, y_0, z_0, p_0, q_0, s_0, désignant les valeurs initiales de x, y, z, p, q, s, pour la valeur initiale de λ, $\lambda = 0$ par exemple. Toute intégrale du système en involution est représentée par les formules précédentes, où l'on remplace x_0, y_0, z_0, p_0, q_0, s_0, par des fonctions convenablement choisies d'une nouvelle variable indépendante α. Pour que ces formules représentent bien une intégrale, il faut et il suffit que les fonctions f_1, f_2, ..., f_6, de λ et de α vérifient les relations

$$\begin{aligned} dz &= p\,dx + q\,dy, \\ dp &= -f\,dx + s\,dy, \\ dq &= s\,dx - \varphi\,dy\,; \end{aligned}$$

comme on a déjà, d'après les équations (21),

$$(23) \quad \frac{\partial z}{\partial\lambda} = p\frac{\partial x}{\partial\lambda} + q\frac{\partial y}{\partial\lambda}, \quad \frac{\partial p}{\partial\lambda} = -f\frac{\partial x}{\partial\lambda} + s\frac{\partial y}{\partial\lambda}, \quad \frac{\partial q}{\partial\lambda} = s\frac{\partial x}{\partial\lambda} - \varphi\frac{\partial y}{\partial\lambda},$$

il suffira que l'on ait aussi

$$(24) \quad \begin{cases} U_1 = \dfrac{\partial z}{\partial \lambda} - p\,\dfrac{\partial x}{\partial \alpha} - q\,\dfrac{\partial y}{\partial \alpha} = 0, \\[2mm] U_2 = \dfrac{\partial p}{\partial \alpha} + f\,\dfrac{\partial x}{\partial \alpha} - s\,\dfrac{\partial y}{\partial \alpha} = 0, \\[2mm] U_3 = \dfrac{\partial q}{\partial \alpha} - s\,\dfrac{\partial x}{\partial \alpha} + \varphi\,\dfrac{\partial y}{\partial \alpha} = 0. \end{cases}$$

Calculons $\dfrac{\partial U_1}{\partial \lambda}$, $\dfrac{\partial U_2}{\partial \lambda}$, $\dfrac{\partial U_3}{\partial \lambda}$: il vient, en tenant compte des relations (14) et (21),

$$(25) \quad \begin{cases} \dfrac{\partial U_1}{\partial \lambda} = \dfrac{\partial^2 z}{\partial \alpha \partial \lambda} - p\,\dfrac{\partial^2 x}{\partial \alpha \partial \lambda} - q\,\dfrac{\partial^2 y}{\partial \alpha \partial \lambda} - \dfrac{\partial p}{\partial \lambda}\dfrac{\partial x}{\partial \alpha} - \dfrac{\partial q}{\partial \lambda}\dfrac{\partial y}{\partial \alpha}, \\[2mm] \dfrac{\partial U_2}{\partial \lambda} = \dfrac{\partial^2 p}{\partial \alpha \partial \lambda} + f\,\dfrac{\partial^2 x}{\partial \alpha \partial \lambda} - s\,\dfrac{\partial^2 y}{\partial \alpha \partial \lambda} - \dfrac{\partial s}{\partial \lambda}\dfrac{\partial y}{\partial \alpha} + K\left(\dfrac{df}{dx}\right)\dfrac{\partial x}{\partial \alpha}, \\[2mm] \dfrac{\partial U_3}{\partial \lambda} = \dfrac{\partial^2 q}{\partial \alpha \partial \lambda} - s\,\dfrac{\partial^2 x}{\partial \alpha \partial \lambda} + \varphi\,\dfrac{\partial^2 y}{\partial \alpha \partial \lambda} - \dfrac{\partial s}{\partial \lambda}\dfrac{\partial x}{\partial \alpha} + K\left(\dfrac{d\varphi}{dy}\right)\dfrac{\partial f}{\partial s}\dfrac{\partial y}{\partial \alpha}; \end{cases}$$

d'autre part, en différentiant les équations (23) par rapport à α, il vient :

$$(26) \quad \begin{cases} \dfrac{\partial^2 z}{\partial \alpha \partial \lambda} = p\,\dfrac{\partial^2 x}{\partial \alpha \partial \lambda} + q\,\dfrac{\partial^2 y}{\partial \alpha \partial \lambda} + \dfrac{\partial p}{\partial \alpha}\dfrac{\partial x}{\partial \lambda} + \dfrac{\partial q}{\partial \alpha}\dfrac{\partial y}{\partial \lambda}, \\[2mm] \dfrac{\partial^2 p}{\partial \alpha \partial \lambda} = s\,\dfrac{\partial^2 y}{\partial \alpha \partial \lambda} - f\,\dfrac{\partial^2 x}{\partial \alpha \partial \lambda} + \dfrac{\partial s}{\partial \alpha}\dfrac{\partial y}{\partial \lambda} \\[2mm] \qquad\qquad - K\left\{ \dfrac{\partial f}{\partial x}\dfrac{\partial x}{\partial \alpha} + \dfrac{\partial f}{\partial y}\dfrac{\partial y}{\partial \alpha} + \dfrac{\partial f}{\partial z}\dfrac{\partial z}{\partial \alpha} + \dfrac{\partial f}{\partial p}\dfrac{\partial p}{\partial \alpha} + \dfrac{\partial f}{\partial q}\dfrac{\partial q}{\partial \alpha} + \dfrac{\partial f}{\partial s}\dfrac{\partial s}{\partial \alpha}\right\}, \\[2mm] \dfrac{\partial^2 q}{\partial \alpha \partial \lambda} = s\,\dfrac{\partial^2 x}{\partial \alpha \partial \lambda} - \varphi\,\dfrac{\partial^2 y}{\partial \alpha \partial \lambda} + \dfrac{\partial s}{\partial \alpha}\dfrac{\partial x}{\partial \lambda} \\[2mm] \qquad - K\dfrac{\partial f}{\partial s}\left\{ \dfrac{\partial \varphi}{\partial x}\dfrac{\partial x}{\partial \alpha} + \dfrac{\partial \varphi}{\partial y}\dfrac{\partial y}{\partial \alpha} + \dfrac{\partial \varphi}{\partial z}\dfrac{\partial z}{\partial \alpha} + \dfrac{\partial \varphi}{\partial p}\dfrac{\partial p}{\partial \alpha} + \dfrac{\partial \varphi}{\partial q}\dfrac{\partial q}{\partial \alpha} + \dfrac{\partial \varphi}{\partial s}\dfrac{\partial s}{\partial \alpha}\right\}. \end{cases}$$

Retranchons membre à membre les équations correspondantes (25) et (26), et remplaçons les dérivées relatives à λ de x, y, z, p, q, s, par leurs valeurs ; il reste, toutes réductions faites,

$$(27) \quad \begin{cases} \dfrac{\partial U_1}{\partial \lambda} = K U_2 + K\,\dfrac{\partial f}{\partial s}\,U_3, \\[2mm] \dfrac{\partial U_2}{\partial \lambda} = - K\,\dfrac{\partial f}{\partial z}\,U_1 - K\,\dfrac{\partial f}{\partial p}\,U_2 - K\,\dfrac{\partial f}{\partial q}\,U_3, \\[2mm] \dfrac{\partial U_3}{\partial \lambda} = - K\,\dfrac{\partial f}{\partial s}\left\{ \dfrac{\partial \varphi}{\partial z}\,U_1 + \dfrac{\partial \varphi}{\partial p}\,U_2 + \dfrac{\partial \varphi}{\partial q}\,U_3 \right\}. \end{cases}$$

Supposons f et φ holomorphes dans le voisinage des valeurs initiales $x_0, y_0, z_0, p_0, q_0, s_0$; alors, d'après la forme linéaire des équations (27), pour que U_1, U_2, U_3 soient nuls, il suffira qu'ils soient nuls pour la valeur $\lambda = 0$; or, x, y, z, p, q, s se réduisent alors à $x_0, y_0, z_0, p_0, q_0, s_0$.

Donc, pour obtenir une intégrale du système en involution, il suffit de remplacer dans les formules (22) $x_0, y_0, z_0, p_0, q_0, s_0$ par des fonctions d'un paramètre variable α, satisfaisant aux relations

$$(28)\quad \frac{\partial z_0}{\partial \alpha} = p_0 \frac{\partial x_0}{\partial \alpha} + q_0 \frac{\partial y_0}{\partial \alpha},\quad \frac{\partial p_0}{\partial \alpha} = -f_0 \frac{\partial x_0}{\partial \alpha} + s_0 \frac{\partial y_0}{\partial \alpha},\quad \frac{\partial q_0}{\partial \alpha} = s_0 \frac{\partial x_0}{\partial \alpha} - \varphi_0 \frac{\partial y_0}{\partial \alpha}.$$

En particulier, on satisfait à ces relations en prenant pour x_0, y_0, z_0, p_0, q_0 des constantes quelconques, et en posant $s_0 = \alpha$. *Par suite, la surface engendrée par les caractéristiques issues d'un élément quelconque du premier ordre est une surface intégrale.*

Remarque. — Les raisonnements qui précèdent ne s'appliquent qu'aux intégrales qui admettent des éléments du second ordre (x, y, z, p, q, r, s, t) dans le voisinage desquels les fonctions f et φ sont holomorphes ; la méthode suivie donnera certainement toutes ces intégrales. Mais il peut se faire qu'il existe aussi des intégrales, telles que, dans le voisinage d'un quelconque de leurs éléments, les fonctions f et φ, ou du moins l'une d'elles, cessent d'être régulières. Par exemple, si on a un système de deux équations du second ordre, non résolues,

$$F(x, y, z, p, q, r, s, t) = 0,$$
$$\Phi(x, y, z, p, q, r, s, t) = 0,$$

il peut se faire que ces équations admettent des intégrales qui vérifient en même temps les trois relations :

$$\frac{D(F, \Phi)}{D(r, s)} = 0,\quad \frac{D(F, \Phi)}{D(r, t)} = 0,\quad \frac{D(F, \Phi)}{D(s, t)} = 0.$$

Il est clair que ces intégrales échappent à la méthode générale et qu'une étude spéciale est nécessaire, dans chaque cas particulier, pour reconnaître s'il en existe ; nous les appellerons des *intégrales singulières* du système.

125. Quand on connaît les caractéristiques d'un système en involution, la détermination des intégrales est donc ramenée à trouver la solution générale du système (28), où $x_0, y_0, z_0, p_0, q_0, s_0$, sont des fonctions de la variable α. On peut se donner arbitrairement trois de ces fonctions, et les trois autres sont déterminées par les équations (28).

Supposons, par exemple, que l'on veuille obtenir une surface intégrale passant par une courbe donnée (Γ); on peut considérer x_0, y_0, z_0, comme des fonctions connues d'un paramètre α, et on a, pour déterminer p_0, q_0, s_0, les trois équations (28). On tirera, si on veut, p_0 de la première, s_0 de la dernière, et, en portant dans la seconde, on est conduit à une équation différentielle du premier ordre pour déterminer q_0; la fonction inconnue q_0 de α dépend encore d'une constante arbitraire, la valeur de q_0 en un point de (Γ). Ainsi, *par une courbe arbitraire (Γ) il passe, en général, une infinité de surfaces intégrales, dépendant d'une constante arbitraire; on peut se donner arbitrairement le plan tangent en un point de la courbe (Γ).*

Soit encore à déterminer une surface intégrale du système en involution circonscrite tout le long d'une courbe à une surface (Σ). Soient x_0, y_0, z_0 les coordonnées d'un point de cette surface, p_0, q_0 les coefficients angulaires du plan tangent; x_0, y_0, z_0, p_0, q_0 sont des fonctions de deux paramètres variables α et β. En substituant dans les équations de condition (28) les expressions de x_0, y_0, z_0, p_0, q_0 en fonction de α, β, la première condition est identiquement vérifiée, et, en éliminant s_0 entre les deux dernières, on est conduit à une relation de la forme

$$\Phi\left(\alpha,\ \beta,\ \frac{d\beta}{d\alpha}\right) = 0.$$

C'est une équation différentielle du premier ordre, et les conclusions sont analogues à celles de tout à l'heure. *Il existe une infinité de surfaces intégrales, dépendant d'une constante arbitraire, circonscrites à une surface donnée (Σ); on peut choisir arbitrairement un des points de la courbe de contact.*

126. Nous allons appliquer la méthode générale à quelques exemples.

Exemple I. — Soit à intégrer le système en involution

$$r + s = 0, \qquad t + s = 0.$$

Les équations différentielles des caractéristiques sont ici

$$\frac{dy}{dx} = 1, \quad \frac{dz}{dx} = p + q, \quad \frac{dp}{dx} = 0, \quad \frac{dq}{dx} = 0, \quad \frac{ds}{dx} = 0,$$

et l'intégrale générale est représentée par les formules

$$p = p_0,\ q = q_0,\ s = s_0,\ y = y_0 + x - x_0,\ z = z_0 + (p_0 + q_0)(x - x_0).$$

Pour avoir une intégrale du système en involution, les valeurs initiales x_0, y_0, z_0, p_0, q_0, s_0 doivent satisfaire aux équations

$$\frac{\partial z_0}{\partial \alpha} = p_0 \frac{\partial x_0}{\partial \alpha} + q_0 \frac{\partial y_0}{\partial \alpha}, \quad \frac{\partial p_0}{\partial \alpha} = s_0\left(\frac{\partial y_0}{\partial \alpha} - \frac{\partial x_0}{\partial \alpha}\right), \quad \frac{\partial q_0}{\partial \alpha} = s_0\left(\frac{\partial x_0}{\partial \alpha} - \frac{\partial y_0}{\partial \alpha}\right);$$

supposons, par exemple, que, pour $x = C$, l'intégrale cherchée doive se réduire à $\varphi(y)$. On prendra $x_0 = C$, $y_0 = \alpha$, $z_0 = \varphi(\alpha)$; les formules précédentes donnent

$$q_0 = \varphi'(\alpha), \quad s_0 = -\varphi''(\alpha) \quad p_0 = -\varphi'(\alpha) + C',$$

C' étant une nouvelle constante. L'intégrale correspondante est représentée par le système des deux équations

$$y = \alpha + x - C, \quad z = \varphi(\alpha) + C'(x - C);$$

l'élimination de α nous donne, pour l'intégrale générale du système en involution proposé, en changeant un peu les notations,

$$z = \psi(y - x) + C'x,$$

C' étant une constante arbitraire et ψ une fonction arbitraire. On peut remarquer que le système en involution proposé est équivalent à l'équation du premier ordre

$$p + q = a,$$

avec une constante arbitraire a.

Exemple II. — Soit à intégrer le système en involution

$$r + \frac{s^3}{3} = 0, \qquad t - \frac{1}{s} = 0 ;$$

les équations différentielles des caractéristiques sont

$$\frac{dy}{dx} = s^2, \quad \frac{dz}{dx} = p + qs^2, \quad \frac{dp}{dx} = \frac{2s^3}{3}, \quad \frac{dq}{dx} = 2s, \quad \frac{ds}{dx} = 0,$$

et l'intégrale générale est

$$s = s_0, \; y = y_0 + s_0^2(x - x_0), \; q = q_0 + 2s_0(x - x_0), \; p = p_0 + \frac{2s_0^3}{3}(x - x_0),$$

$$z = z_0 + (p_0 + q_0 s_0^2)(x - x_0) + \frac{4}{3} s_0^3 (x - x_0)^2.$$

Les valeurs initiales x_0, y_0, z_0, p_0, q_0, s_0, doivent satisfaire aux relations

$$\frac{\partial z_0}{\partial \alpha} = p_0 \frac{\partial x_0}{\partial \alpha} + q_0 \frac{\partial y_0}{\partial \alpha}, \qquad \frac{\partial p_0}{\partial \alpha} = -\frac{s_0^3}{3}\frac{\partial x_0}{\partial \alpha} + s_0 \frac{\partial y_0}{\partial \alpha},$$

$$\frac{\partial q_0}{\partial \alpha} = s_0 \frac{\partial x_0}{\partial \alpha} + \frac{1}{s_0}\frac{\partial y_0}{\partial \alpha}.$$

Prenons, comme tout à l'heure, $x_0 = C$, $y_0 = \alpha$, $z_0 = \psi(\alpha)$, on en déduit

$$q_0 = \psi'(\alpha), \qquad s_0 = \frac{1}{\psi''(\alpha)}, \qquad p_0 = \int \frac{d\alpha}{\psi''(\alpha)},$$

et l'intégrale générale du système en involution est représentée par le système des deux équations

$$\left\{ \begin{array}{l} y = \alpha + \dfrac{x - C}{\{\psi''(\alpha)\}^2}, \\[3mm] z = \psi(\alpha) + \left\{ \dfrac{\psi'(\alpha)}{[\psi''(\alpha)]^2} + \displaystyle\int \dfrac{d\alpha}{\psi''(\alpha)} \right\} (x - C) + \dfrac{4}{3}\dfrac{(x-C)^2}{\{\psi''(\alpha)\}^3}, \end{array} \right.$$

$\psi(\alpha)$ étant une fonction arbitraire et C une constante arbitraire.

Comme vérification, on déduit des formules précédentes

$$p = \int \frac{d\alpha}{\psi''(\alpha)} + \frac{2}{3}\frac{(x-C)}{\{\psi''(\alpha)\}^3}, \qquad q = \psi'(\alpha) + \frac{2(x-C)}{\psi''(\alpha)},$$

$$r = -\frac{1}{3\{\psi''(\alpha)\}^3}, \qquad s = \frac{1}{\psi''(\alpha)}, \qquad t = \psi''(\alpha).$$

EXEMPLE III. — Les équations

$$(29) \qquad \left\{ \begin{array}{l} r + \lambda(s + 1 + p^2 + q^2) = 0, \\[2mm] t + \dfrac{1}{\lambda}[s - (1 + p^2 + q^2)] = 0, \end{array} \right.$$

où λ est défini par l'équation du second degré

$$1 + \lambda^2 + (p + q\lambda)^2 = 0,$$

forment un système en involution. Ce système peut encore s'écrire

$$\frac{rt - s^2}{(1 + p^2 + q^2)^2} + 1 = 0, \qquad r + 2\lambda s + \lambda^2 t = 0;$$

la première équation est celle des surfaces à courbure totale constante
égale à — 1, la seconde définit (il est aisé de le vérifier) les surfaces
réglées imaginaires dont les génératrices rencontrent le cercle à l'infini.
L'intégrale générale du système (29) se compose donc des surfaces
réglées imaginaires à courbure totale constante, qui ont été découvertes
par Serret (¹) et qui résultent de la déformation de la sphère considérée comme une surface réglée.

Les équations différentielles des caractéristiques du système (29)
sont, en négligeant la dernière qu'il est inutile d'écrire,

$$\frac{dy}{dx} = \lambda, \quad \frac{dz}{dx} = p + q\lambda, \quad \frac{dp}{dx} = -\lambda\,(1 + p^2 + q^2), \quad \frac{dq}{dx} = 1 + p^2 + q^2 ;$$

En tenant compte de l'équation qui définit λ, on voit facilement que
l'intégrale générale est donnée par les équations

$$y = y_0 + \lambda_0\,(x - x_0), \quad z = z_0 + i\,\sqrt{1 + \lambda_0^2}\,(x - x_0),$$

$$p + q i_0 = i\,\sqrt{1 + \lambda_0^2}, \quad \frac{1}{q\,\sqrt{1 + \lambda_0^2} - i\lambda_0} + x\,\sqrt{1 + \lambda_0^2} = C,$$

x_0, y_0, z_0, λ_0, C étant des constantes. On vérifie bien, sur ces formules,
que les caractéristiques sont des droites rencontrant le cercle de l'infini.
Il serait facile d'achever l'intégration ; nous y reviendrons plus loin (n° 128).

Exemple IV. — Le système

$$(30) \qquad\qquad r + \lambda s = 0, \quad t + \frac{s}{\lambda} = 0,$$

où λ est une fonction de x, y, z, p, q, est en involution, pourvu que l'on
ait

$$\lambda\,\frac{\partial\lambda}{\partial y} + \frac{\partial\lambda}{\partial x} + (p + \lambda q)\,\frac{\partial\lambda}{\partial z} = 0,$$

ce qui exige que λ vérifie une relation de la forme

$$(31) \qquad F\,(\lambda, p, q, y - \lambda x, z - px - qy) = 0,$$

la fonction F étant d'ailleurs tout à fait arbitraire. On peut donner des
systèmes en involution de la forme précédente une interprétation géo-

(¹) *Journal de Liouville*, tome XIII, 1ʳᵉ série, p. 361 (1848).

métrique. Remarquons d'abord que du système (30) on déduit

$$rt - s^2 = 0, \qquad r + 2\lambda s + \lambda^2 t = 0.$$

Les surfaces intégrales sont donc des surfaces développables ; de plus, la génératrice issue de l'élément (x, y, z, p, q) se projette sur le plan des xy, suivant une droite de coefficient angulaire λ. Le problème de l'intégration du système (30) peut donc s'énoncer ainsi: *A chaque élément du premier ordre (x, y, z, p, q) de l'espace, on fait correspondre une droite* D *issue du point (x, y, z) et située dans le plan de coefficients angula**̀*es p, q ; trouver les surfaces développables telles qu'en chacun de leurs éléments la génératrice soit la droite* D *correspondante.*

Mais la relation entre la droite D et l'élément (x, y, z, p, q) ne peut pas être quelconque, puisque λ doit satisfaire à une relation de la forme (31). Pour interpréter cette condition, considérons tous les éléments d'un même plan P ayant pour équation

$$Z = aX + bY + c,$$

et cherchons les droites D correspondantes, qui sont évidemment situées dans ce plan P.

Dans la relation (31), on doit faire $p = a, q = b, z - px - qy = c$, et cette relation devient

$$(31bis) \qquad F(\lambda, a, b, y - \lambda x, c) = 0.$$

Or, la droite D issue de l'élément (x, y, z, p, q) se projette sur le plan des xy suivant une droite d qui a pour équation

$$Y = \lambda X + y - \lambda x,$$

et la relation (31 *bis*) exprime précisément que ces droites d et, par suite, les droites D, ne dépendent que d'un paramètre quand le point (x, y, z) décrit le plan P. Par suite, les droites D du plan P ont une enveloppe : si une droite située dans ce plan est la droite D correspondante à un élément de ce plan, elle correspond à tous les éléments de ce plan que l'on obtient en prenant un point quelconque de cette droite. La détermination des surfaces intégrales du système en involution (30) conduit, par conséquent, à ce problème de géométrie : *A chaque plan* P *de l'espace on fait correspondre, d'une façon tout à fait arbitraire, une courbe* C *située dans ce plan ; trouver les surfaces développables telles que la génératrice de contact d'un plan tangent quelconque* P *à cette surface soit tangente à la courbe* C *correspondante du plan* P.

Voici encore un énoncé équivalent à celui qui précède.

Soit (Λ) un système géométrique formé de l'ensemble d'une droite et d'un plan passant par cette droite ; un pareil système dépend de cinq paramètres que l'on peut appeler ses coordonnées. Toute surface développable se compose d'une suite simplement infinie de (Λ), chaque génératrice et le plan tangent correspondant formant un de ces systèmes. Cela posé, le problème peut encore s'énoncer ainsi : *Trouver les surfaces développables, composées de systèmes (Λ) dont les cinq coordonnées vérifient une relation donnée, de forme arbitraire.*

Par une courbe donnée de l'espace, il passe, en général, une infinité de pareilles surfaces, dont la détermination dépend d'une équation différentielle du premier ordre. Mais il est possible d'obtenir pour l'intégrale générale du système en involution des formules contenant explicitement une fonction arbitraire et ses dérivées. Imaginons, en effet, qu'on effectue une transformation par polaires réciproques ; à un plan P correspond un point M et à une courbe C du plan P un cône (T) ayant son sommet en M. Les surfaces développables qu'il s'agit de déterminer deviennent de même des courbes tangentes en chacun de leurs points à une génératrice du cône (T) ayant son sommet en ce point. Ces courbes sont les courbes intégrales d'une certaine équation aux dérivées partielles du premier ordre qu'il suffira d'intégrer pour avoir leurs équations sans aucun signe de quadrature.

L'application de la méthode générale conduit au même résultat. Les équations différentielles des caractéristiques du système (30) sont

$$\frac{dy}{dx} = \lambda, \quad \frac{dz}{dx} = p + q\lambda, \quad \frac{dp}{dx} = r + s\frac{dy}{dx} = 0, \quad \frac{dq}{dx} = s + t\frac{dy}{dx} = 0 ;$$

il est inutile d'écrire l'équation qui donne s, car elle n'intervient pas dans les calculs. On tire tout de suite des équations précédentes $p = p_0$, $q = q_0$; on a ensuite

$$d\lambda = \frac{\partial\lambda}{\partial x} dx + \frac{\partial\lambda}{\partial y} dy + \frac{\partial\lambda}{\partial z} dz = dx\left\{\frac{\partial\lambda}{\partial x} + \lambda\frac{\partial\lambda}{\partial y} + (p + q\lambda)\frac{\partial\lambda}{\partial z}\right\},$$

c'est-à-dire, d'après la relation à laquelle satisfait λ, $d\lambda = 0$. On a donc ainsi

$$\lambda = \lambda_0, \quad y = y_0 + (x - x_0)\lambda_0, \quad z = z_0 + (p_0 + q_0\lambda_0)(x - x_0),$$

les valeurs initiales p_0, q_0, x_0, y_0, z_0, λ_0 vérifiant la relation

$$(32) \qquad F(\lambda_0, p_0, q_0, y_0 - \lambda_0 x_0, z_0 - p_0 x_0 - q_0 y_0) = 0.$$

D'après la méthode générale, il faut prendre pour ces valeurs initiales des fonctions d'un paramètre variable α, satisfaisant aux conditions

$$dz_0 - p_0 dx_0 - q_0 dy_0 = 0,$$
$$dp_0 + \lambda_0 s_0 dx_0 - s_0 dy_0 = 0,$$
$$dq_0 - s_0 dx_0 + \frac{s_0}{\lambda_0} dy_0 = 0,$$

ou, en éliminant s_0 entre les deux dernières,

$$dz_0 - p_0 dx_0 - q_0 dy_0 = 0,$$
$$dp_0 + \lambda_0 dq_0 = 0.$$

Soit $u_0 = z_0 - p_0 x_0 - q_0 y_0$; les relations précédentes deviennent :

$$du_0 + x_0 dp_0 + y_0 dq_0 = 0,$$
$$dp_0 + \lambda_0 dq_0 = 0 ;$$

on en tire

$$\lambda_0 = -\frac{dp_0}{dq_0}, \quad y_0 - \lambda_0 x_0 = \frac{x_0 dp_0 + y_0 dq_0}{dq_0} = -\frac{du_0}{dq_0} ;$$

et, en portant ces valeurs dans l'équation (32), on a, pour déterminer les fonctions p_0, q_0, u_0, la relation

$$(32 \, bis) \qquad F\left(-\frac{dp_0}{dq_0} \, p_0, q_0, -\frac{du_0}{dq_0}, \, u_0\right) = 0 ;$$

connaissant u_0, p_0, q_0, on a ensuite, pour déterminer x_0 et y_0, l'équation unique

$$du_0 + x_0 dp_0 + y_0 dq_0 = 0,$$

où l'on peut choisir arbitrairement l'une des fonctions x_0, y_0. Tout se ramène donc à l'intégration de l'équation (32 bis), c'est-à-dire, dans le cas général, à l'intégration d'une équation aux dérivées partielles du premier ordre.

Il serait facile de multiplier les cas particuliers ; par exemple, si les droites D appartiennent à un complexe, le problème revient à déterminer les surfaces développables dont les génératrices font partie d'un complexe. On obtient un cas encore plus particulier, en supposant que les droites D sont tangentes à une surface (Σ). Les surfaces développables dont les génératrices sont tangentes à (Σ) sont, d'une part, les surfaces développables dont l'arête de rebroussement est située sur la surface (Σ), d'autre part les surfaces développables circonscrites à (Σ). On doit considérer les premières surfaces comme formant la solution générale, tandis que les secondes surfaces ne sont que des intégrales singulières. Par une courbe donnée, il passe, en effet, une infinité de surfaces développables ayant leur arête de rebroussement sur la surface (Σ), tandis qu'il n'y en a qu'une qui soit circonscrite à (Σ).

127. La théorie des systèmes en involution présente, comme on voit, la plus grande analogie avec la théorie des équations aux dérivées partielles du premier ordre. De même qu'à toute équation du premier ordre est attachée une famille de multiplicités caractéristiques du premier ordre, dépendant de *trois* paramètres, de même chaque système en involution possède une famille de caractéristiques du second ordre, dépendant de *cinq* paramètres. Chaque caractéristique du second ordre renferme une *courbe caractéristique* qui lui sert de support, et, en général, les courbes caractéristiques dépendent elles-mêmes de cinq paramètres. Il arrive cependant, pour des systèmes en involution d'une forme particulière, que ces courbes caractéristiques dépendent de moins de cinq paramètres. Prenons, en effet, les équations linéaires

$$(33) \qquad \left\{ \begin{array}{l} r + \lambda s + \mu = 0, \\[2mm] t + \dfrac{s}{\lambda} + \nu = 0, \end{array} \right.$$

où λ, μ, ν sont des fonctions de x, y, z, p, q; ce système est en involution, pourvu que λ, μ, ν vérifient les relations

$$(34) \left\{ \begin{array}{l} \dfrac{\partial \lambda}{\partial y} + q\,\dfrac{\partial \lambda}{\partial z} - \nu\,\dfrac{\partial \lambda}{\partial q} + \dfrac{\partial \mu}{\partial p} - \dfrac{1}{\lambda}\dfrac{\partial \mu}{\partial q} \\[3mm] \qquad\qquad + \dfrac{1}{\lambda}\left\{ \dfrac{\partial \lambda}{\partial x} + p\,\dfrac{\partial \lambda}{\partial z} - \mu\,\dfrac{\partial \lambda}{\partial p} \right\} - \lambda\left\{ \dfrac{\partial \nu}{\partial q} - \lambda\,\dfrac{\partial \nu}{\partial p} \right\} = 0. \\[4mm] \dfrac{\partial \mu}{\partial y} + q\,\dfrac{\partial \mu}{\partial z} - \nu\,\dfrac{\partial \mu}{\partial q} - \lambda\left\{ \dfrac{\partial \nu}{\partial x} + p\,\dfrac{\partial \nu}{\partial z} - \mu\,\dfrac{\partial \nu}{\partial p} \right\} = 0. \end{array} \right.$$

Ces conditions étant supposées vérifiées, les équations différentielles des caractéristiques du système (33) sont de la forme

$$\frac{dy}{dx} = \lambda, \qquad \frac{dz}{dx} = p + q\lambda, \qquad \frac{dp}{dx} = -\mu, \qquad \frac{dq}{dx} = -\nu\lambda,$$

$$\frac{ds}{dx} = -\left(\frac{d\,(\lambda s + \mu)}{dy} \right).$$

Les quatre premières de ces équations ne contiennent que x, y, z.

p, q ; soient

$$(35)\quad\begin{cases} y = f_1(x\,;\,x_0,\,y_0,\,z_0,\,p_0,\,q_0),\\ z = f_2(x\,;\,x_0,\,y_0,\,z_0,\,p_0,\,q_0),\\ p = f_3(x\,;\,x_0,\,y_0,\,z_0,\,p_0,\,q_0),\\ q = f_4(x\,;\,x_0,\,y_0,\,z_0,\,p_0,\,q_0),\end{cases}$$

les formules définissant l'intégrale générale du système formé par ces quatre équations. On a ensuite s par l'intégration d'une équation différentielle du premier ordre, qui introduit une nouvelle constante arbitraire s_0. Les formules (35) représentent une famille de multiplicités caractéristiques du premier ordre, dépendant de quatre constantes y_0, z_0, p_0, q_0 (x_0 étant une constante numérique) ; chacune de ces caractéristiques est contenue dans une infinité de caractéristiques du second ordre, dépendant d'une constante arbitraire. L'ensemble des caractéristiques du second ordre, qui ont ainsi en commun une multiplicité du premier ordre, forme une intégrale au sens étendu du mot (n° 119). Pour avoir l'intégrale générale du système en involution, il est inutile de tenir compte de l'équation qui donne s. En effet, les valeurs initiales x_0, y_0, z_0, p_0, q_0, s_0 doivent satisfaire aux trois relations

$$\begin{aligned} dz_0 &= p_0 dx_0 + q_0 dy_0,\\ dp_0 &= -(\lambda_0 s_0 + \mu_0)\, dx_0 + s_0 dy_0,\\ dq_0 &= s_0 dx_0 - \left(\frac{s_0}{\lambda_0} + \nu_0\right) dy_0, \end{aligned}$$

entre lesquelles on peut éliminer s_0, et il reste les deux relations

$$\begin{aligned} dz_0 &= p_0 dx_0 + q_0 dy_0,\\ dp_0 &+ \lambda_0 dq_0 + \mu_0 dx_0 + \lambda_0 \nu_0 dy_0 = 0, \end{aligned}$$

qui ne renferment plus que x_0, y_0, z_0, p_0, q_0.

On obtient des systèmes en involution de la forme (33), en différentiant par rapport à x et à y une équation du premier ordre

$$F(x, y, z, p, q) = C,$$

où C désigne une constante arbitraire. On obtient ainsi le système

$$(36)\quad\begin{cases} \dfrac{\partial F}{\partial x} + \dfrac{\partial F}{\partial z} p + \dfrac{\partial F}{\partial p} r + \dfrac{\partial F}{\partial q} s = 0,\\[2mm] \dfrac{\partial F}{\partial y} + \dfrac{\partial F}{\partial z} q + \dfrac{\partial F}{\partial p} s + \dfrac{\partial F}{\partial q} t = 0, \end{cases}$$

qui est toujours en involution. Mais on n'a pas ainsi tous les systèmes en involution de la forme (33); pour qu'un pareil système puisse être ramené à la forme (36), il faut que les trois équations linéaires

$$\frac{\partial F}{\partial x} + p\,\frac{\partial F}{\partial z} - \mu\,\frac{\partial F}{\partial p} = 0,$$

$$\frac{\partial F}{\partial y} + q\,\frac{\partial F}{\partial z} - \lambda\nu\,\frac{\partial F}{\varrho p} = 0,$$

$$\frac{\partial F}{\partial q} - \lambda\,\frac{\partial F}{\partial p} = 0,$$

admettent une solution commune $F(x,\ y,\ z,\ p,\ q)$.

128. On voit, d'après cela, qu'on peut faire la théorie complète des systèmes *linéaires* en involution de la forme

$$r + \lambda s + \mu = 0,$$
$$s + \lambda t + \lambda\nu = 0,$$

où $\lambda,\ \mu,\ \nu$ sont des fonctions de $x,\ y,\ z,\ p,\ q$ sans introduire la valeur de s dans les équations des caractéristiques. Appelons *caractéristique* tout système simplement infini d'éléments du premier ordre vérifiant les équations différentielles

$$dy = \lambda dx, \quad dz = p\,dx + q\,dy, \quad dp = -\mu d.c, \quad dq = -\lambda\nu dx;$$

il résulte de ce qui précède que toute surface intégrale est un lieu de caractéristiques; et inversement, pour que les caractéristiques issues des éléments $(x_0,\ y_0,\ z_0,\ p_0,\ q_0)$ forment une surface intégrale, il faut et il suffit que $x_0,\ y_0,\ z_0,\ p_0,\ q_0$ soient des fonctions d'un paramètre variable α satisfaisant aux deux relations

$$dz_0 = p_0 dx_0 + q_0 dy_0,$$
$$dp_0 + \lambda_0 dq_0 + \mu_0 dx_0 + \lambda_0\nu_0 dy_0 = 0.$$

Ce résultat peut aussi s'établir directement par un calcul facile.

De tout élément du premier ordre, il part, en général, une caractéristique bien déterminée, à laquelle appartient cet élément. Par suite, *si deux surfaces intégrales d'un système linéaire en involution ont un contact du premier ordre en un point, elles sont tangentes tout le long de la caractéristique issue de cet élément.* On déduit de là une conséquence importante.

Supposons que l'on connaisse une intégrale du système en involution dépendant de *trois* paramètres a, b, c et ne vérifiant aucune équation du premier ordre indépendante de a, b, c; soit (S) cette intégrale. On peut disposer des trois paramètres a, b, c de façon que la surface (S) soit tangente à une autre surface intégrale (Σ) en un point donné; les deux surfaces (S) et (Σ) sont donc tangentes tout le long de la caractéristique issue de l'élément commun. Toute surface intégrale (Σ) est, par conséquent, *l'enveloppe d'une suite simplement infinie de surfaces* (S).

D'après cela, l'intégrale (S), qui dépend de trois paramètres, joue le même rôle que l'intégrale complète d'une équation du premier ordre. Il y a cependant une différence essentielle entre les deux cas, qu'il est aisé de mettre en lumière. Soit

$$(37) \qquad \Phi\,(x,\,y,\,z,\,a,\,b,\,c) = 0$$

l'équation générale des surfaces (S); quand on établit entre les trois paramètres a, b, c, deux relations de forme arbitraire

$$b = \varphi\,(a), \qquad c = \psi\,(a),$$

les surfaces enveloppes, dont on obtient l'équation en éliminant a entre les relations

$$(38) \qquad \left\{ \begin{array}{l} \Phi\,[x,\,y,\,z,\,a,\,\varphi\,(a),\,\psi\,(a)] = 0, \\[2mm] \dfrac{\partial\Phi}{\partial a} + \dfrac{\partial\Phi}{\partial\varphi\,(a)}\,\varphi'\,(a) + \dfrac{\partial\Phi}{\partial\psi\,(a)}\,\psi'\,(a) = 0, \end{array} \right.$$

forment, on l'a vu, l'intégrale générale d'une équation du second ordre (I, n° 8). Pour que ces surfaces enveloppes soient des intégrales du système en involution proposé, il faut que les fonctions $\varphi\,(a)$ et $\psi\,(a)$ vérifient une relation de la forme

$$(39) \qquad \mathrm{F}\,[a,\,\varphi\,(a),\,\psi\,(a),\,\varphi'\,(a),\,\psi'\,(a)] = 0\,;$$

on obtiendra cette relation en exprimant que les caractéristiques définies par les équations (38), qui dépendent de cinq constantes a, $\varphi\,(a)$, $\psi\,(a)$, $\varphi'\,(a)$, $\psi'\,(a)$, quand on n'établit aucune relation entre φ et ψ, sont identiques aux caractéristiques du système en involution, qui dépendent seulement de quatre constantes. On exprimera, par exemple, que ces multiplicités vérifient les équations différentielles des caractéristiques, ce qui n'exige que des différentiations et des calculs algébriques.

Étant donnée une relation de la forme (39), on sait qu'on peut exprimer a, $\varphi\,(a)$, $\psi\,(a)$ au moyen d'un paramètre variable α, d'une fonction arbitraire de α et de ses dérivées en nombre fini, sans aucun signe d'intégration. Par suite, on peut toujours exprimer l'intégrale générale d'un système linéaire en involution par des formules où figurent explicitement une fonction arbitraire et un nombre fini de ses dérivées. Il n'en est pas de même, en général, pour un système en involution de forme quelconque.

Reprenons, par exemple, le système en involution (29), qui est linéaire ; d'après la signification de ces équations, toute sphère de rayon $\sqrt{-1}$,

$$(40) \qquad (x - a)^2 + (y - b)^2 + (z - c)^2 + 1 = 0,$$

est une intégrale. Par suite, l'intégrale générale peut être considérée comme l'enveloppe d'une sphère de rayon $\sqrt{-1}$ quand on établit entre les coordonnées du centre (a, b, c) une relation de forme convenable. Or, nous avons vu que les caractéristiques du système (29) étaient des lignes droites rencontrant le cercle imaginaire de l'infini. D'autre part, les caractéristiques de la sphère sont représentées par les deux équations (40) et (41)

$$(41) \qquad (x - a)\, da + (y - b)\, db + (z - c)\, dc = 0 ;$$

pour que ces caractéristiques soient des lignes droites, il faut et il suffit que le plan (41) soit tangent au cône asymptote de la sphère, c'est-à-dire que l'on ait

$$da^2 + db^2 + dc^2 = 0 ;$$

d'où l'on conclut que *l'intégrale générale du système* (29) *s'obtient en prenant l'enveloppe d'une sphère de rayon* $\sqrt{-1}$, *dont le centre décrit une courbe minima.*

Il peut aussi arriver que les courbes caractéristiques ne dépendent que de trois paramètres. Par exemple, pour le système $r + s = 0$, $t + s = 0$, les équations des caractéristiques sont

$$y = y_0 + x - x_0, \qquad z = z_0 + (p_0 + q_0)(x - x_0), \qquad p = p_0,$$
$$q = q_0, \qquad s = s_0 ;$$

on voit que les courbes caractéristiques ne dépendent que des trois paramètres $y_0 - x_0$, $p_0 + q_0$, $z_0 - x_0(p_0 + q_0)$. Chaque courbe caractéristique est contenue dans une infinité de multiplicités caractéristiques du premier ordre, dépendant d'une constante arbitraire, et chaque multiplicité caractéristique du premier ordre est renfermée à son tour dans une infinité de caractéristiques du second ordre dépendant d'une nouvelle constante arbitraire.

129. Revenons maintenant à la théorie des systèmes en involution de forme générale.

On sait le rôle important que jouent les *intégrales complètes* dans la théorie des équations aux dérivées partielles du premier ordre. Étant donné un système en involution

$$(42) \quad r + f(x, y, z, p, q, s) = 0, \qquad t + \varphi(x, y, z, p, q, s) = 0,$$

nous appellerons de même *intégrale complète* de ce système toute intégrale dépendant de *quatre* paramètres

$$(43) \qquad F(x, y, z, a_1, a_2, a_3, a_4) = 0,$$

de telle façon que l'élimination de a_1, a_2, a_3, a_4 entre la relation (43) et les suivantes

$$(44) \quad \begin{cases} \dfrac{\partial F}{\partial x} + p\, \dfrac{\partial F}{\partial z} = 0, \\[2mm] \dfrac{\partial F}{\partial y} + q\, \dfrac{\partial F}{\partial z} = 0, \\[2mm] \dfrac{\partial^2 F}{\partial x^2} + 2p\, \dfrac{\partial^2 F}{\partial x \partial z} + \dfrac{\partial^2 F}{\partial z^2}\, p^2 + \dfrac{\partial F}{\partial z}\, r = 0, \\[2mm] \dfrac{\partial^2 F}{\partial x \partial y} + \dfrac{\partial^2 F}{\partial x \partial z}\, q + \dfrac{\partial^2 F}{\partial y \partial z}\, p + \dfrac{\partial^2 F}{\partial z^2}\, pq + \dfrac{\partial F}{\partial z}\, s = 0, \\[2mm] \dfrac{\partial^2 F}{\partial y^2} + 2\, \dfrac{\partial^2 F}{\partial y \partial z}\, q + \dfrac{\partial^2 F}{\partial z^2}\, q^2 + \dfrac{\partial F}{\partial z}\, t = 0, \end{cases}$$

conduise aux équations (42), et à celles-là seulement. Étant donnée une intégrale quelconque du système (42), on peut, d'après cela, disposer des constantes a_1, a_2, a_3, a_4, de façon que l'intégrale complète ait avec l'intégrale donnée, en un point donné, un contact du second ordre. D'après une proposition établie plus haut, les deux surfaces ont alors un contact du second ordre tout le long d'une caractéristique. *Toute surface intégrale est donc l'enveloppe d'une famille d'intégrales complètes, chaque intégrale complète ayant un contact du second ordre avec la surface enveloppe, le long d'une caractéristique.* Cela s'applique aussi aux systèmes linéaires. Par exemple, l'intégrale générale du système $r + s = 0, t + s = 0$ se compose (n° **126**) de surfaces cylindriques ayant leurs génératrices parallèles au plan $y - x = 0$. On peut prendre pour intégrale complète les cylindres de révolution ayant leur axe parallèle au même plan. Il est clair que, le long d'une génératrice, on peut trouver une intégrale complète ayant un contact du second ordre avec la surface cylindrique.

Il existe cependant une différence essentielle entre une équation du premier ordre et un système en involution, pour la théorie des intégrales complètes. Tandis que toute famille de surfaces à deux paramètres

$$F(x, y, z, a_1, a_2) = 0$$

est une intégrale complète d'une équation du premier ordre, une famille de surfaces à quatre paramètres

$$F(x, y, z, a_1, a_2, a_3, a_4) = 0$$

donne bien une intégrale complète d'un système de 2 équations du second ordre

$$f_1(x, y, z, p, q, r, s, t) = 0, \qquad f_2(x, y, z, p, q, r, s, t) = 0,$$

mais ce système n'est pas, en général, en involution. Ainsi une sphère dépend de quatre paramètres ; l'équation

$$x^2 + y^2 + z^2 + 2a_1 x + 2a_2 y + 2a_3 z + a_4 = 0$$

est une intégrale complète du système

$$(45) \qquad \frac{r}{1 + p^2} = \frac{s}{pq} = \frac{t}{1 + q^2}.$$

Les équations qui déterminent les dérivées du troisième ordre ne forment un système indéterminé que si on a $1 + p^2 + q^2 = 0$; par suite, en dehors des intégrales de cette équation du premier ordre, le système (45) n'admet que des intégrales dépendant de quatre constantes arbitraires au plus, ce sont précisément les sphères. On voit, sur cet exemple, qu'un système de deux équations du second ordre peut admettre une infinité d'intégrales, dépendant d'une *fonction arbitraire*, sans être en involution. Il faut, en outre, que, par une courbe choisie arbitrairement, il passe une infinité d'intégrales, dépendant d'une constante arbitraire, pour que le système soit en involution.

La connaissance d'une intégrale complète $F(x, y, z, a_1, a_2, a_3, a_4) = 0$ d'un système en involution non linéaire permet de déterminer les caractéristiques sans aucune intégration. En effet, toute surface intégrale étant l'enveloppe d'une suite simplement infinie d'intégrales complètes, les courbes caractéristiques font partie des courbes représentées par les équations

$$\left\{ \begin{aligned} &F\,(x,\,y,\,z,\,a_1,\,a_2,\,a_3,\,a_4) = 0, \\ &\frac{\partial F}{\partial a_1} + \frac{\partial F}{\partial a_2}\frac{da_2}{da_1} + \frac{\partial F}{\partial a_3}\frac{da_3}{da_1} + \frac{\partial F}{\partial a_4}\frac{da_4}{da_1} = 0, \end{aligned} \right.$$

qui dépendent de sept paramètres $a_1,\,a_2,\,a_3,\,a_4,\,\dfrac{da_2}{da_1},\,\dfrac{da_3}{da_1},\,\dfrac{da_4}{da_1}$. En écrivant, comme plus haut, que les multiplicités d'éléments du second ordre correspondantes vérifient les équations différentielles des caractéristiques, on établit deux relations seulement entre ces sept paramètres

$$\Phi_1\left(a_1,\,a_2,\,a_3,\,a_4,\,\frac{da_2}{da_1},\,\frac{da_3}{da_1},\,\frac{da_4}{da_1}\right) = 0, \qquad \Phi_2\left(a_1,\,...,\,\frac{da_4}{da_1}\right) = 0,$$

puisque les caractéristiques dépendent de cinq paramètres. Pour obtenir l'intégrale générale du système en involution, il faudrait obtenir les expressions les plus générales de quatre fonctions $a_1,\,a_2,\,a_3,\,a_4$, d'une seule variable, vérifiant les deux relations précédentes.

On peut aussi étendre aux systèmes en involution la notion de *courbes intégrales* ([1]).

130. Comme conclusion de l'étude qui vient d'être faite, nous remarquerons qu'un système de deux équations du second ordre ne peut admettre d'intégrale dépendant d'une infinité de constantes arbitraires que dans deux cas : lorsque les équations forment un système en involution, ou lorsqu'elles admettent une intégrale intermédiaire commune du premier ordre. En effet, les équations étant mises sous la forme (11), si elles ne forment pas un système en involution, l'une au moins des expressions

$$1 - \frac{\partial f}{\partial s}\frac{\partial \varphi}{\partial s}, \qquad \left(\frac{df}{dy}\right) - \frac{\partial f}{\partial s}\left(\frac{d\varphi}{dx}\right)$$

ne sera pas identiquement nulle. Supposons, par exemple, que

<hr>

(1) BEUDON (Thèse de Doctorat). Pour plus de détails sur les systèmes en involution de deux équations du second ordre, on pourra consulter une note que j'ai publiée dans les *Comptes Rendus* (1er juin 1896), et un mémoire plus développé dans le *Journal de l'École polytechnique* (1897).

$1 - \dfrac{\partial f}{\partial s}\dfrac{\partial \varphi}{\partial s}$ ne soit pas nul identiquement. Les intégrales qui ne satisfont pas à l'équation

$$(46) \qquad\qquad 1 - \frac{\partial f}{\partial s}\frac{\partial \varphi}{\partial s} = 0$$

dépendent, nous l'avons vu, de quatre constantes arbitraires au plus (n° 121). Si donc il existe des intégrales communes aux deux équations proposées dépendant d'une infinité de constantes, ces intégrales doivent aussi satisfaire à la relation (46). Appelons $H\,(x, y, z, p, q, s)$ le premier membre de cette équation ; si les intégrales considérées ne vérifiaient pas l'équation $\dfrac{\partial H}{\partial s} = 0$, on pourrait tirer s de la relation (46), et on en concluerait que ces intégrales dépendent au plus de trois constantes arbitraires. Il faut donc que les intégrales communes, qui dépendent d'une infinité de constantes, satisfassent à la fois aux deux équations

$$H = 0, \qquad\qquad \frac{\partial H}{\partial s} = 0,$$

et par suite à l'équation du premier ordre $K = 0$, obtenue par l'élimination de s. Mais on a déjà remarqué (n° 120) qu'une équation du second ordre et une équation du premier ordre ne peuvent admettre d'intégrale commune dépendant d'une infinité de constantes que si l'équation du premier ordre est une intégrale intermédiaire de l'équation du second ordre.

Si $1 - \dfrac{\partial f}{\partial s}\dfrac{\partial \varphi}{\partial s}$ est identiquement nul, toute intégrale commune aux équations (11) doit satisfaire aussi à l'équation

$$\left(\frac{df}{dy}\right) - \frac{\partial f}{\partial s}\left(\frac{d\varphi}{dx}\right) = 0,$$

sur laquelle on peut recommencer le raisonnement qui précède.

131. Étant données deux équations du second ordre non résolues

$$(47) \qquad \begin{cases} F\,(x, y, z, p, q, r, s, t) = 0, \\ F_1\,(x, y, z, p, q, r, s, t) = 0, \end{cases}$$

nous dirons de même que ces deux équations forment un système en involution, si les quatre équations que l'on obtient en les différentiant par rapport à x et par rapport à y se réduisent à trois équations distinctes. Soit

$$\left(\frac{d}{dx}\right) = \frac{\partial}{\partial x} + \frac{\partial}{\partial z}\, p + \frac{\partial}{\partial p}\, r + \frac{\partial}{\partial q}\, s,$$

$$\left(\frac{d}{dy}\right) = \frac{\partial}{\partial y} + \frac{\partial}{\partial z}\, q + \frac{\partial}{\partial p}\, s + \frac{\partial}{\partial q}\, t\,;$$

on a, entre les quatre dérivées du troisième ordre α, β, γ, δ, les relations

$$(48) \quad \begin{cases} \dfrac{\partial F}{\partial r}\,\alpha + \dfrac{\partial F}{\partial s}\,\beta + \dfrac{\partial F}{\partial t}\,\gamma + \left(\dfrac{dF}{dx}\right) = 0, \\[2ex] \dfrac{\partial F}{\partial r}\,\beta + \dfrac{\partial F}{\partial s}\,\gamma + \dfrac{\partial F}{\partial t}\,\delta + \left(\dfrac{dF}{dy}\right) = 0, \\[2ex] \dfrac{\partial F_1}{\partial r}\,\alpha + \dfrac{\partial F_1}{\partial s}\,\beta + \dfrac{\partial F_1}{\partial t}\,\gamma + \left(\dfrac{dF_1}{dx}\right) = 0, \\[2ex] \dfrac{\partial F_1}{\partial r}\,\beta + \dfrac{\partial F_1}{\partial s}\,\gamma + \dfrac{\partial F_1}{\partial t}\,\delta + \left(\dfrac{dF_1}{dy}\right) = 0. \end{cases}$$

Pour que ces quatre équations se réduisent à trois, il faut d'abord que le déterminant formé par les coefficients de α, β, γ, δ soit nul

$$(49) \quad \begin{vmatrix} \dfrac{\partial F}{\partial r} & \dfrac{\partial F}{\partial s} & \dfrac{\partial F}{\partial t} & 0 \\[2ex] 0 & \dfrac{\partial F}{\partial r} & \dfrac{\partial F}{\partial s} & \dfrac{\partial F}{\partial t} \\[2ex] \dfrac{\partial F_1}{\partial r} & \dfrac{\partial F_1}{\partial s} & \dfrac{\partial F_1}{\partial t} & 0 \\[2ex] 0 & \dfrac{\partial F_1}{\partial r} & \dfrac{\partial F_1}{\partial s} & \dfrac{\partial F_1}{\partial t} \end{vmatrix} = 0\,;$$

c'est précisément la condition pour que les deux équations

$$(50) \quad \begin{cases} \dfrac{\partial F}{\partial r}\,m^2 - \dfrac{\partial F}{\partial s}\,m + \dfrac{\partial F}{\partial t} = 0, \\[2ex] \dfrac{\partial F_1}{\partial r}\,m^2 - \dfrac{\partial F_1}{\partial s}\,m + \dfrac{\partial F_1}{\partial t} = 0 \end{cases}$$

aient une racine commune. Une première condition pour que les équations (47) forment un système en involution est donc la suivante ; en chaque élément du second ordre commun aux deux équations, il doit y avoir une direction de caractéristique commune.

Soit m la racine commune aux équations (50), qui vérifie les deux relations

$$\frac{m^2}{\dfrac{D\,(F,\,F_1)}{D\,(s,\,t)}} = \frac{m}{\dfrac{D\,(F,\,F_1)}{D\,(r,\,t)}} = \frac{1}{\dfrac{D\,(F,\,F_1)}{D\,(r,\,s)}};$$

si on élimine α entre la première et la troisième des équations (48), puis δ entre la seconde et la quatrième, on est conduit à deux nouvelles égalités

$$(48\ bis)\ \begin{cases} \dfrac{\partial F_1}{\partial r}\left(\dfrac{dF}{dx}\right) - \dfrac{\partial F}{\partial r}\left(\dfrac{dF_1}{dx}\right) + \beta\,\dfrac{D\,(F,\,F_1)}{D\,(s,\,r)} + \gamma\,\dfrac{D\,(F,\,F_1)}{D\,(t,\,r)}, = 0\,.\\[3mm] \dfrac{\partial F_1}{\partial t}\left(\dfrac{dF}{dy}\right) - \dfrac{\partial F}{\partial t}\left(\dfrac{dF_1}{dy}\right) + \beta\,\dfrac{D\,(F,\,F_1)}{D\,(r,\,t)} + \gamma\,\dfrac{D\,(F,\,F_1)}{D\,(s,\,t)}\cdot = 0\,. \end{cases}$$

En multipliant la première par m et ajoutant, il vient, en tenant compte de la valeur de m, une nouvelle équation de condition

$$(51)\quad m\left[\dfrac{\partial F_1}{\partial r}\left(\dfrac{dF}{dx}\right) - \dfrac{\partial F}{\partial r}\left(\dfrac{dF_1}{dx}\right)\right] + \dfrac{\partial F_1}{\partial t}\left(\dfrac{dF}{dy}\right) - \dfrac{\partial F}{\partial t}\left(\dfrac{dF_1}{dy}\right) = 0\,.$$

Les conditions (49) et (51) sont suffisantes pour que les quatre équations (48) se réduisent à trois, pourvu que le déterminant $\dfrac{D\,(F,\,F_1)}{D\,(r,\,t)}$ ne soit pas nul, ce que nous supposerons. En effet, les équations (48 *bis*) peuvent remplacer deux des équations (48), et ces deux équations se réduisent à une seule. Pour que le système (47) soit en involution, il suffit que les conditions (49) et (51) soient vérifiées, en tenant compte des équations (47) elles-mêmes. Si ces conditions sont vérifiées identiquement, les équations $F = C$, $F_1 = C_1$ forment un système en involution, quelles que soient les valeurs des constantes C, C_1.

On obtient les équations différentielles des caractéristiques d'un système en involution de forme générale de la même façon que pour un système en involution de la forme (11). Sur une intégrale commune aux deux équations (47), représentée par l'équation $z = \Phi\,(x,\,y)$, considérons une famille de courbes définie par l'équation différentielle du premier ordre

$$\frac{dy}{dx} = m,$$

où m désigne la racine commune aux deux équations (50) ; on suppose, bien entendu, que, dans m, on a remplacé $z,\,p,\,q,\,r,\,s,\,t$ par leurs valeurs en fonction de x et de y, déduites de l'équation de la surface.

Le long de l'une de ces courbes, on a

$$dz = pdx + qdy, \qquad dp = rdx + sdy, \qquad dq = sdx + tdy,$$
$$dr = \alpha dx + \beta dy, \qquad ds = \beta dx + \gamma dy, \qquad dt = \gamma dx + \delta dy ;$$

mais on tire des équations (48) :

$$\alpha + \beta m = \frac{\dfrac{\partial F}{\partial t}\left(\dfrac{dF_1}{dx}\right) - \dfrac{\partial F_1}{\partial t}\left(\dfrac{dF}{dx}\right)}{\dfrac{D\,(F, F_1)}{D\,(r,\,t)}},$$

$$\beta + \gamma m = \frac{\dfrac{\partial F}{\partial t}\left(\dfrac{dF_1}{dy}\right) - \dfrac{\partial F_1}{\partial t}\left(\dfrac{dF}{dy}\right)}{\dfrac{D\,(F, F_1)}{D\,(r,\,t)}},$$

$$\gamma + \delta m = \frac{m\left\{\dfrac{\partial F_1}{\partial r}\left(\dfrac{dF}{dy}\right) - \dfrac{\partial F}{\partial r}\left(\dfrac{dF_1}{dy}\right)\right\}}{\dfrac{D\,(F, F_1)}{D\,(r,\,t)}},$$

de sorte que, le long d'une caractéristique, x, y, z, p, q, r, s, t satisfont aux équations différentielles

$$(52)\ \left\{\begin{aligned} & \frac{dx}{\dfrac{D(F, F_1)}{D(r,\,t)}} = \frac{dy}{m\,\dfrac{D(F, F_1)}{D(r,\,t)}} = \frac{dp}{\dfrac{D(F, F_1)}{D(r,\,t)}\,(r + sm)} = \frac{dq}{\dfrac{D(F, F_1)}{D(r,\,t)}\,(s + tm)} \\[2ex] & = \frac{dz}{\dfrac{D(F, F_1)}{D(r,\,t)}\,(p + qm)} = \frac{dr}{\dfrac{\partial F}{\partial t}\left(\dfrac{dF_1}{dx}\right) - \dfrac{\partial F_1}{\partial t}\left(\dfrac{dF}{dx}\right)} \\[2ex] & = \frac{ds}{\dfrac{\partial F}{\partial t}\left(\dfrac{dF_1}{dy}\right) - \dfrac{\partial F_1}{\partial t}\left(\dfrac{dF}{dy}\right)} = \frac{dt}{m\left[\dfrac{\partial F_1}{\partial r}\left(\dfrac{dF}{dy}\right) - \dfrac{\partial F}{\partial r}\left(\dfrac{dF_1}{dy}\right)\right]}. \end{aligned}\right.$$

Ces équations admettent, comme on devait s'y attendre, les deux combinaisons intégrables $dF = o$, $dF_1 = o$, de sorte qu'on peut les ramener à un système de cinq équations à six variables. On démontre, comme plus haut, que, pour avoir une intégrale du système en involution proposé, il suffit de prendre le lieu des caractéristiques issues d'une infinité d'éléments du second ordre $(x_0, y_0, z_0, p_0, q_0, r_0, s_0, t_0)$, dont les coordonnées sont des fonctions d'un paramètre variable α satisfaisant aux relations

$$(F)_0 = o, \qquad (F_1)_0 = o, \qquad \frac{\partial z_0}{\partial \alpha} - p_0 \frac{\partial x_0}{\partial \alpha} - q_0 \frac{\partial y_0}{\partial \alpha} = o,$$

$$\frac{\partial p_0}{\partial \alpha} - r_0 \frac{\partial x_0}{\partial \alpha} - s_0 \frac{\partial y_0}{\partial \alpha} = o, \qquad \frac{\partial q_0}{\partial \alpha} - s_0 \frac{\partial x_0}{\partial \alpha} - t_0 \frac{\partial y_0}{\partial \alpha} = o.$$

132. Après avoir étudié en détail les deux cas particuliers qui précèdent, nous allons considérer les systèmes formés d'une équation du second ordre et d'une équation d'ordre quelconque. On ne restreint pas la généralité en supposant que l'équation du second ordre proposée est résolue par rapport à la dérivée du second ordre r. Si, en effet, l'équation ne contient pas r, elle contiendra l'une au moins des dérivées s et t ; si elle renferme t, il suffit de permuter x et y pour être ramené au cas précédent. Si l'équation ne renferme ni r ni t, elle est de la forme $s + f(x, y, z, p, q) = 0$, et il suffit de prendre pour variables indépendantes $u = x + y$ et $v = x - y$ pour avoir une équation résolue par rapport à $\dfrac{\partial^2 z}{\partial u^2}$.

Nous pouvons donc toujours prendre l'équation du second ordre sous la forme

$$(53) \qquad r + f(x, y, z, p, q, s, t) = 0,$$

ou, en posant

$$p_{i, k} = \frac{\partial^{i+k} z}{\partial x^i \partial y^k},$$

$$p_{2,0} + f(x, y, z, p_{1,0}, p_{0,1}, p_{1,1}, p_{0,2}) = 0.$$

L'équation (53) et celles qu'on en déduit par des différentiations successives permettent d'exprimer toutes les dérivées partielles de z au moyen des dérivées partielles $p_{i,k}$, où l'indice i a l'une des valeurs 0,1. Ainsi, en différentiant l'équation (53) un nombre quelconque de fois par rapport à y, on obtient l'expression des dérivées

$$\frac{\partial^n z}{\partial x^2 \partial y^{n-2}},$$

au moyen de $x, y, z, p_{01}, p_{02}, \ldots, p_{0n}$; $p_{10}, p_{11}, \ldots, p_{1,n-1}$; en différentiant ensuite une fois par rapport à x et un nombre quelconque de fois par rapport à y, on exprime les dérivées

$$\frac{\partial^n z}{\partial x^3 \partial y^{n-3}}$$

au moyen des précédentes, et ainsi de suite. D'une manière générale, on a, si l'indice i est supérieur à l'unité,

$$(54) \quad p_{i,k} = F(x, y, z, p_{01}, p_{02}, \ldots, p_{0n} ; p_{11}, p_{12}, \ldots, p_{1,n-1}), \quad i + k = n,$$

la fonction F se déduisant de f par des différentiations, des multiplications et des additions. Nous supposerons toujours, par la suite, à moins de mention expresse, que l'on a remplacé les dérivées $p_{i,k}$ $(i > 1)$ par leurs expressions au moyen des dérivées où le premier indice ne dépasse pas l'unité.

Voici une autre notation que nous emploierons fréquemment. Soit $U(x, y, z, p_{10}, \dots, p_{0n})$ une fonction de x, y, z, et des dérivées partielles de z jusqu'à un certain ordre, n par exemple. Imaginons qu'on différentie cette fonction i fois de suite par rapport à x, k fois de suite par rapport à y, en considérant z comme une fonction de x et de y, qu'on retranche du résultat les termes qui renferment les dérivées d'ordre $n + i + k$, c'est-à-dire

$$\frac{\partial U}{\partial p_{n_0}} p_{n+i, k} + \frac{\partial U}{\partial p_{n-1,1}} p_{n+i-1, k+1} + \dots + \frac{\partial U}{\partial p_{0,n}} p_{i, n+k},$$

qu'on remplace ensuite les dérivées $p_{i,k}$, où $i > 1$, par leurs expressions tirées des formules (54); nous désignerons le résultat de toutes ces opérations par

$$\left(\frac{d^{i+k}U}{dx^i dy^k} \right).$$

133. Les caractéristiques de l'équation (53) sont données par les racines de l'équation du second degré

$$(55) \qquad m^2 - \frac{\partial f}{\partial s} m + \frac{\partial f}{\partial t} = 0;$$

soient m_1 et m_2 les deux racines de cette équation. Si on prend, sur une surface intégrale, les courbes définies par l'équation différentielle

$$dy - m_1 dx = 0,$$

l'orientation d'éléments d'ordre n, qui appartiennent à la surface intégrale le long de l'une de ces courbes, constitue ce que nous avons appelé une caractéristique d'ordre n (I, n° 81). On a d'abord, pour une de ces caractéristiques, les relations

$$dy = m_1 dx, \qquad dz = p_{10} dx + p_{01} dy, \qquad dp_{i, k} = p_{i+1, k} dx + p_{i, k+1} dy,$$

où $i + k \leq n - 1$, et où l'on peut supposer que l'indice i ne dépasse pas l'unité. Pour obtenir une nouvelle équation différentielle, nous n'avons qu'à différentier l'équation proposée (53) $n - 1$ fois de suite par rapport à y, ce qui donne

$$\left(\frac{d^{n-1}f}{dy^{n-1}}\right) + p_{2,n-1} + \frac{\partial f}{\partial s}\, p_{1,n} + \frac{\partial f}{\partial t}\, p_{0,n+1} = 0;$$

d'autre part, on a aussi :

$$dp_{1,n-1} = p_{2,n-1}\, dx + p_{1,n}dy,$$
$$dp_{0,n} = p_{1,n}\, dx + p_{0,n+1}dy.$$

Remplaçons dy par $m_1 dx$, on en tire

$$p_{1,n} = \frac{dp_{0,n}}{dx} - m_1 p_{0,n+1},$$

$$p_{2,n-1} = \frac{dp_{1,n-1}}{dx} - m_1\frac{dp_{0,n}}{dx} + m_1^2 p_{0,n+1},$$

et, en portant dans l'équation précédente, il reste :

$$\left(\frac{d^{n-1}f}{dy^{n-1}}\right) + \frac{dp_{1,n-1}}{dx} + m_2\frac{dp_{0n}}{dx} = 0.$$

Les équations différentielles des caractéristiques d'ordre n sont donc les suivantes

$$(56)\quad \left\{ \begin{array}{l} dy = m_1 dx, \quad dz = p_{10}dx + p_{01}dy, \\ dp_{10} = p_{20}dx + p_{11}dy,\ \ldots,\ dp_{1,n-2} = p_{2,n-2}dx + p_{1,n-1}dy, \\ dp_{01} = p_{11}dx + p_{02}dy,\ \ldots,\ dp_{0,n-1} = p_{1,n-1}dx + p_{0,n}dy, \\ \left(\dfrac{d^{n-1}f}{dy^{n-1}}\right) dx + dp_{1,n-1} + m_2 dp_{0,n} = 0. \end{array} \right.$$

On suppose, bien entendu, qu'au moyen des relations (53) et (54) on n'a laissé dans ces équations différentielles que les dérivées $p_{i,k}$, où l'indice i ne dépasse pas l'unité. Ces équations, en nombre $2n+1$, renferment donc $2n+3$ variables ; elles admettent, par conséquent, comme on l'a déjà remarqué, une infinité d'intégrales dépendant d'une fonction arbitraire. Toute intégrale des équations (56), jointe aux équations (53) et (54), définit une orientation d'éléments d'ordre n, qui est une caractéristique d'ordre n ; pour abréger, quand nous parlerons des équations des caractéristiques, il sera question des équations différentielles (56). On obtiendra le second système de caractéristiques en permutant m_1 et m_2.

Il est aisé de retrouver, au moyen des formules précédentes, un certain nombre de propriétés qui ont été signalées rapidement (t. I, n° 81).

Ainsi, toute caractéristique d'ordre n renferme une caractéristique d'ordre $n-1$; car on déduit des deux équations

$$dp_{1,n-2} = p_{2,n-2}dx + p_{1,n-1}dy,$$
$$dp_{0,n-1} = p_{1,n-1}dx + p_{0,n}dy,$$

en multipliant la seconde par m_2 et ajoutant membre à membre, et remplaçant ensuite dy par $m_1 dx$,

$$\frac{dp_{1,n-2} + m_2 dp_{0,n-1}}{dx} = p_{2,n-2} + (m_1 + m_2) p_{1,n-1} + m_1 m_2 p_{0,n}$$

$$= p_{2,n-2} + \frac{\partial f}{\partial s} p_{1,n-1} + \frac{\partial f}{\partial t} p_{0,n},$$

c'est-à-dire

$$(57) \qquad \left(\frac{d^{n-2}f}{dy^{n-2}}\right) dx + dp_{1,n-2} + m_2 dp_{0,n-1} = 0.$$

On peut donc remplacer, dans les équations (56), la relation

$$dp_{1,n-2} = p_{2,n-2}dx + p_{1,n-1}dy$$

par la précédente. En d'autres termes, les équations différentielles des caractéristiques d'ordre n s'obtiennent en ajoutant aux équations différentielles des caractéristiques d'ordre $n-1$ les deux suivantes

$$(58) \qquad \left\{ \begin{array}{l} dp_{0,n-1} = p_{1,n-1}dx + p_{0,n}dy, \\[2mm] \left(\dfrac{d^{n-1}f}{dy^{n-1}}\right) dx + dp_{1,n-1} + m_2 dp_{0,n} = 0. \end{array} \right.$$

Connaissant une caractéristique d'ordre $n-1$, pour avoir une caractéristique d'ordre n à laquelle elle appartienne, on a les deux équations précédentes qui déterminent $p_{1,n-1}$ et $p_{0,n}$.

Si on élimine $p_{1,n-1}$ entre ces deux équations, on est conduit à une équation différentielle du premier ordre pour déterminer $p_{0,n}$, où le coefficient de $\dfrac{dp_{0n}}{dx}$ est $(m_2 - m_1)$. Donc, lorsque l'équation caractéristique (55) a ses racines distinctes, toute caractéristique d'ordre $n-1$ appartient à une infinité de caractéristiques d'ordre n dépendant d'une constante arbitraire (Voir t. I, p. 183).

134. Dans la recherche des intégrales communes à l'équation du second ordre proposée et à une autre équation d'ordre n, $\varphi = 0$, on peut toujours supposer qu'on n'a laissé dans cette dernière que les dérivées p_{0k} et $p_{1,k}$, en remplaçant les dérivées p_{ik}, où l'indice i dépasse l'unité, par leurs expressions tirées des formules (53) et (54). Si, après cette substitution, l'équation $\varphi = 0$ se réduit à une identité, toutes les intégrales de l'équation du second ordre proposée appartiennent à la seconde équation, qui est ainsi une conséquence analytique de la première. Laissant de côté ce cas exceptionnel, supposons qu'on ait un système formé de l'équation du second ordre (53) et d'une autre équation d'ordre n,

$$(59) \qquad \varphi\,(x,\ y,\ z,\ p_{10},\ p_{11},\ \ldots,\ p_{1,n-1}\,;\ p_{01},\ p_{02},\ \ldots,\ p_{0n}) = 0,$$

dont le premier membre ne renferme que les dérivées $p_{i,k}$, où $i \leqq 1$. En regardant z comme une intégrale commune à ces deux équations, proposons-nous de calculer les dérivées d'ordre $n + 1$ de cette fonction ; d'après ce que nous avons dit plus haut, il suffit de calculer les dérivées $p_{1,n}$ et $p_{0,n+1}$. En différentiant l'équation (59) une fois par rapport à x et une fois par rapport à y, et l'équation (53) $(n - 1)$ fois de suite par rapport à y, on parvient aux trois équations

$$(60) \quad \left\{ \begin{aligned} &\left(\frac{d\varphi}{dx}\right) + \frac{\partial\varphi}{\partial p_{0,n}}\,p_{1,n} + \frac{\partial\varphi}{\partial p_{1,n-1}}\,p_{2,n-1} = 0,\\[2mm] &\left(\frac{d\varphi}{dy}\right) + \frac{\partial\varphi}{\partial p_{0,n}}\,p_{0,n+1} + \frac{\partial\varphi}{\partial p_{1,n-1}}\,p_{1,n} = 0,\\[2mm] &\left(\frac{d^{n-1}f}{dy^{n-1}}\right) + p_{2,n-1} + \frac{\partial f}{\partial s}\,p_{1,n} + \frac{\partial f}{\partial t}\,p_{0,n+1} = 0, \end{aligned} \right.$$

où $\left(\dfrac{d\varphi}{dx}\right),\ \left(\dfrac{d\varphi}{dy}\right),\ \left(\dfrac{d^{n-1}f}{dy^{n-1}}\right),$ ont le sens expliqué plus haut (n° 132). En éliminant $p_{2,n-1}$ entre la première et la troisième, on est conduit aux deux équations suivantes, pour déterminer $p_{1,n}$ et $p_{0,n+1}$,

$$(61) \quad \left\{ \begin{aligned} &\left(\frac{\partial\varphi}{\partial p_{0,n}} - \frac{\partial f}{\partial s}\,\frac{\partial v}{\partial p_{1,n-1}}\right)p_{1,n} - \frac{\partial f}{\partial t}\,\frac{\partial v}{\partial p_{1,n-1}}\,p_{0,n+1} + \left(\frac{d\varphi}{dx}\right) - \frac{\partial\varphi}{\partial p_{1,n-1}}\left(\frac{d^{n-1}f}{dy^{n-1}}\right) = 0,\\[2mm] &\frac{\partial\varphi}{\partial p_{1,n-1}}\,p_{1,n} + \frac{\partial\varphi}{\partial p_{0,n}}\,p_{0,n+1} + \left(\frac{d\varphi}{dy}\right) = 0. \end{aligned} \right.$$

Nous dirons que les équations

$$r + f = 0, \qquad \varphi = 0$$

forment un *système en involution*, si les deux équations (61) se réduisent à une seule ([1]). Pour qu'il en soit ainsi, il faut d'abord que l'on ait

$$\left(\frac{\partial\varphi}{\partial p_{0,n}}\right)^2 - \frac{\partial f}{\partial s}\frac{\partial\varphi}{\partial p_{0,n}}\frac{\partial\varphi}{\partial p_{1,n-1}} + \frac{\partial f}{\partial t}\left(\frac{\partial \varphi}{\partial p_{1,n-1}}\right)^2 = 0,$$

c'est-à-dire que le rapport $\dfrac{\partial\varphi}{\partial p_{0,n}} : \dfrac{\partial\varphi}{\partial p_{1,n-1}}$ soit égal à l'une des racines m_1, m_2 de l'équation

$$m^2 - \frac{\partial f}{\partial s}m + \frac{\partial f}{\partial t} = 0.$$

Supposons, par exemple, que l'on ait

$$\frac{\partial\varphi}{\partial p_{0,n}} = m_1 \frac{\partial\varphi}{\partial p_{1,n-1}};$$

en tirant la valeur de $p_{1,n}$ de la seconde des équations (61) et portant dans la première, il vient une seconde condition

$$\left(\frac{d\varphi}{dx}\right) + m_2\left(\frac{d\varphi}{dy}\right) - \frac{\partial\varphi}{\partial p_{1,n-1}}\left(\frac{d^{n-1}f}{dy^{n-1}}\right) = 0.$$

Pour que le système $r + f = 0$, $\varphi = 0$ soit en involution, il faut donc que la fonction φ vérifie un des deux systèmes d'équations

$$\text{(A)}\quad \begin{cases} \dfrac{\partial\varphi}{\partial p_{0,n}} - m_1\dfrac{\partial\varphi}{\partial p_{1,n-1}} = 0, \\[2mm] \left(\dfrac{d\varphi}{dx}\right) + m_2\left(\dfrac{d\varphi}{dy}\right) - \dfrac{\partial\varphi}{\partial p_{1,n-1}}\left(\dfrac{d^{n-1}f}{dy^{n-1}}\right) = 0; \end{cases}$$

$$\text{(B)}\quad \begin{cases} \dfrac{\partial\varphi}{\partial p_{0,n}} - m_2\dfrac{\partial\varphi}{\partial p_{1,n-1}} = 0, \\[2mm] \left(\dfrac{d\varphi}{dx}\right) + m_1\left(\dfrac{d\varphi}{dy}\right) - \dfrac{\partial\varphi}{\partial p_{1,n-1}}\left(\dfrac{d^{n-1}f}{dy^{n-1}}\right) = 0. \end{cases}$$

Si la fonction φ satisfait à l'un de ces deux systèmes, les deux équations (61) se réduisent à une seule, et on peut choisir arbitrairement la valeur d'une dérivée d'ordre $n + 1$; en raisonnant comme on l'a fait plus haut (n° 122), on verrait de même qu'on peut choisir arbitrairement la valeur d'une dérivée de chaque ordre à partir du $(n+1)^e$ et, par suite, former une infinité de développements en série entière qui satisfont formellement aux deux équations proposées. Au lieu d'établir directement la convergence de ces développements (ce qu'on pourrait faire par

<hr>

([1]) Il suffit que cela ait lieu en tenant compte de la relation $\varphi = 0$ elle-même. Nous supposerons d'abord qu'il n'est pas nécessaire de tenir compte de cette relation; le cas où il est nécessaire d'en tenir compte est examiné plus loin (page 90, n° 139).

un artifice analogue à celui qui a été employé précédemment), nous établirons l'existence des intégrales communes aux deux équations par la méthode même qui servira à les obtenir.

Auparavant, il est essentiel de remarquer que les deux systèmes d'équations (A) et (B) se présentent dans une autre question. Les équations différentielles des caractéristiques (56) sont au nombre de $2n+1$, et le nombre des variables est $2n+3$, de sorte qu'on ne peut les intégrer comme un système d'équations différentielles ordinaires à une seule variable indépendante. Les méthodes de Monge et d'Ampère consistent essentiellement, on l'a vu, à rechercher s'il existe des combinaisons intégrables pour les équations différentielles des caractéristiques du premier ordre. En généralisant cette méthode, proposons-nous, avec M. Darboux, de rechercher s'il existe des combinaisons intégrables des équations différe‥elles des caractéristiques d'ordre n, c'est-à-dire des fonctions

$$\varphi\,(x,\ y,\ z,\ p_{1,0},\ p_{1,1},\ \ldots,\ p_{1,\,n-1};\ p_{0,1},\quad \ldots,\quad p_{0n})$$

telles que l'équation

$$d\varphi = 0$$

soit une conséquence des équations (56). En remplaçant dans $d\varphi$ les différentielles dy, dz, $dp_{10},\ldots,$ $dp_{0,n-1}$, $dp_{1,n-1}$ par leurs valeurs tirées des formules (56), il reste

$$\left[\frac{\partial\varphi}{\partial x}+\cdots+\frac{\partial\varphi}{\partial p_{0,\,n-1}}p_{1,n-1}+m_1\left(\frac{\partial\varphi}{\partial y}+\frac{\partial\varphi}{\partial z}p_{01}+\cdots+\frac{\partial\varphi}{\partial p_{0,n-1}}p_{0n}\right)\right]dx$$
$$+\frac{\partial\varphi}{\partial p_{0,\,n}}\,dp_{0n}-\frac{\partial\varphi}{\partial p_{1\,n-1}}\left.\right\}\left(\frac{d^{n-1}f}{dy^{n-1}}\right)dx+m_2\,dp_{0n}\left.\right\}=0,$$

c'est-à-dire

$$\left[\left(\frac{d\varphi}{dx}\right)+m_1\left(\frac{d\varphi}{dy}\right)-\frac{\partial\varphi}{\partial p_{1,n-1}}\left(\frac{d^{n-1}f}{dy^{n-1}}\right)\right]dx+\left(\frac{\partial\varphi}{\partial p_{0,n}}-m_2\frac{\partial\varphi}{\partial p_{1,n-1}}\right)dp_{0,n}=0.$$

Pour que $d\varphi = 0$ soit une combinaison intégrable des équations (56), il faut que les coefficients de dx et de $dp_{0,n}$ soient nuls, c'est-à-dire *que φ soit une intégrale du système* (B).

Appelons, pour abréger, systèmes (I) et (II) de caractéristiques les systèmes dont on obtient les équations différentielles en prenant $dy = m_1\,dx$, ou $dy = m_2\,dx$ respectivement; appelons de même *invariant* d'ordre n d'un système de caractéristiques toute fonction $\varphi\,(x,\ y,\ z,\ p_{10},\ \ldots,\ p_{0n})$, renfermant l'une au moins des dérivées $p_{1,n-1},\ p_{0,n}$ et aucune dérivée d'ordre supérieur, qui conserve une valeur constante, quand on se déplace sur une caractéristique de ce système, c'est-à-dire telle que $d\varphi = o$ soit une combinaison intégrable des équations de ce système de caractéristiques. On voit, d'après cela, que toute fonction φ qui satisfait identiquement aux équations (B) est un invariant du système (I) de caractéristiques ; de même, toute intégrale du système (A) est un invariant du système (II) de caractéristiques.

135. Cela posé, comme nous supposons que la fonction φ vérifie *identiquement* les équations (A), c'est-à-dire sans tenir compte de la relation $\varphi = o$ elle-même, les deux équations

$$r + f = o, \qquad \varphi = C$$

forment un système en involution, quelle que soit la constante C. Nous allons montrer que *ces deux équations admettent une infinité d'intégrales communes dépendant d'une fonction arbitraire ; par une courbe quelconque* (Γ), *il passe, en général, une infinité d'intégrales de ce système, dépendant d'un nombre* FINI *de constantes arbitraires.*

Soient

$$y = \psi(x), \qquad z = \pi(x)$$

les équations de la courbe (Γ). Si une surface passe par cette courbe sans l'admettre pour ligne singulière, le long de cette courbe p et q sont des fonctions de x qui vérifient la relation

$$\pi'(x) = p + q\psi'(x).$$

On peut, par exemple, choisir arbitrairement la valeur de q, et la formule précédente donnera p ; si on suppose, en outre, que la surface cherchée satisfait à l'équation $r + f = o$, cette équation et celles qu'on en déduit par des différentiations successives feront connaître les valeurs de toutes les dérivées partielles de la fonction inconnue le long de la courbe (Γ), ou une orientation d'éléments d'ordre n ayant (Γ) pour support [1]. Imaginons que nous ayons substitué dans φ les expressions obtenues pour toutes les dérivées d'ordre égal ou inférieur à n ; le résultat contiendra, en général,

$$q, \frac{dq}{dx}, \quad \dots \quad \frac{d^{n-1}q}{dx^{n-1}}.$$

En écrivant que ce résultat est égal à C, on a une équation différentielle d'ordre $n - 1$ pour déterminer $q(x)$; à toute solution de cette équation différentielle d'ordre $n - 1$ correspond une orientation d'éléments

---

[1] Il suffit de reprendre les raisonnements du n° 16 (t. I, p. 24) et d'adjoindre les relations $dp = rdx + sdy$, $dq = sdx + tdy$, et les relations analogues.

d'ordre n qui appartiennent à une surface intégrale (S) de l'équation $r + f = 0$. *Cette surface* (S) *donne aussi une intégrale de l'équation* $\varphi = C$. En effet, l'ensemble doublement infini d'éléments d'ordre n que détermine cette surface peut être considéré comme un lieu de caractéristiques du système (II), chacunes d'elles étant issue d'un point de la courbe (Γ). Or, puisque φ est une intégrale du système (A), cette fonction φ est un invariant pour les caractéristiques du système (II), et conserve une valeur constante quand on se déplace sur une de ces caractéristiques. Comme, d'autre part, $\varphi = C$ en tous les points de la courbe (Γ), il s'ensuit que l'on a aussi $\varphi = C$ en tous les points de la surface (S).

136. Cette surface (S) peut être obtenue par l'intégration d'un système d'équations différentielles ordinaires. Pour établir ce point fondamental, nous remarquerons d'abord que l'équation de condition

$$\frac{\partial \varphi}{\partial p_{0,n}} - m_1 \frac{\partial \varphi}{\partial p_{1,\, n-1}} = 0$$

est susceptible d'une interprétation géométrique. D'une manière générale, soit

$$F(x,\, y,\, z,\, p_{10},\, \ldots,\, p_{0n}) = 0$$

une équation aux dérivées partielles de forme quelconque, d'ordre n. Sur une surface intégrale de cette équation, considérons les courbes définies par l'équation différentielle du premier ordre

$$(62) \quad \frac{\partial F}{\partial p_{n,0}} dy^n - \frac{\partial F}{\partial p_{n-1,1}} dx\, dy^{n-1} + \frac{\partial F}{\partial p_{n-2,2}} dx^2\, dy^{n-2} \ldots \pm \frac{\partial F}{\partial p_{0n}} dx^n = 0;$$

l'orientation d'éléments d'ordre n de la surface intégrale le long d'une de ces courbes constitue une *caractéristique* de l'équation d'ordre n. Il y a donc, en général, n systèmes de caractéristiques distincts, correspondant aux n racines de l'équation (62). Cela posé, dans le cas d'une équation d'ordre n, $\varphi = 0$, ne renfermant que les dérivées $p_{1,\, n-1}$ et $p_{0,n}$, l'équation (62) se réduit à

$$\frac{\partial \varphi}{\partial p_{1,\, n-1}} dx^{n-1}\, dy - \frac{\partial \varphi}{\partial p_{0,n}} dx^n = 0,$$

et la condition trouvée plus haut

$$\left(\frac{\partial \varphi}{\partial p_{0,n}}\right)^2 - \frac{\partial f}{\partial s} \frac{\partial \varphi}{\partial p_{0,n}} \frac{\partial \varphi}{\partial p_{1,n-1}} + \frac{\partial f}{\partial t}\left(\frac{\partial \varphi}{\partial p_{1,\, n-1}}\right)^2 = 0$$

exprime que les deux équations

$$r + f = 0, \qquad \varphi = C$$

ont une direction de caractéristique commune. Toute intégrale de ce système est donc engendrée par une famille de caractéristiques communes, et on est conduit tout naturellement à déterminer d'abord ces caractéristiques.

Nous supposons que la fonction φ satisfait au système (A), et, par suite, que les caractéristiques communes aux deux équations $r + f = 0$, $\varphi = C$ font partie du système (I). Ces caractéristiques satisfont d'abord aux $(2n + 1)$ équations (56) et, en tenant compte de ce qu'elles satisfont aussi à la relation $\varphi = C$, on peut compléter le système d'équations différentielles. De l'égalité $\varphi = C$, on déduit, en effet,

$$\left(\frac{d\varphi}{dx}\right) + \frac{\partial\varphi}{\partial p_{0,n}}\, p_{1,n} + \frac{\partial\varphi}{\partial p_{1,n-1}}\, p_{2,n-1} = 0,$$

$$\left(\frac{d\varphi}{dy}\right) + \frac{\partial\varphi}{\partial p_{0,n}}\, p_{0,n+1} + \frac{\partial\varphi}{\partial p_{1,n-1}}\, p_{1,n} = 0;$$

quand on se déplace sur une caractéristique, on a aussi

$$dp_{0,n} = p_{1,n}\, dx + p_{0,n+1}\, dy,$$
$$dp_{1,n-1} = p_{2,n-1}\, dx + p_{1,n}\, dy,$$

et on en tire, en remplaçant dy par $m_1\, dx$,

$$p_{1,n} = \frac{dp_{0,n}}{dx} - p_{0,n+1}\, m_1,$$

$$p_{2,n-1} = \frac{dp_{1,n-1}}{dx} - m_1\, \frac{dp_{0,n}}{dx} + m_1^2\, p_{0,n+1};$$

en portant ces valeurs de $p_{1,n}$ et de $p_{2,n-1}$ dans les formules précédentes, elles deviennent

$$(63) \quad \left\{ \begin{array}{l} \left(\dfrac{d\varphi}{dx}\right) + \dfrac{\partial\varphi}{\partial p_{1,n-1}}\, \dfrac{dp_{1,n-1}}{dx} = 0, \\[2ex] \left(\dfrac{d\varphi}{dy}\right) + \dfrac{\partial\varphi}{\partial p_{1,n-1}}\, \dfrac{dp_{0,n}}{dx} = 0. \end{array} \right.$$

Ces équations font connaître $\dfrac{dp_{1,n-1}}{dx}$, $\dfrac{dp_{0,n}}{dx}$, car $\dfrac{\partial\varphi}{\partial p_{1,n-1}}$ ne peut être identiquement nul; autrement on aurait aussi, d'après la première formule (A), $\dfrac{\partial\varphi}{\partial p_{0,n}} = 0$, et φ ne contiendrait pas de dérivée d'ordre n, contrairement à l'hypothèse. On peut aussi remarquer que les équations (63) entraînent la dernière des équations (56), en tenant compte de la dernière des conditions (A). En définitive, les caractéristiques communes aux deux équations $r + f = 0$, $\varphi = C$ sont déterminées par le système suivant de $(2n + 2)$ équations différentielles ordinaires à $2n + 3$ variables

$$(64) \quad \begin{cases} \dfrac{dy}{dx} = m_1, \qquad \dfrac{dz}{dx} = p_{1,0} + p_{0,1}\, m_1, \\[2ex] \dfrac{dp_{1,0}}{dx} = p_{2,0} + p_{1,1}\, m_1, \quad \dots, \quad \dfrac{dp_{1,n-2}}{dx} = p_{2,n-3} + p_{1,n-1}\, m_1, \\[2ex] \dfrac{dp_{0,1}}{dx} = p_{11} + p_{0,2}\, m_1, \quad \dots, \quad \dfrac{dp_{0,n-1}}{dx} = p_{1,n-1} + p_{0,n}\, m_1, \\[2ex] \dfrac{\partial \varphi}{\partial p_{1,n-1}} \dfrac{dp_{1,n-1}}{dx} + \left(\dfrac{d\varphi}{dx}\right) = 0, \quad \dfrac{\partial \varphi}{\partial p_{1,n-1}} \dfrac{dp_{0,n}}{dx} + \left(\dfrac{d\varphi}{dy}\right) = 0, \end{cases}$$

où on suppose toujours qu'on n'a laissé que les dérivées $p_{i,k}$ où $i \leqq 1$.

Toute intégrale commune aux deux équations $r + f = 0$, $\varphi = C$ s'obtient certainement en associant ces caractéristiques communes suivant une loi convenable. D'ailleurs, on vient de démontrer que, par toute orientation d'éléments d'ordre n satisfaisant aux deux équations $r + f = 0$, $\varphi = C$, et à toutes celles qu'on déduit de $r + f = 0$ par des différentiations successives, il passe une intégrale commune (S) ; cette intégrale commune est évidemment le lieu des caractéristiques communes qui sont issues des divers éléments de l'orientation précédente. Si donc on a obtenu l'intégrale générale des équations (64), on obtiendra l'équation de la surface (S) par des éliminations seulement.

Tout système en involution admet donc une famille de *multiplicités caractéristiques*, dépendant de $2n + 1$ paramètres. Comme toute surface intégrale est un lieu de caractéristiques, on en conclut que *si deux intégrales ont un élément commun d'ordre n, elles ont en commun une infinité simple d'éléments d'ordre n, formant la caractéristique issue de cet élément.*

On voit, d'après cela, que la recherche des intégrales d'un système en involution passant par une courbe donnée (Γ) exige l'intégration de deux systèmes d'équations différentielles ordinaires, absolument indépendants l'un de l'autre. L'un deux, toujours le même, quelle que soit la courbe (Γ), fait connaître les *caractéristiques du système en involution.* L'autre système, qui varie avec la courbe (Γ), détermine une orientation d'éléments d'ordre n, ayant cette courbe pour support et appartenant à une intégrale du système en involution proposé ; on peut le remplacer par une seule équation différentielle d'ordre $n - 1$.

137. Supposons qu'on ait obtenu les caractéristiques communes du système en involution, ou, ce qui revient au même, trouvé l'intégrale générale des équations (64). Soient

$$(65) \quad \left\{ \begin{aligned} y &= \mathrm{P}\,(x,\, x_0,\, y_0,\, z_0;\, \Pi_{10}, \quad \ldots,\quad \Pi_{0n}),\\ z &= \mathrm{Q}\,(x,\, x_0,\, y_0,\, z_0;\, \Pi_{10}, \quad \ldots,\quad \Pi_{0n}),\\ p_{i,k} &= \mathrm{R}_{i.k}\,(x,\, x_0,\, y_0,\, z_0;\, \Pi_{10}, \quad \ldots,\quad \Pi_{0n}), \end{aligned} \right.$$

les formules qui représentent l'intégrale générale de ce système, y_0, z_0, $\Pi_{i,k}$ désignant les valeurs de y, z, $p_{i,k}$, qui correspondent à la valeur initiale x_0 de x.

Le résultat que nous venons d'établir par des considérations empruntées à la théorie des caractéristiques peut s'énoncer comme il suit : *Pour obtenir une intégrale du système en involution proposé, il suffit de remplacer dans les formules* (65) x_0, y_0, z_0, $\Pi_{i,k}$ *par des fonctions d'un paramètre* α *satisfaisant aux relations*

$$(66) \quad \left\{ \begin{aligned} &\varphi_0 = \mathrm{C},\; \frac{\partial z_0}{\partial \alpha} = \Pi_{1,0}\,\frac{\partial x_0}{\partial \alpha} + \Pi_{0.1}\,\frac{\partial y_0}{\partial \alpha},\\ &\frac{\partial \Pi_{i,k}}{\partial \alpha} = \Pi_{i+1,k}\,\frac{\partial x_0}{\partial \alpha} + \Pi_{i,k+1}\,\frac{\partial y_0}{\partial \alpha};\; \begin{cases} i = 0,1,\\ i+k = 1,2,\ldots,n-1. \end{cases} \end{aligned} \right.$$

on suppose que, dans ces formules, $\Pi_{2,k}$ ait été remplacé par une expression au moyen de x_0, y_0, z_0, $\Pi_{1,0}$, ..., $\Pi_{1,k+1}$, $\Pi_{0,1}$, ..., $\Pi_{0,k+2}$ pareille à celle de $p_{2,k}$ au moyen de x, y, z, $p_{1,0}$, ..., $p_{1,k+1}$, $p_{0,1}$, ..., $p_{0,k+2}$, déduite des relations (53) et (54). En effet, les équations (66) définissent alors une orientation d'éléments d'ordre n qui appartient à une intégrale du système en involution proposé ; cette intégrale est nécessairement représentée par les formules (65), puisqu'elle est le lieu des caractéristiques du système en involution issues des divers éléments de l'orientation dont il s'agit.

Le théorème précédent peut s'établir par un calcul direct, comme nous l'avons fait pour les systèmes en involution formés de deux équations du second ordre. Je renverrai pour la démonstration au travail déjà cité de M. Beudon.

138. La détermination des caractéristiques du système en involution, qui constitue la partie essentielle du problème, donne lieu à une remarque. Les équations (64) admettent toujours la combinaison intégrable $d\varphi = 0$, comme il est facile de le vérifier ; on peut donc remplacer l'une de ces équations différentielles par la relation $\varphi = \mathrm{C}$, et en tirant de celle-ci l'une des variables en fonction des autres, on est ramené à un système de $2n + 1$ équations différentielles entre $2n + 2$ variables. Mais il y a lieu de faire une distinction, qui peut avoir une certaine importance pratique. Lorsque les deux racines m_1, m_2 de l'équation

$$m^2 - \frac{\partial f}{\partial s} m + \frac{\partial f}{\partial t} = 0$$

sont distinctes (ce qui est le cas général), $d\varphi = 0$ ne peut pas être une combinaison intégrable des équations différentielles des caractéristiques (I), car on devrait avoir à la fois

$$\frac{\partial \varphi}{\partial p_{0,n}} - m_1 \frac{\partial \varphi}{\partial p_{1,n-1}} = 0, \qquad \frac{\partial \varphi}{\partial p_{0,n}} - m_2 \frac{\partial \varphi}{\partial p_{1,n-1}} = 0,$$

ce qui est impossible, puisque m_1 est différent de m_2. Par conséquent, en ajoutant aux équations (56) la relation $d\varphi = 0$, ou $\varphi = C$, on obtient un système absolument équivalent au système (64). Ainsi, *pour obtenir les équations différentielles des caractéristiques du système en involution, il suffit d'ajouter la relation $\varphi = C$ aux équations différentielles des caractéristiques* (I) *de* $r + f = 0$. Il n'en est plus de même lorsque l'équation

$$m^2 - \frac{\partial f}{\partial s} m + \frac{\partial f}{\partial t} = 0$$

a ses racines égales. Alors $d\varphi = 0$ est une conséquence des équations (56), et il faut partir des équations (64) pour trouver les caractéristiques du système en involution.

139. Examinons maintenant le cas où les équations (A) sont vérifiées, non plus identiquement, mais en tenant compte de la relation $\varphi = 0$ elle-même. Pour plus de clarté, supposons l'équation $\varphi = 0$ résolue par rapport à la dérivée $p_{1,n-1}$, ce qui est possible puisque, si φ ne renfermait pas $p_{1,n-1}$, elle ne renfermerait pas non plus p_{0n}, d'après la première des équations (A). Écrivons, par conséquent,

$$\varphi = p_{1,n-1} + \psi(x, y, z, p_{10}, \ldots, p_{0n}) = 0;$$

les conditions (A) deviennent

$$\frac{\partial \psi}{\partial p_{0n}} - m_1 = 0,$$
$$\left(\frac{d\psi}{dx}\right) + m_2 \left(\frac{d\psi}{dy}\right) - \left(\frac{d^{n-1}f}{dy^{n-1}}\right) = 0.$$

La première montre que ψ est une fonction linéaire de p_{0n} ; la seconde doit se réduire à une identité, quand on y remplace $p_{1, n-1}$ par $-\psi (x, y, z, p_{01}, \ldots, p_{0n})$.

Imaginons encore que l'on se déplace sur une caractéristique du système (II) ; le long de cette caractéristique, y, z, $p_{10}, \ldots, p_{0n}$ sont des fonctions de x. Si on substitue dans φ ces valeurs de y, z, $\ldots, p_{0n}$, le résultat est aussi une fonction de x dont nous allons calculer la dérivée, dans cette hypothèse. On a

$$\frac{d\varphi}{dx} = \frac{dp_{1, n-1}}{dx} + \frac{\partial\psi}{\partial p_{0, n}} \frac{dp_{0, n}}{dx} + \left(\frac{d\psi}{dx}\right) + m_2 \left(\frac{d\psi}{dy}\right),$$

ou bien, en tenant compte des équations d'une caractéristique du système (II),

$$\frac{d\varphi}{dx} = \left(\frac{d\psi}{dx}\right) + m_2 \left(\frac{d\psi}{dy}\right) - \left(\frac{d^{n-1}f}{dy^{n-1}}\right);$$

on voit donc que $\dfrac{d\varphi}{dx}$ doit être nul lorsque l'on a $\varphi = 0$. Or, $\dfrac{d\varphi}{dx}$ contient $p_{1, n-1}$ au second degré au plus, tandis que φ contient $p_{1, n-1}$ au premier degré ; si l'on élimine $p_{1, n-1}$, on est donc conduit à une relation de la forme

$$\frac{d\varphi}{dx} = A\varphi + B\varphi^2,$$

qui est vérifiée quand on se déplace sur une caractéristique du système (II). Si φ est nul pour la valeur initiale x_0, les coefficients A et B étant des fonctions régulières dans le voisinage, il s'ensuit que φ sera nul en tous les points de cette caractéristique. En d'autres termes, tous les éléments d'une caractéristique (II) vérifient l'équation $\varphi = 0$, pourvu qu'un seul élément de cette caractéristique vérifie cette équation. On en conclut, en raisonnant comme plus haut (n° 137), que, pour toute orientation d'éléments d'ordre n appartenant aux deux équations $r + f = 0$, $\varphi = 0$, il passe une intégrale commune à ces deux équations. La détermination de cette intégrale commune s'effectue de la même façon.

140. On déduit de ce qui précède la propriété fondamentale des systèmes en involution, qui pourrait leur servir de définition. Étant donné un système en involution formé d'une équation du second ordre $r + f = 0$ et d'une équation d'ordre quelconque n, *toute orientation d'éléments d'ordre n appartenant à ces deux équations détermine une* *intégrale commune du système*, pourvu, bien entendu, que, dans le voisinage de cette orientation d'éléments, les conditions de continuité, que nous avons toujours supposées satisfaites, soient remplies. Il est facile, d'après cette propriété, de retrouver et de donner la raison d'un théorème établi plus haut (n° 134).

Si les équations $r + f = 0$, $\varphi = C$ *forment un système en involution, quelle que soit la constante* C, φ *est un invariant d'un des systèmes de caractéristiques de l'équation* $r + f = 0$.

Soit (S) une intégrale de l'équation $r + f = 0$, ne vérifiant pas l'équation $\varphi = C$. Sur cette surface, les courbes $\varphi = C$ forment une famille de courbes (Γ) qui sont forcément des caractéristiques. En effet, le long d'une de ces courbes (Γ), l'orientation d'éléments d'ordre n de la surface (S) vérifie l'équation $\varphi = C$; il passe donc par cette courbe une intégrale du système en involution, qui a un contact d'ordre n avec (S). Par suite, ces courbes (Γ) forment une des familles de caractéristiques de la surface (S) ; comme cette intégrale (S) est quelconque, il s'ensuit qu'il y a une des familles de caractéristiques de l'équation $r + f = 0$, telles que φ reste constant quand on se déplace sur une caractéristique de cette famille.

La recherche des équations d'ordre n formant avec $r + f = 0$ un système en involution est ramenée à l'intégration des équations linéaires simultanées (A) et (B). Ces systèmes seront étudiés en détail au chapitre suivant ; pour le moment, je me bornerai aux deux remarques suivantes :

1° Lorsque n est > 2, la première des équations (A) montre que les dérivées d'ordre n, $p_{1,n-1}$ et $p_{0,n}$ ne pourront figurer dans φ que si φ contient la combinaison linéaire $p_{1,n-1} + m_1 p_{0n}$; une intégrale φ contiendra donc toujours la dérivée $p_{1,n-1}$;

2° Lorsqu'on fait successivement $n = 2, 3, \ldots$, on obtient deux suites illimitées de systèmes d'équations linéaires. Chacun de ces systèmes admet toutes les intégrales des systèmes précédents de la même série. Pour le prouver, il suffit évidemment de démontrer que le système (A), correspondant à une valeur de n, admet toutes les intégrales du système précédent, obtenu en changeant n en $n - 1$. Si on suppose, en effet, que φ ne renferme que les dérivées jusqu'à l'ordre $n - 1$,

$$\varphi = \psi\,(x,\, y,\, z,\, p_{10},\, \ldots,\, p_{1,n-2};\, p_{0,1},\, \ldots,\, p_{0,n-1}),$$

on a

$$\left(\frac{d\varphi}{dx}\right) = \left(\frac{d\psi}{dx}\right) + \frac{\partial\psi}{\partial p_{1,n-2}}\, p_{2,n-2} + \frac{\partial\psi}{\partial p_{0,n-1}}\, p_{1,n-1},$$

$$\left(\frac{d\varphi}{dy}\right) = \left(\frac{d\psi}{dy}\right) + \frac{\partial\psi}{\partial p_{1,n-2}}\, p_{1,n-1} + \frac{\partial\psi}{\partial p_{0,n-1}}\, p_{0,n},$$

$\left(\dfrac{d\psi}{dx}\right)$ et $\left(\dfrac{d\psi}{dy}\right)$ ayant un sens analogue à celui de $\left(\dfrac{d\varphi}{dx}\right)$, $\left(\dfrac{d\varphi}{dy}\right)$. La première des équations (A) est vérifiée identiquement, et la seconde devient

$$\left(\frac{d\psi}{dx}\right)+m_2\left(\frac{d\psi}{dy}\right)+\frac{\partial\psi}{\partial p_{1,n-2}}\left\{p_{2,n-2}+m_2 p_{1,n-1}\right\}+\frac{\partial\psi}{\partial p_{0,n-1}}\left\{p_{1,n-1}+m_2 p_{0,n}\right\}=0.$$

D'autre part, on a, en différentiant $(n-2)$ fois par rapport à y, l'équation $r+f=0$,

$$\left(\frac{d^{n-2} f}{dy^{n-2}}\right)+p_{2,n-2}+\frac{\partial f}{\partial s}p_{1,n-1}+\frac{\partial f}{\partial t}p_{0,n}=0,$$

et, en éliminant $p_{2,n-2}$, il vient

$$\left(\frac{d\psi}{dx}\right)+m_2\left(\frac{d\psi}{dy}\right)-\frac{\partial\psi}{\partial p_{1,n-2}}\left(\frac{d^{n-2} f}{dy^{n-2}}\right)+(p_{1,n-1}+m_2 p_{0n})\left\{\frac{\partial\psi}{\partial p_{0,n-1}}-m_1\frac{\partial\psi}{\partial p_{1,n-2}}\right\}=0;$$

comme, par hypothèse, ψ ne contient ni $p_{0,n}$, ni $p_{1,n-1}$, il faudra donc que l'on ait à la fois

$$(\mathrm{A})'\quad\left\{\begin{aligned}&\frac{\partial\psi}{\partial p_{0,n-1}}-m_1\frac{\partial\psi}{\partial p_{1,n-2}}=0,\\[2mm]&\left(\frac{d\psi}{dx}\right)+m_2\left(\frac{d\psi}{dy}\right)-\frac{\partial\psi}{\partial p_{1,n-2}}\left(\frac{d^{n-2} f}{dy^{n-2}}\right)=0,\end{aligned}\right.$$

c'est-à-dire que ψ soit une intégrale du système (A'), analogue au système (A). Le même calcul prouve qu'inversement toute intégrale du système (A') est aussi une intégrale du système (A).

Remarque I. — On a toujours supposé jusqu'ici que l'équation du second ordre proposée était résolue par rapport à r. Dans la pratique, il peut se faire que cette résolution ne puisse pas être effectuée, quoique l'équation du second ordre contienne la dérivée r. Mais on peut toujours, en différentiant cette équation, obtenir explicitement une dérivée d'ordre quelconque en fonction de x, y, z, p, q, r, s, t, et des dérivées $p_{i,k}$ d'ordre supérieur au second, où l'indice i a l'une des valeurs 0 ou 1 ; il suffit donc d'ajouter, dans les raisonnements qui ont été faits plus haut, la dérivée p_{20} aux dérivées au moyen desquelles s'expriment toutes les autres. Cela étant, pour que l'équation proposée et une autre équation d'ordre n forment un système en involution, il suffit que les conditions qui remplacent (A) ou (B) soient vérifiées, en tenant compte de l'équation proposée elle-même.

De même, on pourra conserver r ou p_{20} dans les équations différentielles des caractéristiques (64), à condition d'ajouter à ce système l'équation du second ordre donnée. Nous n'insisterons pas davantage sur les modifications que doit alors subir la méthode précédente, qui n'offrent aucune difficulté théorique.

Remarque II. — On peut aussi étendre aux systèmes en involution formés d'une équation du second ordre et d'une équation d'ordre n la théorie des intégrales complètes. Une intégrale

$$\Phi(x, y, z, a_1, a_2, \ldots, a_q) = 0,$$

dépendant de q paramètres a_1, a_2, ... a_q, est une *intégrale complète* du système en involution si, en éliminant les paramètres a_i entre l'équation $\Phi = 0$ et ses dérivées successives, on n'arrive à aucune relation entre x, y, z, p_{10}, ..., $p_{1,n-1}$, p_{01}, ..., p_{0n}, différente de $\varphi = 0$. S'il en est ainsi, on peut choisir arbitrairement x, y, z, p_{10}, ..., $p_{1,n-2}$, p_{01}, ..., $p_{0,n-1}$ et une des dérivées $p_{1,n-1}$ et p_{0n}, ce qui exige que le nombre q soit au moins égal à $2n$. Supposons $q = 2n$, et soit (S) une intégrale quelconque; on peut disposer des $2n$ paramètres a_1, ..., a_{2n} de façon que l'intégrale complète ait avec (S) un contact d'ordre n en un point donné. Les deux surfaces auront alors (n° 136) un contact d'ordre n tout le long de la caractéristique issue de cet élément; ce qui prouve que toute intégrale du système en involution est l'enveloppe d'une suite simplement infinie d'intégrales complètes.

Les caractéristiques du système en involution sont donc représentées par un système de deux équations de la forme

$$\left\{ \begin{array}{l} \Phi(x, y, z, a_1, \ldots, a_{2n}) = 0, \\ \dfrac{\partial\Phi}{\partial a_1}\, da_1 + \quad \ldots, \quad + \dfrac{\partial\Phi}{\partial a_{2n}}\, da_{2n} = 0; \end{array} \right.$$

mais comme ces caractéristiques ne dépendent que de $2n + 1$ paramètres, il doit y avoir, entre a_1, ..., a_{2n}, da_1, ... da_{2n}, $(2n - 2)$ relations homogènes en da_1, ..., da_{2n}

$$F_i(a_1, a_2, \ldots, a_{2n}, da_1, da_2, \ldots, da_{2n}) = 0, \qquad i = 1, 2, \ldots, 2n - 2;$$

ces $2n - 2$ relations s'obtiendraient, comme plus haut, par des différentiations et des calculs algébriques. On peut donc obtenir, sans aucune intégration, les caractéristiques dès qu'on connaît une intégrale complète. Mais, pour avoir l'intégrale générale elle-même, il faudrait trouver les expressions les plus générales de $2n$ fonctions a_1, a_2, ..., a_{2n} d'un même paramètre, vérifiant les $2n - 2$ relations $F_i = 0$.

141. Reprenons maintenant la question générale proposée au début du n° 134. Il s'agit de rechercher les intégrales communes à l'équation du second ordre $r + f = 0$ et à une équation d'ordre n

$$(67) \qquad \varphi\,(x,\,y,\,z,\,p_{1,0},\,p_{1,1},\,\ldots,\,p_{1,n-1},\,p_{0,1},\,\ldots,\,p_{0,n}) = 0\,;$$

on admet que, dans cette dernière équation, le premier membre est une fonction entière et irréductible des variables qui y figurent, au moins dans un certain domaine de valeurs pour ces variables, de telle sorte que les relations

$$\frac{\partial \varphi}{\partial p_{1,n-1}} = 0, \qquad \frac{\partial \varphi}{\partial p_{0,n}} = 0,$$

par exemple, ne peuvent être des conséquences de l'équation (67) elle-même.

Les intégrales cherchées peuvent satisfaire à l'équation $\dfrac{\partial \varphi}{\partial p_{1,n-1}} = 0$, ou ne pas vérifier cette équation.

Examinons d'abord cette dernière hypothèse. Pour rechercher les intégrales dont il s'agit, on peut supposer l'équation (67) résolue par rapport à $p_{1,n-1}$ et l'écrire

$$(67)' \qquad p_{1,n-1} + \psi\,(x,\,y,\,z,\,p_{10},\,\ldots,\,p_{0n}) = 0.$$

Cela posé, nous avons encore plusieurs hypothèses à examiner, suivant que l'expression

$$H = \left(\frac{\partial \psi}{\partial p_{0n}}\right)^2 - \frac{\partial f}{\partial s}\frac{\partial \psi}{\partial p_{0,n}} + \frac{\partial f}{\partial t}$$

est nulle, ou non, identiquement. Si H n'est pas nul identiquement, et si les intégrales cherchées ne vérifient pas l'équation $H = 0$, on a vu plus haut que l'on pourrait trouver les valeurs de toutes les dérivées d'ordre $(n+1)$ de la fonction inconnue au moyen de x, y, z et des dérivées d'ordre moindre ; ces intégrales ne peuvent donc dépendre que d'un nombre fini de constantes, et on est ramené à un problème que l'on sait traiter.

Si les intégrales cherchées vérifient l'équation $H = 0$, H peut contenir $p_{0,n}$ ou être indépendant de $p_{0,n}$. Dans le second cas, les intégrales vérifieront une équation d'ordre inférieur à n. Dans le premier cas, si on n'a pas en même temps $\dfrac{\partial H}{\partial p_{0n}} = 0$, on peut tirer $p_{0,n}$ de l'équation $H = 0$, la relation (67)' donne $p_{1,n-1}$, et, par suite, toutes les dérivées d'ordre n de la fonction inconnue s'expriment au moyen des précédentes.

Si on a à la fois $H = 0$, $\dfrac{\partial H}{\partial p_{0,n}} = 0$, l'élimination de $p_{0,n}$ conduit à une équation d'ordre inférieur à n.

Si H est nul identiquement, si on a, par exemple $\dfrac{\partial \psi}{\partial p_{0n}} = m_1$, on a vu plus haut (n° 139) que toute intégrale commune aux deux équations $r + f = 0$, $p_{1, n-1} + \psi = 0$ doit vérifier aussi l'équation

$$K = \left(\frac{d\psi}{dx}\right) + m_2 \left(\frac{d\psi}{dy}\right) - \left(\frac{d^{n-1}f}{dy^{n-1}}\right) = 0,$$

où on suppose $p_{1, n-1}$ remplacé par $-\psi$. Lorsque K est nul identiquement, les deux équations $r + f = 0$, $p_{1, n-1} + \psi = 0$ forment un système en involution. Si l'équation $K = 0$ ne se réduit pas à une identité, on démontre, en raisonnant comme tout à l'heure, que les intégrales communes ne dépendent que d'un nombre fini de constantes arbitraires, ou qu'elles satisfont à une équation d'ordre inférieur à n.

Il reste à examiner le cas où il existerait des intégrales communes aux deux équations

$$r + f = 0, \qquad \varphi = 0,$$

vérifiant aussi l'équation $\varphi_1 = \dfrac{\partial \varphi}{\partial p_{1, u-1}} = 0$. On peut toujours supposer que la relation

$$\frac{D(\varphi, \varphi_1)}{D(p_{1, n-1}, p_{0,n})} = 0$$

n'est pas une conséquence des relations $\varphi = 0$, $\varphi_1 = 0$, car on pourrait alors remplacer ces deux relations par un système équivalent, mais d'une forme plus simple. Si les intégrales communes aux trois équations

$$r + f = 0, \qquad \varphi = 0, \qquad \varphi_1 = 0$$

ne satisfont pas à la relation $\dfrac{D(\varphi, \varphi_1)}{D(p_{1, n-1}, p_{0,n})} = 0$, on peut résoudre le système $\varphi = 0$, $\varphi_1 = 0$, par rapport à $p_{1, u-1}$ et p_{0n}, et les intégrales communes ne dépendent que d'un nombre fini de constantes arbitraires. Si ces intégrales communes vérifient aussi la relation

$$\frac{D(\varphi, \varphi_1)}{D(p_{1, n-1}, p_{0,n})} = 0,$$

l'élimination de $p_{1,\,n-1}$ et p_{0n} conduira à une nouvelle équation d'ordre inférieur à n.

En résumé, en passant en revue toutes les hypothèses que l'on peut faire, on ne trouve que trois cas à examiner : 1° les équations proposées forment un système en involution ; 2° les intégrales communes dépendent d'un nombre fini de constantes arbitraires ; 3° ces intégrales communes vérifient une équation d'ordre inférieur à n.

En opérant sur une équation d'ordre inférieur à n, comme on a opéré sur l'équation d'ordre n, et ainsi de suite, on voit que, en définitive, la recherche des intégrales communes à une équation du second ordre $r + f = 0$ et à une équation d'ordre n se ramène toujours à l'intégration d'un ou de plusieurs systèmes en involution, ou à l'intégration d'un ou plusieurs systèmes dans lesquels toutes les dérivées d'un certain ordre de la fonction inconnue s'expriment au moyen des dérivées d'ordre inférieur. En particulier, pour qu'une équation d'ordre n, $\varphi = 0$, admette une infinité d'intégrales communes avec l'équation du second ordre $r + f = 0$, dépendant d'une infinité de constantes arbitraires, il faut que le système $\varphi = 0$, $r + f = 0$ soit en involution, ou qu'il admette toutes les intégrales d'un ou plusieurs systèmes en involution $\psi = 0$, $r + f = 0$, où ψ est d'ordre inférieur à n.

Il peut d'ailleurs arriver que le système $r + f = 0$, $\varphi = 0$ admette plusieurs ensembles distincts d'intégrales, les uns dépendant d'un nombre *fini* de constantes, les autres d'une *infinité* de constantes. Nous en avons déjà vu un exemple (n° 129) avec le système

$$\frac{r}{1 + p^2} = \frac{s}{pq} = \frac{t}{1 + q^2}.$$

142. Considérons encore le système formé de l'équation du second ordre $r + f = 0$ et de deux équations d'ordre quelconque $\varphi = 0$, $\psi = 0$. D'après la discussion qui vient d'être faite, le seul cas qui demande un examen particulier est celui où chacun des systèmes $(r + f = 0, \varphi = 0)$ et $(r + f = 0, \psi = 0)$ est en involution. Ce cas se subdivise lui-même en deux autres, suivant que les fonctions φ et ψ vérifient l'une et l'autre des conditions du même type (A) ou (B), ou des conditions de types différents[1]. Prenons d'abord le second cas, et supposons, de plus, pour fixer les idées, que les fonctions φ et ψ renferment toutes deux des dérivées d'ordre n, et aucune dérivée d'ordre supérieur, quand on ne laisse, bien entendu, que les dérivées $p_{i,k}$ où l'indice i a l'une des valeurs 0 ou 1.

____

[1] Dans ce paragraphe et les suivants, on suppose que les fonctions φ et ψ vérifient identiquement les équations correspondantes ; le raisonnement s'étend sans difficulté au cas où il faut tenir compte des relations $\varphi = 0$, $\psi = 0$ elles-mêmes.

Dans ces conditions, la fonction φ, par exemple, satisfait aux équations (A)

$$\text{(A)} \quad \begin{cases} \dfrac{\partial \varphi}{\partial p_{0,n}} - m_1 \dfrac{\partial \varphi}{\partial p_{1,\,n-1}} = 0, \\[2ex] \left(\dfrac{d\varphi}{dx}\right) + m_2 \left(\dfrac{d\varphi}{dy}\right) - \dfrac{\partial \varphi}{\partial p_{1,\,n-1}} \left(\dfrac{d^{n-1}f}{dy^{n-1}}\right) = 0, \end{cases}$$

et la fonction ψ aux équations (B)

$$\text{(B)} \quad \begin{cases} \dfrac{\partial \psi}{\partial p_{0,n}} - m_2 \dfrac{\partial \psi}{\partial p_{1,\,n-1}} = 0, \\[2ex] \left(\dfrac{d\psi}{dx}\right) + m_1 \left(\dfrac{d\psi}{dy}\right) - \dfrac{\partial \psi}{\partial p_{1,\,n-1}} \left(\dfrac{d^{n-1}f}{dy^{n-1}}\right) = 0. \end{cases}$$

Des deux équations $\varphi = 0$, $\psi = 0$ on peut tirer les valeurs des dérivées $p_{0,n}$ et $p_{1,n-1}$ en fonction des dérivées d'ordre inférieur, puisque le déterminant fonctionnel

$$\frac{D(\varphi,\,\psi)}{D(p_{0,n},\,p_{1,\,n-1})} = (m_1 - m_2)\left(\frac{\partial \varphi}{\partial p_{1,\,n-1}}\,\frac{\partial \psi}{\partial p_{1,\,n-1}}\right)^2$$

ne peut être nul dans le cas où m_1 et m_2 sont différents, ce que nous supposons. Si z est une intégrale commune aux trois équations proposées, on peut donc exprimer toutes les dérivées d'ordre n de la fonction inconnue au moyen des dérivées d'ordre inférieur. Prenons, comme inconnues auxiliaires

$$p_{1,0},\ p_{1,1},\ \ldots,\ p_{1,\,n-2};\ p_{0,1},\ p_{0,2},\ \ldots\ p_{0,\,n-1},$$

nous pourrons former un système d'équations aux différentielles totales,

$$\text{(68)} \quad \begin{cases} dz = p_{1,0}\,dx + p_{0,1}\,dy, \\ dp_{1,0} = p_{2,0}\,dx + p_{1,1}\,dy, \\ \quad \cdot \quad \cdot \quad \cdot \quad \cdot \quad \cdot \quad \cdot \quad \cdot \\ dp_{1,\,n-2} = p_{2,\,n-2}\,dx + p_{1,\,n-1}\,dy, \\ dp_{0,\,n-1} = p_{1,\,n-1}\,dx + p_{0,n}\,dy, \end{cases}$$

où $p_{1,n-1}$ et $p_{0,n}$ sont tirés des équations $\varphi = 0$, $\psi = 0$, tandis que $p_{2,0}$, $p_{2,1}$, ... $p_{2,n-2}$ sont supposés remplacés par leurs valeurs déduites des équations (53) et (54). D'après la façon même dont on a formé ce système, les seules conditions d'intégrabilité du système (68) qui ne soient pas vérifiées identiquement sont celles qui proviennent des deux dernières équations. Les dernières conditions d'intégrabilité s'obtiennent (n° 118) en exprimant qu'en partant des trois équations

$r + f = 0$, $\varphi = 0$, $\psi = 0$, on obtient un système de valeurs unique pour les dérivées d'ordre $(n + 1)$, $p_{0,n+1}$, $p_{1,n}$, $p_{2,n-1}$. Or ces trois dérivées doivent satisfaire aux cinq équations

$$(69) \quad \begin{cases} \left(\dfrac{d^{n-1} f}{dy^{n-1}}\right) + p_{2,n-1} + \dfrac{\partial f}{\partial s}\, p_{1,n} + \dfrac{\partial f}{\partial t}\, p_{0,n+1} = 0, \\[2ex] \left(\dfrac{d\varphi}{dx}\right) + \dfrac{\partial \varphi}{\partial p_{0,n}}\, p_{1,n} + \dfrac{\partial \varphi}{\partial p_{1,n-1}}\, p_{2,n-1} = 0, \\[2ex] \left(\dfrac{d\varphi}{dy}\right) + \dfrac{\partial \varphi}{\partial p_{0,n}}\, p_{0,n+1} + \dfrac{\partial \varphi}{\partial p_{1,n-1}}\, p_{1,n} = 0, \\[2ex] \left(\dfrac{d\psi}{dx}\right) + \dfrac{\partial \psi}{\partial p_{0,n}}\, p_{1,n} + \dfrac{\partial \psi}{\partial p_{1,n-1}}\, p_{2,n-1} = 0, \\[2ex] \left(\dfrac{d\psi}{dy}\right) + \dfrac{\partial \psi}{\partial p_{0,n}}\, p_{0,n+1} + \dfrac{\partial \psi}{\partial p_{1,n-1}}\, p_{1,n} = 0, \end{cases}$$

qui se réduisent à trois, d'après les conditions (A) et (B). En effet, les conditions (A) expriment que la seconde des relations (69) est une combinaison linéaire de la première et de la troisième ; les conditions (B) expriment de même que la quatrième relation (69) est une combinaison linéaire de la première et de la cinquième. *Les équations* (68) *forment donc un système complètement intégrable.*

On peut encore établir ce résultat comme il suit : Prenons un élément d'ordre n appartenant aux trois équations $r + f = 0$, $\varphi = 0$, $\psi = 0$, c'est-à-dire un système de valeurs pour

$$x, \ y, \ z, \ p_{i,k} \qquad (i + k \leqq n)$$

satisfaisant à ces trois équations et à toutes celles qu'on obtient en différentiant l'équation $r + f = 0$, $(n - 2)$ fois au plus. Nous allons montrer que, par cet élément (E_n), il passe une intégrale commune aux trois équations proposées. De cet élément (E_n), il part une caractéristique du système (I) et d'ordre n, satisfaisant à la relation $\psi = 0$; en effet, si on ajoute aux équations différentielles des caractéristiques d'ordre n du système (I) la relation $d\psi = 0$, on a un système de $2n + 2$ équations différentielles entre $2n + 3$ variables qui admettent, en général, un système de solutions admettant les valeurs initiales données. Ces intégrales déterminent une caractéristique d'ordre n, (Γ), du système (I), dont tous les éléments satisfont à l'équation $\psi = 0$, puisque $d\psi = 0$ est une des équations différentielles dont on s'est servi, et que l'élément initial satisfait à $\psi = 0$. On voit de même que de l'élément (E_n) part une caractéristique d'ordre n, (Γ'), du système (II), dont tous les éléments vérifient la relation $\varphi = 0$. Ces deux caractéristiques d'ordre n, (Γ)

et (Γ'), déterminent une surface intégrale (S) de l'équation $(^1)$ $r + f = o$, qui, d'après ce qu'on a vu plus haut (n° 135), doit satisfaire aux deux équations $\varphi = o$, $\psi = o$, car elle est le lieu des caractéristiques du système (II) issues des divers éléments de (Γ), et aussi des caractéristiques du système (I), issues des divers éléments de (Γ').

143. La conclusion est la même lorsque les deux équations $\varphi = o$, $\psi = o$ sont d'ordres différents. Supposons, pour fixer les idées, que φ ne renferme que les dérivées d'ordre m $(m < n)$ et vérifie les conditions (A)

$$(A) \quad \begin{cases} \dfrac{\partial \varphi}{\partial p_{0,m}} - m_1 \dfrac{\partial \varphi}{\partial p_{1,m-1}} = o, \\[2ex] \left(\dfrac{d\varphi}{dx}\right) + m_2 \left(\dfrac{d\varphi}{dy}\right) - \dfrac{\partial \varphi}{\partial p_{1,m-1}} \left(\dfrac{d^{m-1} f}{dy^{m-1}}\right) = c, \end{cases}$$

tandis que ψ renferme des dérivées d'ordre n et satisfait aux conditions (B)

$$(B) \quad \begin{cases} \dfrac{\partial \psi}{\partial p_{0,n}} - m_2 \dfrac{\partial \psi}{\partial p_{1,n-1}} = o, \\[2ex] \left(\dfrac{d\psi}{dx}\right) + m_1 \left(\dfrac{d\psi}{dy}\right) - \dfrac{\partial \psi}{\partial p_{1,n-1}} \left(\dfrac{d^{n-1} f}{dy^{n-1}}\right) = o; \end{cases}$$

$(^1)$ Le théorème du n° 84 (t. I, p. 193) peut en effet être généralisé de la façon suivante :

Deux caractéristiques d'ordre n, de systèmes différents (C) *et* (C'), *ayant un élément commun d'ordre n, appartiennent à une surface intégrale et à une seule.*

Soient, en effet (c) et (c'), les deux caractéristiques du second ordre qui sont contenues dans les caractéristiques (C) et (C'), et (S) la surface intégrale de l'équation $r + f = o$, qui renferme ces deux caractéristiques (c) et (c'). Pour démontrer que tous les éléments des deux caractéristiques (C) et (C') appartiennent à cette intégrale, il suffit d'établir de proche en proche qu'il en est ainsi pour les éléments du troisième ordre, puis pour ceux du quatrième ordre, etc. Désignons par les lettres d et δ les différentielles relatives aux déplacements sur les caractéristiques (c) et (c') respectivement. Les valeurs des dérivées p_{12} et p_{03} au point commun à ces deux caractéristiques sont données, sans aucune ambiguïté, par les deux équations du premier degré

$$dp_{0,2} = p_{1,2}\, dx + p_{0,3}\, dy$$
$$\delta p_{0,2} = p_{1,2}\, \delta x + p_{0,3}\, \delta y,$$

de sorte que l'élément commun du troisième ordre est déterminé ; les caractéristiques du troisième ordre, issues de cet élément commun, renfermant les caractéristiques (c), (c'), sont elles-mêmes déterminées. Par suite, il en est de même de l'élément commun du quatrième ordre, etc., de l'élément commun d'ordre n. Cet élément commun d'ordre n appartient nécessairement à la surface intégrale ; comme les caractéristiques d'ordre n, qui renferment (c) et (c') sont entièrement déterminées quand on s'en donne un élément d'ordre n, il s'ensuit que tous les éléments de ces caractéristiques (C), (C') appartiennent aussi à la surface (S).

il est toujours entendu que φ et ψ ne renferment que les dérivées $p_{i,k}$, où l'indice i a l'une des valeurs 0 ou 1.

L'équation $r + f = 0$ et celles qu'on en déduit par des différentiations répétées permettent d'exprimer toutes les dérivées partielles de la fonction inconnue, jusqu'à celles d'ordre $m - 1$ inclusivement, au moyen de

$$x, y, z, p_{1,0}, p_{1,1}, \quad \ldots, \quad p_{1,m-2}; p_{0,1}, \quad \ldots, \quad p_{0,m-1};$$

il n'en est plus de même à partir des dérivées d'ordre m, puisqu'on doit tenir compte de la relation $\varphi = 0$ et de celles qu'on en déduira par des différentiations répétées. Mais on peut encore, dans chaque ordre, choisir arbitrairement la valeur d'une dérivée partielle (n° 134), puisque les équations $r + f = 0$, $\varphi = 0$ forment un système en involution; de sorte que, de l'ordre m jusqu'à l'ordre $n - 1$ inclusivement, toutes les dérivées partielles de la fonction inconnue s'expriment au moyen des précédentes et des dérivées

$$p_{0,m}, p_{0,m+1}, \quad \ldots, \quad p_{0,n-1}$$

par exemple. A partir de l'ordre n, toutes les dérivées partielles s'exprimeront au moyen des précédentes. Ainsi, les deux dérivées $p_{0,n}$ et $p_{1,n-1}$ s'obtiendront par la résolution des deux équations

$$\frac{\partial \varphi}{\partial p_{1,m-1}} p_{1,n-1} + \frac{\partial \varphi}{\partial p_{0,m}} p_{0,n} + \left(\frac{d^{n-m} \varphi}{dy^{n-m}} \right) = 0.$$
$$\psi = 0.$$

Le déterminant fonctionnel des deux premiers membres par rapport à $p_{0,n}$ et $p_{1,n-1}$ a pour valeur

$$\frac{\partial \varphi}{\partial p_{0,m}} \frac{\partial \psi}{\partial p_{1,n-1}} - \frac{\partial \varphi}{\partial p_{1,m-1}} \frac{\partial \psi}{\partial p_{0,n}},$$

c'est à-dire, d'après les formules (A) et (B),

$$\left(\frac{\partial \psi}{\partial p_{1,n-1}} \frac{\partial \varphi}{\partial p_{1,m-1}} \right) (m_1 - m_2).$$

Connaissant $p_{0,n}$ et $p_{1,n-1}$, on formera ensuite les expressions des autres dérivées d'ordre n sans difficulté.

Par conséquent, si on introduit comme inconnues auxiliaires

$$p_{1,0}, p_{1,1}, \ldots p_{1,m-2}; p_{0,1}, p_{0,2}, \ldots, p_{0,n-1},$$

on peut former un système d'équations aux différentielles totales pour déterminer z et ces inconnues auxiliaires, dans lesquelles les coefficients de dx et de dy dans les seconds membres sont des fonctions parfaitement déterminées de x, y, z et des inconnues auxiliaires. En s'appuyant sur ce que les deux systèmes $(r + f = 0, \varphi = 0)$, et $(r + f = 0, \psi = 0)$ sont en involution, on démontrera, comme dans le cas déjà examiné, que ce système d'équations aux différentielles totales est complètement intégrable.

On peut aussi employer le second procédé de démonstration. Soit $(E)_n$ un élément d'ordre n commun aux trois équations $r + f = 0$, $\varphi = 0$, $\psi = 0$, c'est-à-dire un système de valeurs

$$x, y, z, p_{i,k} \ (i + k \leqq n),$$

satisfaisant à ces trois équations et à celles qu'on déduit des deux premières par des différentiations répétées. *Par cet élément* $(E)_n$, *il passe une intégrale commune des trois équations.* Appelons $(E)_m$ l'élément d'ordre m contenu dans $(E)_n$, élément qui appartient aux deux équations $r + f = 0$, $\varphi = 0$. On démontre, comme plus haut, que de l'élément $(E)_n$ part une caractéristique d'ordre n, $(C)_n$, du système (II) dont tous les éléments vérifient la relation $\psi = 0$; de même, de l'élément $(E)_m$ part une caractéristique d'ordre m, $(C')_m$, du système (I), dont tous les éléments vérifient la relation $\varphi = 0$. Cette caractéristique $(C')_m$ est contenue dans une caractéristique $(C'')_n$ du même système, à laquelle appartient l'élément $(E)_n$; et, de même $(C)_n$ renferme une caractéristique $(C''')_m$ du système (II), à laquelle appartient l'élément $(E)_m$. Cela posé, les deux caractéristiques $(C)_n$ et $(C'')_n$ déterminent une surface intégrale (S) de l'équation $r + f = 0$; (S) est aussi une intégrale des équation $\varphi = 0$ et $\psi = 0$, car on peut la considérer, d'une part, comme un lieu de caractéristiques d'ordre n du système (I), issues des divers éléments de $(C)_n$; d'autre part, comme un lieu de caractéristiques d'ordre m du système (II), issues des divers éléments de $(C')_m$ (n° 135).

Nous pouvons donc énoncer le théorème suivant, qui est très important pour la suite.

Soit ψ *un invariant du système* (I) *de caractéristiques de l'équation du second ordre* $r + f = 0$; *soit* φ *un invariant du système* (II) *de caractéristiques de la même équation. Les trois équations*

$$r + f = 0, \qquad \varphi = C, \qquad \psi = C',$$

forment un système complètement intégrable.

144. Lorsque les deux fonctions φ et ψ vérifient simultanément les équations (A) ou les équations (B), les conclusions sont toutes différentes. *Si les trois équations*

$$r + f = 0, \qquad \varphi = 0, \qquad \psi = 0,$$

ont une intégrale commune, elles en ont une infinité dépendant d'une infinité de constantes arbitraires.

Supposons, pour fixer les idées, que φ et ψ vérifient les conditions (A). Soit (S) une intégrale commune, (C) une caractéristique de cette surface du système (I). Il existe (t. I, n° 83) une infinité d'intégrales de l'équation $r + f = 0$, dépendant d'une infinité de constantes arbitraires, qui ont un contact d'ordre n avec (S) tout le long de cette caractéristique (C) ; nous prenons pour n l'ordre des plus hautes dérivées qui figurent dans les fonctions φ et ψ. Toutes ces intégrales satisfont aussi aux deux équations $\varphi = 0$, $\psi = 0$, car on peut les considérer comme un lieu de caractéristiques du système (II), issues des divers éléments de la caractéristique (C), éléments qui vérifient tous les relations $\varphi = 0$, $\psi = 0$ (voir n° 135).

Il ne peut donc se présenter que deux cas pour le système proposé ; ou bien ce système est incompatible, ou bien l'intégrale générale dépend d'une infinité de constantes arbitraires. Les deux cas peuvent effectivement se présenter, comme le montre l'exemple suivant. L'équation

$$r + s^2 = 0$$

forme un système en involution avec chacune des équations

$$y - 2xs + \varphi(s) = 0,$$
$$p - xs^2 + \psi(s) = 0,$$

quelles que soient les fonctions φ et ψ. On tire de ces deux dernières, en différentiant par rapport à x, en tenant compte de $r + s^2 = 0$,

$$-2s - 2x\frac{\partial s}{\partial x} + \varphi'(s)\frac{\partial s}{\partial x} = 0,$$

$$-2s^2 - 2xs\frac{\partial s}{\partial x} + \psi'(s)\frac{\partial s}{\partial x} = 0,$$

et, par suite,

$$[s\varphi'(s) - \psi'(s)]\frac{\partial s}{\partial x} = 0.$$

Prenons d'abord $\varphi(s) = \psi(s) = s$; la dernière équation nous donne

$\dfrac{\partial s}{\partial x} = 0$, et les précédentes donneraient $s = 0$, $p = 0$, $y = 0$, c'est-à-dire que les trois équations

$$r + s^2 = 0, \qquad y - 2xs + s = 0, \qquad p - xs^2 + s = 0,$$

sont incompatibles. Prenons, au contraire, $\varphi = 2s$, $\psi = s^2$; si on élimine s entre les deux équations

$$y - 2xs + 2s = 0, \qquad p - xs^2 + s^2 = 0,$$

on est conduit à une équation du premier ordre

$$4p\,(x - 1) - y^2 = 0,$$

dont toutes les intégrales satisfont au système :

$$r + s^2 = 0, \qquad y - 2xs + 2s = 0, \qquad p - xs^2 + s^2 = 0.$$

145. Toute équation de la forme

$$(70) \qquad\qquad s + f(x, y, z, p, q) = 0$$

peut, comme on l'a déjà remarqué (n° 132), être ramenée à la forme

$$r + f(x, y, z, p, q, s, t) = 0,$$

en prenant pour nouvelles variables $x + y$ et $x - y$. Mais, comme l'équation (70) est une des plus simples auxquelles on puisse ramener une équation aux dérivées partielles du second ordre, nous montrerons rapidement comment on peut traiter les mêmes problèmes sur une équation de cette forme.

L'équation (70) et celles qu'on en déduit par des **différentiations** répétées permettent d'exprimer toutes les dérivées partielles au moyen de celles qui sont prises par rapport à l'une des variables seulement. D'une manière générale $\dfrac{\partial^{i+k} z}{\partial x^i \partial y^k}$ s'exprime au moyen de

$$x,\ y,\ z,\ \frac{\partial z}{\partial x},\ \dots,\ \frac{\partial^i z}{\partial x^i},\ \frac{\partial z}{\partial y},\ \dots,\ \frac{\partial^k z}{\partial y^k}.$$

D'après l'équation proposée elle-même, la loi est vraie pour $i = k = 1$; pour établir qu'elle est générale, il suffira de vérifier que, si elle est vraie pour les dérivées partielles d'ordre égal ou inférieur à n, elle est encore vraie pour les dérivées d'ordre $n + 1$; ce qui n'offre aucune difficulté. Un des indices des dérivées $p_{i,k}$, au moyen desquelles s'expriment toutes les autres, étant toujours nul, nous modifierons un peu les notations employées jusqu'ici, en posant

$$\frac{\partial z}{\partial x} = p_1, \frac{\partial^2 z}{\partial x^2} = p_2, \ldots, \frac{\partial^i z}{\partial x^i} = p_i, \ldots,$$

$$\frac{\partial z}{\partial y} = q_1, \frac{\partial^2 z}{\partial y^2} = q_2, \ldots, \frac{\partial^k z}{\partial y^k} = q_k, \ldots,$$

et on supposera toujours que, dans les relations suivantes, on a exprimé toutes les dérivées au moyen de x, y, z, p_1, p_2..., q_1, q_2... On a, par exemple,

$$\frac{\partial p_i}{\partial x} = p_{i+1}, \qquad \frac{\partial q_k}{\partial y} = q_{k+1},$$

tandis que $\dfrac{\partial p_i}{\partial y}$ est une fonction de $x, y, z, p_1, \ldots, p_i, q_1$, et $\dfrac{\partial q_k}{\partial x}$ une fonction de $x, y, z, p_1, q_1, \ldots, q_k$.

Cela posé, les équations différentielles des deux systèmes de caractéristiques d'ordre n de l'équation (70) sont respectivement

$$(\text{I}) \quad \begin{cases} dy = 0, \ dz = p_1 dx, \ dp_1 = p_2 dx, \ldots, dp_{n-1} = p_n dx, \\ \qquad dq_1 = \dfrac{\partial q_1}{\partial x} dx, \ldots, dq_n = \dfrac{\partial q_n}{\partial x} dx, \end{cases}$$

$$(\text{II}) \quad \begin{cases} dx = 0, \ dz = q_1 dy, \ dp_1 = \dfrac{\partial p_1}{\partial y} dy, \ldots, dp_n = \dfrac{\partial p_n}{\partial y} dy, \\ \qquad dq_1 = q_2 dy, \ldots, dq_{n-1} = q_n dy\ ; \end{cases}$$

chacun de ces systèmes se compose de $(2n + 1)$ équations entre $(2n + 3)$ variables $(x, y, z, p_1, \ldots, p_n, q_1, \ldots, q_n)$.

Cherchons les conditions pour que l'équation proposée (70) forme un système en involution avec une autre équation d'ordre n

$$(71) \qquad \varphi(x, y, z, p_1, p_2, \ldots, p_n\ ; q_1, q_2, \ldots, q_n) = 0.$$

En différentiant cette relation par rapport à x et par rapport à y, il vient

$$(72) \quad \begin{cases} \left(\dfrac{d\varphi}{dx}\right) + \dfrac{\partial \varphi}{\partial p_n} p_{n+1} + \dfrac{\partial \varphi}{\partial q_n} \dfrac{\partial q_n}{\partial x} = 0, \\ \left(\dfrac{d\varphi}{dy}\right) + \dfrac{\partial \varphi}{\partial p_n} \dfrac{\partial p_n}{\partial y} + \dfrac{\partial \varphi}{\partial q_n} q_{n+1} = 0\ ; \end{cases}$$

quand on aura remplacé $\dfrac{\partial q_n}{\partial x}$ et $\dfrac{\partial p_n}{\partial y}$ par leurs expressions, p_{n+1} ne figurera que dans la première équation, et q_{n+1} ne figurera que dans la seconde. Pour que les deux relations se réduisent à une seule, il faudra donc que l'une d'elles soit vérifiée identiquement, c'est-à-dire que la fonction φ doit satisfaire à l'un des systèmes ci-dessous [1]

$$\text{(A)} \qquad \left\{ \frac{\partial \varphi}{\partial q_n} = 0, \ \left(\frac{d\varphi}{dy}\right) + \frac{\partial \varphi}{\partial p_n}\frac{\partial p_n}{\partial y} = 0 \ ; \right.$$

$$\text{(B)} \qquad \left\{ \frac{\partial \varphi}{\partial p_n} = 0, \ \left(\frac{d\varphi}{dx}\right) + \frac{\partial \varphi}{\partial q_n}\frac{\partial q_n}{\partial x} = 0. \right.$$

Prenons, par exemple, les conditions (A). La première montre que φ ne dépend pas de q_n ; si n est > 1, le coefficient de q_n dans la seconde est $\dfrac{\partial \varphi}{\partial q_{n-1}}$. On doit donc avoir aussi $\dfrac{\partial \varphi}{\partial q_{n-1}} = 0$, de sorte que φ ne dépend pas non plus de q_{n-1}. En continuant ainsi, on démontrera de proche en proche que φ ne doit renfermer que les variables

$$x, \ y, \ z, \ p_1, \ \ldots, \ p_n,$$

et on peut remplacer le système (A) par le suivant

$$\text{(A)}' \quad \frac{\partial \varphi}{\partial q_1} = 0, \quad \frac{\partial \varphi}{\partial y} + \frac{\partial \varphi}{\partial z}q_1 + \frac{\partial \varphi}{\partial p_1}\frac{\partial p_1}{\partial y} + \ldots + \frac{\partial \varphi}{\partial p_n}\frac{\partial p_n}{\partial y} = 0.$$

On voit de même que, si une fonction φ satisfait aux relations (B), φ est indépendante de $p_1, \ p_2, \ \ldots, \ p_n$, et on peut remplacer le système (B) par le suivant

$$\text{(B)}' \quad \frac{\partial \varphi}{\partial p_1} = 0, \quad \frac{\partial \varphi}{\partial x} + \frac{\partial \varphi}{\partial z}p_1 + \frac{\partial \varphi}{\partial q_1}\frac{\partial q_1}{\partial x} + \ldots + \frac{\partial \varphi}{\partial q_n}\frac{\partial q_n}{\partial x} = 0.$$

Lorsque les équations (A) sont vérifiées identiquement, il est aisé de vérifier que $d\varphi = 0$ est une combinaison intégrable des équations différentielles des caractéristiques du système (II) ; de même, les conditions (B) expriment que $d\varphi = 0$ est une combinaison intégrable des équations différentielles des caractéristiques du système (I). Les conséquences sont les mêmes que celles qui ont été développées plus haut.

146. La méthode générale d'intégration des systèmes en involution peut être remplacée ici par un procédé plus direct. Pour fixer les idées,

___

[1] Il suffit que ces relations soient vérifiées, en tenant compte de l'équation $\varphi = 0$ elle-même.

supposons que φ ne renferme que les dérivées $p_1, p_2, \ldots, p_n$ de la fonction inconnue, et qu'on ait résolu l'équation $\varphi = 0$ par rapport à p_n. On peut alors l'écrire

$$(73) \qquad \varphi(z) = \frac{\partial^n z}{\partial x^n} + \psi\left(x, y, z, \frac{\partial z}{\partial x}, \frac{\partial^2 z}{\partial x^2}, \ldots, \frac{\partial^{n-1} z}{\partial x^{n-1}}\right) = 0 ;$$

la seconde condition (A') s'obtient en différentiant l'équation précédente par rapport à y, en remplaçant dans le résultat $\dfrac{\partial^2 z}{\partial x \partial y}, \dfrac{\partial^3 z}{\partial x^2 \partial y}, \ldots, \dfrac{\partial^{n+1} z}{\partial x^n \partial y}$ par leurs valeurs en fonction de $x, y, z, \dfrac{\partial z}{\partial x}, \dfrac{\partial^2 z}{\partial x^2}, \ldots, \dfrac{\partial^n z}{\partial x^n}, \dfrac{\partial z}{\partial y}$, déduites de l'équation proposée (70) et de ses $n-1$ premières dérivées par rapport à x, et substituant enfin à la place de $\dfrac{\partial^n z}{\partial x^n}$ sa valeur $- \psi$, déduite de (73).

Si on arrive ainsi à une identité, c'est qu'il existe une relation linéaire et homogène de la forme

$$(74)\ \frac{d^{n-1} F(z)}{dx^{n-1}} + \alpha_1 \frac{d^{n-2} F(z)}{dx^{n-2}} + \ldots \alpha_{n-2} \frac{d F(z)}{dx} + \alpha_{n-1} F(z) + \beta \varphi(z) + \beta_1 \frac{d\varphi(z)}{dy} = 0,$$

où on a posé

$$F(z) = \frac{\partial^2 z}{\partial x \partial y} + f\left(x, y, z, \frac{\partial z}{\partial x}, \frac{\partial z}{\partial y}\right),$$

$\alpha_1, \alpha_2, \ldots, \alpha_{n-1}, \beta, \beta_1$ étant des fonctions de $x, y, z, \dfrac{\partial z}{\partial x}, \ldots, \dfrac{\partial^{n-1} z}{\partial x^{n-1}}, \dfrac{\partial z}{\partial y}$.

Cela posé, imaginons qu'on ait intégré l'équation différentielle ordinaire d'ordre n (73), où ne figure aucune dérivée par rapport à la variable y. L'intégrale générale de cette équation est de la forme

$$(75) \qquad z = \Phi(x, y, C_1, C_2, \ldots, C_n),$$

$C_1, C_2, \ldots, C_n$ étant des fonctions arbitraires de y. Si on remplace z par cette intégrale dans $F(z)$, le résultat de la substitution est une certaine fonction de x et de y, $U(x, y)$, qui satisfait à une relation de la forme

$$(76) \qquad \frac{d^{n-1} U}{dx^{n-1}} + \gamma_1 \frac{d^{n-2} U}{dx^{n-2}} + \ldots + \gamma_{n-2} \frac{dU}{dx} + \gamma_{n-1} U = 0 ;$$

on déduit de là que, pour que $U(x, y)$ soit identiquement nul, il faut et il suffit que U et ses $n-2$ premières dérivées par rapport à x soient nulles pour $x = x_0$, pourvu que les fonctions $\gamma_1, \gamma_2, \ldots, \gamma_{n-1}$ soient régulières dans le voisinage de ce point.

Imaginons que $C_1, C_2, \ldots, C_n$ soient les fonctions de y auxquelles se réduisent, pour $x = x_0$, z, $\dfrac{\partial z}{\partial x}$, ..., $\dfrac{\partial^{n-1} z}{\partial x^{n-1}}$,

$$z_0 = \varphi_0\,(y), \quad \left(\frac{\partial z}{\partial x}\right)_0 = \varphi_1\,(y), \quad ..., \quad \left(\frac{\partial^{n-1} z}{\partial x^{n-1}}\right)_0 = \varphi_{n-1}\,(y)\,;$$

il résulte du raisonnement précédent que l'intégrale générale du système en involution

$$s + f = 0, \quad \frac{\partial^n z}{\partial x^n} + \psi\left(x,\, y,\, z,\, \frac{\partial z}{\partial x},\, ...,\, \frac{\partial^{n-1} z}{\partial x^{n-1}}\right) = 0$$

est représentée par la formule :

$$z = \Phi\,[x,\, y,\, \varphi_0\,(y),\, \varphi_1\,(y),\, ...\,\varphi_{n-1}\,(y)],$$

où les fonctions $\varphi_0\,(y)$, $\varphi_1\,(y)$, ..., $\varphi_{n-1}\,(y)$ doivent satisfaire aux $(n-1)$ conditions

$$F\,(z) = 0, \qquad \frac{dF\,(z)}{dx} = 0, \quad .... \qquad \frac{d^{n-2}F\,(z)}{dx^{n-2}} = 0,$$

où on aurait remplacé z, $\dfrac{\partial z}{\partial x}$, ..., $\dfrac{\partial^{n-1} z}{\partial x^{n-1}}$ par $\varphi_0\,(y)$, $\varphi_1\,(y)$ ..., $\varphi_{n-1}\,(y)$ respectivement, et x par x_0.

Il est facile de voir comment on pourra obtenir des fonctions φ_0, φ_1, ..., φ_{n-1} satisfaisant à ces conditions. Si on se donne $\varphi_0\,(y)$, l'équation $F\,(z) = 0$ devient

$$\varphi'_1\,(y) + f\,[x,\, y,\, \varphi_0\,(y),\, \varphi_1\,(y),\, \varphi'_0\,(y)] = 0\,;$$

on en déduira l'expression de $\varphi_1\,(y)$, qui dépendra d'une constante arbitraire. L'équation $\dfrac{dF\,(z)}{dx} = 0$ donnera ensuite une nouvelle équation du premier ordre pour déterminer $\varphi_2\,(y)$, et ainsi de suite.

Remarque. — L'application de la méthode générale exposée plus haut conduit aussi à l'équation (73). En effet, d'après cette méthode, pour obtenir les caractéristiques du système en involution, on doit intégrer les équations différentielles du système (I)

$$dy = 0, \quad dz = p_1 dx, \quad dp_1 = p_2 dx, \quad ..., \quad dp_{n-1} = p_n dx,$$
$$dq_1 = \frac{\partial q_1}{\partial x}\,dx, \quad ..., \quad dq_n = \frac{\partial q_n}{\partial x}\,dx,$$

auxquelles on ajoute la relation

$$p_n + \psi(x, y, z, p_1, p_2, \ldots, p_{n-1}) = 0.$$

L'élimination de p_1, p_2, $\ldots$, p_n conduit précisément à l'équation (73) ; l'intégration de cette équation fera connaître z, p_1, p_2,… p_n en fonction de x et de n constantes arbitraires. On aura ensuite q_1 en intégrant l'équation différentielle du premier ordre,

$$\frac{dq_1}{dx} = \frac{\partial q_1}{\partial x} = -f(x, y, z, p_1, q_1);$$

puis on aura q_2 au moyen d'une nouvelle équation du premier ordre

$$\frac{dq_2}{dx} = \frac{\partial q_2}{\partial x} = f_1(x, y, z, p_1, q_1, q_2),$$

et ainsi de suite. La détermination des caractéristiques du système en involution se ramène donc à l'intégration d'une équation différentielle d'ordre n et de n équations du premier ordre.

147. On voit que le fait capital qui domine toute la théorie des systèmes en involution est le suivant : Toute intégrale est un lieu de multiplicités d'éléments qui dépendent d'un nombre *fini* de constantes, et qui, par suite, peuvent être obtenues par l'intégration d'un système d'équations différentielles ordinaires. Dans un Mémoire déjà cité ([1]), M. Sophus Lie a démontré cette propriété par une méthode ingénieuse et profonde, qui s'applique à des systèmes très généraux d'équations aux dérivées partielles.

Pour donner une idée de cette méthode, reprenons un système de deux équations du second ordre

$$(77) \qquad \begin{cases} r + f(x, y, z, p, q, s) = 0, \\ t + \varphi(x, y, z, p, q, s) = 0; \end{cases}$$

et soit $z = F(x, y)$ une intégrale de ce système. Si on regarde (x, y, z, p, q) comme les coordonnées d'un point dans un espace à cinq dimensions, les relations

$$(78) \qquad z = F(x, y), \qquad p = \frac{\partial F}{\partial x}, \qquad q = \frac{\partial F}{\partial y},$$

définissent une multiplicité ponctuelle (Γ_2) à deux dimensions, dans cet

<hr>

[1] *Berichte der Königl. Sächs Gesellschaft;* 1895.

espace. Cette multiplicité ponctuelle (Γ_2) sert de *support* à une multiplicité M_4 de ∞^4 éléments [1], que l'on peut définir comme il suit.

Appelons V_x, V_y, V_z, V_p, V_q les coordonnées homogènes d'un plan tangent à (Γ_2) au point (x, y, z, p, q) ; ces coordonnées doivent satisfaire à la relation

$$V_x dx + V_y dy + V_z dz + V_p dp + V_q dq = 0,$$

et, comme x et y sont des variables indépendantes, et z, p, q des fonctions de x et de y définies par les formules (78), on doit avoir séparément

$$V_x + V_z p + V_p \frac{\partial^2 F}{\partial x^2} + V_q \frac{\partial^2 F}{\partial x \partial y} = 0,$$
$$V_y + V_z q + V_p \frac{\partial^2 F}{\partial x \partial y} + V_q \frac{\partial^2 F}{\partial y^2} = 0.$$

D'autre part, puisque $F(x, y)$ est une intégrale des équations (77) on a

$$\frac{\partial^2 F}{\partial x^2} + f\left(x, y, z, p, q, \frac{\partial^2 F}{\partial x \partial y}\right) = 0,$$
$$\frac{\partial^2 F}{\partial y^2} + \varphi\left(x, y, z, p, q, \frac{\partial^2 F}{\partial x \partial y}\right) = 0,$$

et l'élimination de $\frac{\partial^2 F}{\partial x^2}$, $\frac{\partial^2 F}{\partial x \partial y}$, $\frac{\partial^2 F}{\partial y^2}$ entre ces quatre relations conduit à une équation de condition

$$(79) \qquad \Phi(x, y, z, p, q ; V_x, V_y, V_z, V_p, V_q) = 0,$$

homogène par rapport à V_x, V_y, V_z, V_p, V_q. Tous les éléments $(x, y, z, p, q ; V_x, V_y, V_z, V_p, V_q)$ de M_4 vérifient donc la relation (79); en d'autres termes, cette multiplicité M_4 constitue une *multiplicité intégrale* de l'équation (79) où on aurait remplacé V_x par $\frac{\partial V}{\partial x}$, ... Or, on sait que toutes les intégrales de cette équation du 1er ordre s'obtiennent en associant suivant une loi convenable les multiplicités caractéristiques, qui ne dépendent que d'un nombre *fini* de constantes; il en est donc de même des intégrales du système proposé (77). Mais il est à remarquer que toute intégrale de l'équation (79) ne donne pas inversement une intégrale de ce système; il faut, en outre, que cette intégrale

______

[1] *Équations du premier ordre.* Chap. x.

ait pour support, dans l'espace à cinq dimensions, une multiplicité ponctuelle à deux dimensions.

Si le système (77) est en involution, l'équation (79) admet une infinité de pareilles intégrales, dépendant d'une infinité de constantes arbitraires. Cette équation est donc une de ces équations auxquelles M. Sophus Lie a donné le nom de *semi-linéaires*. Nous renverrons au mémoire de M. Lie pour plus de détails sur la méthode précédente.

148. Dans une note intéressante (¹), M. Wladimir de Tannenberg a indiqué un nouveau point de vue auquel on peut se placer pour étudier les systèmes en involution, en les rattachant à la théorie des groupes de transformation et à certains systèmes d'équations aux différentielles totales, déjà considérés par M. Hamburger (²).

Supposons, d'une manière générale, qu'il s'agisse de *déterminer n fonctions* x_1, x_2, ..., x_n, *de q variables indépendantes, satisfaisant aux p équations aux différentielles totales*

$$(80) \qquad \Theta_d^i = \sum X_{ik}\, dx_k = 0, \qquad (i = 1, 2, \dots p),$$

où les X_{ik} *sont des fonctions données de* x_1, x_2, ..., x_n. M. de Tannenberg remarque que le problème est susceptible d'une simplification, lorsqu'il existe un système d'équations différentielles du premier ordre

$$(81) \qquad \frac{dx_1}{\xi_1} = \frac{dx_2}{\xi_2} = \cdots = \frac{dx_n}{\xi_n} = d\theta,$$

où ξ_1, ξ_2, ..., ξ_n sont des fonctions de x_1, x_2, ..., x_n; dont l'intégrale générale représentée par les formules

$$(82) \qquad x_i = f_i\,(x_1^0, x_2^0, \dots, x_n^0, \theta)$$

jouit des propriétés suivantes :

1° x_1^0, ..., x_n^0 désignant les valeurs initiales de x_1, ..., x_n pour la valeur $\theta = 0$, les fonctions de θ définies par les formules (82), quand on y regarde x_1^0, ..., x_n^0 comme des constantes, satisfont identiquement aux équations (80);

(¹) *Sur la Théorie des Équations aux Dérivées partielles* (*Comptes Rendus*, t. CXX, p. 674; 25 mars 1895).

(²) *Erweiterung eines Pfaffschen Satzes auf simultane totale Differentialgleichungen erster Ordnung und Integration einer Klasse von simultanem partiellen Differentialgleichungen* (Crelle, t. CX ; 1892).

2^c Le système (80) est *invariant* pour toutes les transformations (82), c'est-à-dire que, quand on regarde θ comme constant, et x_1^0, ..., x_n^0, comme de nouvelles variables, la transformation définie par les formules (82) conduit du système (80) à un nouveau système de même forme

$$(83) \qquad \sum_k X_{lk}^0 \, dx_k^0 = o, \quad \text{où } X_{lk}^0 = X_{lk}(x_1^0, ..., x_n^0).$$

Dans ces conditions, pour obtenir une solution du problème proposé, il suffira évidemment de remplacer, dans les formules (82), $x_1^0, x_2^0, ..., x_n^0$ par des fonctions de $(q-1)$ variables, satisfaisant identiquement au système (83). Il y a donc une simplification.

Pour montrer comment la remarque précédente s'applique aux systèmes en involution, reprenons encore un système formé de deux équations du second ordre

$$r + f(x, y, z, p, q, s) = o,$$
$$t + \varphi(x, y, z, p, q, s) = o.$$

Intégrer ce système revient au fond à trouver six fonctions x, y, z, p, q, s de deux variables indépendantes satisfaisant aux équations aux différentielles totales

$$(84) \qquad \left\{ \begin{array}{l} dz - pdx - qdy = o, \\ dp + fdx - sdy = o, \\ dq - sdx + \varphi dy = o. \end{array} \right.$$

Considérons, d'autre part, le système d'équations différentielles

$$(85) \quad \frac{dx}{1} = \frac{dy}{\dfrac{\partial f}{\partial s}} = \frac{dz}{p + q\dfrac{\partial f}{\partial s}} = \frac{dp}{-f + s\dfrac{\partial f}{\partial s}} = \frac{dq}{s - \varphi\dfrac{\partial f}{\partial s}} = \frac{ds}{-\left(\dfrac{df}{dy}\right)} = d\theta;$$

il est clair que toute intégrale du système (85) vérifie identiquement les équations (84), et les calculs du n° 124 prouvent que la seconde condition de M. de Tannenberg est vérifiée également, si le système proposé est en involution. Nous retrouvons donc les conclusions énoncées plus haut. La remarque s'applique aussi aux systèmes formés d'une équation du deuxième ordre et d'une équation d'ordre n.

Étant donné un système d'équations aux différentielles totales de la forme (80), on verra dans la note citée comment on peut reconnaître s'il existe des fonctions ξ_1, ξ_2, ..., ξ_n, telles que les intégrales du système (81) satisfassent aux conditions énoncées. Ces n fonctions ξ_i doivent vérifier des équations du premier degré dont le nombre est supérieur à n; pour que la simplification soit possible, il faut et il suffit que ce système du premier degré soit compatible.

149. Quoique l'objet principal de ce chapitre soit l'étude des systèmes en involution, nous démontrerons, en terminant, quelques résultats dus à M. König ([1]), qui se rattachent aux considérations développées au début de ce chapitre. Cherchons d'abord les conditions pour que les deux équations

$$(86) \qquad \left\{ \begin{array}{l} r + f(x, y, z, p, q, s, t) = 0, \\ u(x, y, z, p, q, s, t) = a, \end{array} \right.$$

forment un système complètement intégrable. En différentiant ces deux équations, il vient, pour déterminer les dérivées du troisième ordre, les quatre relations

$$(87) \qquad \left\{ \begin{array}{l} \left(\dfrac{df}{dx}\right) + p_{3,0} + \dfrac{\partial f}{\partial s} p_{2,1} + \dfrac{\partial f}{\partial t} p_{1,2} = 0, \\[2mm] \left(\dfrac{df}{dy}\right) + p_{2,1} + \dfrac{\partial f}{\partial s} p_{1,2} + \dfrac{\partial f}{\partial t} p_{0,3} = 0, \\[2mm] \left(\dfrac{du}{dx}\right) + \dfrac{\partial u}{\partial s} p_{2,1} + \dfrac{\partial u}{\partial t} p_{1,2} = 0, \\[2mm] \left(\dfrac{du}{dy}\right) + \dfrac{\partial u}{\partial s} p_{1,2} + \dfrac{\partial u}{\partial t} p_{0,3} = 0, \end{array} \right.$$

d'où on poura tirer les valeurs de $p_{3,0}$, $p_{2,1}$, $p_{1,2}$, $p_{0,3}$, pourvu que le déterminant

$$(88) \qquad \Delta = \left(\frac{\partial u}{\partial t}\right)^2 - \frac{\partial f}{\partial s}\frac{\partial u}{\partial t}\frac{u}{\partial s} + \frac{\partial f}{\partial t}\left(\frac{\partial u}{\partial s}\right)^2$$

ne soit pas nul. Si Δ était nul, l'élimination des dérivées du troisième ordre conduirait à une autre relation $v(x, y, z, p, q, r, s, t) = 0$, et le système proposé ne pourrait être complètement intégrable, à moins que v ne soit identiquement nul; dans ce cas, le système (86) serait en involution.

Supposons donc que Δ ne soit pas nul. Les équations (87) nous donnent les dérivées du troisième ordre en fonction de x, y, z, p, q, s, t, et, pour que le système proposé soit complètement intégrable, il faut

<hr>

[1] *Mathematische Annalen*, t. XXIV.

et il suffit que les conditions d'intégrabilité

$$\frac{\partial p_{3,0}}{\partial y} = \frac{\partial p_{2,1}}{\partial x}, \qquad \frac{\partial p_{2,1}}{\partial y} = \frac{\partial p_{1,2}}{\partial x}, \qquad \frac{\partial p_{1,2}}{\partial y} = \frac{\partial p_{0,3}}{\partial x},$$

soient vérifiées identiquement, quand on exprime ces dérivées au moyen de x, y, z, p, q, s, t. Or, d'après une remarque déjà faite (n° 118), on obtient ces conditions d'intégrabilité en exprimant que les huit équations obtenues en différentiant les quatre équations (87) déterminent un système de valeurs unique pour les dérivées du quatrième ordre, c'est-à-dire se réduisent à cinq équations distinctes. Or, les quatre équations obtenues en différentiant les deux premières se réduisent évidemment à trois, de même que les quatre équations obtenues en différentiant les deux dernières. On n'a donc en tout que six équations pour calculer les cinq dérivées du quatrième ordre, et, en écrivant qu'elles sont compatibles, on a une seule équation de condition

$$(89) \qquad\qquad R = 0.$$

Le premier membre R renferme les variables x, y, z, p, q, s, t, et les dérivées premières et secondes de u par rapport à ces variables ; de plus, c'est une fonction entière de ces dérivées et, d'après la façon même dont on l'a obtenu, les dérivées du second ordre y entrent linéairement. Donc, *pour que l'équation $u = a$ forme avec $r + f = 0$ un système complètement intégrable, il faut que u vérifie une seule équation du second ordre $R = 0$.*

Réciproquement, toute intégrale u de l'équation $R = 0$, ne vérifiant pas la relation $\Delta = 0$, donne lieu à un système complètement intégrable

$$u = a, \qquad r + f = 0\,;$$

de ces équations et des relations (87) on peut, en effet, déduire les valeurs des dérivées du second et du troisième ordre en fonction de x, y, z, p, q et d'une des dérivées s et t, de t par exemple. Les conditions d'intégrabilité étant vérifiées identiquement, on peut choisir arbitrairement les valeurs initiales de z, p, q, t pour des valeurs données (x_0, y_0) des variables indépendantes, et le système (86) admet une intégrale dépendant de quatre constantes arbitraires, en outre de a,

$$z = F\,(x, y, a_1, a_2, a_3, a_4, a)\,;$$

elle contient donc en tout *cinq* paramètres, a, a_1, a_2, a_3, a_4, et, par suite, c'est une *intégrale complète* de l'équation du second ordre propo-

sée
$$r + f = o.$$

On verra aisément que toute intégrale complète peut, en général, s'obtenir de cette façon.

Prenons plus généralement un système formé d'une équation du second ordre et d'une équation d'ordre quelconque

$$(90) \quad \begin{cases} r + f(x, y, z, p, q, s, t) = o, \\ u(x, y, z, p_{1,0}, p_{1,1}, \ldots, p_{1,n-1}; p_{0,1}, \ldots, p_{0,n}) = o, \end{cases}$$

où on suppose que u ne renferme plus que les dérivées $p_{i,k}$, où l'indice i a l'une des valeurs 0,1. On a, pour calculer les dérivées d'ordre $(n+1)$, $p_{0,n+1}$, $p_{1,n}$, $p_{2,n-1}$, les trois relations

$$(91) \quad \begin{cases} \left(\dfrac{d^{n-1} f}{dy^{n-1}}\right) + p_{2,n-1} + \dfrac{\partial f}{\partial s} p_{1,n} + \dfrac{\partial f}{\partial t} p_{0,n+1} = o, \\[2mm] \left(\dfrac{du}{dx}\right) + \dfrac{\partial u}{\partial p_{1,n-1}} p_{2,n-1} + \dfrac{\partial u}{\partial p_{0,n}} p_{1,n} = o, \\[2mm] \left(\dfrac{du}{dy}\right) + \dfrac{\partial u}{\partial p_{1,n-1}} p_{1,n} + \dfrac{\partial u}{\partial p_{0,n}} p_{0,n+1} = o. \end{cases}$$

Si le déterminant

$$\Delta = \left(\frac{\partial u}{\partial p_{0,n}}\right)^2 - \frac{\partial f}{\partial s} \frac{\partial u}{\partial p_{0,n}} \frac{\partial u}{\partial p_{1,n-1}} + \frac{\partial f}{\partial t} \left(\frac{\partial u}{\partial p_{1,n-1}}\right)^2$$

n'est pas nul, on pourra donc calculer les dérivées d'ordre $(n+1)$ en fonction des précédentes. Pour que le système (90) soit complètement intégrable, il faut encore que les six équations obtenues, en différentiant les équations (91) par rapport à x et par rapport à y, admettent un système de solutions communes en $p_{3,n-1}$, $p_{2,n}$, $p_{1,n+1}$, $p_{0,n+2}$, c'est-à-dire se réduisent à quatre équations. Or, comme les quatre dernières équations se réduisent à trois, on obtient encore une seule équation de condition

$$R = o,$$

renfermant x, y, z, $p_{1,0} \ldots, p_{1,n-1}$; $p_{0,1}, \ldots, p_{0,n}$, les dérivées premières et secondes de u, et linéaire par rapport aux dérivés du second ordre. Toute solution u de l'équation $R = o$, n'annulant pas Δ, fournit un système complètement intégrable

$$r + f = o, \qquad u = a,$$

dont l'intégrale générale renferme $2n + 1$ constantes arbitraires, $a, a_1, a_2, \ldots, a_{2n}$.

CHAPITRE VII

LA MÉTHODE DE M. DARBOUX

Rappel des théorèmes énoncés par M. Darboux. — Étude du cas où les deux familles de caractéristiques admettent deux combinaisons intégrables. — Application à divers exemples. — Cas où une seule des familles de caractéristiques admet deux combinaisons intégrables. — Solution du problème de Cauchy. — Comparaison avec la méthode d'Ampère. — Théorèmes divers sur les invariants. — Détermination des équations intégrables, ne possédant qu'un système de caractéristiques. — Retour sur les équations linéaires. — Discussion de l'équation $s = f(z)$, d'après M. Sophus Lie. — Autres exemples. — Application de la théorie des groupes infinis. — La méthode de M. Julius König.

150. Pendant de longues années, après la publication des Mémoires d'Ampère (1814-1819), il n'a été ajouté rien d'essentiel à la théorie qu'il avait développée; on ne peut signaler que quelques perfectionnements de détail, ou quelques changements de forme plus ou moins heureux. L'année 1870 marque une date importante dans l'histoire de cette théorie; c'est en effet en mars 1870 que fut présenté à l'Académie des Sciences (^{1}) un remarquable Mémoire de M. Darboux, où se trouvent des vues profondes et originales. D'après un passage assez obscur du Mémoire d'Ampère (^{2}), il semble que l'illustre géomètre avait eu quelque vague intuition de cette nouvelle méthode; mais il s'est borné à quelques courtes indications, et ce passage, d'ailleurs très confus, ne paraît pas avoir appelé l'attention qu'il méritait. Depuis 1870, un certain nombre de géomètres ont développé des méthodes se rapprochant plus ou moins de celle de M. Darboux; d'autres travaux ont eu pour but, soit d'étendre cette méthode à des équations plus générales, soit d'en faire des applications. Parmi les travaux qui nous sont connus,

(^{1}) *Comptes Rendus*, t. LXX, p. 675 et 746; *Annales de l'École normale*, t. VII, première série (1870).
(^{2}) Ce passage est reproduit plus loin (Note de la page 141).

nous citerons ceux de M. Falk ([1]), de Picart ([2]), de M. Hamburger ([3]),
de M. Winckler ([4]), de M. Julius König ([5]), de M. Victor Sersawy ([6]),
de M. de Boer ([7]), de M. A. W. Speckman ([8]), de M. Maurice
Lévy ([9]), de M. Sophus Lie ([10]), de M. Beudon ([11]), de M. E. von
Weber ([12]), de M. Sonine ([13]), etc.

Nous reproduirons d'abord les passages les plus importants du
Mémoire de M. Darboux. Après avoir établi les équations différentielles
des caractéristiques du second ordre pour une équation du second ordre
de forme quelconque et rappelé la simplification qui se présente pour
une équation de la forme considérée par Monge et Ampère, M. Darboux
continue ainsi :

« On a vu, dans les deux paragraphes précédents, que le problème des équations d'ordre supérieur se sépare très nettement du problème relatif aux
équations du premier ordre. Pour le premier ordre, en effet, la méthode du
changement de variables ramène la question à l'intégration d'un système
complet d'équations aux dérivées ordinaires. Pour le second ordre, et pour les

---

([1]) Falk, « On the integration of partial differential equations of the nth order ».
Nova Acta Regiæ Soc. Ups. Sér. III, vol. 8, 1872.

([2]) Picart, *Comptes Rendus*, t. LXXVIII, p. 882-883, 1874.

([3]) Hamburger, *Journal de Crelle*, Bd. 81, 1876 et Bd. 93, 1882.

([4]) Winckler, « Ueber eine neue Methode zur Integration der partiellen Differentialgleichungen zweiter Ordnung» (*Sitzungsberichte der k. Akademie der Wissenschaften.*
Wien, Abth. II, Bd. 88 et 89, 1883-1884).

([5]) J. König, « Theorie der partiellen Differentialgleichungen zweiter ordnung »
(*Mathematische Annalen*, t. XXIV; 1884). L'important mémoire de M. König sera analysé
plus loin.

([6]) Sersawy, «Die integration der partiellen Differentialgleichungen zweiter ordnung »
(*Denkschriften der Kaiserlichen Akademie der Wissenschaften.* Wien, Math. Naturw.
Classe, Bd. 49 ; 1885).

([7]) F. de Boer, «Application de la méthode de Darboux à l'intégration de l'équation
différentielle $s = f(r, t)$» (*Archives néerlandaises*, t. XXVII, p. 355-412).

([8]) H. A. W. Speckman, «La méthode de Darboux pour l'intégration des équations
aux dérivées partielles, non linéaires, du second ordre» (*Archives néerlandaises*,
t. XXVII; p. 303-354). On trouve dans ce travail une analyse succincte des Mémoires
qui viennent d'être cités.

([9]) Maurice Lévy, *Comptes Rendus de l'Académie des Sciences*, t. LXXV (1872), p. 1.094.

([10]) Sophus Lie, «Zur Theorie der Flächen Constanter Krümmung» (*Archiv for
Mathematik og Naturvidenskab*, t. V; 1880).
«Discussion der Differentialgleichunges» $= F(z)$ (*id.* 1880).
« Résumé d'une théorie d'intégration » (*Forhandlinger Videnskabs-Selskabet I Chris-
tiania*, 1880).
« Zur allgemeinen Theorie der partiellen Differentialgleichungen beliebiger Ordnung»
(*Berichte der Hönigl. Sächs. Gesellschaft* ; 1895).

([11]) *Comptes Rendus de l'Académie des Sciences*, 28 mai 1894; 11 février 1895;
29 avril 1895 ; 2 décembre 1895 ; Thèse de Doctorat.

([12]) *Mathematische Annalen*, t. XLVII; p. 229-272 ; *Sitzungsberichte der Mathema-
lische Physikalische Classe der k. Bayer Akademie der Wissenschaften*, Bd. 25 et 26.

([13]) Le Mémoire de M. Sonine, publié dans un recueil russe, est analysé dans le
Bulletin des Sciences mathématiques, t. X, 1re série, p. 96.

ordres supérieurs, il y a, au contraire, moins d'équations que d'inconnues à déterminer. Les remarques qui suivent paraissent accuser aussi une différence profonde entre les deux problèmes.

Puisque, dans le cas où l'on se borne aux inconnues x, y, z, p, q, r, s, t, on a une équation de moins qu'il ne faudrait pour la solution cherchée du problème, il est naturel de se demander si, en adjoignant aux inconnues précédentes les quatre dérivées partielles α, β, γ, δ, du troisième ordre, on ne parviendrait pas à un nombre d'équations suffisant pour déterminer comme fonctions de x, non seulement les inconnues primitives, mais aussi α, β, γ, δ. Il se présente ici un fait important et qui, je crois, n'a pas été remarqué. *Le nombre des équations est encore inférieur d'une unité au nombre des fonctions inconnues.* Ces équations ne suffisent donc pas à déterminer les inconnues, considérées comme fonctions de la seule variable x; mais la différence entre le nombre des équations et celui des fonctions inconnues reste la même qu'auparavant : elle est égale à l'unité. Il en est de même si, au lieu de s'arrêter au troisième ordre, on continue les calculs jusqu'à un ordre quelconque : *il y a toujours une équation de moins qu'il n'y a d'inconnues.*

Les résultats précédents établissent, on le voit, une différence essentielle entre les équations aux dérivées partielles du premier ordre et celles des ordres supérieurs. Pour les équations du premier ordre, le nombre des équations contenant seulement les dérivées par rapport à x est toujours égal au nombre des fonctions inconnues. Il n'en est plus de même pour les équations d'ordre supérieur. Pour l'équation de Monge, par exemple, on n'a que trois relations pour déterminer z, p, q, y, considérées comme fonctions de x. On sait tout le parti que l'on tire, d'ailleurs, de ces relations différentielles : toutes les fois qu'elles offrent deux combinaisons intégrables, on peut résoudre l'équation aux dérivées partielles proposée, ou du moins la ramener à une équation du premier ordre.

Les remarques que nous avons faites indiquent de même, pour les équations du second ordre, la méthode suivante :

On essayera de trouver, en dehors de l'équation proposée, deux combinaisons intégrables des équations en y, z, p, q, r, s, t. Si ces combinaisons existent dans les deux systèmes que l'on obtient en prenant successivement pour $\dfrac{\partial y}{\partial x}$ les deux racines de l'équation

$$\mathrm{R}\left(\frac{\partial y}{\partial x}\right)^{2} - \mathrm{S}\,\frac{\partial y}{\partial x} + \mathrm{T} = 0,$$

le problème pourra être considéré comme entièrement résolu; si l'on n'a pas de combinaison intégrable, on aura recours aux équations qui contiennent les dérivées du troisième ordre. *Alors même que les premières équations ne fourniraient pas de combinaison susceptible d'intégration, le second système formé avec les dérivées prises jusqu'au troisième ordre pourra en donner. Si ce système n'est pas susceptible d'intégration partielle, on ira jusqu'aux dérivées du quatrième ordre, et l'on pourra avoir des combinaisons intégrables ; et ainsi de suite.*

La remarque précédente me paraît conduire à une méthode plus générale que celles qui sont habituellement employées. On peut, du reste, présenter cette méthode sous un autre point de vue qui permet d'obtenir plus facilement les systèmes successifs que l'on aura à intégrer partiellement.

Supposons que l'un quelconque de nos systèmes conduise à deux combinaisons intégrables

$$F\ (x,\ y,\ z,\ p,\ q,\ \ldots) = C^{te}, \qquad\qquad F_1\ (x,\ y,\ z,\ p,\ q,\ \ldots) = C^{te}.$$

Les deux constantes qui figurent dans ces équations *doivent être considérées comme des fonctions d'une même variable;* en éliminant cette variable, on est conduit à une équation de la forme

$$F = \text{fonction arbitraire de } F_1.$$

Cette dernière relation peut être considérée comme une nouvelle équation aux dérivées partielles, compatible avec la première, et qui admet en commun avec elle une intégrale *avec une fonction arbitraire.* Nous sommes donc conduits à la solution de la question suivante, qui répond à ce deuxième mode d'exposition :

Trouver une équation aux dérivées partielles

$$V = a$$

du n^{me} ordre, admettant, en commun avec la proposée, une solution contenant au moins une fonction arbitraire.

Pour cela, il suffit de remarquer que la proposée, différentiée $n-1$ fois, donne n équations contenant les dérivées d'ordre $n+1$, au nombre de $n+2$. L'équation $V = a$, différentiée successivement par rapport à x et par rapport à y, donne deux équations contenant, elles aussi, les dérivées d'ordre $n+1$. On a donc en tout $n+2$ équations contenant linéairement les dérivées d'ordre $n+1$, et qui déterminent ces $n+2$ dérivées en fonction des dérivées d'ordre inférieur, si les deux équations aux dérivées partielles dont on cherche la solution commune sont prises arbitrairement. Mais ici, cela ne doit pas être ; sans cela les dérivées d'ordre supérieur à $n+1$ se détermineraient toutes, comme les dérivées d'ordre $n+1$, en fonction des dérivées d'ordre moindre ; puisque une fois obtenues toutes les dérivées d'ordre $n+1$ en fonction des dérivées d'ordre inférieur, on n'aurait qu'à dériver toutes les équations qui donneraient chacune de ces dérivées pour avoir les dérivées d'ordre supérieur ; et la solution commune, si elle existait, ne pourrait contenir tout au plus *qu'un nombre limité de constantes arbitraires.* Il faut donc que ces $n+2$ équations contenant linéairement les $n+2$ dérivées d'ordre $n+1$ forment un système indéterminé, ce qui donne deux équations de condition. Comme deux des équations contiennent les dérivées de V, $\dfrac{\partial V}{\partial x}$, $\dfrac{\partial V}{\partial y}$, $\dfrac{\partial V}{\partial z}$, $\dfrac{\partial V}{\partial p}$, $\dfrac{\partial V}{\partial q}$, ..., les relations de condition doivent être considérées comme deux équations aux dérivées partielles du premier ordre, auxquelles doit satisfaire la fonction V. Ces équations sont homogènes et du second degré par rapport aux dérivées.

Ce qui précède explique et généralise la remarque par laquelle Bour a établi que l'on peut toujours reconnaître si l'application des méthodes de Monge et d'Ampère pourra réussir. Bour n'avait examiné que le premier cas, celui où on suppose que l'équation du second ordre a une intégrale intermédiaire.

Les deux méthodes que nous venons d'indiquer se retrouvent d'ailleurs dans la théorie des équations aux dérivées partielles du premier ordre. La première, fondée sur le changement de variables, est due, comme on sait, à l'illustre Cauchy, qui l'a donnée en 1819. La seconde a été introduite dans la science et développée par Jacobi. C'est en essayant d'établir un lien entre les deux méthodes que j'ai été amené à l'étude dont les résultats principaux ont été résumés ici.

La seconde méthode permet de se rendre compte simplement du nombre des intégrations qui sont nécessaires pour la solution complète du problème; mais il est indispensable qu'avant de traiter ce point, nous entrions dans quelques explications.

Soit une équation aux dérivées partielles d'ordre n

$$F\left(\frac{\partial^n z}{\partial x^n}, \frac{\partial^n z}{\partial x^{n-1}\partial y}, \dots\right) = 0.$$

Désignons par R_n, R_{n-1}, ..., les dérivées du premier membre de l'équation prises par rapport aux dérivées d'ordre n, $\frac{\partial^n z}{\partial x^n}$, $\frac{\partial^n z}{\partial x^{n-1}\partial y}$, ... Nous appellerons *équation caractéristique* de l'équation aux dérivées partielles l'équation suivante à une inconnue u

$$R_n u^n + R_{n-1} u^{n-1} + \dots = 0.$$

Par exemple, pour l'équation du second ordre, cette équation caractéristique serait
$$Ru^2 + Su + T = 0.$$

Cette définition une fois comprise, il est facile de compléter un résultat énoncé plus haut. Pour que l'équation proposée

$$f(x, y, z, p, q, r, s, t) = 0$$

et l'équation aux dérivées partielles $V = a$ aient une solution commune avec une fonction arbitraire, il faut d'abord que l'équation caractéristique de l'équation $V = a$ admette une racine de l'équation

$$Ru^2 + Su + T = 0.$$

On voit donc que les équations $V = a$ que nous cherchons se partagent en deux classes, suivant qu'elles appartiennent à l'une ou ou à l'autre des racines de l'équation précédente. Pour la solution complète du problème, il suffit d'avoir une équation de chaque classe, contenant elle-même une fonction arbitraire. Un nombre quelconque d'équations différentielles appartenant à la même classe ne peut donner l'intégrale complète de notre équation. Il est, du reste, évident que si l'équation

$$\mathrm{R}u^2 + \mathrm{S}u + \mathrm{T} = 0$$

est irréductible, si $\mathrm{S}^2 - 4\mathrm{RT}$ n'est pas carré parfait, il suffira de changer dans une intégrale le signe du radical pour en obtenir une nouvelle.

Ainsi, dans le cas où l'équation caractéristique est irréductible, il suffit, pour la solution complète du problème, que l'un des systèmes à intégrer fournisse deux combinaisons intégrables correspondant à la même racine de l'équation irréductible. Si l'on n'a pas le nombre voulu de combinaisons intégrables, on n'aura évidemment que des solutions particulières.

Les méthodes précédentes réussissent toujours, il est facile de le démontrer, toutes les fois que les intégrales seront de celles qu'Ampère appelle *intégrales de la première classe*, et qui ne contiennent pas de signe d'intégration. »

151. La plupart des propositions énoncées dans ce qui précède ont été démontrées au chapitre VI. En particulier, on a établi directement qu'il revenait au même de rechercher les combinaisons intégrables des équations différentielles des caractéristiques d'une équation du second ordre $\mathrm{F} = 0$, ou de chercher les équations $\mathrm{V} = a$ du n^{me} ordre, qui ont en commun avec la proposée une solution dépendant d'une infinité de constantes arbitraires. Le seul point qui demande à être examiné de plus près est le suivant.

Supposons que les équations différentielles de l'un des systèmes de caractéristiques d'ordre n de l'équation proposée $\mathrm{F} = 0$ admettent deux combinaisons intégrables distinctes

$$du = 0, \qquad dv = 0,$$

l'une au moins des fonctions u et v renfermant les dérivées d'ordre n. Soit (S) une surface intégrale de l'équation $\mathrm{F} = 0$; le long d'une caractéristique du système considéré, située sur (S), u et v restent constants. Ce sont donc des fonctions d'une seule variable indépendante et, par suite, elles sont fonctions l'une de l'autre. *Toute intégrale de l'équation proposée satisfait donc aussi à une équation de la forme*

$$u = \varphi(v).$$

Inversement, quelle que soit la fonction φ, l'équation

$$d[u - \varphi(v)] = 0$$

est une combinaison des équations différentielles des caractéristiques;
les équations

$$F = 0, \qquad u - \varphi(v) = 0$$

forment donc toujours un système en involution. On appelle quelque-
fois l'équation $u - \varphi(v) = 0$ une *intégrale intermédiaire* de l'équation
du second ordre $F = 0$.

La proposition précédente, qui est fondamentale, s'établit aisément
par le calcul. Pour fixer les idées, supposons l'équation du second
ordre résolue par rapport à r

$$(1) \qquad\qquad r + f(x, y, z, p, q, s, t) = 0,$$

et soient m_1, m_2 les deux racines de l'équation caractéristique

$$m^2 - \frac{\partial f}{\partial s}\, m + \frac{\partial f}{\partial t} = 0.$$

Nous admettons de plus que u et v sont deux intégrales distinctes du
système d'équations simultanées

$$(2) \quad \frac{\partial \varphi}{\partial p_{0,n}} = m_1 \frac{\partial \varphi}{\partial p_{1,n-1}}, \qquad \left(\frac{d\varphi}{dx}\right) + m_2 \left(\frac{d\varphi}{dy}\right) = \frac{\partial \varphi}{\partial p_{1,n-1}} \left(\frac{d^{n-1} f}{dy^{n-1}}\right);$$

on suppose, comme plus haut, que u et v ne renferment que les dérivées
p_{ik} où i est < 2. Cela posé, je dis que, si dans u et v on remplace z par
une intégrale quelconque de l'équation (1) et p_{ik} par $\dfrac{\partial^{ik} z}{\partial x\, \partial y^k}$, le déterminant fonctionnel

$$\frac{D(u, v)}{D(x, y)}$$

est identiquement nul. On a, en effet,

$$\frac{D(u,v)}{D(x,y)} = \begin{vmatrix} \left(\dfrac{du}{dx}\right) + \dfrac{\partial u}{\partial p_{0,n}} p_{1,n} + \dfrac{\partial u}{\partial p_{1,n-1}} p_{2,n-1}, & \left(\dfrac{dv}{dx}\right) + \dfrac{\partial v}{\partial p_{0,n}} p_{1,n} + \dfrac{\partial v}{\partial p_{1,n-1}} p_{2,n-1} \\[2ex] \left(\dfrac{du}{dy}\right) + \dfrac{\partial u}{\partial p_{0,n}} p_{0,n+1} + \dfrac{\partial u}{\partial p_{1,n-1}} p_{1,n}, & \left(\dfrac{dv}{dy}\right) + \dfrac{\partial v}{\partial p_{0,n}} p_{0,n+1} + \dfrac{\partial v}{\partial p_{1,n-1}} p_{1,n} \end{vmatrix};$$

si on multiplie les éléments de la seconde ligne par m_2 et qu'on ajoute
à ceux de la première ligne, les deux éléments de la première ligne du
nouveau déterminant sont nuls. On a, par exemple, pour le premier
élément

$$\left(\frac{du}{dx}\right) + m_2\left(\frac{du}{dy}\right) + \frac{\partial u}{\partial p_{1,n-1}} p_{2,n-1} + \left\{ \frac{\partial u}{\partial p_{0,n}} + m_2 \frac{\partial u}{\partial p_{1,n-1}} \right\} p_{1,n} + m_2 \frac{\partial u}{\partial p_{0,n}} p_{0,n+1},$$

c'est-à-dire, en tenant compte des équations (2) et des relations

$$m_1 + m_2 = \frac{\partial f}{\partial s}, \qquad m_1 m_2 = \frac{\partial f}{\partial t},$$

$$\frac{\partial u}{\partial p_{1,n-1}} \left\{ \left(\frac{d^{n-1} f}{dy^{n-1}} \right) + p_{2,n-1} + \frac{\partial f}{\partial s} p_{1,n} + \frac{\partial f}{\partial t} p_{0,n+1} \right\},$$

et le coefficient de $\dfrac{\partial u}{\partial p_{1,n-1}}$ est nul évidemment lorsque z est une intégrale de l'équation (1), et que l'on remplace p_{ik} par

$$\frac{\partial^{i+k} z}{\partial x^i \partial y^k}.$$

L'équation $\dfrac{\mathrm{D}(u,v)}{\mathrm{D}(x,y)} = 0$ est donc une conséquence de l'équation

$$r + f = 0.$$

152. Considérons d'abord, avec M. Darboux, le cas où chacun des deux systèmes de caractéristiques admet deux combinaisons intégrables, de sorte que l'équation du second ordre F $= 0$ admet deux intégrales intermédiaires distinctes, appartenant à deux systèmes de caractéristiques différents et n'étant pas nécessairement du même ordre

$$u - \varphi(v) = 0, \qquad u_1 - \psi(v_1) = 0.$$

Toute intégrale de l'équation du second ordre vérifie ainsi deux équations de la forme précédente, et inversement, quelles que soient les fonctions φ et ψ, les trois équations simultanées

$$F = 0, \qquad u - \varphi(v) = 0, \qquad u_1 - \psi(v_1) = 0$$

forment un système complètement intégrable, dont l'intégrale générale, qui dépend d'un nombre fini de constantes, peut être obtenue par l'intégration d'un système d'équations différentielles ordinaires (n^{os} **142, 143**).

Lorsque u, v, u_1, v_1, ne renferment que les dérivées du premier ordre, l'équation du second ordre considérée est nécessairement de la forme

$$\mathrm{H}r + 2\mathrm{K}s + \mathrm{L}t + \mathrm{M} + \mathrm{N}(rt - s^2) = 0$$

et appartient à la classe étudiée aux n^{os} **41-45**. Le cas le plus simple après celui-là est celui où u, v, u_1, v_1 ne renferment aucune dérivée d'ordre supérieur au second. Pour intégrer le système

$$F = 0, \qquad u = \varphi(v), \qquad u_1 = \psi(v_1),$$

introduisons deux variables auxiliaires α et β, en posant

$$v = \alpha, \qquad u = \varphi(\alpha), \qquad v_1 = \beta, \qquad u_1 = \psi(\beta);$$

de ces quatre équations et de $F = 0$, on peut tirer cinq des huit variables x, y, z, p, q, r, s, t, en fonction des trois autres et de α, β, $\varphi(\alpha)$, $\psi(\beta)$. En remplaçant ces cinq variables par leurs valeurs dans les relations

$$dz = p\,dx + q\,dy, \qquad dp = r\,dx + s\,dy, \qquad dq = s\,dx + t\,dy,$$

on est conduit à un système complètement intégrable d'équations aux différentielles totales pour déterminer les trois variables restantes en fonction de α et β. On ne pourra, en général, achever l'intégration tant qu'on n'aura pas particularisé les fonctions φ et ψ.

Nous allons appliquer la méthode à quelques exemples.

Exemple I. — Soit à intégrer l'équation de Liouville (I, p. 97)

$$(3) \qquad\qquad s = e^z;$$

les équations différentielles des caractéristiques du second ordre sont respectivement

$$(I) \quad dx = 0, \quad dz = q\,dy, \quad dp = e^z dy, \quad dq = t\,dy, \quad dr = pe^z dy;$$
$$(II) \quad dy = 0, \quad dz = p\,dx, \quad dp = r\,dx, \quad dq = e^z dx, \quad dt = e^z q\,dx.$$

Le système (I) admet les deux combinaisons intégrables $dx = 0$, $d\left(r - \dfrac{p^2}{2}\right) = 0$, et le système (II) admet de même les deux combinaisons intégrables $dy = 0$, $d\left(t - \dfrac{q^2}{2}\right) = 0$. Il existe donc, pour l'équation (3), deux intégrales intermédiaires distinctes du second ordre,

$$r - \frac{p^2}{2} = \varphi(x), \qquad t - \frac{q^2}{2} = \psi(y),$$

et l'intégration de l'équation $s = e^z$ est ramenée à celle du système complètement intégrable

$$dz = pdx + qdy,$$

$$dp = \left\{ \frac{p^2}{2} + \varphi(x) \right\} dx + e^z dy,$$

$$dq = e^z dx + \left(\frac{q^2}{2} + \psi(y) \right) dy,$$

qui est lui-même équivalent à un système de six équations

$$\frac{\partial z}{\partial x} = p, \qquad\qquad \frac{\partial z}{\partial y} = q,$$

$$\frac{\partial p}{\partial x} = \frac{p^2}{2} + \varphi(x), \qquad\qquad \frac{\partial p}{\partial y} = e^z,$$

$$\frac{\partial q}{\partial x} = e^z, \qquad\qquad \frac{\partial q}{\partial y} = \frac{q^2}{2} + \psi(y);$$

la dernière équation $\frac{\partial q}{\partial y} = \frac{q^2}{2} + \psi(y)$ a déjà été intégrée (I, p. 96). En
mettant la fonction arbitraire $\psi(y)$ sous une forme convenable, on a vu
que l'intégrale générale peut s'écrire :

$$q = \frac{Y''}{Y'} - \frac{2Y'}{X + Y},$$

X et Y étant des fonctions arbitraires de x et de y respectivement. On
tire ensuite z de la relation

$$\frac{\partial q}{\partial x} = e^z,$$

ce qui donne pour z une expression de la forme

$$e^z = \frac{2X'Y'}{(X + Y)^2},$$

et on vérifie que, quels que soient X et Y, cette fonction z est une intégrale de l'équation proposée.

Exemple II. — Soit à intégrer l'équation

$$(4) \qquad\qquad r - qs + pt = 0.$$

Les deux racines de l'équation caractéristique sont ici :

$$m_1 = \frac{-q + \sqrt{q^2 - 4p}}{2}, \qquad m_2 = \frac{-q - \sqrt{q^2 - 4p}}{2}.$$

En se bornant aux dérivées du second ordre, les caractéristiques de l'un des systèmes sont définies par les équations

$$dy = m_1 dx, \quad dz = (p + qm_1)dx, \quad dp = (qs - pt + sm_1)dx,$$
$$dq = (s + tm_1)dx, \quad ds + m_2 dt = 0.$$

On a une première combinaison intégrable provenant de la multiplication par un facteur convenable de

$$dp + m_2 dq = 0;$$

c'est une équation de Clairaut dont l'intégrale générale est $m_2 = C$. La dernière équation donne alors une nouvelle intégrale $s + m_2 t = C'$; de sorte que l'équation proposée admet l'intégrale intermédiaire

$$s + m_2 t = \varphi(-m_2);$$

l'équation caractéristique étant irréductible, le second système de caractéristiques donne une autre intégrale intermédiaire

$$s + m_1 t = \psi(-m_1).$$

Pour appliquer la méthode générale, posons $m_2 = -\alpha$, $m_1 = -\beta$, et par suite $s - \alpha t = \varphi(\alpha)$, $s - \beta t = \psi(\beta)$. On tire de ces relations et de l'équation proposée elle-même

$$p = \alpha\beta, \quad q = \alpha + \beta, \quad r = \frac{\beta^2\varphi(\alpha) - \alpha^2\psi(\beta)}{\beta - \alpha}, \quad s = \frac{\beta\varphi(\alpha) - \alpha\psi(\beta)}{\beta - \alpha},$$
$$t = \frac{\varphi(\alpha) - \psi(\beta)}{\beta - \alpha}.$$

Les valeurs de p, q, r, s, t substituées dans les relations

$$dp = rdx + sdy,$$
$$dq = sdx + tdy,$$

nous donnent

$$dx = \frac{d\alpha}{\varphi'(\alpha)} + \frac{d\beta}{\psi'(\beta)},$$
$$dy = -\frac{\alpha d\alpha}{\varphi'(\alpha)} - \frac{\beta d\beta}{\psi'(\beta)};$$

on a ensuite

$$dz = pdx + qdy = -\frac{\alpha^2 d\alpha}{\varphi'(\alpha)} - \frac{\beta^2 d\beta}{\psi'(\beta)},$$

et il suffirait de remplacer $\varphi(\alpha)$ et $\psi(\beta)$ par $\dfrac{1}{\Phi'''(\alpha)}$ et $\dfrac{1}{\Psi'''(\beta)}$ respectivement pour avoir les expressions de x, y, z, débarrassées de tout signe
de quadrature. Remarquons que les surfaces intégrales sont des surfaces de translation, les tangentes aux courbes des deux familles, dont
la translation engendre la surface, restant parallèles aux génératrices
du cône $y^2 + xz = o$.

153. La méthode de M. Darboux s'applique aussi avec succès à
l'équation aux dérivées partielles des surfaces minima et, en général, à
toute équation du second ordre qui définit des surfaces de translation.
Il est aisé de s'en rendre compte *a priori*. Toute surface de translation est engendrée par la translation d'une courbe (Γ), dont les tangentes
sont parallèles aux génératrices d'un certain cône (T) représenté par
l'équation

$$F\left(\frac{y}{x}, \frac{z}{x}\right) = o,$$

l'un des points de cette courbe (Γ) décrivant une autre courbe (Γ') dont
les tangentes sont parallèles aux génératrices d'un second cône (T'),
diffèrent ou non du premier et ayant pour équation

$$\Phi\left(\frac{y}{x}, \frac{z}{x}\right) = o.$$

On sait que, dans ce mouvement, tout point de la courbe (Γ) décrit
une courbe égale à (Γ') et que la surface peut aussi être engendrée par
le mouvement de translation d'une courbe (Γ') le long d'une courbe (Γ).
Les courbes (Γ) et (Γ') de chaque surface constituent les deux familles
de caractéristiques. Pour montrer que la méthode de M. Darboux est
applicable à l'équation aux dérivées partielles de ces surfaces, il suffit
de faire voir qu'il existe deux fonctions distinctes de p, q, r, s, t, qui
conservent une valeur constante quand on se déplace sur une
caractéristique. Prenons, par exemple, une courbe (Γ') ; par chaque
point de (Γ') passe une courbe (Γ) située sur la surface ; soient

$$y = f(x), \qquad z = \varphi(x),$$

les équations de cette courbe ; puisque la surface est engendrée par la
translation de (Γ), les valeurs de y', z', y'', z'' relatives à cette courbe (Γ)
sont les mêmes tout le long de (Γ'). Or on a, pour déterminer y', z', y'', z'',

les quatre équations

$$F(y', z') = o, \quad \frac{\partial F}{\partial y'} y'' + \frac{\partial F}{\partial z'} z'' = o,$$

$$z' = p + qy', \quad z'' = r + 2sy' + ty'^2 + qy'',$$

qui montrent que y' et z' dépendent de p et de q, tandis que y'' et z'' dépendent de p, q, r, s, t. On a donc, pour les caractéristiques du système (Γ'), deux intégrales premières distinctes

$$y' = C^{te}, \quad y'' = C^{te},$$

dont la première ne contient que les dérivées du premier ordre, tandis que la seconde contient les dérivées du second ordre. Le même raisonnement s'applique aussi aux caractéristiques (Γ).

154. Exemple III. — Soit à intégrer l'équation

$$(5) \qquad\qquad r + f(s) = o.$$

Les équations des deux systèmes de caractéristiques sont respectivement

(I) $\quad dy = o, dz = pdx, dp = -f(s)dx, dq = sdx, \quad ds + f'(s)dt = o$;

$$(II) \quad \begin{cases} dy = f'(s)\,dx, \quad dz = \{ p + qf'(s) \}\,dx, \\ dp = \{ sf'(s) - f(s) \}\,dx, \quad dq = \{ s + tf'(s) \}\,dx, ds = o; \end{cases}$$

le premier admet deux combinaisons intégrables

$$dy = o, \quad dt + \frac{ds}{f'(s)} = o,$$

le second en admet trois

$$ds = o, \quad d\{ y - x f'(s) \} = o, \quad d\{ p + xf(s) - xsf'(s) \} = o.$$

On a donc deux intégrales intermédiaires distinctes que nous écrirons :

$$(6) \qquad t + F(s) = \psi''(y), \qquad y - xf'(s) = \varphi''(s),$$

en posant

$$F(s) = \int \frac{ds}{f'(s)},$$

φ et ψ étant des fonctions arbitraires. Pour plus de symétrie, posons $s = \alpha$, $y = \beta$; les équations (5) et (6) donnent

$$r = - f(\alpha), \quad x = \frac{\beta - \varphi''(\alpha)}{f'(\alpha)}, \quad t = \psi''(\beta) - F(\alpha).$$

On a ensuite :

$$dp = rdx + sdy = d(rx) - xdr + sdy$$
$$= d(rx) + \{\beta - \varphi''(\alpha)\} d\alpha + \alpha d\beta,$$

et, par suite,

$$p = rx + \alpha\beta - \varphi'(\alpha) = \frac{\varphi''(\alpha) - \beta}{f'(\alpha)} f(\alpha) + \alpha\beta - \varphi'(\alpha).$$

On a de même

$$dq = sdx + tdy = d(sx) - xds + tdy$$
$$= d(sx) + \frac{\varphi''(\alpha) - \beta}{f'(\alpha)} d\alpha + \psi''(\beta) d\beta - F(\alpha) d\beta,$$

et on en tire

$$q = \frac{\beta - \varphi''(\alpha)}{f'(\alpha)} \alpha + \int \frac{\varphi''(\alpha) d\alpha}{f'(\alpha)} + \psi'(\beta) - \beta \int \frac{d\alpha}{f'(\alpha)}.$$

On a z par une nouvelle quadrature

$$z = px + qy - \int (xdp + ydq) ;$$

on peut encore écrire :

$$xdp + ydq = (rx + sy) dx + (sx + ty) dy$$
$$= \{\alpha\beta - xf(\alpha)\} \left\{ \frac{\partial x}{\partial \alpha} d\alpha + \frac{\partial x}{\partial \beta} d\beta \right\} + \{\alpha x + t\beta\} d\beta,$$

ou, en réduisant,

$$x\,dp + y\,dq = d\left\{ \alpha\beta x - \frac{x^2}{2} f(\alpha) \right\} + \left\{ \frac{x^2}{2} f'(\alpha) - \beta x \right\} d\alpha + t\beta d\beta.$$

Il vient donc :

$$\int xdp + ydq = \alpha\beta x - \frac{x^2}{2} f(\alpha) + \frac{1}{2} \int \frac{\{\varphi''(\alpha)\}^2 d\alpha}{f'(\alpha)} + \beta\psi'(\beta) - \psi(\beta) - \frac{\beta^2}{2} \int \frac{d\alpha}{f'(\alpha)},$$

et, en portant dans la valeur de z, on a x, y, z, p, q exprimés au moyen de α, β.

EXEMPLE IV. — Soit à intégrer l'équation

$$(7) \qquad 3rt^3 + 1 = 0.$$

Les deux racines de l'équation caractéristique sont $m_1 = \dfrac{1}{t^2}$, $m_2 = -\dfrac{1}{t^2}$.
L'un des systèmes de caractéristiques est défini par les équations

$$dy = \frac{dx}{t^2}, \quad dz = \left(p + \frac{q}{t^2}\right)dx, \quad dp = \left(\frac{s}{t^2} - \frac{1}{3t^3}\right)dx,$$

$$dq = \left(s + \frac{1}{t}\right)dx, \quad ds - \frac{dt}{t^2} = 0,$$

qui admettent les deux intégrales premières

$$s + \frac{1}{t} = \mathrm{C}^{te}, \quad x\left(s + \frac{1}{t}\right) - q = \mathrm{C}^{te};$$

le second système de caractéristiques admet de même deux intégrales
premières

$$s - \frac{1}{t} = \mathrm{C}^{te}, \quad x\left(s - \frac{1}{t}\right) - q = \mathrm{C}^{te}.$$

Conformément à la méthode générale, posons

$$s + \frac{1}{t} = 2\alpha, \quad 2\alpha x - q = \varphi''(\alpha),$$

$$s - \frac{1}{t} = 2\beta, \quad 2\beta x - q = \psi''(\beta),$$

φ et ψ étant des fonctions arbitraires ; on tire de ces équations

$$s = \alpha + \beta, \quad t = \frac{1}{\alpha - \beta}, \quad x = \frac{1}{2}\frac{\varphi''(\alpha) - \psi''(\beta)}{\alpha - \beta}, \quad q = \frac{\beta\varphi''(\alpha) - \alpha\psi''(\beta)}{\alpha - \beta},$$

et l'équation proposée donne ensuite

$$r = \frac{\beta - \alpha)^3}{3}.$$

Il reste à exprimer y, p et z en fonction de α et de β ; de la relation

$$dq = s\,dx + t\,dy,$$

on tire d'abord

$$dy = \frac{dq - s\,dx}{t} = \frac{d(q - sx) + x\,ds}{t},$$

ou, en remplaçant $x, q, s, t,$ par leurs valeurs et en effectuant les quadratures,

$$y = \frac{1}{2} (\beta - \alpha) \left[\varphi''(\alpha) + \psi''(\beta) \right] + \varphi'(\alpha) - \psi'(\beta).$$

On a ensuite p au moyen de la relation

$$dp = rdx + sdy = d(rx + sy) - xdr - yds,$$

qui donne, en effectuant les quadratures,

$$p = rx + sy + (\alpha - \beta) \left| \varphi'(\alpha) + \psi'(\beta) \right| + 2 \left| \psi(\beta) - \varphi(\alpha) \right|,$$

ou, en remplaçant x, y, r, s par leurs valeurs

$$p = \frac{1}{6}(\alpha - \beta)^2 \left| \varphi''(\alpha) - \psi''(\beta) \right| + \frac{\beta^2 - \alpha^2}{2} \left| \varphi''(\alpha) + \psi''(\beta) \right|$$
$$+ 2\alpha\varphi'(\alpha) - 2\beta\psi'(\beta) + 2\psi(\beta) - 2\varphi(\alpha).$$

Enfin, on tirera z de la relation

$$dz = pdx + qdy$$

par une dernière quadrature.

Le dernier exemple est dû à M. de Boer [1], qui s'est proposé de trouver tous les cas où la méthode de M. Darboux permet d'intégrer une équation de la forme $f(r, s, t) = 0$, en se bornant aux intégrales intermédiaires du second ordre. Sans entrer ici dans l'étude détaillée de cet intéressant problème, nous montrerons comment on peut trouver des cas d'intégrabilité. L'équation étant mise sous la forme

$$(8) \qquad r + f(s, t) = 0,$$

soient $m_1, m_2,$ les deux racines de l'équation caractéristique

$$m^2 - \frac{\partial f}{\partial s} m + \frac{\partial f}{\partial t} = 0;$$

les caractéristiques du second ordre sont définies par les équations

$$(9) \quad \left\{ \begin{array}{l} dy = m_1 dx, \quad dz = (p + qm_1) dx, \quad dp = \left| -f(s, t) + m_1 s \right| dx, \\ dq = (s + m_1 t) dx, \quad ds + m_2 dt = 0, \end{array} \right.$$

[1] *Archives néerlandaises*, t. XXVII.

le second système se déduisant du premier en permutant m_1 et m_2. On a toujours une combinaison intégrable provenant de l'équation $ds + m_2 dt = 0$, puisque m_2 ne renferme que s et t; soit

$$u\,(s,\,t) = \mathrm{C^{te}}$$

cette intégrale première. La fonction u est une intégrale de l'équation du premier ordre

$$(10) \qquad \frac{\partial u}{\partial t} - m_2 \frac{\partial u}{\partial s} = 0.$$

Pour trouver des cas où il existe une autre intégrale première, il suffit de remarquer que si l'une des fonctions $m_1,\ sm_1 - f\,(s,t),\ s + tm_1$ satisfait à l'équation (10), on a aussitôt une seconde intégrale $y - m_1 x = \mathrm{C^{te}}$, ou $p + [f\,(s,t) - m_1 s]\,x = \mathrm{C}$, ou $q - (s + tm_1)\,x = \mathrm{C}$. Prenons par exemple le premier cas ; pour qu'il se présente, il faut que l'on ait

$$\frac{\partial m_1}{\partial t} - \frac{\partial m_1}{\partial s}\,m_2 = 0.$$

On a une combinaison analogue pour le second système, pourvu que l'on ait aussi

$$\frac{\partial m_2}{\partial t} - \frac{\partial m_2}{\partial s}\,m_1 = 0.$$

On peut remplacer ces deux conditions par les combinaisons suivantes

$$\frac{\partial\,(m_1 + m_2)}{\partial t} - \frac{\partial\,(m_1 m_2)}{\partial s} = 0,$$

$$\frac{\partial\,(m_1{}^2 + m_2{}^2)}{\partial t} - 2m_1 m_2 \frac{\partial\,(m_1 + m_2)}{\partial s} = 0,$$

pourvu que les racines $m_1,\ m_2$ soient distinctes. La première se réduit à une identité, tandis que la seconde devient, en remplaçant $m_1 m_2$, $m_1 + m_2$, $m_1^2 + m_2^2$ par leurs valeurs,

$$\frac{\partial^2 f}{\partial t^2} + \frac{\partial f}{\partial t}\frac{\partial^2 f}{\partial s^2} - \frac{\partial f}{\partial s}\frac{\partial^2 f}{\partial s\partial t} = 0\,;$$

c'est l'équation intégrée plus haut (Exemple II, n° 152) pourvu qu'on y remplace t et s par x et y. On en conclut que toute équation de la forme

$$f\,(r,\,s,\,t) = 0$$

s'intègre de cette façon lorsque, quand on considère r, s, t, comme des coordonnées courantes, cette équation représente une surface de translation, les courbes des deux familles dont la translation engendre la surface ayant leurs tangentes parallèles aux génératrices du cône $s^2 - rt = 0$.

155. Prenons maintenant le cas général où l'équation du second ordre proposée admet deux intégrales intermédiaires d'ordre quelconque, dépendant chacune d'une fonction arbitraire et correspondant à des caractéristiques différentes. Soit

$$(11) \qquad r + f(x, y, z, p, q, s, t) = 0$$

l'équation du second ordre ; soient

$$du = 0, \qquad dv = 0$$

deux combinaisons intégrables distinctes des équations différentielles de l'un des systèmes de caractéristiques,

$$du_1 = 0, \qquad dv_1 = 0$$

deux combinaisons intégrables distinctes des équations différentielles du second système de caractéristiques. Appelons m l'ordre des dérivées de l'ordre le plus élevé qui figurent dans u et v, n l'ordre des dérivées de l'ordre le plus élevé qui figurent dans u_1 et v_1 ; nous supposerons, pour fixer les idées, $m \leq n$. Des trois équations

$$(12) \qquad r + f = 0, \qquad u = \varphi(v), \qquad u_1 = \psi(v_1),$$

qui forment un système complètement intégrable, et de celles qu'on en déduit par des différentiations répétées, on peut alors tirer l'expression de toutes les dérivées partielles de la fonction inconnue au moyen de x, y, z, $p_{1,0}$, $p_{1,1}$, ..., $p_{1, m-2}$; $p_{0,1}$, ..., $p_{0, n-1}$ (n° **143**) et former un système complètement intégrable de $(m + n - 1)$ équations aux différentielles totales.

On peut encore opérer comme plus haut, en introduisant deux nouvelles variables indépendantes α et β. Si on pose, en effet,

$$v = \alpha, \qquad v_1 = \beta,$$

on aura aussi $u = \varphi(\alpha)$, $u_1 = \psi(\beta)$. De ces quatre équations, jointes à celles qu'on obtient en différentiant l'équation $r + f = 0$, on peut tirer les valeurs de plusieurs des anciennes variables

$$x, \; y, \; z, \; p_{1,0}, \; \ldots, \; p_{1,m-2} \; ; \; p_{0,1}, \; \ldots, \; p_{0,n-1}$$

au moyen de α, β, $\varphi(\alpha)$, $\psi(\beta)$, et des variables restantes. En substituant dans le système d'équations aux différentielles totales dont il a été question tout à l'heure, on a un nouveau système complètement intégrable d'équations aux différentielles totales entre $(m+n-1)$, fonctions inconnues z_1, $z_2 \ldots$, z_{m+n-1}, et deux variables indépendantes α et β. L'une quelconque des équations de ce système est de la forme

$$(13) \quad \begin{cases} dz_i = \mathrm{F}_i\,[z_1, \, z_2, \, \ldots, \, z_{m+n-1}, \, \alpha, \, \beta, \, \varphi(\alpha), \, \psi(\beta), \, \varphi'(\alpha), \, \psi'(\beta) \, \ldots,]\, d\alpha \\ \quad + \Phi_i\,[z_1, \, z_2, \, \ldots, \, z_{m+n-1}, \, \alpha, \, \beta, \, \varphi(\alpha), \, \psi(\beta), \, \varphi'(\alpha), \, \psi'(\beta), \, \ldots]\, d\beta \, ; \end{cases}$$

les coefficients F_i et Φ_i sont des fonctions déterminées de z_1, $z_2, \ldots$, z_{m+n-1}, α, β, $\varphi(\alpha)$, $\psi(\beta)$, pouvant aussi renfermer les dérivées $\varphi'(\alpha)$, $\psi'(\beta)$, $\ldots$, jusqu'à un ordre fini.

156. Exemple V. — Reprenons encore l'équation

$$(14) \qquad\qquad s - pz = 0,$$

qui a été intégrée au n° 47. Un des systèmes de caractéristiques admet, comme on l'a reconnu, deux combinaisons intégrables du premier ordre,

$$dy = 0, \quad d\left(q_1 - \frac{z^2}{2}\right) = 0.$$

Les équations différentielles des caractéristiques du second système sont

$$dx = 0, \qquad dz = q_1 dy, \qquad dq_1 = q_2 dy, \qquad \ldots$$
$$dp_1 = p_1 z\, dy, \quad dp_2 = (p_2 z + p_1^2)\, dy, \quad dp_3 = (p_3 z + 3 p_1 p_2)\, dy, \, \ldots$$

en posant

$$p_1 = \frac{\partial z}{\partial x}, \quad p_2 = \frac{\partial^2 z}{\partial x^2}, \quad p_3 = \frac{\partial^3 z}{\partial x^3}, \, \ldots, \quad q_1 = \frac{\partial z}{\partial y}, \quad \ldots$$

On a d'abord la combinaison intégrable $dx = 0$, et, si l'on pousse jusqu'au troisième ordre, on trouve une nouvelle combinaison intégrable

$$d\left(\frac{3 p_2^2 - 2 p_3 p_1}{2 p_1^2}\right) = 0.$$

Les trois équations :

$$(15) \quad s - p_1 z = 0, \quad q_1 - \frac{z^2}{2} = \varphi(y), \quad \frac{2p_3 p_1 - 3p_2^2}{2p_1^2} = \psi(x)$$

forment donc un système complètement intégrable, quelles que soient les fonctions arbitraires $\varphi(y)$ et $\psi(x)$. Pour intégrer ce système, prenons comme inconnues auxiliaires p_1 et p_2 ; on déduit des équations (15)

$$(15)' \quad \begin{cases} \dfrac{\partial z}{\partial x} = p_1, \quad \dfrac{\partial p_1}{\partial x} = p_2, \quad \dfrac{\partial p_2}{\partial x} = \dfrac{3p_2^2}{2p_1} + p_1\,\psi(x), \\[2ex] \dfrac{\partial z}{\partial y} = \dfrac{z^2}{2} + \varphi(y), \quad \dfrac{\partial p_1}{\partial y} = p_1 z, \quad \dfrac{\partial p_2}{\partial y} = p_2 z + p_1^2, \end{cases}$$

et on est conduit à intégrer le système d'équations aux différentielles totales

$$(16) \quad \begin{cases} dz = p_1 dx + \left[\dfrac{z^2}{2} + \varphi(y)\right] dy, \\[2ex] dp_1 = p_2 dx + p_1 z\, dy, \\[2ex] dp_2 = \left[\dfrac{3p_2^2}{2p_1} + p_1\,\psi(x)\right] dx + (p_2 z + p_1^2)\, dy. \end{cases}$$

Pour cela, intégrons d'abord les trois équations (15') de la première ligne ou, ce qui revient au même, l'équation unique du troisième ordre

$$(17) \quad \frac{\dfrac{\partial^3 z}{\partial x^3}}{\dfrac{\partial z}{\partial x}} - \frac{3}{2}\left(\frac{\dfrac{\partial^2 z}{\partial x^2}}{\dfrac{\partial z}{\partial x}}\right)^2 = \psi(x);$$

le premier membre de cette équation, qui se présente dans l'étude des équations différentielles linéaires du second ordre, ne change pas de forme quand on effectue sur z une substitution linéaire quelconque. Si donc $z = X$ est une intégrale particulière de l'équation (17), l'intégrale générale de cette équation est

$$(18) \quad z = \frac{aX + b}{cX + d},$$

a, b, c, d étant indépendantes de x. Comme $\psi(x)$ est une fonction arbitraire de x, il est clair qu'on peut prendre aussi pour X une fonction arbitraire de x, et l'intégrale générale du système (16) est de la forme précédente, où a, b, c, d, désignent des fonctions de la seule variable y. On peut encore écrire cette intégrale

$$z = \theta_1(y) + \frac{\theta_2(y)}{X + \theta_3(y)},$$

et si on substitue cette valeur de z dans $\frac{\partial z}{\partial y} - \frac{z^2}{2}$, en écrivant que le résultat est indépendant de X, on trouve les conditions

$$\theta_2'(y) - \theta_1(y)\,\theta_2(y) = 0, \quad 2\theta_3'(y) + \theta_2(y) = 0.$$

Soit $\theta_3(y) = Y$; on déduit des conditions précédentes qu'il faut prendre $\theta_2(y) = -2Y'$, $\theta_1(y) = \frac{Y''}{Y'}$, et on retrouve le résultat obtenu plus haut (n° 47).

Exemple VI. — Soit à intégrer l'équation

$$rs - p = 0,$$

à laquelle se ramène, par la transformation de Legendre, l'équation d'Ampère étudiée précédemment (n° 100).

Pour un des systèmes de caractéristiques, on a trois combinaisons intégrables du second ordre

$$d(s - x) = 0, \quad d\left(\frac{s^2}{p}\right) = 0, \quad d\left(y - \frac{p}{s}\right) = 0 ;$$

pour le second système, on a une combinaison intégrable du premier ordre $dy = 0$, et une combinaison intégrable du troisième ordre,

$$d\left(p_{02} + \frac{s^2}{p}\,p_{12}\right) = 0.$$

L'intégration de l'équation proposée est donc ramenée à celle du système

$$rs - p = 0, \quad \frac{s^2}{p} = \varphi(s - x), \quad p_{03} + \frac{s^2}{p}\,p_{12} = \psi(y),$$

avec deux fonctions arbitraires φ et ψ. Si on prend pour inconnues auxiliaires p, q, et t, ce système est équivalent au système complètement intégrable d'équations aux différentielles totales

$$(\text{A})\qquad \begin{cases} dz = pdx + qdy, \\[4pt] dp = \dfrac{p}{s}\,dx + sdy, \\[4pt] dq = sdx + tdy, \\[4pt] dt = p_{12}dx + p_{03}dy, \end{cases}$$

où on suppose que s est remplacé par sa valeur tirée de l'équation

$$\frac{s^2}{p} = \varphi\,(s - x);$$

p_{12} et p_{03} s'obtiennent au moyen de la relation obtenue en différentiant la précédente par rapport à y et de la dernière équation

$$p_{03} + \frac{s^2}{p}\,p_{12} = \psi\,(y).$$

L'intégration du système (A) présente une simplification, car s étant supposé remplacé par sa valeur, la seconde équation ne renferme plus que les variables x, y, p, et leurs différentielles. Pour l'intégrer, posons

$$p = u^2, \qquad s - x = \alpha$$

et remplaçons φ par φ^2; il vient $s = u\varphi\,(\alpha)$, $x = u\varphi\,(\alpha) - \alpha$, et l'équation

$$dp = \frac{p}{s}\,dx + sdy$$

devient

$$du = \left[\frac{u\varphi'\,(\alpha) - 1}{\varphi\,(\alpha)}\right] d\alpha + \varphi\,(\alpha)\,dy.$$

On en déduit

$$u = (y - y_0)\,\varphi\,(\alpha) - \varphi\,(\alpha)\int \frac{d\alpha}{\varphi^2\,(\alpha)};$$

l'équation $dz = pdx + qdy$ devient alors :

$$dz = u^2 \left\{ \varphi\,(\alpha)\,du + u\varphi'\,(\alpha)\,d\alpha - d\alpha \right\} + qdy$$

ou encore

$$dz = 2u^2 \left\{ u\varphi'\,(\alpha) - 1 \right\} d\alpha + \left\{ u^2\varphi^2\,(\alpha) + q \right\} dy.$$

Par suite, l'expression générale de z est de la forme

$$z = 2 \int u^2 \left\{ u \varphi'(\alpha) - 1 \right\} d\alpha + Y,$$

et inversement, quelle que soit la fonction Y de y, on obtient ainsi une intégrale de l'équation proposée. On peut ne laisser subsister qu'un seul signe de quadrature en remplaçant $\varphi^2(\alpha)$ par $\dfrac{1}{\Phi'(\alpha)}$.

157. Supposons maintenant qu'un seul des systèmes de caractéristiques, supposés distincts, de l'équation

$$(19) \qquad r + f(x, y, z, p, q, s, t) = \mathrm{o}$$

admette deux combinaisons intégrables distinctes

$$dv = \mathrm{o}, \qquad du = \mathrm{o},$$

l'une au moins des fonctions u, v, renfermant des dériv′⌣⌣ d'ordre n, et aucune ne contenant de dérivée d'ordre supérieur à n. Pour fixer les idées, supposons que u et v soient deux intégrales distinctes du système d'équations

$$(20) \qquad \left\{ \begin{array}{l} \dfrac{\partial \varphi}{\partial p_{0,n}} - m_1 \dfrac{\partial \varphi}{\partial p_{1,n-1}} = \mathrm{o}, \\[3mm] \left(\dfrac{d\varphi}{dx}\right) + m_2 \left(\dfrac{d\varphi}{dy}\right) - \dfrac{\partial \varphi}{\partial p_{1,n-1}} \left(\dfrac{d^{n-1} f}{dy^{n-1}}\right) = \mathrm{o}, \end{array} \right.$$

où m_1, m_2, $\left(\dfrac{d\varphi}{dx}\right)$, $\left(\dfrac{d\varphi}{dy}\right)$, $\left(\dfrac{d^{n-1} f}{dy^{n-1}}\right)$ ont le même sens que plus haut (Chap. vi). L'équation proposée (19) admet une intégrale intermédiaire d'ordre n

$$(21) \qquad u - \psi(v) = \mathrm{o},$$

avec une fonction arbitraire ψ; et inversement, quelle que soit la fonction ψ, les deux équations

$$r + f = \mathrm{o}, \qquad u - \psi(v) = \mathrm{o}$$

forment un système en involution.

Pour résoudre le problème de Cauchy par cette voie, supposons donnée une multiplicité M_1 d'éléments du premier ordre, c'est-à-dire une courbe (Γ) dont chaque point est associé à un plan tangent à (Γ) en ce point. Cette multiplicité M_1 détermine en général une surface intégrale admettant tous ces éléments, sauf dans le cas où elle appartiendrait à une caractéristique, cas que nous négligerons. Soit (S) la surface intégrale ainsi déterminée par la multiplicité M_1 ; on peut calculer, comme il a été expliqué (n° 16), les valeurs de toutes les dérivées partielles de la fonction inconnue le long de la courbe (Γ). Si on substitue les valeurs obtenues dans u et v, ces deux fonctions ne dépendent plus que d'une seule variable, et la relation

$$u - \psi(v) = 0$$

détermine la fonction inconnue ψ. Cette fonction une fois obtenue, le problème revient à trouver l'intégrale du système en involution

$$(22) \qquad r + f = 0, \qquad u - \psi(v) = 0,$$

qui passe par les ∞^1 éléments du n^{me} ordre définis par la multiplicité M_1 et l'équation $r + f = 0$. Nous savons que cette intégrale est le lieu des caractéristiques d'ordre n communes aux deux équations, issues des ∞^1 éléments du n^{me} ordre dont il vient d'être question.

On obtient ces caractéristiques communes par l'intégration du système d'équations différentielles ordinaires

$$(23) \left\{ \begin{aligned} & dy = m_1 dx, \qquad dz = p_{1,0}\, dx + p_{0,1}\, dy, \\ & dp_{1,0} = p_{2,0}\, dx + p_{1,1}\, dy, \ldots, dp_{1,n-2} = p_{2,n-2}\, dx + p_{1,n-1}\, dy, \\ & dp_{0,1} = p_{1,1}\, dx + p_{0,2}\, dy, \ldots, dp_{0,n-1} = p_{1,n-1}\, dx + p_{0,n}\, dy, \\ & \left(\frac{d\,[u - \psi(v)]}{dx} \right) + \frac{\partial\,[u - \psi(v)]}{\partial p_{1,n-1}} \frac{dp_{1,n-1}}{dx} = 0, \\ & \left(\frac{d\,[u - \psi(v)]}{dy} \right) + \frac{\partial\,[u - \psi(v)]}{p_{1,n-1}} \frac{dp_{0,n}}{dx} = 0, \end{aligned} \right.$$

composé de $2n + 2$ équations entre $2n + 3$ variables x, y, z, $p_{1,0}$, $p_{0,1}$, $\ldots p_{1,n-1}$, $p_{0,n}$; les dérivées $p_{2,0}$, $p_{2,1}$, $\ldots p_{2,n-2}$ sont supposées remplacées par leurs valeurs.

Ainsi, *lorsque l'un des systèmes de caractéristiques d'ordre n présente deux combinaisons intégrables distinctes $du = 0$, $dv = 0$, la solution du problème de Cauchy est ramenée à l'intégration de deux systèmes successifs d'équations différentielles ordinaires. Le premier de ces systèmes,* *qui donne u et v ne dépend pas des conditions initiales. Le second système à intégrer dépend, au contraire, des conditions initiales* ([1]).

158. La méthode précédente s'applique encore au cas où les deux systèmes de caractéristiques seraient confondus. Lorsque ces deux systèmes sont distincts, on peut la modifier un peu. On a vu en effet (n° 138) que le système d'équations différentielles (23) peut être remplacé par le suivant

$$(24) \begin{cases} dy = m_1 dx, \quad dz = p_{1,0}\, dx + p_{0,1}\, dy, \\ dp_{1,0} = p_{2,0}\, dx + p_{1,1}\, dy, \;\ldots,\; dp_{1,n-2} = p_{2,n-2}\, dx + p_{1,n-1}\, dy, \\ dp_{0,1} = p_{1,1}\, dx + p_{0,2}\, dy, \;\ldots,\; dp_{0,n-1} = p_{1,n-1}\, dx + p_{0,n}\, dy, \\ \left(\dfrac{d^{n-1} f}{dy^{n-1}}\right) + \dfrac{dp_{1,n-1}}{dx} + m_2\, \dfrac{dp_{0,n}}{dx} = 0, \end{cases}$$

auxquelles on ajoute l'équation

$$u - \psi(v) = 0.$$

Introduisons une nouvelle variable auxiliaire α en posant $v = \alpha$ et, par suite, $u = \psi(\alpha)$. De ces équations, on peut tirer deux des variables x, y, z, $p_{1,0}$, ... $p_{0,n}$ en fonction de x, $\psi(\alpha)$ et des $2n+1$ variables restantes. En substituant les valeurs de ces deux variables dans les équations (24), qui sont précisément les équations différentielles des caractéristiques de l'équation

$$r + f = 0,$$

n'admettant pas les combinaisons intégrables $du = 0$, $dv = 0$, on est conduit à un système de $2n+1$ équations différentielles à $2n+2$ variables pour déterminer les caractéristiques communes aux deux équations

$$r + f = 0, \qquad u - \psi(v) = 0.$$

Ainsi présenté, le procédé apparaît comme une généralisation de la

---

[1] Dans la note déjà citée des *Comptes Rendus* (1872), M. Maurice Lévy annonce qu'il possède une méthode générale pour intégrer toutes les équations aux dérivées partielles du second ordre, dont l'intégration se ramène à celle de plusieurs systèmes d'équations différentielles ordinaires. D'après M. Sophus Lie, cette méthode serait identique, dans ses traits essentiels, à celle qui est développée dans le texte. M. J. König a ramené également la solution du problème de Cauchy à l'intégration d'équations différentielles ordinaires, dans le cas où nous nous plaçons. Sa méthode sera expliquée à la fin du chapitre.

méthode employée par Ampère pour intégrer une équation

$$Hr + 2Ks + Lt + M + N\,(rt - s^2) = 0,$$

lorsque l'un des deux systèmes de caractéristiques du premier ordre présente deux combinaisons intégrables distinctes [1] (n° 54). On peut, du reste, l'établir en généralisant le raisonnement même d'Ampère.

Soit (S) une intégrale de l'équation

$$(25) \qquad r + f\,(x,\ y,\ z,\ p,\ q,\ s,\ t) = 0\,;$$

[1] Lorsque $n = 2$, Ampère avait déjà indiqué sommairement cette méthode. Voici le passage de son Mémoire auquel il est fait allusion plus haut : « Cette réduction des équations qui doivent conduire à l'intégrale primitive à des équations qu'on peut intégrer comme si elles étaient aux différentielles ordinaires, dont le nombre n'est inférieur que d'une unité à celui des variables, n'a pas lieu seulement lorsque l'équation donnée est de la forme

$$Hr + 2Ks + Lt + M + N\,(rt - s^2) = 0,$$

mais elle a lieu de la même manière pour toutes les équations aux différentielles partielles du second ordre susceptibles d'une intégrale intermédiaire. On trouve aussi dans ce cas, par le procédé expliqué dans un des paragraphes précédents, deux équations relatives à x et à α, qui par le changement du signe du radical de la valeur de $\dfrac{dy}{dx\,(\alpha}$, donnent deux autres équations où ce sont x et β qui sont considérés comme variables indépendantes ; la seule différence est que, quand les dérivées du second ordre doivent être homogènes à l'intégrale, parce que l'équation donnée contient d'autres puissances ou d'autres produits de ces dérivées que $rt - s^2$, on a nécessairement dans le calcul dix quantités $x, y, z, p, q, r, s, t, \alpha$ et β, entre lesquelles, outre les quatre équations dont nous venons de parler, on a l'équation même donnée et les trois suivantes

$$\frac{dz}{dx\,(\alpha} = p + q\,\frac{dy}{dx\,(\alpha},$$

$$\frac{dp}{dx\,(\alpha} = r + s\,\frac{dy}{dx\,(\alpha},$$

$$\frac{dq}{dx\,(\alpha} = s + t\,\frac{dy}{dx\,(\alpha}.$$

Parmi ces huit équations, il y en a une qui ne contient que les quantités mêmes x, y, z, p, q, r, s, t, et cinq où il entre seulement de plus leurs dérivées relatives à x, prises en regardant x et α comme les deux variables indépendantes. Les deux autres seront relatives à x et à β ; mais on pourra les ramener à avoir x et α pour variables indépendantes, en y introduisant des dérivées relatives à α. S'il y a une intégrale intermédiaire, elles fourniront deux équations de la forme

$$f\,(x, y, z, p, q, r, s, t) = \beta,$$
$$F\,(x, y, z, p, q, r, s, t) = \psi\,(\beta),$$

qui serviront, conjointement avec l'équation donnée, à éliminer r, s, t et leurs dérivées relatives à x des cinq autres, en sorte qu'on aura dans ce cas cinq équations du premier ordre, entre les sept variables x, y, z, p, q, α et β, qu'on pourra toujours intégrer comme si elles étaient aux différentielles ordinaires, parce qu'elles ne contiendront point de dérivées relatives à α, ce qui réduira à six le nombre des quantités considérées comme variables dans cette intégration. »
(*Journal de l'École polytechnique*, XVIIIe cahier, p. 70-71.)

rapportons cette surface à ses deux familles de caractéristiques comme courbes coordonnées, et soient α et β les paramètres de ces deux familles de courbes. Alors x, y, z, $p_{1,0}$, $p_{1,1}$, …, $p_{1,n-1}$, $p_{0,1}$, …, $p_{0,n}$ sont des fonctions des deux variables α et β qui satisfont aux $4n+2$ équations simultanées

$$(26)\begin{cases} \dfrac{\partial y}{\partial \alpha} = m_1 \dfrac{\partial x}{\partial \alpha}, \quad \dfrac{\partial z}{\partial \alpha} = p_{1,0}\dfrac{\partial x}{\partial \alpha} + p_{0,1}\dfrac{\partial y}{\partial x}, \\[2ex] \dfrac{\partial p_{1,0}}{\partial \alpha} = p_{2,0}\dfrac{\partial x}{\partial \alpha} + p_{1,1}\dfrac{\partial y}{\partial \alpha}, \ldots, \dfrac{\partial p_{1,n-2}}{\partial \alpha} = p_{2,n-2}\dfrac{\partial x}{\partial x} + p_{1,n-1}\dfrac{\partial y}{\partial \alpha}, \\[2ex] \dfrac{\partial p_{0,1}}{\partial \alpha} = p_{1,1}\dfrac{\partial x}{\partial \alpha} + p_{0,2}\dfrac{\partial y}{\partial \alpha}, \ldots, \dfrac{\partial p_{0,n-1}}{\partial x} = p_{1,n-1}\dfrac{\partial x}{\partial \alpha} + p_{0,n}\dfrac{\partial y}{\partial \alpha}, \\[2ex] \left(\dfrac{d^{n-1}f}{dy^{n-1}}\right)\dfrac{\partial x}{\partial x} + \dfrac{\partial p_{1,n-1}}{\partial \alpha} + m_2\dfrac{\partial p_{0,n}}{\partial \alpha} = 0; \end{cases}$$

$$(27)\begin{cases} \dfrac{\partial y}{\partial \beta} = m_2 \dfrac{\partial x}{\partial \beta}, \dfrac{\partial z}{\partial \beta} = p_{1,0}\dfrac{\partial x}{\partial \beta} + p_{0,1}\dfrac{\partial y}{\partial \beta}, \\[2ex] \dfrac{\partial p_{1,0}}{\partial \beta} = p_{2,0}\dfrac{\partial x}{\partial \beta} + p_{1,1}\dfrac{\partial y}{\partial \beta}, \ldots, \dfrac{\partial p_{1,n-2}}{\partial \beta} = p_{2,n-2}\dfrac{\partial x}{\partial \beta} + p_{1,n-1}\dfrac{\partial y}{\partial \beta}, \\[2ex] \dfrac{\partial p_{0,1}}{\partial \beta} = p_{1,1}\dfrac{\partial x}{\partial \beta} + p_{0,2}\dfrac{\partial y}{\partial \beta}, \ldots, \dfrac{\partial p_{0,n-1}}{\partial \beta} = p_{1,n-1}\dfrac{\partial x}{\partial \beta} + p_{0,n}\dfrac{\partial y}{\partial \beta}, \\[2ex] \left(\dfrac{d^{n-1}f}{dy^{n-1}}\right)\dfrac{\partial x}{\partial \beta} + \dfrac{\partial p_{1,n-1}}{\partial \beta} + m_1\dfrac{\partial p_{0,n}}{\partial \beta} = 0; \end{cases}$$

m_1 et m_2 sont les racines de l'équation caractéristique

$$m^2 - \frac{\partial f}{\partial s}m + \frac{\partial f}{\partial t} = 0,$$

et on suppose $p_{2,0}$, $p_{2,1}$, …, $p_{2,n-2}$ remplacés par leurs valeurs en fonction de x, y, z, $p_{1,0}$, …, $p_{0,n}$. Nous savons *a priori* que ces $4n+2$ équations à $2n+3$ variables sont compatibles, puisque l'équation $r + f = 0$ admet des intégrales. Inversement, tout système de solutions des équations (26) et (27) fournit une intégrale de l'équation

$$r + f = 0.$$

Cela posé, considérons le cas où les équations (27) du second système de caractéristiques présentent deux combinaisons intégrables distinctes

$$du = 0, \qquad dv = 0;$$

ceci prouve que le long d'une caractéristique de ce système ($\alpha = C^{te}$.) u et v restent constants et ne varient que lorsqu'on passe d'une caractéristique à une autre du même système. Par conséquent, u et v sont des fonctions de la variable α seulement ; on peut évidemment supposer $u = \alpha$, et on en déduit $v = \psi(\alpha)$, la fonction $\psi(\alpha)$ étant indéterminée. On peut donc ajouter aux équations (26) les deux nouvelles relations

$$u = \alpha, \qquad v = \psi(\alpha) ;$$

si de celles-ci on tire deux des $2n + 3$ variables x, y, z, $p_{1,0}$, ..., $p_{0,n}$ en fonction de α et des $2n + 1$ variables restantes, puis qu'on substitue dans les équations (26), on est conduit à un système de $2n + 1$ équations différentielles ordinaires à $2n + 2$ variables, y compris α, que l'on peut regarder comme la variable indépendante. L'intégration de ce système d'équations différentielles ordinaires nous fera connaître $x, y, z, p_{1,0}, ..., p_{0,n}$ en fonction de α et des valeurs initiales, qui ne doivent dépendre que de la variable β seulement. Il reste à choisir ces valeurs initiales de façon à obtenir une intégrale. En généralisant la méthode de Cauchy comme on l'a indiqué plus haut, on démontrera qu'il suffit que ces valeurs initiales vérifient les équations $r + f = 0$, $u = \psi(v)$, et les $2n$ premières équations (27).

On voit, d'après cela, que le progrès essentiel à accomplir pour généraliser la méthode d'Ampère consistait à étendre la notion de caractéristiques, en ne se bornant plus aux dérivées du premier et du second ordre, mais en considérant la suite des valeurs prises par les dérivées d'ordre quelconque. C'est ce qu'a fait M. Darboux au début de son Mémoire.

159. Lorsque les deux systèmes de caractéristiques sont distincts, on ne peut, en général, intégrer les équations différentielles (23), tant que la fonction ψ, qui figure dans ces équations, reste indéterminée. Il n'en est plus de même lorsque les deux systèmes de caractéristiques sont confondus ; alors, en effet, $du = 0$ et $dv = 0$ sont aussi des combinaisons intégrables (n° 138) des équations (23), et dans les deux dernières équations de ce système

$$\left(\frac{du}{dx}\right) - \psi'(v)\left(\frac{dv}{dx}\right) + \left[\frac{\partial u}{\partial p_{1,n-1}} - \psi'(v)\frac{\partial v}{\partial p_{1,n-1}}\right]\frac{dp_{1,n-1}}{dx} = 0$$

$$\left(\frac{du}{dy}\right) - \psi'(v)\left(\frac{dv}{dy}\right) + \left[\frac{\partial u}{\partial p_{1,n-1}} - \psi'(v)\frac{\partial v}{\partial p_{1,n-1}}\right]\frac{dp_{0,n}}{dx} = 0,$$

on peut remplacer $\psi'(v)$ par une constante C, puisque $v = C^{te}$ est une intégrale première. Le système d'équations différentielles à intégrer est donc le suivant

$$(28) \quad \left\{ \begin{aligned}
& dy = m\,dx, \qquad dz = p_{1,0}\,dx + p_{0,1}\,dy, \\
& dp_{1,0} = p_{2,0}\,dx + p_{1,1}\,dy, \ldots, \quad dp_{1,n-2} = p_{2,n-2}\,dx + p_{1,n-1}\,dy, \\
& dp_{0,1} = p_{1,1}\,dx + p_{0,2}\,dy, \ldots, \quad dp_{0,n-1} = p_{1,n-1}\,dx + p_{0,n}\,dy, \\
& \left(\frac{du}{dx}\right) - C\left(\frac{dv}{dx}\right) + \left[\frac{\partial u}{\partial p_{1,n-1}} - C\frac{\partial v}{\partial p_{1,n-1}}\right]\frac{dp_{1,n-1}}{dx} = 0, \\
& \left(\frac{du}{dy}\right) - C\left(\frac{dv}{dy}\right) + \left[\frac{\partial u}{\partial p_{1,n-1}} - C\frac{\partial v}{\partial p_{1,n-1}}\right]\frac{dp_{0,n}}{dx} = 0,
\end{aligned} \right.$$

dont on connaît déjà deux intégrales premières

$$u = C^{te}, \qquad v = C^{te};$$

et ce système ne renferme plus qu'une constante arbitraire C, au lieu d'une fonction arbitraire, comme dans le cas général.

Soient

$$(29) \quad \left\{ \begin{aligned}
& y = F_1\,(x, x_0, y_0, z_0, \pi_{1,0}, \pi_{1,1}, \ldots, \pi_{1,n-1}; \pi_{0,1}, \ldots, \pi_{0,n}; C), \\
& z = F_2\,(x, x_0, y_0, z_0, \pi_{1,0}, \quad\ldots\ldots\ldots\quad \pi_{0,n}; C), \\
& p_{1,0} = F_3\,(x, \quad\ldots\ldots\ldots\quad ; C), \\
& \quad\ldots\ldots\ldots\ldots\ldots\ldots\ldots \\
& \quad\ldots\ldots\ldots\ldots\ldots\ldots\ldots \\
& p_{0,n} = F_{2n-2}\,(x, \quad\ldots\ldots\ldots\quad ; C),
\end{aligned} \right.$$

les formules qui représentent l'intégrale générale de ce système,

$$x_0, y_0, z_0, \pi_{1,0}, \pi_{1,1}, \quad\ldots, \quad \pi_{1,n-1}; \pi_{0,1}, \ldots, \pi_{0,n}$$

étant les valeurs initiales de x, y, z, $p_{1,0}, \ldots, p_{0,n}$. D'après ce qui précède, pour que les formules (29) représentent une intégrale de l'équation $r + f = 0$, il faut prendre pour ces valeurs initiales des fonctions d'une variable indépendante β satisfaisant aux conditions

$$u\,(x_0, y_0, z_0, \pi_{1,0}, \ldots, \pi_{0,n}) = \psi\,\big\{\,v\,(x_0, y_0, z_0, \ldots \pi_{0,n})\,\big\}$$

$$\frac{\partial z_0}{\partial \beta} = \pi_{1,0}\frac{\partial x_0}{\partial \beta} + \pi_{0,1}\frac{\partial y_0}{\partial \beta},$$

$$\frac{\partial \pi_{1,0}}{\partial \beta} = \pi_{2,0}\frac{\partial x_0}{\partial \beta} + \pi_{1,1}\frac{\partial y_0}{\partial \beta}, \; \ldots \; \frac{\partial \pi_{1,n-2}}{\partial \beta} = \pi_{2,n-2}\frac{\partial x_0}{\partial \beta} + \pi_{1,n-1}\frac{\partial y_0}{\partial \beta},$$

$$\frac{\partial \pi_{0,1}}{\partial \beta} = \pi_{1,1}\frac{\partial x_0}{\partial \beta} + \pi_{0,2}\frac{\partial y_0}{\partial \beta}, \; \ldots \; \frac{\partial \pi_{0,n-1}}{\partial \beta} = \pi_{1,n-1}\frac{\partial x_0}{\partial \beta} + \pi_{0,n}\frac{\partial y_0}{\partial \beta},$$

$\pi_{2,0}, \pi_{2,1}, \ldots \pi_{2,n-2}$ s'exprimant au moyen de $\pi_{1,0}, \ldots, \pi_{1,n-1}, \pi_{0,1}, \ldots,$

$\pi_{0,n}$ comme $p_{2,0}$ ..., $p_{2,n-2}$ au moyen de $p_{1,0}$, ..., $p_{0,n}$. Reprenons, par
exemple, le problème de Cauchy; si on se donne une courbe (Γ) et une
surface développable passant par cette courbe, on connaît par là même
$x_0, y_0, z_0, \pi_{1,0}, \pi_{0,1}$ en fonction d'une variable auxiliaire β. Si la multiplicité précédente n'est pas une caractéristique, on en déduira, en
général, par des calculs algébriques, comme on l'a déjà expliqué bien
des fois, les valeurs de $\pi_{1,1}$, ..., $\pi_{1,n-1}, \pi_{0,2}, ... \pi_{0,n}$ en fonction de β.
Quant à C, remarquons que lorsqu'on remplace, dans u et v, x, y, z,
$p_{1,0}$, ..., $p_{0,n}$ par $x_0, y_0, z_0, \pi_{1,0}, ... \pi_{0,n}$ respectivement, u et v deviennent
des fonctions d'une seule variable β. Soient u_0 et v_0 ces deux fonctions ;
la relation

$$u_0 = \psi(v_0)$$

détermine ψ. On a aussi

$$du_0 = \psi'(v_0)\, dv_0,$$

et comme C est égal à $\psi'(v)$, on a aussi

$$C = \psi'(v_0) = \frac{du_0}{dv_0}.$$

Il est facile de déduire de là des formules pour représenter l'intégrale
générale de l'équation proposée, où figurent explicitement deux fonctions
arbitraires d'un même argument et leurs dérivées en nombre fini, sans
aucun signe d'intégration (^{1}). Supposons, en effet, que l'on prenne pour
x_0 une constante numérique, puis que l'on pose

$$y_0 = \beta, \qquad z_0 = \varphi(\beta), \qquad \pi_{1,0} = \psi(\beta);$$

on aura, par conséquent,

$$\pi_{0,1} = \varphi'(\beta), \quad \pi_{0,2} = \varphi''(\beta), \quad ..., \quad \pi_{0,n} = \varphi^{(n)}(\beta),$$
$$\pi_{1,1} = \psi'(\beta), \quad \pi_{1,2} = \psi''(\beta), \quad ..., \quad \pi_{1,n-1} = \psi^{(n-1)}(\beta),$$

et, si on porte ces valeurs de $\pi_{0,1}$, ..., $\pi_{1,n-1}$ dans C, puis dans les formules (29), on a bien, pour représenter les coordonnées x, y, z d'un
point d'une surface intégrale, des formules où figurent explicitement
les deux fonctions arbitraires $\varphi(\beta)$ et $\psi(\beta)$, avec leurs dérivées jusqu'à
l'ordre $n+1$ au plus.

Je n'insisterai pas davantage sur cette remarque, parce que nous
déterminerons un peu plus loin toutes les équations du second ordre,

---

(^{1}) Voir ma note : « Sur la méthode de M. Darboux pour l'intégration des équations aux dérivées partielles du second ordre. » (*Comptes Rendus*, t. CXX, p. 542-544).

ayant leurs deux systèmes de caractéristiques confondus, auxquelles s'applique la méthode de M. Darboux.

160. On voit donc qu'en définitive tout repose sur la détermination des invariants d'un des systèmes de caractéristiques de l'équation du second ordre proposée, ou des deux systèmes. Il est toujours possible de reconnaître s'il existe des invariants dont l'ordre ne dépasse pas une limite assignée à l'avance, puisque cela revient à rechercher si un système de deux équations linéaires simultanées admet des intégrales. Mais, aussi loin que l'on aille dans la série des essais, il ne semble pas que l'on puisse toujours reconnaître l'existence ou l'absence d'invariants par des opérations dont la fin soit assurée. Nous ferons connaître, au sujet de ces invariants, un certain nombre de propositions qui peuvent en faciliter la recherche [1].

Remarquons d'abord que le théorème du numéro 151 admet une réciproque. Soit $F = o$ une équation du second ordre ; *si cette équation admet une intégrale intermédiaire d'ordre n*, $u - \varphi(v) = o$, c'est-à-dire si toute intégrale de cette équation (sauf peut-être quelques intégrales exceptionnelles) satisfait à une relation de la forme $u - \varphi(v) = o$, où u et v renferment x, y, z, et les dérivées partielles de z jusqu'à l'ordre n, *u et v sont des invariants de l'un des systèmes de caractéristiques de l'équation* $F = o$. On pourrait l'établir par un calcul facile, mais il vaut mieux se servir de considérations analogues à celles qui nous ont déjà servi plusieurs fois, basées sur la théorie des caractéristiques. Il suffit de montrer que, quelle que soit la fonction φ, les deux équations

$$(30) \qquad F = o, \qquad u - \varphi(v) = o,$$

forment un système en involution. En effet, prenons une orientation d'éléments d'ordre n, satisfaisant aux deux équations (30) et à celles qu'on déduit de $F = o$ par des différentiations répétées. Cette orientation d'éléments d'ordre n appartient à une intégrale (S) de l'équation du second ordre $F = o$, intégrale qui, par hypothèse, satisfait aussi à une relation de la forme $u - \psi(v) = o$. Mais, pour un élément quelconque de l'orientation considérée, u et v sont des fonctions d'une seule variable indépendante qui satisfont à la fois aux deux relations $u = \varphi(v)$, $u = \psi(v)$. On a donc nécessairement $\psi = \varphi$, de sorte que (S) est une intégrale commune des deux équations

$$F = o, \qquad u = \varphi(v),$$

---

[1] E. Goursat. « Sur la théorie des équations aux dérivées partielles du second ordre » (*Comptes Rendus*, 2 novembre 1896).

et ceci suffit pour prouver que le système (30) est en involution (n° 140). Il en est évidemment de même des deux équations

$$F = o, \qquad u - \varphi(v) = C,$$

pour une valeur arbitraire de la constante C. Donc $u - \varphi(v)$ doit être un invariant de l'un des systèmes de caractéristiques de l'équation $F = o$, ce qui ne peut avoir lieu, quelle que soit la fonction φ, que si u et v sont deux invariants distincts.

Cela posé, soient u et v deux invariants distincts de l'un des systèmes de caractéristiques de l'équation $F = o$. Toute intégrale satisfait à une relation de la forme

$$u = \varphi(v),$$

et par suite aux deux relations

$$\frac{du}{dx} = \varphi'(v)\frac{dv}{dx}, \qquad \frac{du}{dy} = \varphi'(v)\frac{dv}{dy};$$

il suit de là que, quand on se déplace sur une caractéristique quelconque du système considéré, $\dfrac{\frac{dv}{dx}}{\frac{du}{dx}}$ et $\dfrac{\frac{dv}{dy}}{\frac{du}{dy}}$ restent constants. Ce sont deux nouveaux invariants pour ce système de caractéristiques, qui d'ailleurs se réduisent à un seul, car toute intégrale de l'équation $F = o$ satisfait aussi à l'équation

$$\begin{vmatrix} \dfrac{du}{dx} & \dfrac{dv}{dx} \\[2mm] \dfrac{du}{dy} & \dfrac{dv}{dy} \end{vmatrix} = o;$$

nous désignerons par $\dfrac{dv}{du}$ ce nouvel invariant du même système de caractéristiques que u et v. Par exemple, si l'équation du second ordre est résolue par rapport à r, on pourra supposer que dans $\dfrac{dv}{du}$ on ne laisse que les dérivées $p_{i,k}$, où l'indice i ne dépasse pas l'unité; si on a fait la même opération pour u et v, l'expression

$$\frac{dv}{du} = \frac{\frac{dv}{dy}}{\frac{du}{dy}}$$

est ramenée à cette forme sans aucune transformation nouvelle. Lorsque u et v sont du même ordre n, $\dfrac{dv}{du}$ est en général d'ordre $n + 1$, mais il peut être d'ordre inférieur. Par exemple, nous avons vu (n° 154) que l'équation $r + f(s) = 0$ a trois invariants du second ordre correspondant à un même système de caractéristiques :

$$u = s, \quad v = y - xf'(s), \quad w = p + x \left\{ f(s) - sf'(s) \right\};$$

on a deux nouveaux invariants :

$$\frac{dv}{du} = \frac{1 - xf''(s)\,p_{1,2}}{p_{1,2}}, \quad \frac{dw}{dv} = \frac{s - xsf''(s)\,p_{1,2}}{1 - xf''(s)\,p_{1,2}} = s,$$

dont un seul est du troisième ordre, tandis que $\dfrac{dw}{dv}$ est identique à u.

Si u et v sont deux invariants distincts d'un même système de caractéristiques, $\dfrac{dv}{du}$ est un nouvel invariant distinct des premiers.

Si on avait, en effet, une relation de la forme

$$\frac{dv}{du} = f(u, v),$$

toute intégrale de l'équation du second ordre proposée $F = 0$, satisfaisant à l'équation

$$v = \varphi(u),$$

vérifierait aussi l'équation

$$\frac{dv}{du} = \varphi'(u)$$

et on aurait, par conséquent,

$$\varphi'(u) = f[u, \varphi(u)],$$

ce qui est impossible, puisque la fonction $\varphi(u)$ peut être choisie arbitrairement.

Plus généralement, supposons qu'on ait $(n + 1)$ invariants distincts $u, v_1, v_2, \ldots, v_n$; parmi les nouveaux invariants

$$\frac{dv_1}{du}, \frac{dv_2}{du}, \ldots, \frac{dv_n}{du},$$

il y en aura au moins un qui sera distinct des précédents. Supposons,
en effet, que l'on ait

$$\frac{dv_1}{du} = f_1 (u, v_1, \ldots, v_n),$$

$$\frac{dv_2}{du} = f_2 (u, v_1, \ldots, v_n),$$

$$\cdots \cdots \cdots \cdots$$

$$\frac{dv_n}{du} = f_n (u, v_1, \ldots, v_n);$$

puisque toute intégrale de l'équation $F = o$ satisfait à n relations de la
forme

$$v_1 = \varphi_1 (u), \qquad v_2 = \varphi_2 (u), \qquad \ldots, \qquad v_n = \varphi_n (u),$$

on aurait aussi

$$\frac{dv_1}{du} = \varphi'_1 (u), \ldots, \frac{dv_n}{du} = \varphi'_n (u),$$

et, par suite,

$$\varphi'_1 (u) = f_1 [u, \varphi_1 (u), \ldots, \varphi_n (u)],$$
$$\varphi'_2 (u) = f_2 [u, \varphi_1 (u), \ldots, \varphi_n (u)],$$
$$\cdots \cdots \cdots \cdots \cdots$$
$$\cdots \cdots \cdots \cdots \cdots$$
$$\varphi'_n (u) = f_n [u, \varphi_1 (u), \ldots, \varphi_n (u)];$$

ce qui est impossible, puisque l'une des fonctions $\varphi_i (u)$ peut être prise
arbitrairement.

On déduit de là qu'au moyen de deux invariants distincts d'un même
système, on peut former une suite illimitée d'invariants, tous distincts
les uns des autres.

161. Considérons maintenant en particulier le cas où les deux systèmes de caractéristiques de l'équation du second ordre proposée sont
distincts. On a déjà remarqué que les équations simultanées auxquelles
doit satisfaire un invariant d'ordre n admettent pour intégrales tous les
invariants du même système d'ordre inférieur à n. En approfondissant
cette remarque, nous arriverons à une proposition plus précise. Supposons que l'équation du second ordre ait été mise sous la forme

$$(31) \qquad r + f (x, y, z, p, q, s, t) = o,$$

et soient m_1, m_2 les deux racines de l'équation du second degré

$$(32) \qquad m^2 - \frac{\partial f}{\partial s} m + \frac{\partial f}{\partial t} = 0.$$

Tout invariant d'ordre n doit satisfaire aux deux équations simultanées

$$(33) \qquad \begin{cases} \dfrac{\partial \varphi}{\partial p_{0,n}} - m_1 \dfrac{\partial \varphi}{\partial p_{1,n-1}} = 0, \\[2mm] \left(\dfrac{d\varphi}{dx}\right) + m_2 \left(\dfrac{d\varphi}{dy}\right) - \dfrac{\partial \varphi}{\partial p_{1,n-1}} \left(\dfrac{d^{n-1}f}{dy^{n-1}}\right) = 0, \end{cases}$$

ou à celles qu'on obtient en permutant m_1 et m_2. Lorsque n est plus grand que 2, cas que nous allons d'abord examiner, la première équation (33) montre que toute intégrale de ce système doit être de la forme

$$u = \pi\left(p_{1,n-1} + m_1 p_{0,n}; \; x, \, y, \, z, \, \ldots, \, p_{1,n-2}, \, p_{0,n-1}\right).$$

Admettons qu'il existe une intégrale u de ce système renfermant effectivement les dérivées d'ordre n, c'est-à-dire dépendant de

$$p_{1,n-1} + m_1 p_{0,n},$$

et des dérivées d'ordre inférieur à n ; on aura inversement

$$p_{1,n-1} + m_1 p_{0,n} = \psi\left(x, \, y, \, z, \, p_{1,0}, \, \ldots, \, p_{1,n-2}, \, p_{0,n-1}, \, u\right).$$

Cela posé, choisissons comme variables indépendantes

$$x, \, y, \, z, \, p_{10}, \, \ldots, \, p_{1,n-2}, \, p_{0,n-1}, \, p_{0,n}, \, u,$$

et posons

$$\varphi = F\left(x, \, y, \, z, \, \ldots, \, p_{1,n-2}, \, p_{0,n-1}, \, p_{0,n}; \, u\right).$$

La première équation du système (33) devient

$$\frac{\partial F}{\partial p_{0,n}} = 0 \, ;$$

quant à la seconde, elle ne contiendra pas de terme en $\dfrac{\partial F}{\partial u}$, puisque, par hypothèse, $\varphi = u$ est une intégrale du système (33). Pour calculer les coefficients des autres dérivées, remarquons que l'on a

$$\frac{\partial \varphi}{\partial v} = \frac{\partial F}{\partial v} + \frac{\partial F}{\partial u} \frac{\partial u}{\partial v}$$

v désignant l'une quelconque des variables x, y, z, ..., $p_{0,n-1}$, p_{0n}, et

$$\frac{\partial \varphi}{\partial p_{1,n-1}} = \frac{\partial F}{\partial u} \frac{\partial u}{\partial p_{1,n-1}}.$$

En substituant dans la seconde des équations (33) et négligeant les termes en $\dfrac{\partial F}{\partial u}$, elle devient

$$\frac{\partial F}{\partial x} + \frac{\partial F}{\partial z} p_{1,0} + \cdots + \frac{\partial F}{\partial p_{1,n-3}} p_{2,n-3} + \frac{\partial F}{\partial p_{0,n-2}} p_{1,n-2}$$
$$+ m_2 \left[\frac{\partial F}{\partial y} + \frac{\partial F}{\partial z} p_{01} + \cdots + \frac{\partial F}{\partial p_{1,n-3}} p_{1,n-2} + \frac{\partial F}{\partial p_{0,n-2}} p_{0,n-1} \right]$$
$$+ \frac{\partial F}{\partial p_{1,n-2}} \left\{ - \left(\frac{d^{n-2}f}{dy^{n-2}} \right) - \frac{\partial f}{\partial s} p_{1,n-1} - \frac{\partial f}{\partial t} p_{0,n} \right\} + \frac{\partial F}{\partial p_{0,n-1}} p_{1,n-1}$$
$$+ m_2 \left\{ \frac{\partial F}{\partial p_{1,n-2}} p_{1,n-1} + \frac{\partial F}{\partial p_{0,n-1}} p_{0,n} \right\} = 0 \,;$$

on n'a écrit dans les deux premières lignes que les termes qui ne renferment que les dérivées d'ordre inférieur à n. Les seuls termes qui renferment les dérivées d'ordre n sont, en remplaçant $\dfrac{\partial f}{\partial s}$ par $(m_1 + m_2)$ et $\dfrac{\partial f}{\partial t}$ par $m_1 m_2$,

$$(p_{1,n-1} + m_2 p_{0n}) \left(\frac{\partial F}{\partial p_{0,n-1}} - m_1 \frac{\partial F}{\partial p_{1,n-2}} \right).$$

Le système (33) devient donc, après ce changement de variables,

$$A(F) = \frac{\partial F}{\partial p_{0n}} = 0.$$
$$B(F) = \left(\frac{dF}{dx} \right) + m_2 \left(\frac{dF}{dy} \right) - \frac{\partial F}{\partial p_{1,n-2}} \left(\frac{d^{n-2}f}{dy^{n-2}} \right)$$
$$+ (p_{1,n-1} + m_2 p_{0,n}) \left(\frac{\partial F}{\partial p_{0,n-1}} - m_1 \frac{\partial F}{\partial p_{1,n-2}} \right) = 0,$$

en posant

$$\left(\frac{dF}{dx} \right) = \frac{\partial F}{\partial x} + \frac{\partial F}{\partial z} p_{1,0} + \cdots + \frac{\partial F}{\partial p_{1,n-3}} p_{2,n-3} + \frac{\partial F}{\partial p_{0,n-2}} p_{1,n-2},$$
$$\left(\frac{dF}{dy} \right) = \frac{\partial F}{\partial y} + \frac{\partial F}{\partial z} p_{0,1} + \cdots + \frac{\partial F}{\partial p_{1,n-3}} p_{1,n-2} + \frac{\partial F}{\partial p_{0,n-2}} p_{0,n-1}.$$

On peut encore écrire

$$p_{1,n-1} + m_2 p_{0n} = (m_2 - m_1) p_{0n} + p_{1,n-1} + m_1 p_{0,n}$$
$$= (m_2 - m_1) p_{0,n} + \psi (x, y, z, p_{1,0}, .., p_{1,n-2}, p_{0,n-1}; u),$$

et les variables u et $p_{0,n}$ ne figurent dans B (F) que dans le coefficient de $\dfrac{\partial F}{\partial p_{0,n-1}} - m_1 \dfrac{\partial F}{\partial p_{1,n-2}} \cdot$ Des deux équations

$$\Lambda (F) = o, \qquad B(F) = o,$$

on tire

$$A [B(F)] - B [A(F)] = (m_2 - m_1) \left(\frac{\partial F}{\partial p_{0,n-1}} - m_1 \frac{\partial F}{\partial p_{1,n-2}} \right) = o,$$

et, comme les deux racines m_1, m_2, sont supposées distinctes, on en conclut que F, considérée comme fonction de x, y, z, $p_{1,0}$, ... $p_{0,n-1}$ doit satisfaire au système de deux équations

$$(34) \quad \begin{cases} \dfrac{\partial F}{\partial p_{0,n-1}} - m_1 \dfrac{\partial F}{\partial p_{1,n-2}} = o, \\[2ex] \left(\dfrac{dF}{dx} \right) + m_2 \left(\dfrac{dF}{dy} \right) - \dfrac{\partial F}{\partial p_{1,n-2}} \left(\dfrac{d^{n-2} f}{dy^{n-2}} \right) = o, \end{cases}$$

où les coefficients ne contiennent pas la variable u. Les équations (34) sont précisément celles qui déterminent les invariants d'ordre $n-1$ ou d'ordre inférieur. S'il y a k invariants distincts d'ordre égal ou inférieur à $n-1$, u_1, u_2, ..., u_k, l'intégrale générale du système (34) et, par suite, du système (33) est donc

$$\varphi (u, u_1, u_2, ..., u_k).$$

Ainsi, *lorsque les deux familles de caractéristiques sont distinctes, il y a au plus dans chaque famille un invariant distinct d'ordre n, pour toute valeur de n supérieure à 2.* Il faut entendre par là que tous les invariants d'ordre n, s'il en existe, s'expriment au moyen de l'un d'entre eux et d'invariants d'ordre inférieur.

Le théorème n'est plus vrai, en général, pour les invariants du second ordre, comme on peut s'en convaincre par l'exemple de l'équation $3rt^3 + 1 = 0$, étudiée plus haut (n° 154); il subsiste cependant lorsque l'équation du second ordre considérée est linéaire en r, s, t, $rt - s^2$. On ne diminue pas la généralité en supposant que l'équation ne renferme pas de terme en $rt - s^2$, puisqu'on peut faire disparaître ce terme par une transformation de contact convenable. Prenons donc l'équation sous la forme

$$(35) \qquad r + Ks + Lt + M = o,$$

K, L, M étant des fonctions de x, y, z, p, q ; un invariant du second ordre doit satisfaire au système

$$(36) \quad \begin{cases} \dfrac{\partial \varphi}{\partial t} - m_1 \dfrac{\partial \varphi}{\partial s} = o, \\[2ex] \dfrac{\partial \varphi}{\partial x} + \dfrac{\partial \varphi}{\partial z} p - \dfrac{\partial \varphi}{\partial p}(Ks + Lt + M) + \dfrac{\partial \varphi}{\partial q} s \\[2ex] + m_2\left\{ \dfrac{\partial \varphi}{\partial y} + \dfrac{\partial \varphi}{\partial z} q + \dfrac{\partial \varphi}{\partial p} s + \dfrac{\partial \varphi}{\partial q} t \right\} = \dfrac{\partial \varphi}{\partial s}\left[\left(\dfrac{dK}{dy}\right)s + \left(\dfrac{dL}{dy}\right)t + \left(\dfrac{dM}{dy}\right) \right]. \end{cases}$$

Soit u un invariant du second ordre, qui est nécessairement de la forme $u = \psi\,(x, y, z, p, q, s + m_1 t)$. Si on prend comme tout à l'heure pour variables indépendantes

$$x,\ y,\ z,\ p,\ q,\ t,\ u,$$

en posant $\varphi = \Phi\,(x, y, z, p, q, t, u)$, la première des équations (36) se réduit à

$$A\,(\Phi) = \frac{\partial \Phi}{\partial t} = o,$$

tandis que la seconde devient, en remarquant que le coefficient de $\dfrac{\partial \Phi}{\partial u}$ sera nul,

$$\frac{\partial \Phi}{\partial x} + m_2 \frac{\partial \Phi}{\partial y} + \frac{\partial \Phi}{\partial z}(p + m_2 q) + \frac{\partial \Phi}{\partial p}(m_2 s - Ks - Lt - M) + \frac{\partial \Phi}{\partial q}(s + m_2 t) = o,$$

ou, en remplaçant K par $m_1 + m_2$, L par $m_1 m_2$,

$$B\,(\Phi) = \frac{\partial \Phi}{\partial x} + m_2 \frac{\partial \Phi}{\partial y} + \frac{\partial \Phi}{\partial z}(p + m_2 q) - M\frac{\partial \Phi}{\partial p} + (s + m_2 t)\left(\frac{\partial \Phi}{\partial q} - m_1 \frac{\partial \Phi}{\partial p}\right) = o.$$

Lorsque les deux racines m_1, m_2 de l'équation caractéristique sont distinctes, on en conclut, en raisonnant comme dans le cas précédent, que toute intégrale des deux équations $A\,(\Phi) = o$, $B\,(\Phi) = o$ doit vérifier aussi les deux équations

$$(37) \quad \begin{cases} \dfrac{\partial \Phi}{\partial q} - m_1 \dfrac{\partial \Phi}{\partial p} = o, \\[2ex] \dfrac{\partial \Phi}{\partial x} + m_2 \dfrac{\partial \Phi}{\partial y} + \dfrac{\partial \Phi}{\partial z}(p + m_2 q) - M\dfrac{\partial \Phi}{\partial p} = o; \end{cases}$$

ce sont précisément les relations auxquelles doit satisfaire un invariant du premier ordre, et la conclusion énoncée plus haut s'applique encore, dans ce cas, aux invariants du second ordre.

Voici encore une proposition analogue à la précédente, quoi qu'un peu différente. *Lorsque les deux familles de caractéristiques sont distinctes, s'il existe un invariant du premier ordre pour une famille de caractéristiques, il y a au plus un invariant distinct du second ordre pour la même famille.* Lorsqu'un des systèmes de caractéristiques d'une équation du second ordre admet un invariant du premier ordre, on peut effectuer une transformation de contact de façon que cet invariant soit y ; l'équation est alors de la forme

$$(38) \qquad r + f(x, y, z, p, q, s) = 0,$$

et les invariants du second ordre correspondant à la famille de caractéristiques qui admet l'invariant y doivent satisfaire aux deux équations

$$(39) \qquad \begin{cases} \dfrac{\partial \varphi}{\partial t} - \dfrac{\partial f}{\partial s}\dfrac{\partial \varphi}{\partial s} = 0, \\[2ex] \dfrac{\partial \varphi}{\partial x} + \dfrac{\partial \varphi}{\partial z} p - \dfrac{\partial \varphi}{\partial p} f + \dfrac{\partial \varphi}{\partial q} s - \dfrac{\partial \varphi}{\partial s}\left(\dfrac{df}{dy}\right) = 0. \end{cases}$$

Supposons que ce système admette une intégrale u, contenant les dérivées du second ordre s et t ; en prenant comme tout à l'heure x, y, z, p, q, t et u pour variables indépendantes, le système (39) est remplacé par le suivant

$$(40) \quad \mathrm{A}(\Phi) = \frac{\partial \Phi}{\partial t} = 0, \quad \mathrm{B}(\Phi) = \frac{\partial \Phi}{\partial x} + \frac{\partial \Phi}{\partial z} p - \frac{\partial \Phi}{\partial p} f + \frac{\partial \Phi}{\partial q} s = 0,$$

où on suppose que s a été remplacé par sa valeur en fonction de x, y, z, p, q, t et u déduite de la relation

$$u = \psi(x, y, z, p, q, s, t).$$

Des équations (40) on déduit que Φ doit satisfaire aussi à l'équation

$$\mathrm{A}[\mathrm{B}(\Phi)] - \mathrm{B}[\mathrm{A}(\Phi)] = \left(\frac{\partial \Phi}{\partial q} - \frac{\partial f}{\partial s}\frac{\partial \Phi}{\partial p}\right)\frac{\partial s}{\partial t} = 0 ;$$

soit

$$\mathrm{C}(\Phi) = \frac{\partial \Phi}{\partial q} - \frac{\partial f}{\partial s}\frac{\partial \Phi}{\partial p} = 0 ;$$

on a de même :

$$\mathrm{A}\,[\mathrm{C}\,(\Phi)] - \mathrm{C}\,[\mathrm{A}\,(\Phi)] = -\,\frac{\partial^2 f}{\partial s^2}\,\frac{\partial s}{\partial t}\,\frac{\partial \Phi}{\partial p} = \mathrm{o}.$$

Écartons le cas, qui vient d'être examiné, où $\dfrac{\partial^2 f}{\partial s^2}$ serait nul ; les équations (40) entraînent donc les suivantes

$$\frac{\partial \Phi}{\partial p} = \mathrm{o}, \qquad \frac{\partial \Phi}{\partial q} = \mathrm{o}, \qquad \frac{\partial \Phi}{\partial z} = \mathrm{o}, \qquad \frac{\partial \Phi}{\partial x} = \mathrm{o},$$

et l'intégrale générale du système (39) est $\varphi\,(y,\,u)$, φ étant une fonction arbitraire.

En résumé, lorsqu'un des systèmes de caractéristiques admet un invariant d'ordre p, il ne peut y avoir plus d'un invariant distinct d'ordre q, pour toute valeur de q supérieure à p.

162. En supposant toujours les deux systèmes de caractérisques distincts, chacun de ces systèmes admet au plus deux invariants du premier ordre, et ce nombre maximum ne peut être atteint que si l'équation du second ordre proposée est une équation de **Monge** et d'**Ampère**. Il nous reste, pour être complet, à rechercher le nombre maximum des invariants distincts du second ordre pour une équation de forme quelconque. Écrivons l'équation

$$r + f\,(x,\,y,\,z,\,p,\,q,\,s,\,t) = \mathrm{o}\,;$$

nous avons à rechercher le nombre maximum d'intégrales que peut avoir le système

$$(41)\ \begin{cases} \mathrm{A}\,(\varphi) = \dfrac{\partial \varphi}{\partial t} - m_1\,\dfrac{\partial \varphi}{\partial s} = \mathrm{o}, \\[2ex] \mathrm{B}\,(\varphi) = \dfrac{\partial \varphi}{\partial x} + m_2\,\dfrac{\partial \varphi}{\partial y} + (p + m_2 q)\dfrac{\partial \varphi}{\partial z} + (m_2 s - f)\dfrac{\partial \varphi}{\partial p} \\[2ex] \qquad\qquad + (s + m_2 t)\dfrac{\partial \varphi}{\partial q} - \left\{ \dfrac{\partial f}{\partial y} + \dfrac{\partial f}{\partial z}\,p + \dfrac{\partial f}{\partial p}\,s + \dfrac{\partial f}{\partial q}\,t \right\}\dfrac{\partial \varphi}{\partial s} = \mathrm{o}. \end{cases}$$

Toute intégrale de ce système doit satisfaire à l'équation

$$\mathrm{A}\,[\mathrm{B}\,(\varphi)] - \mathrm{B}\,[\mathrm{A}\,(\varphi)] = \left(\frac{\partial m_2}{\partial t} - m_1\,\frac{\partial m_2}{\partial s}\right)\frac{\partial \varphi}{\partial y} + q\left(\frac{\partial m_2}{\partial t} - m_1\,\frac{\partial m_2}{\partial s}\right)\frac{\partial \varphi}{\partial z}$$
$$+ \left[s\left(\frac{\partial m_2}{\partial t} - m_1\,\frac{\partial m_2}{\partial s}\right) + m_1^2 - m_1 m_2 \right]\frac{\partial \varphi}{\partial p}$$
$$+ \left[t\left(\frac{\partial m_2}{\partial t} - m_1\,\frac{\partial m_2}{\partial s}\right) + m_2 - m_1 \right]\frac{\partial \varphi}{\partial q} + \ldots = \mathrm{o}\,;$$

pour que les équations (41) forment un système complet, il faut que cette dernière équation se réduise à une identité, ce qui exige que l'on ait $m_2 = m_1$. Il ne peut donc y avoir *cinq* invariants du second ordre, si les deux familles de caractéristiques sont distinctes.

Cherchons s'il peut y avoir quatre invariants distincts. Supposons d'abord que

$$\frac{\partial m_2}{\partial t} - m_1 \frac{\partial m_2}{\partial s}$$

ne soit pas nul ; on tire de la relation précédente

$$C(\varphi) = \frac{\partial \varphi}{\partial y} + q \frac{\partial \varphi}{\partial z} + \left\{ s + \frac{m_1^2 - m_1 m_2}{\dfrac{\partial m_2}{\partial t} - m_1 \dfrac{\partial m_2}{\partial s}} \right\} \frac{\partial \varphi}{\partial p}$$
$$\left. + t + \frac{m_2 - m_1}{\dfrac{\partial m_2}{\partial t} - m_1 \dfrac{\partial m_2}{\partial s}} \right\} \frac{\partial \varphi}{\partial q} + \ldots = 0,$$

et, en remplaçant $\dfrac{\partial \varphi}{\partial y} + q \dfrac{\partial \varphi}{\partial z}$ par la valeur précédente dans $B(\varphi)$, il vient

$$B_1(\varphi) = \frac{\partial \varphi}{\partial x} + p \frac{\partial \varphi}{\partial z} - \left\{ t + \frac{(m_1^2 - m_1 m_2) m_2}{\dfrac{\partial m_2}{\partial t} - m_1 \dfrac{\partial m_2}{\partial s}} \right\} \frac{\partial \varphi}{\partial p}$$
$$+ \left\{ s - \frac{m_1^2 - m_1 m_2}{\dfrac{\partial m_2}{\partial t} - m_1 \dfrac{\partial m_2}{\partial s}} \right\} \frac{\partial \varphi}{\partial q} + \ldots = 0.$$

Pour qu'il y ait quatre invariants distincts du second ordre, il faudrait que les trois équations

$$A(\varphi) = 0, \qquad B_1(\varphi) = 0, \qquad C(\varphi) = 0,$$

forment un système jacobien ; or, dans la combinaison

$$B_1[C(\varphi)] - C[B_1(\varphi)],$$

le coefficient de $\dfrac{\partial \varphi}{\partial z}$ est $B_1(q) - C(p)$, c'est-à-dire

$$s + \frac{m_1 m_2 - m_2^2}{\dfrac{\partial m_2}{\partial t} - m_1 \dfrac{\partial m_2}{\partial s}} - s - \frac{m_1^2 - m_1 m_2}{\dfrac{\partial m_2}{\partial t} - m_1 \dfrac{\partial m_2}{\partial s}} = - \frac{(m_1 - m_2)^2}{\dfrac{\partial m_2}{\partial t} - m_1 \dfrac{\partial m_2}{\partial s}},$$

et, par suite, ce coefficient ne peut être nul, lorsque m_1 et m_2 sont inégaux.

Il nous reste à examiner le cas où on aurait

$$m_1 - m_2 \neq 0, \qquad \frac{\partial m_2}{\partial t} - m_1 \frac{\partial m_2}{\partial s} = 0.$$

L'équation $A\,[B\,(\varphi)] - B\,[A\,(\varphi)] = 0$ donne alors

$$C\,(\varphi) = \frac{\partial \varphi}{\partial q} - m_1 \frac{\partial \varphi}{\partial p} + K \frac{\partial \varphi}{\partial s} = 0,$$

K étant un coefficient dont il est inutile d'écrire l'expression développée. En supposant $\frac{\partial \varphi}{\partial q}$ remplacé par cette valeur dans $B\,(\varphi)$, on a trois équations, où L, M sont des coefficients qu'il est inutile de calculer,

$$(42) \quad \begin{cases} A\,(\varphi) = \dfrac{\partial \varphi}{\partial t} - m_1 \dfrac{\partial \varphi}{\partial s} = 0, \\[2ex] B_1\,(\varphi) = \dfrac{\partial \varphi}{\partial x} + m_2 \dfrac{\partial \varphi}{\partial y} + (p + m_2 q) \dfrac{\partial \varphi}{\partial z} + L \dfrac{\partial \varphi}{\partial p} + M \dfrac{\partial \varphi}{\partial s} = 0, \\[2ex] C\,(\varphi) = \dfrac{\partial \varphi}{\partial q} - m_1 \dfrac{\partial \varphi}{\partial p} + K \dfrac{\partial \varphi}{\partial s} = 0, \end{cases}$$

qui devraient former un système jacobien. Il faut pour cela que les coefficients de $\frac{\partial \varphi}{\partial y}$ et de $\frac{\partial \varphi}{\partial z}$ dans la combinaison $C\,[B_1\,(\varphi)] - B_1\,[C\,(\varphi)]$ soient nuls, c'est-à-dire que l'on ait

$$\frac{\partial m_2}{\partial q} - m_1 \frac{\partial m_2}{\partial p} + K \frac{\partial m_2}{\partial s} = 0,$$

$$m_2 - m_1 + q\left\{ \frac{\partial m_2}{\partial q} - m_1 \frac{\partial m_2}{\partial p} + K \frac{\partial m_2}{\partial s} \right\} = 0,$$

et, par conséquent, $m_1 = m_2$. En définitive, *lorsque les deux familles de caractéristiques sont distinctes, il existe au plus pour chacune d'elles trois invariants distincts du premier ou du second ordre.*

Il est facile de découvrir toutes les équations du second ordre, pour lesquelles un des systèmes de caractéristiques admet trois invariants du second ordre. Soient u, v, w ces trois invariants, et (S) une intégrale quelconque de l'équation proposée $r + t = 0$; cette intégrale satisfait à deux équations de la forme $v = \psi\,(u)$, $w = \pi\,(u)$, et, d'après un théorème démontré antérieurement (n° 144), les trois équations

$$(43) \qquad r + f = 0, \qquad v = \psi(u), \qquad w = \pi(u),$$

ayant une intégrale commune (S), en admettent une infinité, dépendant d'une infinité de constantes arbitraires. Or u, v, w, sont trois intégrales de l'équation

$$\frac{\partial \varphi}{\partial t} - m_1 \frac{\partial \varphi}{\partial s} = 0 ;$$

on a donc

$$\begin{vmatrix} \dfrac{\partial\,(v - \psi(u))}{\partial t}, & \dfrac{\partial(v - \psi(u))}{\partial s} \\[2ex] \dfrac{\partial(w - \pi(u))}{\partial t} & \dfrac{\partial\,(w - \pi(u))}{\partial s} \end{vmatrix} = 0,$$

et on peut éliminer les dérivées du second ordre s et t entre les deux équations

$$v - \psi(u) = 0, \qquad w - \pi(u) = 0.$$

Soit

$$F(x, y, z, p, q) = 0$$

le résultat de l'élimination ; l'équation $F = 0$ admet toutes les intégrales du système (43) : elle a donc une infinité d'intégrales communes avec la proposée $r + f = 0$, dépendant d'une infinité de constantes arbitraires. Ceci ne peut arriver (n° 120) que si $F = 0$ est une intégrale intermédiaire de l'équation du second ordre $r + f = 0$. On voit donc que toute intégrale de l'équation du second ordre appartient à une intégrale intermédiaire du premier ordre ; il faut, pour cela, que l'équation du second ordre proposée admette une intégrale intermédiaire du premier ordre

$$V(x, y, z, p, q, a, b) = 0,$$

dépendant de deux constantes essentiellement distinctes a et b (I, n° 90).

Inversement, lorsqu'une équation du second ordre $F = 0$ admet une intégrale intermédiaire du premier ordre avec deux constantes arbitraires

$$(44) \qquad V(x, y, z, p, q, a, b) = 0,$$

l'application de la méthode de M. Darboux donne *trois* invariants du second ordre, pour un des systèmes de caractéristiques. En effet, toute intégrale de l'équation du second ordre $F = 0$ satisfait à une équation du premier ordre obtenue en éliminant a et b entre les trois relations

$$V = 0, \qquad b = \varphi(a), \qquad \frac{\partial V}{\partial a} + \frac{\partial V}{\partial b}\varphi'(a) = 0;$$

on en déduit que les dérivées secondes r, s, t satisfont aussi aux deux relations

$$(45).\qquad \begin{cases} \dfrac{\partial V}{\partial x} + \dfrac{\partial V}{\partial z}p + \dfrac{\partial V}{\partial p}r + \dfrac{\partial V}{\partial q}s = 0, \\[2ex] \dfrac{\partial V}{\partial y} + \dfrac{\partial V}{\partial z}q + \dfrac{\partial V}{\partial p}s + \dfrac{\partial V}{\partial q}t = 0; \end{cases}$$

l'élimination de a et de b entre les relations (44) et (45) conduit précisément à l'équation du second ordre proposée $F = 0$ et à celle-là seulement. De deux des trois équations (44 et 45), on peut donc tirer les valeurs de a et de b en fonction de x, y, z, p, q, r, s, t,

$$a = u(x, y, z, p, q, r, s, t), \quad b = v(x, y, z, p, q, r, s, t),$$

et on voit que toute intégrale de l'équation $F = 0$ satisfait aux deux autres équations

$$v = \varphi(u), \qquad -\frac{\dfrac{\partial V}{\partial a}}{\dfrac{\partial V}{\partial b}} = w(x, y, z, p, q, r, s, t) = \varphi'(u).$$

Quand on passe d'une intégrale à une autre, u, v, w conservent les mêmes expressions et la fonction φ seule varie. L'équation proposée admet donc les deux intégrales intermédiaires du second ordre

$$v = \varphi(u), \qquad w = \varphi'(u),$$

ce qui prouve que u, v, w sont trois invariants d'un même système de caractéristiques (n° 160). Ces invariants sont distincts ; car, s'il existait entre eux une relation, telle que

$$\Phi(u, v, w) = 0,$$

on en conclurait que la fonction $\varphi(u)$ doit satisfaire à une équation différentielle du premier ordre

$$\Phi(u, \varphi(u), \varphi'(u)) = 0,$$

ce qui est impossible, puisque cette fonction est arbitraire.

Le même raisonnement prouve que l'invariant w peut se déduire des invariants u et v,

$$w = \frac{dv}{du}.$$

REMARQUE. — Il peut se faire que l'on puisse former deux combinaisons des invariants u, v, w, qui ne renferment que les dérivées du premier ordre p et q. C'est ce qui arrivera pour une équation de Monge-Ampère, pour laquelle un des deux systèmes de caractéristiques admet deux invariants du premier ordre u et v. Il est clair que cette équation peut être considérée comme un cas particulier des équations qui admettent une intégrale intermédiaire $V = 0$ dépendant de deux constantes arbitraires. D'ailleurs, on voit directement qu'il y aura un seul invariant distinct du second ordre $\dfrac{dv}{du}$.

163. Lorsqu'il existe plus d'un invariant pour un des systèmes de caractéristiques, on a déjà fait observer qu'il y en avait une infinité. Des remarques précédentes, on déduit facilement que tous ces invariants peuvent se calculer par des différentiations successives au moyen de deux d'entre eux. Imaginons, en effet, la suite des systèmes d'équations linéaires simultanées auxquelles doit satisfaire un invariant du 1er ordre, du 2e ordre..., etc. Supposons que le premier de ces systèmes qui admette des intégrales soit le p^{me}; il peut admettre une, deux, ou trois intégrales distinctes, ce qui fait trois cas à examiner.

Premier cas. — Le premier système qui n'est pas incompatible admet une seule intégrale distincte; il n'y a donc aucun invariant d'ordre inférieur à p, et un seul invariant u, d'ordre p. Tous les systèmes d'équations linéaires que l'on a à considérer, à partir du p^{me}, admettent u pour intégrale. Nous supposons qu'en allant assez loin on trouve un autre système, le $(p+q)^{\text{me}}$ par exemple, qui admet une intégrale distincte de u; soit v cette intégrale. Alors tous les invariants d'ordre $p+q$ s'expriment au moyen des deux invariants u et v (n° 161); $v_1 = \dfrac{dv}{du}$ est un invariant d'ordre $p+q+1$, et tous les invariants d'ordre $p+q+1$ s'expriment au moyen de u, v, v_1. De même $v_2 = \dfrac{dv_1}{du}$ est d'ordre $p+q+2$, et tous les invariants d'ordre $p+q+2$ s'expriment au moyen de u, v, v_1, v_2. En continuant ainsi, on démontrera de proche en proche que tous les invariants s'expriment au moyen de ceux qui sont compris dans la suite

$$u,\ v,\ v_1 = \frac{dv}{du},\quad v_2 = \frac{dv_1}{du},\quad \cdots,\quad v_{n+1} = \frac{dv_n}{du},\quad \cdots,$$

Deuxième cas. — Le premier système qui n'est pas incompatible admet deux intégrales distinctes (on a nécessairement $p = 1$, ou $p = 2$).

Soient u et v ces deux invariants distincts d'ordre p ; $v_1 = \dfrac{dv}{du}$ est un nouvel invariant distinct des premiers, et, par suite, v_1 est d'ordre $p + 1$.

Tout invariant d'ordre $p + 1$ est une fonction de u, v, v_1 ; de même tout invariant d'ordre $p + 2$ s'exprime au moyen de u, v, v_1, $\dfrac{dv_1}{du}$ et le raisonnement s'achève comme dans le premier cas.

Troisième cas. — Si le premier système qui n'est pas incompatible admet trois intégrales distinctes, on a nécessairement $p = 2$, et il y a trois invariants distincts du second ordre. D'après ce qui a été démontré tout à l'heure (n° 163), on peut prendre pour u et v deux invariants du second ordre, tels que $v_1 = \dfrac{dv}{du}$ soit aussi du second ordre. Alors $\dfrac{dv_1}{du}$ sera nécessairement du troisième ordre, car, s'il était d'ordre 2, il s'exprimerait au moyen de u, v, $\dfrac{dv}{du}$, ce qui est impossible (n° 160) ; tous les invariants du troisième ordre s'exprimeront au moyen de u, v, v_1, $\dfrac{dv_1}{du}$. Le raisonnement s'achève comme plus haut.

En résumé, lorsque les deux familles de caractéristiques sont distinctes, s'il existe pour l'une d'elles une infinité d'invariants, *on peut en trouver deux, u et v, tels que tous les invariants s'expriment au moyen de ceux de la suite*

$$u,\ v,\ v_1 = \frac{dv}{du}, \qquad v_2 = \frac{dv_1}{du}, \qquad \cdots \qquad v_n = \frac{dv_{n-1}}{du}, \qquad \cdots$$

On en déduit, comme corollaire, que le nombre des invariants distincts d'ordre égal ou inférieur à n est au plus égal à $n + 1$; pour que cette limite soit atteinte, il faut et il suffit que l'équation du second ordre proposée admette une intégrale intermédiaire du premier ordre, avec deux constantes arbitraires. Il y a alors trois invariants distincts du second ordre (ou deux du premier ordre et un du second ordre), un du troisième ordre, un du quatrième ordre, etc.

164. Tout système d'équations linéaires et homogènes du premier ordre, à n variables indépendantes et à une seule fonction inconnue, qui admet r intégrales distinctes seulement, se ramène, par des opérations élémentaires, à un système jacobien de $n - r$ équations. Si on

applique à ce système la méthode de Mayer ([1]), on sait que l'intégration
est ramenée à celle d'un système de r équations différentielles ordinaires du premier ordre, ou, ce qui revient au même, à l'intégration
d'une équation différentielle unique d'ordre r. Si on applique cette méthode aux systèmes linéaires qui déterminent les invariants d'une
famille de caractéristiques, nous avons vu qu'il ne peut se présenter
que trois cas. Si le premier système, qui n'est pas incompatible, admet
une seule intégrale, on l'obtiendra par l'intégration d'une équation différentielle du premier ordre. Le premier système après celui-là, qui
admettra plus d'une intégrale distincte, en admettra deux, et comme on
en connaît déjà une, la détermination de la seconde intégrale exigera
l'intégration d'une nouvelle équation différentielle du premier ordre ([2]).
La recherche des invariants exige donc l'*intégration de deux équations
différentielles ordinaires du premier ordre.*

On voit de même que, lorsque le premier système qui n'est pas incompatible admet deux intégrales distinctes, la recherche des invariants
est ramenée à l'*intégration d'une équation différentielle ordinaire du
second ordre.*

Enfin, dans le cas où l'équation admet trois invariants distincts du
second ordre pour une famille de caractéristiques, on aurait à intégrer
une équation différentielle ordinaire du troisième ordre.

165. Lorsque les deux familles de caractéristiques d'une équation du
second ordre sont distinctes, toute caractéristique d'ordre n appartient
à une infinité de caractéristiques d'ordre $n + 1$, dépendant d'une constante arbitraire, dont la détermination exige, en général, l'intégration
d'une équation différentielle ordinaire du premier ordre. Ces caractéristiques s'obtiennent sans aucune intégration, toutes les fois que le
système considéré admet un invariant d'ordre $n + 1$. Pour fixer les
idées, supposons l'équation du second ordre proposée mise sous la
forme

$$r + f(x, y, z, p, q, s, t) = 0;$$

une caractéristique d'ordre n est complètement définie si on connaît, en
fonction d'un paramètre variable α, les valeurs de

$$x, y, z, p_{1,0}, p_{1,1}, \dots p_{1,n-1}; p_{0,1}, p_{0,2}, \dots, p_{0,n}.$$

Pour trouver une caractéristique d'ordre $n + 1$ renfermant la précé-

---

([1]) *Equations du premier ordre*, p. 58 et suivantes.
([2]) *Equations du premier ordre* (n° 33).

dente, il suffira de connaître les valeurs des dérivées $p_{1,n}$ et $p_{0,n+1}$ le long de cette caractéristique; on a évidemment

$$\frac{dp_{0,n}}{d\alpha} = p_{1,n}\,\frac{dx}{d\alpha} + p_{0,n+1}\,\frac{dy}{d\alpha}.$$

De plus, si u est un invariant d'ordre $n+1$ de ce système, on doit avoir aussi

$$u\,(x,\ y,\ z,\ ..\ ,\ p_{1,n},\ p_{0,n+1}) = C,$$

et les deux équations précédentes permettent de déterminer $p_{1,n}$ et $p_{0,n+1}$ en fonction de α et de la constante arbitraire C. On peut remarquer en passant que cela suffirait pour établir qu'il ne peut y avoir plus d'un invariant distinct d'ordre $n+1$, lorsque n est supérieur à l'unité (n° 161).

Plus généralement, si le système de caractéristiques considéré possède un invariant d'ordre $n+1$ et un invariant d'ordre inférieur, on pourra en déduire de proche en proche, sans aucune intégration, toutes les caractéristiques d'ordre $n+1$, d'ordre $n+2$, etc., qui renferment une caractéristique donnée d'ordre n. Prenons, par exemple, l'équation $rs - 1 = o$; elle admet une famille de caractéristiques du premier ordre, définie par les équations différentielles

$$dy = o, \qquad dz = pdx, \qquad dpdq = dx^2,$$

dont l'intégrale générale est

$$y = y_0,\ x = \alpha\varphi''(\alpha) - \varphi'(\alpha),\ p = \varphi''(\alpha),\ q = \alpha^2\varphi''(\alpha) - 2\alpha\varphi'(\alpha) + 2\varphi(\alpha),$$
$$z = \int \alpha\varphi''(\alpha)\,\varphi'''(\alpha)\,d\alpha,$$

$\varphi(\alpha)$ étant une fonction arbitraire. D'autre part, on a, pour les caractéristiques du 2e ordre de la même famille, l'invariant du second ordre

$$u = s^3 + 3t;$$

on obtiendra donc les caractéristiques du second ordre, en ajoutant aux équations précédentes les deux relations

$$\frac{\partial q}{\partial \alpha} = s\,\frac{\partial x}{\partial \alpha} + t\,\frac{\partial y}{\partial \alpha}, \quad s^3 + 3t = C,$$

d'où on tire $s = \alpha,\ t = \dfrac{C - \alpha^3}{3}$. On aura de même les caractéristiques du troisième ordre en se servant de l'invariant $\dfrac{1}{3}\dfrac{du}{dy}$ ou $s^2 p_{12} + p_{03}$, et ainsi de suite.

166. Nous allons maintenant étudier dans ce paragraphe les équations du second ordre pour lesquelles les deux familles de caractéristiques ne sont pas distinctes. Une équation de cette espèce représente, quand on y considère x, y, z, p, q, comme des constantes, et r, s, t, comme des cordonnées courantes, un plan parallèle à un plan tangent au cône (T) ayant pour équation

$$rt - s^2 = 0,$$

ou une surface développable, enveloppe d'un plan mobile qui reste constamment parallèle à un plan tangent au cône (T) (I n° 78). Dans le premier cas, l'équation du second ordre est de la forme

$$(46) \qquad A^2 r + 2AB s + B^2 t + K = 0.$$

A, B, K, étant des fonctions de x, y, z, p, q ; dans le second cas, l'équation du second ordre s'obtient en éliminant le paramètre m entre les deux équations

$$(47) \qquad \begin{cases} r + 2sm + tm^2 + 2\psi\,(x, y, z, p, q\,;\,m) = 0, \\ s + mt + \dfrac{\partial \psi}{\partial m} = 0. \end{cases}$$

Pour la question dont il s'agit, on peut se borner à ce second cas ; en effet, étant donnée une équation de la forme (46), on peut toujours lui appliquer une transformation de contact convenable, de façon à la ramener à une équation ayant un terme en $rt - s^2$ (n° 28). La nouvelle équation sera représentée par un système de la forme (47), où ψ sera une fonction entière et du second degré de m.

Nous prendrons, par conséquent, l'équation du second ordre sous la forme

$$(48) \qquad r + f\,(x, y, z, p, q, s, t) = 0,$$

la fonction f ayant la valeur

$$(49) \qquad f = 2sm + tm^2 + 2\psi\,(x, y, z, p, q\,;\,m),$$

et m étant défini par la relation

$$(50) \qquad s + mt + \dfrac{\partial \psi}{\partial m} = 0.$$

On déduit de là que, u désignant une des variables x, y, z, p, q, on a

$$\frac{\partial m}{\partial u} = -\frac{\dfrac{\partial^2 \psi}{\partial m \partial u}}{t + \dfrac{\partial^2 \psi}{\partial m^2}},$$

tandis que

$$\frac{\partial m}{\partial s} = \frac{-1}{t + \dfrac{\partial^2 \psi}{\partial m^2}}, \qquad \frac{\partial m}{\partial t} = \frac{-m}{t + \dfrac{\partial^2 \psi}{\partial m^2}}.$$

On a aussi

$$\frac{\partial f}{\partial s} = 2m, \qquad \frac{\partial f}{\partial t} = m^2,$$

de sorte que m est la racine double de l'équation caractéristique.

Cherchons d'abord s'il peut y avoir des invariants du second ordre, c'est-à-dire si le système

$$(51) \qquad \begin{cases} A\,(\varphi) = \dfrac{\partial \varphi}{\partial t} - m \dfrac{\partial \varphi}{\partial s} = 0, \\[2ex] B\,(\varphi) = \left(\dfrac{d\varphi}{dx}\right) + m\left(\dfrac{d\varphi}{dy}\right) - \dfrac{\partial \varphi}{\partial s}\left(\dfrac{df}{dy}\right) = 0 \end{cases}$$

peut admettre des intégrales renfermant s et t. On a déjà

$$\frac{\partial m}{\partial t} - m \frac{\partial m}{\partial s} = 0,$$

de sorte que l'intégrale générale de l'équation $A\,(\varphi) = 0$ est une fonction arbitraire de x, y, z, p, q, m. Prenons alors pour variables indépendantes

$$x, y, z, p, q, m, t,$$

et posons

$$\varphi\,(x, y, z, p, q, s, t) = F\,(x, y, z, p, q, m, t);$$

le système (51) devient

$$A\,(F) = \frac{\partial F}{\partial t} = 0,$$

$$B\,(F) = \frac{\partial F}{\partial x} + \frac{\partial F}{\partial z} p - \frac{\partial F}{\partial p}(2sm + tm^2 + 2\psi) + \frac{\partial F}{\partial q} s + \frac{\partial F}{\partial m}\left(\frac{dm}{dx}\right)$$

$$+ m\left\{ \frac{\partial F}{\partial y} + \frac{\partial F}{\partial z} q + \frac{\partial F}{\partial p} s + \frac{\partial F}{\partial q} t \right\} + m \frac{\partial F}{\partial m}\left(\frac{dm}{dy}\right)$$

$$+ \frac{\partial F}{\partial m}\left(\frac{df}{dy}\right) \frac{1}{t + \dfrac{\partial^2 \psi}{\partial m^2}} = 0.$$

La dernière équation peut encore s'écrire, en réduisant et tenant compte des relations précédentes,

$$B\,(F) = \frac{\partial F}{\partial x} + m\,\frac{\partial F}{\partial y} + \frac{\partial F}{\partial z}\,(p + qm) + \frac{\partial F}{\partial p}\left(m\,\frac{\partial \psi}{\partial m} - 2\psi\right) - \frac{\partial F}{\partial q}\,\frac{\partial \psi}{\partial m}$$

$$+ \frac{\partial F}{\partial m}\left\{\left(\frac{dm}{dx}\right) + m\left(\frac{dm}{dy}\right) + \frac{\left(\dfrac{df}{dy}\right)}{t + \dfrac{\partial^2 \psi}{\partial m^2}}\right\} = 0.$$

Nous remarquons que les coefficients de $\frac{\partial F}{\partial x}, \frac{\partial F}{\partial y}, \frac{\partial F}{\partial z}, \frac{\partial F}{\partial p}, \frac{\partial F}{\partial q}$ ne dépendent que des variables x, y, z, p, q, m, de sorte que la combinaison

$$A\,[B\,(F)] - B\,[A\,(F)] = 0$$

conduira à la nouvelle équation

$$\frac{\partial F}{\partial m} = 0,$$

à moins que le coefficient de $\frac{\partial F}{\partial m}$ dans $B\,(F)$ ne soit lui-même indépendant de t. Il ne peut donc se présenter que deux cas ; si le coefficient de $\frac{\partial F}{\partial m}$ dans $B\,(F)$ n'est pas indépendant de t, quand on l'exprime au moyen des variables x, y, z, p, q, m, t, on doit avoir $\frac{\partial F}{\partial m} = 0$, et, par suite, il ne peut exister d'invariant du second ordre. Au contraire, si le coefficient de $\frac{\partial F}{\partial m}$ dans $B\,(F)$ est indépendant de t, les deux équations $A\,(F) = 0$, $B\,(F) = 0$ forment un système jacobien ; il en est, par suite, de même des équations (51), et on a *cinq* invariants distincts du premier ou du second ordre.

Nous allons chercher la condition pour qu'il en soit ainsi. On a, en posant, pour abréger,

$$H = t + \frac{\partial^2 \psi}{\partial m^2},$$

$$- H\left(\frac{dm}{dx}\right) = \frac{\partial^2 \psi}{\partial m\,\partial x} + \frac{\partial^2 \psi}{\partial m\,\partial z}\,p - \frac{\partial^2 \psi}{\partial m\,\partial p}\,(2sm + tm^2 + 2\psi) + \frac{\partial^2 \psi}{\partial m\,\partial q}\,s,$$

$$- H\left(\frac{dm}{dy}\right) = \frac{\partial^2 \psi}{\partial m\,\partial y} + \frac{\partial^2 \psi}{\partial m\,\partial z}\,q + \frac{\partial^2 \psi}{\partial m\,\partial p}\,s + \frac{\partial^2 \psi}{\partial m\,\partial q}\,t,$$

$$\left(\frac{df}{dy}\right) = 2\,(s + tm)\left(\frac{dm}{dy}\right) + 2\left\{\frac{\partial \psi}{\partial y} + \frac{\partial \psi}{\partial z}\,q + \frac{\partial \psi}{\partial p}\,s + \frac{\partial \psi}{\partial q}\,t + \frac{\partial \psi}{\partial m}\left(\frac{dm}{dy}\right)\right\}$$

$$= 2\left\{\frac{\partial \psi}{\partial y} + \frac{\partial \psi}{\partial z}\,q + \frac{\partial \psi}{\partial p}\,s + \frac{\partial \psi}{\partial q}\,t\right\},$$

ce qu'on peut encore écrire, en remplaçant s par $-\dfrac{\partial \psi}{\partial m} - mt$,

$$\left(\frac{df}{dy}\right) = 2 \left\{ \frac{\partial \psi}{\partial y} + \frac{\partial \psi}{\partial z} q - \frac{\partial \psi}{\partial m}\frac{\partial \psi}{\partial p} + \left(\frac{\partial \psi}{\partial q} - m \frac{\partial \psi}{\partial p}\right) t \right\}.$$

Le coefficient de $\dfrac{\partial F}{\partial m}$ est donc, en remplaçant s par $-\dfrac{\partial \psi}{\partial m} - mt$, réduisant et multipliant par H,

$$2 \left[\frac{\partial \psi}{\partial y} + \frac{\partial \psi}{\partial z} q - \frac{\partial \psi}{\partial m}\frac{\partial \psi}{\partial p} + \left(\frac{\partial \psi}{\partial q} - m \frac{\partial \psi}{\partial p}\right) t \right]$$
$$- \left\{ \frac{\partial^2 \psi}{\partial m \partial x} + m \frac{\partial^2 \psi}{\partial m \partial y} + \frac{\partial^2 \psi}{\partial m \partial z}(p + mq) + \frac{\partial^2 \psi}{\partial m \partial p}\left(m \frac{\partial \psi}{\partial m} - 2\psi\right) - \frac{\partial \psi}{\partial m}\frac{\partial^2 \psi}{\partial m \partial q} \right\}.$$

Ce coefficient est donc une fraction rationnelle et du premier degré en t; pour qu'il ne dépende pas de t, il faut et il suffit que l'on ait

$$(52) \quad \begin{cases} 2 \left(\dfrac{\partial \psi}{\partial q} - m \dfrac{\partial \psi}{\partial p}\right) \dfrac{\partial^2 \psi}{\partial m^2} + \dfrac{\partial^2 \psi}{\partial m \partial p}\left(m \dfrac{\partial \psi}{\partial m} - 2\psi\right) - \dfrac{\partial \psi}{\partial m}\dfrac{\partial^2 \psi}{\partial m \partial q} \\ = 2 \left\{ \dfrac{\partial \psi}{\partial y} + \dfrac{\partial \psi}{\partial z} q - \dfrac{\partial \psi}{\partial p}\dfrac{\partial \psi}{\partial m} \right\} - \dfrac{\partial^2 \psi}{\partial m \partial x} - m \dfrac{\partial^2 \psi}{\partial m \partial y} - \dfrac{\partial^2 \psi}{\partial m \partial z}(p + mq). \end{cases}$$

La relation ainsi obtenue s'est déjà présentée dans une autre question ; elle est identique à celle qui exprime que les équations, auxquelles doit satisfaire une intégrale intermédiaire de l'équation du second ordre (48) forment un système en involution [1] (t. I, n° 93). Nous avons vu que l'intégrale générale d'une équation de cette espèce est représentée par un système de formules où figuraient explicitement deux fonctions arbitraires, sans aucun signe d'intégration ; ce qui est bien d'accord avec la proposition du n° 159.

Cherchons encore s'il peut exister des invariants d'ordre $n > 2$,

$$\varphi\left(x, y, z, p_{1,0}, \ldots, p_{1,n-1}; p_{0,1}, \ldots, p_{0,n}\right),$$

pour une équation de la forme (48). Un tel invariant doit satisfaire aux

---

[1] L'équation (57) de la page 207 (t. I), qui est identique en réalité à notre équation (52), a été écrite inexactement. On doit lire, sur la première ligne,

$$- u \frac{\partial^2 \psi}{\partial u \partial x_2}, \qquad \text{au lieu de} \qquad - u \frac{\partial^2 \psi}{\partial u \partial x_1},$$

et le terme $u \dfrac{\partial^2 \psi}{\partial u^2}\dfrac{\partial^2 \psi}{\partial u \partial x_3}$ de la seconde ligne doit être supprimé.

deux équations simultanées

$$(53) \quad \begin{cases} A\,(\varphi) = \dfrac{\partial\varphi}{\partial p_{0,n}} - m\,\dfrac{\partial\varphi}{\partial p_{1,n-1}} = 0, \\[2mm] B\,(\varphi) = \left(\dfrac{d\varphi}{dx}\right) + m\left(\dfrac{d\varphi}{dy}\right) - \dfrac{\partial\varphi}{\partial p_{1,n-1}}\left(\dfrac{d^{n-1}f}{dy^{n-1}}\right) = 0. \end{cases}$$

L'intégrale générale de la première est une fonction arbitraire de x, y, z, $p_{1,0}$, ..., $p_{1,n-2}$; $p_{0,1}$, ..., $p_{0,n-1}$, $p_{1,n-1} + mp_{0,n}$; ceci nous conduit à prendre pour variables indépendantes

$$x,\ y,\ z,\ p_{1,0},\ ...,\ p_{1,n-2};\ p_{0,1},\ ...,\ p_{0,n-1};\ p_{0,n},\ u,$$

en posant $u = p_{1,n-1} + mp_{0,n}$. La première équation du système (53) devient, F désignant la nouvelle expression de φ,

$$A\,(F) = \frac{\partial F}{\partial p_{0n}} = 0\,;$$

quant à la seconde, elle se change en une équation $B\,(F) = 0$, renfermant, en général, toutes les autres dérivées. Nous remarquerons sur cette équation que les coefficients des dérivées

$$\frac{\partial F}{\partial x},\ \frac{\partial F}{\partial y},\ \frac{\partial F}{\partial z},\ \frac{\partial F}{\partial p_{0,1}},\ ...,\ \frac{\partial F}{\partial p_{0,n-2}},\ \frac{\partial F}{\partial p_{1,0}},\ ...,\ \frac{\partial F}{\partial p_{1,n-3}}$$

ne renferment pas les dérivées d'ordre n ; les seuls coefficients qui puissent contenir les variables u et $p_{0,n}$, sont donc les coefficients de

$$\frac{\partial F}{\partial p_{1,n-2}},\ \frac{\partial F}{\partial p_{0,n-1}},\ \frac{\partial F}{\partial u}.$$

Les coefficients de $\dfrac{\partial F}{\partial p_{1,n-2}}$, $\dfrac{\partial F}{\partial p_{0,n-1}}$ sont respectivement

$$p_{2,n-2} + mp_{1,n-1},\qquad p_{1,n-1} + mp_{0,n}\,;$$

or $p_{1,n-1} + mp_{0,n} = u$, et en différentiant $n-2$ fois l'équation proposée par rapport à y, on trouve que $p_{2,n-2} + mp_{1,n-1}$ s'exprime au moyen de x, y, z, u, et des dérivées d'ordre inférieur à n.

Les coefficients de $\dfrac{\partial F}{\partial p_{1,n-2}}$ et de $\dfrac{\partial F}{\partial p_{0,n-1}}$ ne renferment donc pas $p_{0,n}$, et cette variable ne peut entrer que dans le coefficient de $\dfrac{\partial F}{\partial u}$· En raisonnant comme plus haut, on en déduit que la combinaison

$$A\,[B\,(F)] - B\,[A\,(F)] = 0$$

conduira à l'équation

$$\frac{\partial F}{\partial u} = 0,$$

à moins que le coefficient de $\dfrac{\partial F}{\partial u}$ dans B (F) ne soit indépendant de p_{0n}. S'il n'en est pas ainsi, il n'y aura pas d'invariant d'ordre n ; si la condition est satisfaite, les équations (53) forment un système complet.

Le coefficient de $\dfrac{\partial F}{\partial u}$ dans B (F) est

$$p_{0n}\left\{\frac{dm}{dx} + m\,\frac{dm}{dy}\right\} - \left(\frac{d^{n-1}f}{dy^{n-1}}\right),$$

où $\dfrac{dm}{dx}$ et $\dfrac{dm}{dy}$ désignent les dérivées complètes

$$\frac{dm}{dx} = \frac{\partial m}{\partial x} + \frac{\partial m}{\partial z}\,p + \frac{\partial m}{\partial p}\,r + \frac{\partial m}{\partial q}\,s + \frac{\partial m}{\partial s}\,p_{2,1} + \frac{\partial m}{\partial t}\,p_{1,2},$$

$$\frac{dm}{dy} = \frac{\partial m}{\partial y} + \frac{\partial m}{\partial z}\,q + \frac{\partial m}{\partial p}\,s + \frac{\partial m}{\partial q}\,t + \frac{\partial m}{\partial s}\,p_{1,2} + \frac{\partial m}{\partial t}\,p_{0,3}.$$

Remplaçons les dérivées partielles de m par leurs valeurs, il vient

$$- H\left\{\frac{dm}{dx} + m\,\frac{dm}{dy}\right\} = \frac{\partial^2\psi}{\partial m\partial x} + \frac{\partial^2\psi}{\partial m\partial y}\,m + \frac{\partial^2\psi}{\partial m\partial z}(p+mq) + \frac{\partial^2\psi}{\partial m\partial p}\left(m\frac{\partial\psi}{\partial m} - 2\psi\right)$$

$$- \frac{\partial\psi}{\partial m}\frac{\partial^2\psi}{\partial m\partial q} + p_{2,1} + 2mp_{1,2} + m^2 p_{0,3}.$$

De la relation

$$r + 2sm + m^2 t + 2\psi = 0,$$

on tire, en différentiant par rapport à y,

$$p_{2,1} + 2mp_{1,2} + m^2 p_{0,3} + 2\left\{\frac{\partial\psi}{\partial y} + \frac{\partial\psi}{\partial z}\,q + \frac{\partial\psi}{\partial p}\,s + \frac{\partial\psi}{\partial q}\,t\right\} = 0,$$

de sorte que $\dfrac{dm}{dx} + m\,\dfrac{dm}{dy}$ s'exprime au moyen de x, y, z, p, q, m, t.

Il nous faut calculer maintenant les termes de $\left(\dfrac{d^{n-1}f}{dy^{n-1}}\right)$ qui contiennent les dérivées d'ordre n. Après une première différentiation, on a

$$\frac{df}{dy} = 2mp_{1,2} + m^2 p_{0,3} + 2 \left\{ \frac{\partial\psi}{\partial y} + \frac{\partial\psi}{\partial z} q + \frac{\partial\psi}{\partial p} s + \frac{\partial\psi}{\partial q} t \right\};$$

si on différentie ensuite $2mp_{1,2} + m^2 p_{0,3}$, par rapport à y, $(n-2)$ fois, le résultat est, en négligeant les termes qui contiennent les dérivées d'ordre $n+1$,

$$2\frac{d^{n-2}m}{dy^{n-2}} p_{1,2} + \frac{d^{n-2}m^2}{dy^{n-2}} p_{0,3} + 2(n-2)\frac{d^{n-3}m}{dy^{n-3}} p_{1,3} + (n-2)\frac{d^{n-3}m^2}{dy^{n-3}} p_{0,4} + \dots$$
$$+ \dots + 2(n-2)\frac{dm}{dy} p_{1,n-1} + (n-2)\frac{dm^2}{dy} p_{0,n},$$

et les dérivées $p_{1,n-1}$ et $p_{0,n}$ ne peuvent provenir que des deux premiers termes et des deux derniers. Les termes renfermant les dérivées d'ordre n sont, en définitive,

$$2(p_{12} + mp_{03}) \left(\frac{\partial m}{\partial s} p_{1,n-1} + \frac{\partial m}{\partial t} p_{0,n} \right) + 2(n-2)\frac{dm}{dy} \left\{ p_{1,n-1} + mp_{0n} \right\};$$

si on remplace $\dfrac{dm}{dy}, \dfrac{\partial m}{\partial s}, \dfrac{\partial m}{\partial t}$ par les valeurs obtenues plus haut, on trouve finalement que les dérivées d'ordre n ne figurent que dans la combinaison $p_{1,n-1} + mp_{0,n} = u$. En différentiant de même $(n-2)$ fois par rapport à y la somme des autres termes de $\dfrac{df}{dy}$, c'est-à-dire

$$2 \left\{ \frac{\partial\psi}{\partial y} + \frac{\partial\psi}{\partial z} q + \frac{\partial\psi}{\partial p} s + \frac{\partial\psi}{\partial q} t \right\},$$

on trouve que les termes qui renferment les dérivées d'ordre n sont les suivants

$$2\frac{\partial\psi}{\partial p} p_{1,n-1} + 2\frac{\partial\psi}{\partial q} p_{0,n} - 2 \left\{ \frac{\partial^2\psi}{\partial y\partial m} + \frac{\partial^2\psi}{\partial z\partial m} q + \frac{\partial^2\psi}{\partial p\partial m} s + \frac{\partial^2\psi}{\partial q\partial m} t \right\} \frac{p_{1,n-1} + mp_{0n}}{t + \dfrac{\partial^2\psi}{\partial m^2}}.$$

On voit donc que, si on prend pour variables

$$x,\ y,\ z,\ p_{10},\ \dots,\ p_{1,n-2};\ p_{0,1},\ \dots,\ p_{0,n-1};\ p_{0,n},\ u,$$

le seul terme de $\left(\dfrac{d^{n-1}f}{dy^{n-1}} \right)$, qui renferme p_{0n}, proviendra de

$$2\frac{\partial\psi}{\partial p} p_{1,n-1} + 2\frac{\partial\psi}{\partial q} p_{0,n} = 2 \left(\frac{\partial\psi}{\partial q} - m\frac{\partial\psi}{\partial p} \right) p_{0,n} + 2\frac{\partial\psi}{\partial p} u.$$

Par suite, le coefficient de $\dfrac{\partial F}{\partial u}$ dans B (F) est une fonction linéaire de $p_{0,n}$, et le coefficient de $p_{0,n}$ est

$$\frac{dm}{dx} + m\,\frac{dm}{dy} - 2\left(\frac{\partial \psi}{\partial q} - m\,\frac{\partial \psi}{\partial p}\right);$$

en égalant ce coefficient à zéro, on retrouve précisément la relation (52).

Les seules équations du second ordre, ayant leurs deux familles de caractéristiques confondues, auxquelles s'applique la méthode de M. Darboux, sont donc les équations intégrées précédemment (t. I ; nᵒˢ 93-96), qui comprennent comme cas particulier les équations de Monge-Ampère, pour lesquelles les équations différentielles des caractéristiques du premier ordre admettent trois combinaisons intégrables distinctes.

Toute équation de la forme (48), qui n'appartient pas à cette catégorie, ne peut admettre pour ses caractéristiques d'invariant d'ordre supérieur au premier ; si elle admet un invariant du premier ordre, on pourra effectuer une transformation de contact telle que cet invariant soit précisément y. La nouvelle équation sera de la forme

$$r + f\,(x,\,y,\,z,\,p,\,q,\,s) = 0,$$

et, comme les deux systèmes de caractéristiques doivent être confondus, il faudra que f soit indépendant de s, et l'équation se réduira à la forme simple

$$r + f(x,\,y,\,z,\,p,\,q) = 0.$$

On voit, d'après ce qui précède, que cette équation n'est jamais intégrable par la méthode de M. Darboux, à moins que $\dfrac{\partial f}{\partial q}$ ne soit nul ; car telle est la condition pour que les caractéristiques du premier ordre aient trois invariants distincts.

167. Nous allons appliquer la méthode générale à quelques exemples. Exemple VII. — Soit à intégrer une équation de la forme

$$r + f\,(x,\,y,\,p,\,s) = 0\,;$$

les deux racines m_1, m_2 de l'équation caractéristique ont pour valeurs

$$m_1 = 0, \qquad m_2 = \frac{\partial f}{\partial s}.$$

Tout invariant $\varphi\,(x,\,y,\,z,\,p,\,q,\,s,\,t)$ du second ordre du système de caractéristiques correspondant à la racine m_2 doit satisfaire aux deux équations simultanées

$$A\,(\varphi) = \frac{\partial\varphi}{\partial t} = o,$$

$$B(\varphi) = \frac{\partial\varphi}{\partial x} + \frac{\partial\varphi}{\partial z}\,p - \frac{\partial\varphi}{\partial p}\,f + \frac{\partial\varphi}{\partial q}\,s + \frac{\partial f}{\partial s}\left\{\frac{\partial\varphi}{\partial y} + \frac{\partial\varphi}{\partial z}\,q + \frac{\partial\varphi}{\partial p}\,s + \frac{\partial\varphi}{\partial q}\,t\right\} - \frac{\partial\varphi}{\partial s}\left\{\frac{\partial f}{\partial y} + \frac{\partial f}{\partial p}\,s\right\} = o;$$

la combinaison $A\,[B(\varphi)] - B\,[A(\varphi)] = o$ conduit à la nouvelle équation

$$A\,[B(\varphi)] - B\,[A\,(\varphi)] = \frac{\partial f}{\partial s}\frac{\partial\varphi}{\partial q} = o;$$

comme la fonction f n'est pas supposée indépendante de s, on en conclut la nouvelle équation

$$C\,(\varphi) = \frac{\partial\varphi}{\partial q} = o;$$

de même la combinaison $C\,[B\,(\varphi)] - B\,[C\,(\varphi)] = o$ donne $\frac{\partial\varphi}{\partial z} = o$, et il reste une seule équation

$$\frac{\partial\varphi}{\partial x} - \frac{\partial\varphi}{\partial p}\,f + \frac{\partial f}{\partial s}\left\{\frac{\partial\varphi}{\partial y} + \frac{\partial\varphi}{\partial p}\,s\right\} - \frac{\partial\varphi}{\partial s}\left\{\frac{\partial f}{\partial y} + \frac{\partial f}{\partial p}\,s\right\} = o$$

pour déterminer la fonction φ des quatre variables $x,\,y,\,p,\,s$. Il y a donc trois invariants distincts du second ordre, ce qui est bien conforme aux résultats déjà connus (n° 92 et 162).

Exemple VIII. — Prenons encore une équation de la forme

$$r + f\left(x,\,z,\,p,\,\frac{s}{q}\right) = o;$$

posons, pour abréger, $u = \frac{s}{q}$; les deux racines de l'équation caractéristique sont

$$m_1 = o, \qquad m_2 = \frac{1}{q}\frac{\partial f}{\partial u}.$$

Un invariant du second ordre de l'un des systèmes doit satisfaire aux deux équations

$$A(\varphi) = \frac{\partial\varphi}{\partial t} = 0,$$

$$B(\varphi) = \frac{\partial\varphi}{\partial x} + \frac{\partial\varphi}{\partial z}p - \frac{\partial\varphi}{\partial p}f + \frac{\partial\varphi}{\partial q}s + \frac{1}{q}\frac{\partial f}{\partial u}\left\{\frac{\partial z}{\partial y} + \frac{\partial\varphi}{\partial z}q + \frac{\partial\varphi}{\partial p}s + \frac{\partial\varphi}{\partial q}t\right\}$$
$$- \frac{\partial\varphi}{\partial s}\left\{\frac{\partial f}{\partial z}q + \frac{\partial f}{\partial p}s - \frac{\partial f}{\partial u}\frac{st}{q^2}\right\} = 0;$$

de ces deux équations on déduit, comme tout à l'heure, en supposant $\frac{\partial f}{\partial u}$ différent de zéro,

$$C(\varphi) = q\frac{\partial\varphi}{\partial q} + s\frac{\partial\varphi}{\partial s} = 0,$$

d'où il suit que φ est de la forme $F(x, y, z, p, u)$. En prenant pour variables x, y, z, p, q, u, les équations $B(\varphi) = 0$, $C(\varphi) = 0$ deviennent

$$\frac{\partial F}{\partial q} = 0,$$

$$\frac{\partial F}{\partial x} + \frac{\partial F}{\partial z}p - \frac{\partial F}{\partial p}f - u^2\frac{\partial F}{\partial u} + \frac{1}{q}\frac{\partial f}{\partial u}\left\{\frac{\partial F}{\partial y} + \frac{\partial F}{\partial z}q + \frac{\partial F}{\partial p}qu\right\}$$
$$- \frac{1}{q}\frac{\partial F}{\partial u}\left\{\frac{\partial f}{\partial z}q + \frac{\partial f}{\partial p}qu\right\} = 0;$$

on en déduit $\frac{\partial F}{\partial y} = 0$, et il reste une seule équation

$$\frac{\partial F}{\partial x} + \left(p + \frac{\partial f}{\partial u}\right)\frac{\partial F}{\partial z} + \left(u\frac{\partial f}{\partial u} - f\right)\frac{\partial F}{\partial p} - \left(\frac{\partial f}{\partial z} + u\frac{\partial f}{\partial p} + u^2\right)\frac{\partial F}{\partial u} = 0$$

pour déterminer une fonction des quatre variables x, z, p, u. Il y a donc trois invariants distincts du second ordre (n° 92 et 162).

Exemple IX. —Dans les deux exemples précédents, on peut employer aussi la méthode des intégrales intermédiaires du premier ordre pour intégrer l'équation. Il n'en est plus de même pour l'équation suivante

$$r + f(x, p, se^{Kz}) = 0.$$

Soit $u = se^{Kz}$; un invariant du second ordre de l'un des systèmes doit satisfaire aux deux équations

$$A(\varphi) = \frac{\partial\varphi}{\partial t} = 0,$$

$$B(\varphi) = \frac{\partial\varphi}{\partial x} + \frac{\partial\varphi}{\partial z}p - \frac{\partial\varphi}{\partial p}f + \frac{\partial\varphi}{\partial q}s + \frac{\partial f}{\partial u}e^{Kz}\left\{\frac{\partial\varphi}{\partial y} + \frac{\partial\varphi}{\partial z}q + \frac{\partial\varphi}{\partial p}s + \frac{\partial\varphi}{\partial q}t\right\}$$
$$- \frac{\partial\varphi}{\partial s}\left\{\frac{\partial f}{\partial p}s + K\frac{\partial f}{\partial u}e^{Kz}qs\right\} = 0;$$

on en déduit successivement, en supposant que la fonction f contient u,

$$\frac{\partial \varphi}{\partial q} = 0, \qquad \frac{\partial \varphi}{\partial z} - Ks \frac{\partial \varphi}{\partial s} = 0,$$

ce qui montre que φ est de la forme $F(x, y, p, se^{Kz})$.

L'équation $B(\varphi) = 0$ devient, en prenant pour variables x, y, p, u,

$$\frac{\partial F}{\partial x} + \frac{\partial F}{\partial u} Kpu - \frac{\partial F}{\partial p} f + \frac{\partial f}{\partial u} e^{Kz} \frac{\partial F}{\partial y} + u \frac{\partial f}{\partial u} \frac{\partial F}{\partial p} - u \frac{\partial f}{\partial p} \frac{\partial F}{\partial u} = 0;$$

on en déduit que l'on doit avoir aussi $\dfrac{\partial F}{\partial y} = 0$, et il reste une seule équation

$$\frac{\partial F}{\partial x} + \left(u \frac{\partial f}{\partial u} - f \right) \frac{\partial F}{\partial p} + \left(Kpu - u \frac{\partial f}{\partial p} \right) \frac{\partial F}{\partial u} = 0$$

pour déterminer une fonction $F(x, p, u)$ de trois variables. Il y a donc deux invariants distincts du second ordre.

168. Lorsqu'une équation du second ordre ne renferme que la dérivée seconde s, les deux systèmes de caractéristiques admettent respectivement les deux invariants x et y; il suffira donc qu'il existe une autre combinaison intégrable dans l'un des deux systèmes pour pouvoir appliquer la méthode de M. Darboux. Toute intégrale intermédiaire est de la forme

$$F\left(x, y, z, \frac{\partial z}{\partial x}, \frac{\partial^2 z}{\partial x^2}, \dots, \frac{\partial^n z}{\partial x^n} \right) = \varphi(x),$$

ou d'une forme analogue obtenue en remplaçant x par y (n° 145). On est donc ramené à l'intégration d'une équation différentielle d'ordre n, renfermant une fonction arbitraire $\varphi(x)$.

Considérons, en particulier, une équation linéaire

$$(54) \qquad\qquad s + ap + bq + cz = 0,$$

où a, b, c sont des fonctions de x et de y seulement, et le système de caractéristiques défini par les équations

$$dx = 0, \; dz = q_1 \, dy, \; dq_1 = q_2 dy, \dots, dq_{n-1} = q_n dy,$$

$$\dots, dp_1 = \frac{\partial p_1}{\partial y} \, dy, \; dp_2 = \frac{\partial p_2}{\partial y} \, dy, \dots dp_n = \frac{\partial p_n}{\partial y} \, dy \dots$$

où on a posé

$$p_i = \frac{\partial^i z}{\partial x^i}, \qquad q_i = \frac{\partial^i z}{\partial y^i}.$$

On a

$$\frac{\partial p_1}{\partial y} = s = -(ap_1 + bq_1 + cz),$$

$$\frac{\partial p_2}{\partial y} = \frac{\partial s}{\partial x} = -\left(ap_2 + bs + cp_1 + \frac{\partial a}{\partial x}p_1 + \frac{\partial b}{\partial x}q_1 + \frac{\partial c}{\partial x}z\right),$$

$$\cdots\cdots\cdots\cdots\cdots\cdots\cdots\cdots\cdots\cdots\cdots\cdots$$

D'une manière générale, $\dfrac{\partial p_n}{\partial y}$ est une fonction linéaire et homogène de z, q_1, p_1, p_2, ..., p_n; un invariant d'ordre n de ce système de caractéristiques est une fonction de x, y, z, p_1, p_2, ..., p_n qui doit satisfaire à la condition

$$\frac{\partial \varphi}{\partial y} + \frac{\partial \varphi}{\partial z}q_1 + \frac{\partial \varphi}{\partial p_1}\frac{\partial p_1}{\partial y} + \cdots + \frac{\partial \varphi}{\partial p_n}\frac{\partial p_n}{\partial y} = 0;$$

en égalant à zéro séparément le coefficient de q_1 et la somme des termes indépendants de q_1, on a un système de deux équations,

$$(55) \quad \left\{ \begin{array}{l} \mathrm{A}(\varphi) = \dfrac{\partial \varphi}{\partial z} + \alpha_1 \dfrac{\partial \varphi}{\partial p_1} + \alpha_2 \dfrac{\partial \varphi}{\partial p_2} + \cdots + \alpha_n \dfrac{\partial \varphi}{\partial p_n} = 0, \\[2ex] \mathrm{B}(\varphi) = \dfrac{\partial \varphi}{\partial y} + \beta_1 \dfrac{\partial \varphi}{\partial p_1} + \beta_2 \dfrac{\partial \varphi}{\partial p_2} + \cdots + \beta_n \dfrac{\partial \varphi}{\partial p_n} = 0, \end{array} \right.$$

où α_1, α_2, ..., α_n sont des fonctions de x et de y, et β_1, β_2, ..., β_n des fonctions linéaires et homogènes de z, p_1, p_2, ..., p_n. Nous supposerons que le système de caractéristiques considéré n'admet aucun invariant d'ordre inférieur à n, sauf $\varphi = x$, de sorte que les équations (55) n'admettent, en dehors de l'intégrale évidente $\varphi = x$, qu'une seule intégrale commune (n° 161). On déduira donc des équations (55) un système complet de $n + 1$ équations distinctes.

On a d'abord

$$\mathrm{C}(\varphi) = \mathrm{A}[\mathrm{B}(\varphi)] - \mathrm{B}[\mathrm{A}(\varphi)] = \sum_{i=1}^{n}\left\{\mathrm{A}(\beta_i) - \mathrm{B}(\alpha_i)\right\}\frac{\partial \varphi}{\partial p_i} = 0;$$

mais $\mathrm{A}(\beta_i)$ et $\mathrm{B}(\alpha_i)$ sont indépendants de z, p_1, p_2, ..., p_n, de sorte que la nouvelle équation est de la forme

$$\mathrm{C}(\varphi) = \gamma_1 \frac{\partial \varphi}{\partial p_1} + \gamma_2 \frac{\partial \varphi}{\partial p_2} + \cdots + \gamma_n \frac{\partial \varphi}{\partial p_n} = 0,$$

$\gamma_1, \gamma_2, \ldots \gamma_n$ étant des fonctions de x et y seulement. Il vient ensuite

$$A\,(C(\varphi)) - C\,(A(\varphi)) = 0,$$

$$C_1\,(\varphi) = B\,(C\,(\varphi)) - C\,(B\,(\varphi)) = \sum \left| B\,(\gamma_i) - C\,(\beta_i) \right| \frac{\partial \varphi}{\partial p_i} = 0,$$

et la nouvelle équation $C_1\,(\varphi) = 0$ est de même forme que $C\,(\varphi) = 0$. On a de même

$$A\,(C_1\,(\varphi)) - C_1\,(A(\varphi)) = 0, \qquad C\,(C_1(\varphi)) - C_1\,(C(\varphi)) = 0,$$

tandis que $B\,(C_1\,(\varphi)) - C_1\,(B\,(\varphi)) = 0$ donne une nouvelle équation de même forme

$$C_2\,(\varphi) = 0\,;$$

en continuant ainsi, on arrivera à former $(n-1)$ équations distinctes

$$(56) \qquad C\,(\varphi) = 0, \qquad C_1\,(\varphi) = 0, \ldots \qquad C_{n-2}\,(\varphi) = 0,$$

de même forme que $C\,(\varphi) = 0$, formant avec les équations (55) un système complet. Des relations (56) on déduira les valeurs des rapports

$$\frac{\partial \varphi}{\partial p_1}, \frac{\partial \varphi}{\partial p_2}, \ldots, \frac{\partial \varphi}{\partial p_n}$$

$$\frac{\frac{\partial \varphi}{\partial p_1}}{P_1} = \frac{\frac{\partial \varphi}{\partial p_2}}{P_2} = \quad = \frac{\frac{\partial \varphi}{\partial p_n}}{P_n},$$

$P_1, P_2, \ldots, P_n$ ne dépendant que de x et de y. On ne peut avoir $P_n = 0$, car on en concluerait $\frac{\partial \varphi}{\partial p_n} = 0$, contrairement à l'hypothèse. Cela étant, faisons $P_n = -1$, ce qui ne diminue pas la généralité, et remplaçons $\frac{\partial \varphi}{\partial p_1}$, $\ldots, \frac{\partial \varphi}{\partial p_{n-1}}$ par les valeurs précédentes dans les équations $A\,(\varphi) = 0$, $B\,(\varphi) = 0$; nous obtenons un système équivalent au système formé par les équations (55) et (56)

$$(57) \quad \left\{ \begin{array}{l} \dfrac{\partial \varphi}{\partial p_1} + P_1 \dfrac{\partial \varphi}{\partial p_n} = 0, \ldots, \dfrac{\partial \varphi}{\partial p_{n-1}} + P_{n-1} \dfrac{\partial \varphi}{\partial p_n} = 0, \dfrac{\partial \varphi}{\partial z} + Z \dfrac{\partial \varphi}{\partial p_n} = 0, \\[2ex] \dfrac{\partial \varphi}{\partial y} + \left| K + K_1 p_1 + \ldots + K_n p_n \right| \dfrac{\partial \varphi}{\partial p_n} = 0 \end{array} \right.$$

$K, K_1, \ldots, K_n, Z$ ne dépendant que des variables x et y. Pour que ce système soit jacobien, il faut que l'on ait

$$\frac{\partial Z}{\partial y} = K + ZK_n,$$

$$\frac{\partial P_1}{\partial y} = K_1 + P_1 K_n,$$

$$\cdots \cdots \cdots \cdots$$

$$\frac{\partial P_{n-1}}{\partial y} = K_{n-1} + P_{n-1} K_n;$$

si ces conditions sont vérifiées, on reconnaît que

$$\varphi = e^{\int -K_n dy} \left\{ p_n - P_{n-1} p_{n-1} - \ldots - P_1 p_1 - Zz \right\}$$

est une intégrale du système (57). *On peut donc prendre pour invariant d'ordre n une fonction linéaire de z , p_1, p_2, ..., p_n,*

$$A p_n + A_1 p_{n-1} + \ldots + A_{n-1} p_1 + A_n z,$$

A, A_1, ..., A_n étant des fonctions de x et de y.

L'équation linéaire proposée admet alors l'intégrale intermédiaire

$$(58) \quad A \frac{\partial^n z}{\partial x^n} + A_1 \frac{\partial^{n-1} z}{\partial x^{n-1}} + \ldots + A_{n-1} \frac{\partial z}{\partial x} + A_n z = \varphi(x),$$

et les équations (54) et (58) forment un système en involution pour toutes les formes possibles de la fonction $\varphi(x)$. Supposons, en particulier, $\varphi(x) = 0$; l'intégrale générale du système des deux équations

$$F(z) = A \frac{\partial^n z}{\partial x^n} + A_1 \frac{\partial^{n-1} z}{\partial x^{n-1}} + \ldots + A_n z = 0,$$

$$\Phi(z) = \frac{\partial^2 z}{\partial x \partial y} + a \frac{\partial z}{\partial x} + b \frac{\partial z}{\partial y} + cz = 0$$

dépend donc d'une infinité de constantes arbitraires. On a démontré plus haut (n° 110) que cela ne peut arriver que lorsque la suite de Laplace relative à l'équation $\Phi(z) = 0$ se termine du côté des indices négatifs après $n - 1$ transformations au plus.

Réciproquement, si la suite de Laplace se termine de ce côté après $p - 1$ transformations, le système de caractéristiques correspondant admet un invariant d'ordre p. En effet, l'équation linéaire admet alors une intégrale de la forme

$$z = BY + B_1 Y' + \ldots + B_{p-1} Y^{(p-1)}$$

$B, B_1, \ldots, B_{p-1}$ étant des fonctions déterminées de x et de y, et Y une fonction arbitraire de y. Elle a donc une infinité d'intégrales communes, dépendant d'une fonction arbitraire, avec une équation linéaire de même forme que $F(z) = 0$ et d'ordre p

$$F_1(z) = \frac{\partial^p z}{\partial x^p} + A'_1 \frac{\partial^{p-1} z}{\partial x^{p-1}} + \ldots + A'_p z = 0.$$

Il faut pour cela que l'on ait une relation identique de la forme

$$(59) \quad \frac{d^{p-1}\Phi(z)}{dx^{p-1}} + \alpha_1 \frac{d^{p-2}\Phi(z)}{dx^{p-2}} + \ldots + \alpha_{p-1}\Phi(z) - \frac{dF_1(z)}{dy} - \beta F_1(z) = 0,$$

$\alpha_1, \alpha_2, \ldots, \beta$, désignant des fonctions de x et de y (n° 110). Le coefficient de $\dfrac{\partial^p z}{\partial x^p}$ dans cette identité est $a - \beta$; on doit donc avoir $\beta = a$, et la relation (59) peut s'écrire :

$$e^{\int a\,dy}\left\{ \frac{d^{p-1}\Phi(z)}{dx^{p-1}} + \alpha_1 \frac{d^{p-2}\Phi(z)}{dx^{p-2}} + \ldots + \alpha_{p-1}\Phi(z)\right\} = \frac{d}{dy}\left(e^{\int a\,dy} F_1(z)\right),$$

identité qui montre que toute intégrale de $\Phi(z) = 0$ satisfait à une équation de la forme

$$e^{\int a\,dy} F_1(z) - \varphi(x) = 0.$$

L'un des systèmes de caractéristiques de l'équation du second ordre admet donc les deux invariants x et $e^{\int a\,dy} F_1(z)$.

En résumé, si l'un des systèmes de caractéristiques admet un invariant d'ordre n, et aucun invariant d'ordre inférieur à n, autre que x, la suite de Laplace se termine d'un côté après $n - 1$ transformations, et inversement. *Dans le cas des équations linéaires, la méthode de M. Darboux et la méthode de Laplace réussissent en même temps.*

169. On est encore conduit au même résultat en appliquant la méthode générale d'intégration des systèmes en involution exposée plus haut (n° 137). Intégrons pour cela l'équation (58) comme une équation différentielle ordinaire à deux variables x et z, en y considérant y

comme un paramètre ; l'intégrale générale est de la forme

$$(60) \qquad z = z_1\left[\varphi_0(y) + \int_{x_0}^{x} \beta_1 \varphi(x)\,dx\right] + z_2\left[\varphi_1(y) + \int_{x_0}^{x} \beta_2 \varphi(x)\,dx\right]$$
$$+ \cdots + z_n\left(\varphi_{n-1}(y) + \int_{x_0}^{x} \beta_n \varphi(x)\,dx\right),$$

$z_1, z_2, \ldots, z_n$ étant n intégrales particulières de l'équation sans second membre, $\beta_1, \beta_2, \ldots, \beta_n$ des fonctions déterminées de x et de y, et $\varphi_0(y), \varphi_1(y) \ldots, \varphi_{n-1}(y)$ des fonctions arbitraires de y. On peut évidemment supposer que l'on a choisi les intégrales particulières $z_1, z_2, \ldots z_n$, de façon que $\varphi_0(y), \varphi_1(y), \ldots, \varphi_{n-1}(y)$ représentent respectivement les fonctions de y auxquelles se réduisent, pour $x = x_0$, les fonctions $z, \dfrac{\partial z}{\partial x}, \cdots \dfrac{\partial^{n-1} z}{\partial x^{n-1}}$. Pour que la formule (60) représente une intégrale de l'équation

$$\Phi(z) = s + ap + bq + cz = 0,$$

il faut et il suffit que les n fonctions $\varphi_0(y), \varphi_1(y), \ldots, \varphi_{n-1}(y)$ vérifient les relations

$$\Phi(z) = 0, \quad \frac{d\Phi(z)}{dx} = 0, \quad \cdots \quad \frac{d^{n-2}\Phi(z)}{dx^{n-2}} = 0,$$

où on aurait remplacé x par x_0, z par $\varphi_0(y)$, $\dfrac{\partial z}{\partial x}$ par $\varphi_1(y), \ldots \dfrac{\partial^{n-1} z}{\partial x^{n-1}}$ par $\varphi_{n-1}(y)$ (n° 137). Nous allons montrer que *ces n fonctions $\varphi_0(y), \ldots, \varphi_{n-1}(y)$ peuvent s'exprimer, par des formules linéaires et homogènes, au moyen de $q - 1$ constantes arbitraires et d'une fonction arbitraire Y de y et de ses $n - q$ premières dérivées, sans aucun signe de quadrature* ([1]).

Soient a_0, b_0, c_0 les fonctions de y auxquelles se réduisent a, b, c, pour $x = x_0$; l'équation $\Phi(z) = 0$ nous donne d'abord

$$\varphi_1'(y) + a_0\varphi_1(y) + b_0\varphi_0'(y) + c_0\varphi_0(y) = 0,$$

ou, en multipliant par $e^{\int a_0\,dy}$,

$$\frac{d}{dy}\left[\varphi_1(y)\,e^{\int a_0\,dy}\right] + b_1\varphi_0'(y) + c_1\varphi_0(y) = 0,$$

([1]) Voir mon Mémoire *Sur les équations linéaires et la méthode de Laplace* (*American Journal of Mathematics*, t. XVIII ; p. 354).

en posant, pour abréger,

$$b_1 = b_0 e^{\int a_0 dy}, \quad c_1 = c_0 e^{\int a_0 dy}.$$

Il vient, en intégrant par parties,

$$\varphi_1(y) e^{\int a_0 dy} + b_1 \varphi_0(y) + \int \left(c_1 - \frac{\partial b_1}{\partial y} \right) \varphi_0(y) dy = C^{te}.$$

Si $c_1 - \dfrac{\partial b_1}{\partial y} = 0$, il suffira de poser $\varphi_0(y) = Y$, et $\varphi_1(y)$ s'exprimera aussi linéairement en fonction de Y et d'une constante arbitraire; si $c_1 - \dfrac{\partial b_1}{\partial y}$ n'est pas nul, il suffira de poser

$$\left(c_1 - \frac{\partial b_1}{\partial y} \right) \varphi_0(y) = Y',$$

et on trouvera pour $\varphi_1(y)$ une fonction linéaire de Y et de Y'. Supposons la loi vraie jusqu'à la dérivée d'ordre p, de telle façon que $\varphi_0(y)$, ..., $\varphi_p(y)$ s'expriment au moyen d'une fonction arbitraire de y, de ses $(p-r)$ premières dérivées et de r constantes arbitraires C_1, C_2, ... C_r, par des formules linéaires et homogènes dont les coefficients sont des fonctions déterminées de y. Pour calculer ensuite $\varphi_{p+1}(y)$, on part de la formule

$$\frac{\partial^{p+2} z}{\partial x^{p+1} \partial y} + a \frac{\partial^{p+1} z}{\partial x^{p+1}} + \alpha_1 \frac{\partial^p z}{\partial x^p} + \dots + \alpha_p \frac{\partial z}{\partial x} + \alpha_{p+1} z + \beta \frac{\partial z}{\partial y} = 0,$$

obtenue en différentiant p fois l'équation proposée par rapport à x et tenant compte de l'équation même. Si on fait dans cette relation $x = x_0$, et qu'on remplace ensuite z, $\dfrac{\partial z}{\partial x}$, ..., $\dfrac{\partial^p z}{\partial x^p}$ par les expressions déjà obtenues pour $\varphi_0(y)$, ..., $\varphi_p(y)$, $\dfrac{\partial z}{\partial y}$ par la valeur de $\varphi_0'(y)$, puis $\dfrac{\partial^{p+1} z}{\partial x^{p+1}}$ par $\varphi_{p+1}(y)$, il vient

$$\varphi'_{p+1}(y) + a_0 \varphi_{p+1}(y) + l_0 Y + l_1 Y' + \dots + l_{p-r+1} Y^{p-r+1} + m_1 C_1 + \dots + m_r C_r = 0,$$

l_0, l_1, ..., l_{p-r+1}, m_1, ..., m_r étant des fonctions déterminées de y, Y une fonction arbitraire de y, et C_1, ... C_r des constantes arbitraires. Multiplions encore par $e^{\int a_0 dy}$, et intégrons par parties autant de fois que possible; on peut écrire la formule

$$\frac{d}{dy}\left(e^{\int a_0 dy} \varphi_{p+1}(y) \right) = \frac{d}{dy}\left\{ L_0 Y + \dots + L_{p-r} Y^{(p-r)} + M_1 C_1 + \dots + M_r C_r \right\} + NY,$$

$L_0, ..., L_{p-r}, M_1, ..., M_r, N$ étant des fonctions déterminées de y. Si N est nul, on voit que $\varphi_{p+1}(y)$ est une fonction linéaire et homogène de $Y, Y', ..., Y^{(p-r)}, C_1, C_2, ..., C_r$ et d'une nouvelle constante arbitraire C_{r+1}. Si N n'est pas nul, on posera $NY = Y'_1$, Y_1 étant une nouvelle fonction arbitraire de y, et on voit que $\varphi_0(y), ..., \varphi_{p+1}(y)$ seront des fonctions linéaires et homogènes de $Y_1, Y'_1, ..., Y_1^{p-r+1}$ et des r constantes $C_1, C_2, ..., C_r$. La loi est donc générale.

En remplaçant $\varphi_0(y), ..., \varphi_{n-1}(y)$ par leurs expressions dans la formule (60), on trouve que l'intégrale générale de l'équation

$$s + ap + bq + cz = 0$$

est donnée par une formule de la forme

$$z = C_1 v_1 + ... + C_{q-1} v_{q-1} + \Lambda Y + \Lambda_1 Y' + ... + \Lambda_{n-q} Y^{(n-q)}$$
$$+ z_1 \int_{x_0}^{x} \beta_1 \varphi(x) dx + ... + z_n \int_{x_0}^{x} \beta_n \varphi(x) dx,$$

$v_1, ..., v_{q-1}; \Lambda, ..., \Lambda_{n-q}; z_1, ..., z_n; \beta_1, ..., \beta_n$ étant des fonctions déterminées de x et de y, Y une fonction arbitraire de y, $\varphi(x)$ une fonction arbitraire de x et $C_1, ..., C_{q-1}$ des constantes arbitraires. En supposant nulles toutes ces constantes, ainsi que la fonction $\varphi(x)$, on a une intégrale particulière de la forme

$$z = AY + A_1 Y' + ... + A_{n-q} Y^{(n-q)},$$

ce qui suffit à prouver que la suite de Laplace se termine après $n - q$ transformations au plus. D'autre part, si on suppose que l'invariant d'ordre le moins élevé est d'ordre n, la suite de Laplace ne peut se terminer qu'après $n - 1$ transformations ; on a donc nécessairement $q = 1$, et la formule précédente ne renferme pas de constantes arbitraires.

Remarque I. — Soit u l'invariant d'ordre minimum obtenu plus haut

$$u = \Lambda p_n + \Lambda_1 p_{n-1} + ... + \Lambda_n z ;$$

tout autre invariant est de la forme

$$F\left(x, u, \frac{du}{dx}, \frac{d^2 u}{dx^2}, ..., \frac{d^p u}{dx^p}\right)$$

et peut contenir les dérivées d'une façon quelconque.

Remarque II. — Lorsqu'il existe une équation

$$F(z) = \frac{\partial^n z}{\partial x^n} + f\left(x,\, y,\, z,\, \frac{z}{\partial x},\, \cdots,\, \frac{\partial^{n-1} z}{\partial x^{n-1}}\right) = 0$$

formant un système en involution avec une équation linéaire

$$s + ap + bq + cz = 0,$$

on peut toujours introduire une constante dans $F(z)$. En effet, si on change z en az, l'équation linéaire ne change pas ; l'équation $F(az) = 0$ doit donc former aussi un système en involution avec l'équation linéaire proposée. Or l'équation $F(az) = 0$ dépend effectivement de la constante a, à moins que F ne soit une fonction homogène et du premier degré de $z,\, \frac{\partial z}{\partial x},\, \cdots,\, \frac{\partial^{n-1} z}{\partial x^{n-1}}$. S'il en est ainsi, désignons par z_1 une intégrale de l'équation proposée qui ne vérifie pas l'équation $F(z) = 0$; en changeant z en $z + az_1$, la nouvelle équation $F(z + az_1) = 0$ dépend effectivement de a, car le coefficient de a se réduit à $F(z_1)$, pour $z = z_1$.

Il résulte de ces remarques que, lorsque la suite de Laplace relative à une équation linéaire est illimitée dans les deux sens, il ne peut exister d'équation formant avec celle-là un système en involution. Si la suite de Laplace est limitée d'un seul côté, par exemple du côté des indices positifs, il existe une infinité d'équations formant avec la proposée un système en involution ; elles ne renferment que les dérivées partielles de z par rapport à la variable y.

Remarque III. — Dans le cas de l'équation linéaire la plus générale,

$$Ar + 2Bs + Ct + Dp + Eq + Fz + G = 0,$$

la méthode de M. Darboux conduit aux mêmes résultats que la méthode de Laplace, généralisée par Legendre. (Voir n°s 113 et suivants.)

170. Exemple X. — M. Sophus Lie ([1]) a donné un procédé élégant pour trouver tous les cas où l'équation

$$\frac{\partial^2 z}{\partial x \partial y} = f(z)$$

est intégrable par la méthode de M. Darboux. Prenons en particulier

---

([1]) Sophus Lie, *Discussion der Differentialgleichung* $s = f(z)$ (*Archiv for Mathematik.* Bd. 6, *Christiania;* 1880).

le système de caractéristiques

$$dx = 0, \quad dz = q_1 dy, \quad dq_1 = q_2 dy, \; ... \quad dq_{n-1} = q_n dy,$$
$$dp_1 = \frac{\partial p_1}{\partial y} dy, \qquad dp_2 = \frac{\partial p_2}{\partial y} dy, ..., dp_n = \frac{\partial p_n}{\partial y} dy, ... ;$$

on a

$$\frac{\partial p_1}{\partial y} = s = f(z), \qquad\qquad \frac{\partial p_2}{\partial y} = \frac{\partial s}{\partial x} = f'(z) p_1,$$
$$\frac{\partial p_3}{\partial y} = \frac{\partial^2 s}{\partial x^2} = f''(z) p_1^2 + f'(z) p_2, \; ...$$

D'une manière générale, appelons *poids* du produit

$$p_1^{\alpha_1} p_2^{\alpha_2} ... p_l^{\alpha_l},$$

la somme $\alpha_1 + 2\alpha_2 + ... + i\alpha_l$; $\dfrac{\partial p_k}{\partial y}$ est un polynôme entier P_{k-1} en

$p_1, p_2, ..., p_{k-1}$ dont tous les termes sont de poids $k-1$,

$$P_0 = f(z), \quad P_1 = f'(z) p_1, \quad P_2 = f'(z) p_2 + f''(z) p_1^2, \; ...,$$
$$P_{k-1} = f'(z) p_{k-1} + Q_{k-1},$$

Q_{k-1} ne renfermant que $p_1, p_2, ..., p_{k-2}$. Si le système de caractéristiques considéré admet une combinaison intégrable d'ordre n, $d\varphi = 0$, φ doit être une fonction de $x, y, z, p_1, p_2, ..., p_n$ satisfaisant à la condition

$$\frac{\partial \varphi}{\partial y} + \frac{\partial \varphi}{\partial z} q_1 + \frac{\partial \varphi}{\partial p_1} f(z) + \frac{\partial \varphi}{\partial p_2} f'(z) p_1 + ... + \frac{\partial \varphi}{\partial p_n} P_{n-1} = 0,$$

et, comme φ ne contient pas q_1, il faut que l'on ait séparément

$$(61) \quad \begin{cases} A(\varphi) = \dfrac{\partial \varphi}{\partial z} = 0, \\[2mm] B(\varphi) = \dfrac{\partial \varphi}{\partial y} + \dfrac{\partial \varphi}{\partial p_1} f(z) + \dfrac{\partial \varphi}{\partial p_2} f'(z) p_1 + \displaystyle\sum_{i=3}^{n} P_{i-1} \dfrac{\partial \varphi}{\partial p_i} = 0. \end{cases}$$

Les équations (61) entraînent la suivante

$$C(\varphi) = A[B(\varphi)] - B[A(\varphi)] = \frac{\partial \varphi}{\partial p_1} f'(z) + \frac{\partial \varphi}{\partial p_2} f'(z) p_1 + \sum_{i=3}^{n} \frac{\partial P_{i-1}}{\partial z} \frac{\partial \varphi}{\partial p_i} = 0,$$

et les deux équations $B(\varphi) = 0$, $C(\varphi) = 0$ sont équivalentes, en supposant que $f'^2 - ff''$ n'est pas nul, à celles-ci

$$f'(z)\frac{\partial\varphi}{\partial y} + (f'^2 - ff'')p_1\frac{\partial\varphi}{\partial p_2} + \sum_{i=3}^{n}\left\{f'(z)P_{i-1} - f(z)\frac{\partial P_{i-1}}{\partial z}\right\}\frac{\partial\varphi}{\partial p_i} = 0,$$

$$-f''(z)\frac{\partial\varphi}{\partial y} + (f'^2 - ff'')\frac{\partial\varphi}{\partial p_1} + \sum_{i=3}^{n}\left\{f'(z)\frac{\partial P_{i-1}}{\partial z} - f''(z)P_{i-1}\right\}\frac{\partial\varphi}{\partial p_i} = 0.$$

On remarquera que le coefficient de $\dfrac{\partial\varphi}{\partial p_i}$ dans la première équation est de la forme

$$(f'^2 - ff'')p_{i-1} + R_{i-1},$$

tandis que dans la seconde équation il est de la forme S_{i-1}, en désignant par R_{i-1} et S_{i-1} des polynômes de poids $i-1$ ne renfermant que $p_1, p_2, ..., p_{i-2}$. On peut encore écrire les équations précédentes

$$L(f) = \frac{f'(z)}{f'^2 - ff''}\frac{\partial\varphi}{\partial y} + p_1\frac{\partial\varphi}{\partial p_2} + \sum_{i=3}^{n}\left[p_{i-1} + \alpha_{i-1}\right]\frac{\partial\varphi}{\partial p_i} = 0,$$

$$M(f) = -\frac{f''(z)}{f'^2 - ff''}\frac{\partial\varphi}{\partial y} + \frac{\partial\varphi}{\partial p_1} + \sum_{i=3}^{n}\beta_{i-1}\frac{\partial\varphi}{\partial p_i} = 0,$$

α_{i-1} et β_{i-1} étant des polynômes en $p_1, p_2, ..., p_{i-2}$ de poids $i-1$. Formons la combinaison

$$L[M(\varphi)] - M[L(\varphi)] = 0,$$

nous obtenons une nouvelle équation

$$M_1(\varphi) = \frac{\partial\varphi}{\partial p_2} + \sum_{i=3}^{n}\beta_{i-1}^{(1)}\frac{\partial\varphi}{\partial p_i} = 0,$$

où $\beta_{i-1}^{(1)}$ est un polynôme de poids $i-2$. On aura de même

$$M_2(\varphi) = L[M_1(\varphi)] - M_1[L(\varphi)] = \sum_{i=3}^{n}\beta_{i-1}^{(2)}\frac{\partial\varphi}{\partial p_i} = 0,$$

$\varphi_i^{(2)}$ étant de poids $i - 3$, et d'une manière générale

$$M_K(\varphi) = L\,[M_{K-1}(\varphi)] - M_{K-1}\,[L(\varphi)] = \sum \beta_{i-1}^{(K)} \frac{\partial\varphi}{\partial p_i} = 0,$$

$\beta_{i-1}^{(K)}$ étant de poids $i - K - 1$. Il s'ensuit que $M_K(\varphi)$ est de la forme

$$M_K(\varphi) = a_K \frac{\partial\varphi}{\partial p_{K+1}} + b_K p_1 \frac{\partial\varphi}{\partial p_{K+2}} + \ldots,$$

a_K et b_K étant des constantes. Pour avoir la valeur du coefficient a_K, remarquons que l'on a :

$$a_{K+1} = L\,(b_K p_1) - M_K\,(p_K + \alpha_K) = -a_K,$$

et comme $a_1 = 1$, il s'ensuit que l'on a $a_K = (-1)^{K+1}$. Au bout de $n - 1$ opérations, on arrivera donc à l'équation

$$M_{n-1}(\varphi) = (-1)^n \frac{\partial\varphi}{\partial p_n} = 0 \,;$$

en remontant de proche en proche, on en concluera successivement que l'on doit avoir aussi

$$\frac{\partial\varphi}{\partial p_{n-1}} = 0, \quad \ldots, \quad \frac{\partial\varphi}{\partial p_1} = 0, \quad \frac{\partial\varphi}{\partial y} = 0.$$

Il n'y a donc pas d'autre solution pour le système (61) que $\varphi = x$. Par suite, *l'équation*

$$\frac{\partial^2 z}{\partial x \partial y} = f(z)$$

ne peut être intégrée par la méthode de M. Darboux, lorsque $f'^2(z) - f(z)f''(z)$ *est différent de zéro.*

Lorsque $f'^2 - ff''$ est nul, on a $f(z) = Ae^{Kz}$, A et K étant des constantes. Si K est nul, l'intégration est immédiate ; si K n'est pas nul, on est ramené à l'équation de Liouville (n° 47). Pour toute autre forme de la fonction $f(z)$, l'intégration est impossible par cette voie ; on en conclut, en particulier, que l'équation

$$\frac{\partial^2 z}{\partial x \partial y} = \sin z,$$

à laquelle se ramène la détermination des surfaces à courbure constante, n'est pas intégrable par la méthode de M. Darboux (¹).

171. Exemple XI. — Appliquons encore la méthode à l'équation

$$s\,(x+y) = 2\,\sqrt{pq}\,;$$

on trouve deux intégrales intermédiaires du second ordre

$$\frac{r}{2\sqrt{p}} + \frac{\sqrt{p}}{x+y} = \varphi\,(x),$$

$$\frac{t}{2\sqrt{q}} + \frac{\sqrt{q}}{x+y} = \psi\,(y).$$

Posons $p = u^2$, $q = v^2$; u et v s'obtiennent par l'intégration d'un système d'équations aux différentielles totales

$$du = \left[\varphi\,(x) - \frac{u}{x+y}\right]dx + \frac{v}{x+y}\,dy,$$

$$dv = \frac{u}{x+y}\,dx + \left[\psi\,(y) - \frac{v}{x+y}\right]dy,$$

dont l'intégrale générale est, en remplaçant $\varphi\,(x)$ par X'', et $\psi\,(y)$ par Y'',

$$u = X' + \frac{Y-X}{x+y}, \qquad v = Y' + \frac{X-Y}{x+y},$$

X désignant une fonction arbitraire de x, et Y une fonction arbitraire de y ; on a ensuite z par des quadratures

$$z = \int \left\{ X' + \frac{Y-X}{x+y} \right\}^2 dx + \left\{ Y' + \frac{X-Y}{x+y} \right\}^2 dy,$$

ce qui peut encore s'écrire :

$$z = \int X'^2\, dx + \int Y'^2\, dy - \frac{(X-Y)^2}{x+y}.$$

____

(¹) M. Sophus Lie a démontré aussi qu'il en est de même de l'équation

$$a^2\,(s^2 - rt) = (1 + p^2 + q^2)^2,$$

qui définit les surfaces à courbure constante en coordonnées cartésiennes (*Zur Theorie der Flächen constanter Krümmung*).

Pour faire disparaître tout signe d'intégration, il suffira d'exprimer x et X en fonction d'une variable auxiliaire α, de telle façon que $\int X'^2 dx$ s'exprime aussi explicitement, et de même pour y et Y. Nous n'avons pour cela qu'à poser

$$X' = \alpha, \qquad x = \varphi''(\alpha),$$

ce qui donne

$$X = \int X'\, dx = \int \alpha \varphi'''(\alpha)\, d\alpha = \alpha \varphi''(\alpha) - \varphi'(\alpha),$$

$$\int X'^2 dx = \int \alpha^2 \varphi'''(\alpha)\, d\alpha = \alpha^2 \varphi''(\alpha) - 2\alpha \varphi'(\alpha) + 2\varphi(\alpha);$$

de même, en posant $Y' = \beta$, $y = \psi''(\beta)$, on aura

$$Y = \beta \psi''(\beta) - \psi'(\beta)$$

$$\int Y'^2 dy = \beta^2 \psi''(\beta) - 2\beta \psi'(\beta) + 2\psi(\beta).$$

En définitive, l'intégrale générale de l'équation $s(x+y) = 2\sqrt{pq}$ est représentée par les formules suivantes, où φ et ψ sont deux fonctions arbitraires, α et β deux paramètres variables,

$$\left\{ \begin{aligned} &x = \varphi''(\alpha), \\ &y = \psi''(\beta), \\ &z = \alpha^2 \varphi''(\alpha) - 2\alpha \varphi'(\alpha) + 2\varphi(\alpha) + \beta^2 \psi''(\beta) - 2\beta \psi'(\beta) + 2\psi(\beta) \\ &\qquad - \frac{[\alpha \varphi''(\alpha) - \varphi'(\alpha) - \beta \psi''(\beta) + \psi'(\beta)]^2}{\varphi''(\alpha) + \psi''(\beta)}. \end{aligned} \right.$$

172. Dans ce qui précède, nous avons supposé l'équation du second ordre ramenée à la forme $r + f = 0$, ou $s + f(x, y, z, p, q) = 0$. Théoriquement, on a toujours le droit de faire cette hypothèse, et les théorèmes établis plus haut sont vrais, quelle que soit la forme de l'équation à intégrer. Mais, dans la pratique, il peut arriver qu'il soit impossible d'effectuer la résolution indiquée ; on peut alors diriger les calculs comme il suit. Soit $F = 0$ l'équation du second ordre ; en ajoutant toutes les relations que l'on obtient par des différentiations successives jusqu'à l'ordre $n - 2$, on a en tout $\dfrac{n(n-1)}{2}$ relations entre les variables x, y, z et les dérivées de z jusqu'à celles d'ordre n, c'est-à-dire entre

$\dfrac{n^2 + 3n + 6}{2}$ variables ; on pourra donc les exprimer toutes au moyen

de $\dfrac{n^2 + 3n + 6}{2} - \dfrac{n\,(n-1)}{2} = 2n + 3$ paramètres. En portant ces

expressions dans les $2n + 1$ équations différentielles des caractéristiques d'ordre n, il restera un système de $2n + 1$ équations entre
$2n + 3$ variables ; il y aura toujours deux équations de moins que de
variables.

Prenons, par exemple, une équation de la forme

$$s + f\,(x,\,y,\,z,\,p,\,q,\,t) = 0,$$

f ne contenant pas r. On reconnaît aisément que toutes les dérivées
partielles de la fonction inconnue peuvent s'exprimer au moyen des
dérivées $p_{k,0}$ et $p_{0,i}$; on pourra donc ne laisser que ces dérivées dans les
équations différentielles des caractéristiques. Prenons en particulier le
système qui correspond à la racine

$$m = \frac{\partial f}{\partial t}$$

de l'équation caractéristique ; l'équation proposée différentiée $n-1$ fois
par rapport à y donne

$$p_{1,\,n} + \left(\frac{d^{n-1}f}{dy^{n-1}}\right) + \frac{\partial f}{\partial t}\,p_{0,\,n+1} = 0,$$

ou, en multipliant par dx,

$$dp_{0,\,n} + \left(\frac{d^{n-1}f}{dy^{n-1}}\right) dx = 0.$$

C'est la dernière équation des caractéristiques d'ordre n de ce système ; les autres s'écrivent immédiatement.

Exemple XII. — Appliquons cette méthode à l'équation [1]

$$s - qz - q^2 f\left(y,\,\frac{t}{q}\right) = 0 ;$$

un des systèmes de caractéristiques est défini, en posant $u = \dfrac{t}{q}$ et

____

[1] Beudon, *Comptes Rendus*, t. CXX, p. 902 ; 1895.

poussant jusqu'aux dérivées du troisième ordre, par les relations

$$dy = -q\,\frac{\partial f}{\partial u}\,dx,\quad dz = \left(p - q^2\,\frac{\partial f}{\partial u}\right)dx,\quad dp = \left\{ r - q\,\frac{\partial f}{\partial u}\,(qz + q^2 f)\right\}dx,$$

$$dq = \left(qz + q^2 f - tq\,\frac{\partial f}{\partial u}\right)dx,$$

$$dr = p_{30,}\,dx + p_{2,1}dy,\qquad dt = p_{1,2}dx + p_{0,3}dy,$$

$$dp_{03} = \left\{ \frac{d^2\left\{ qz + q^2 f\,(y,u)\right\}}{dy^2}\right\}dx,$$

où on a

$$p_{12} = q^2 + tz + 2qtf + q^2\,\frac{\partial f}{\partial y} - t^2\,\frac{\partial f}{\partial u} + q\,\frac{\partial f}{\partial u}\,p_{0,3},$$

$$p_{21} = pq + \left(z + 2qf - \frac{\partial f}{\partial u}\,t\right)(qz + q^2 f) + q\,\frac{\partial f}{\partial u}\,p_{1,2}$$

$$\left\{ \frac{d^2\left\{ qz + q^2 f\,(y,u)\right\}}{dy^2}\right\} = 3qt + zp_{0,3} + 2t^2 f + 2q\rho_{0,3}f + 4qt\,\frac{\partial f}{\partial y} + q^2\,\frac{\partial^2 f}{\partial y^2} - tp_{03}\,\frac{\partial f}{\partial u}$$

$$+ \left(\frac{p_{03}}{q} - \frac{t^2}{q^2}\right)\left\{ 2q^2\,\frac{\partial^2 f}{\partial y\partial u} + 2qt\,\frac{\partial f}{\partial u} + (qp_{03} - t^2)\,\frac{\partial^2 f}{\partial u^2}\right\}.$$

Tout invariant du troisième ordre $\varphi\,(x,\,y,\,z,\,p,\,q,\,r,\,t,\,p_{3,0},\,p_{0,3})$ doit donc satisfaire aux deux équations

$$\frac{\partial \varphi}{\partial p_{30}} = 0,$$

$$\frac{\partial \varphi}{\partial x} - q\,\frac{\partial f}{\partial u}\frac{\partial \varphi}{\partial y} + \frac{\partial \varphi}{\partial z}\left(p - q^2\,\frac{\partial f}{\partial u}\right) + \frac{\partial \varphi}{\partial p}\left\{ r - q\frac{\partial f}{\partial u}(qz + q^2 f)\right\} + \frac{\partial \varphi}{\partial q}\left\{ qz + q^2 f - qt\,\frac{\partial f}{\partial u}\right\}$$

$$+ \left\{ p_{30} - p_{21}q\,\frac{\partial f}{\partial u}\right\}\frac{\partial \varphi}{\partial r} + \left\{ p_{12} - qp_{03}\,\frac{\partial f}{\partial u}\right\}\frac{\partial \varphi}{\partial t} + \left(\frac{d^2\,(qz + q^2 f)}{dy^2}\right)\frac{\partial \varphi}{\partial p_{03}} = 0.$$

Des combinaisons faciles donnent successivement, en remplaçant p_{12} et p_{21} par leurs valeurs,

$$\frac{\partial \varphi}{\partial r} = 0,\qquad \frac{\partial \varphi}{\partial p} = 0,\qquad \frac{\partial \varphi}{\partial z} = 0,\qquad q\,\frac{\partial \varphi}{\partial q} + t\,\frac{\partial \varphi}{\partial t} + p_{03}\,\frac{\partial \varphi}{\partial p_{03}} = 0,$$

ce qui montre que φ est de la forme

$$\varphi = F\,(x,\,y,\,u,\,v),\qquad u = \frac{t}{q},\qquad v = \frac{p_{03}}{q};$$

il reste ensuite les deux équations

$$\frac{\partial F}{\partial x} = 0,$$

$$\left(1 + uf + \frac{\partial f}{\partial y}\right)\frac{\partial F}{\partial u} - \frac{\partial f}{\partial u}\frac{\partial F}{\partial y}$$

$$+ \left\{3u + 2fu^2 + fv + 4u\frac{\partial f}{\partial y} + 2u\frac{\partial f}{\partial u}(v - u^2) + 2\frac{\partial^2 f}{\partial y \partial u}(v - u^2) + \frac{\partial^2 f}{\partial u^2}(v - u^2)^2 + \frac{\partial^2 f}{\partial y^2}\right\}\frac{\partial F}{\partial v} = 0;$$

pour déterminer la fonction F. Si on suppose cette fonction indépendante de v, il reste la condition

$$\left(1 + uf + \frac{\partial f}{\partial y}\right)\frac{\partial F}{\partial u} - \frac{\partial f}{\partial u}\frac{\partial F}{\partial y} = 0;$$

il y a donc un invariant du second ordre et un invariant du troisième ordre.

173. Une équation du second ordre intégrable par la méthode de M. Darboux est caractérisée par la propriété suivante : *Toute intégrale de cette équation appartient à une autre équation aux dérivées partielles qui a une infinité d'intégrales communes avec la proposée, dépendant d'une fonction arbitraire, sans les admettre toutes.* Pour qu'il en soit ainsi, il faut en effet qu'il existe une équation $\varphi = 0$, dépendant d'une fonction arbitraire, et formant avec la proposée $F = 0$ un système en involution ; ce qui ne peut arriver que si l'une des familles de caractéristiques admet deux invariants distincts. Lorsque chacune d'elles admet un invariant au plus, on ne peut obtenir par cette méthode que des intégrales dépendant d'une seule fonction arbitraire, mais non l'intégrale générale. Il peut arriver aussi qu'il existe des équations formant avec $F = 0$ un système en involution, sans qu'il existe aucune combinaison intégrable pour les équations différentielles des caractéristiques. Nous en avons vu un exemple plus haut avec l'équation aux dérivées partielles des surfaces à courbure constante (n° 126). Ces équations ne peuvent dépendre d'aucune constante arbitraire.

La théorie des groupes d'ordre infini de transformations permet de former des équations aux dérivées partielles du second ordre, intégrables par la méthode de M. Darboux ([1]). Nous considérerons seulement, pour fixer les idées, des transformations ponctuelles.

([1]) Sophus Lie, « Zur allgemeinen Theorie... » (*Berichte der Königl. Sächs. Gesellschaft*, 1895, *Kapitel IV*).

Beudon, *Comptes Rendus* (1894-1895).

Les formules

$$(62) \qquad \begin{cases} x' = \mathrm{P}\,(x,\, y,\, z), \\ y' = \mathrm{Q}\,(x,\, y,\, z), \\ z' = \mathrm{R}\,(x,\, y,\, z), \end{cases}$$

qui font correspondre au point $(x,\, y,\, z)$ le point $(x',\, y',\, z')$ définissent une transformation ponctuelle dans l'espace à trois dimensions. Lorsque les fonctions P, Q, R dépendent en outre d'un nombre fini de constantes arbitraires, ou d'une ou plusieurs fonctions arbitraires, on a ainsi un ensemble de transformations. Cet ensemble de transformations forme un *groupe*, si la suite de deux transformations quelconques de cet ensemble donne une nouvelle transformation appartenant au même ensemble. Nous ne nous occuperons que du cas où on a un groupe d'ordre *infini*, c'est-à-dire dépendant d'une ou plusieurs fonctions arbitraires.

Par exemple, les formules

$$(I) \qquad x' = \mathrm{X}\,(x), \qquad y' = \mathrm{Y}\,(y), \qquad z' = z$$

définissent un groupe infini dépendant de deux fonctions arbitraires X et Y; il en est de même des formules

$$(II) \qquad x' = \mathrm{X}\,(x), \qquad y' = \mathrm{Y}\,(y), \qquad z' = z - \log \mathrm{X}' - \log \mathrm{Y}'.$$

Les systèmes de formules ci-dessous définissent des groupes infinis dépendant d'une seule fonction arbitraire $\mathrm{Z}\,(z)$ ou $\mathrm{X}\,(x)$,

$$\begin{aligned} &(III) & x' &= x, & y' &= y, & z' &= \mathrm{Z}\,(z), \\ &(IV) & x' &= \mathrm{X}\,(x), & y' &= y, & z' &= z\mathrm{X}'\,(x), \\ &(V) & x' &= \mathrm{X}\,(x), & y' &= y, & z' &= z - \log \mathrm{X}' \\ &(VI) & x' &= \mathrm{X}\,(x), & y' &= y, & z' &= \frac{z}{\mathrm{X}'\,(x)} - \frac{\mathrm{X}''\,(x)}{\left\{\mathrm{X}'\,(x)\right\}^2}. \end{aligned}$$

Quand on applique une transformation définie par les formules (62) à tous les points d'une surface (S), le point correspondant décrit en général une surface (S'). Si on désigne par p', q', r', s', t',..., les dérivées successives de z' par rapport à x' et à y', on tire des formules (62) des relations qui expriment p', q', r', s', t',..., au moyen de x, y, z, p, q, r, s, t,

$$(63) \qquad \begin{cases} p' = f_1\,(x,\, y,\, z,\, p,\, q), \\ q' = f_2\,(x,\, y,\, z,\, p,\, q), \\ r' = \varphi_1\,(x,\, y,\, z,\, p,\, q,\, r,\, s,\, t), \\ s' = \varphi_2\,(x,\, y,\, z,\, p,\, q,\, r,\, s,\, t), \\ t' = \varphi_3\,(x,\, y,\, z,\, p,\, q,\, r,\, s,\, t), \\ \cdots\cdots\cdots\cdots\cdots\cdots\cdots \end{cases}$$

Lorsque les formules (62) définissent un groupe, les formules (62) et (63) définissent également un groupe, qui est dit le *groupe prolongé* du premier. Cela posé, on dit, pour abréger, qu'une équation du second ordre $F = o$ admet le groupe de transformations ponctuelles (62), lorsque cette équation ne change pas par toutes les transformations définies par les formules (62) et (63).

Par exemple, le groupe prolongé du groupe (I) est donné par les formules

$$x'=X,\, y'=Y,\, z'=z,\, p'=\frac{p}{X'},\, q'=\frac{q}{Y'},\, r'=\frac{rX'-pX''}{X'^3},\, s'=\frac{s}{X'Y'},\, t'=\frac{tY'-qY''}{Y'^3},$$

on en déduit l'égalité $\dfrac{s'}{p'q'} = \dfrac{s}{pq}$, qui montre que toute équation de la forme

$$(64) \qquad \frac{s}{pq} = \varphi\,(z)$$

admet le groupe (I) de transformations. Des formules (II) on tire de même, en posant $X = X\,(x)$, $Y = Y\,(y)$,

$$p' = \frac{p}{X'} - \frac{X''}{X'^2},\quad q' = \frac{q}{Y'} - \frac{Y''}{Y'^2},$$

$$r' = \frac{rX'-pX''}{X'^3} - \frac{X'''X'-2X''^2}{X'^4},\quad s'=\frac{s}{X'Y'},\quad t' = \frac{tY'-qY''}{Y'^3} - \frac{Y'''Y'-2Y''^2}{Y'^4};$$

on a $\dfrac{s'}{e^{z'}}=\dfrac{s}{e^{z}}$ et, par suite, l'équation

$$(65) \qquad\qquad s = he^{z}$$

admet le groupe (II) de transformations. Prenons encore le groupe (III); on a

$$p' = Z'p,\; q' = Z'q,\; r' = Z'r + Z''p^2,\; s' = Z's + Z''pq,\; t' = Z't + Z''q^2 \ldots$$

l'élimination de Z' et Z'' nous donne

$$\frac{q'}{p'}=\frac{q}{p},\qquad \frac{q'r'-p's'}{q'^2}=\frac{qr-ps}{q^2},\qquad \frac{q's'-p't'}{q'^2}=\frac{qs-pt}{q^2},$$

ce qui montre que toute équation de la forme

$$(66) \qquad F\left(x,\, y,\, \frac{p}{q},\; \frac{qr-ps}{q^2},\; \frac{qs-pt}{q^2}\right) = o$$

admet le groupe (III) de transformations. On verra de même que les équations

$$(67) \qquad \mathrm{F}\left(y,\ \frac{q}{z},\ \frac{t}{z},\ \frac{zs-pq}{z}\right) = 0,$$

$$(68) \qquad \mathrm{F}\left(y,\ q,\ t,\ \frac{s}{e^z}\right) = 0,$$

$$(69) \qquad \mathrm{F}\left(y,\ \frac{t}{q},\ \frac{s-qz}{q^2}\right) = 0,$$

admettent les groupes de transformations (IV), (V) et (VI) respectivement.

Lorsqu'une équation aux dérivées partielles admet un groupe de transformations, toute transformation de ce groupe, appliquée à une intégrale, la change évidemment en une nouvelle intégrale. En particulier, lorsqu'une équation du second ordre admet un groupe *connu* de transformations ponctuelles dépendant de deux fonctions arbitraires, on pourra déduire d'une intégrale particulière une intégrale dépendant de deux fonctions arbitraires, c'est-à-dire l'intégrale générale. Prenons, par exemple, l'équation (64), qui admet le groupe (I) de transformations ponctuelles; en cherchant une intégrale de cette équation qui soit de la forme $f(x+y)$, on trouve que la formule

$$\int e^{-\int \varphi(z)\,dz}\,dz = x + y$$

définit une intégrale de cette espèce; l'intégrale générale s'obtiendra en appliquant à celle-là toutes les transformations du groupe (I). Elle est, par conséquent, donnée par la formule

$$\int e^{-\int \varphi(z)\,dz}\,dz = \mathrm{X}(x) + \mathrm{Y}(y).$$

L'équation (65) admet de même l'intégrale particulière

$$e^z = \frac{2}{h\,(x+y)^2};$$

l'intégrale générale est, par suite,

$$e^z = \frac{2\mathrm{X'Y'}}{h\,(\mathrm{X}+\mathrm{Y})^2}.$$

Considérons maintenant une équation du second ordre admettant un groupe infini de transformations dépendant d'une seule fonction arbitraire. Nous supposerons que les formules (62) qui définissent ce groupe renferment explicitement une fonction arbitraire et ses dérivées jusqu'à un ordre déterminé. D'après les théories générales de M. Sophus Lie, il existe pour ce groupe une infinité d'*invariants différentiels*, c'est-à-dire de fonctions $u\,(x,\ y,\ z,\ p,\ q,\ r,\ s,\ t,\ldots,)$ renfermant les dérivées de z jusqu'à un ordre aussi élevé qu'on le veut, qui se reproduisent par toutes les transformations du groupe prolongé. Soient u, v, w, trois invariants différentiels distincts, tels que l'équation proposée $F = o$ ne puisse pas être mise sous la forme $\Phi\,(u,\ v,\ w) = o$. Soit alors (S) une intégrale quelconque de $F = o$; choisissons la fonction Φ de telle façon que cette intégrale vérifie aussi la relation $\Phi\,(u,\ v,\ w) = o$. Les deux équations

$$F = o, \qquad \Phi\,(u,\ v,\ w) = o,$$

admettant toutes les transformations du groupe considéré et ayant déjà une intégrale commune (S), ont une infinité d'intégrales communes dépendant d'une fonction arbitraire, celles que l'on déduit de (S) par toutes les transformations du groupe. Toute intégrale de l'équation du second ordre proposée appartient donc à une autre équation qui a une infinité d'intégrales communes avec $F = o$, dépendant d'une fonction arbitraire, sans les admettre toutes. L'équation $F = o$ est donc intégrable par la méthode de M. Darboux.

Prenons, par exemple, l'équation

$$F\left(x,\ y,\ \frac{p}{q},\ \frac{qr - ps}{q^3},\ \frac{qs - pt}{q^2}\right) = o,$$

qui admet le groupe infini de transformations

$$x' = x, \qquad y' = y, \qquad z' = Z\,(z);$$

x, y et $\dfrac{p}{q}$ sont trois invariants différentiels de ce groupe.

Toute intégrale de l'équation du second ordre vérifie donc une équation du premier ordre

$$\Phi\left(x,\ y,\ \frac{p}{q}\right) = o$$

qui admet une infinité d'intégrales communes avec $F = o$, dépendant d'une fonction arbitraire. Il faut pour cela que l'équation du premier ordre soit une intégrale intermédiaire de l'équation du second ordre, et celle-ci doit admettre une intégrale intermédiaire du premier ordre dépendant d'une fonction arbitraire. Il est facile de le vérifier, car, si on pose $u = \dfrac{p}{q}$, l'équation du second ordre peut s'écrire

$$F\left(x, y, u, \frac{\partial u}{\partial x}, \frac{\partial u}{\partial y}\right) = 0.$$

Considérons encore l'équation

$$F\left(y, \frac{q}{z}, \frac{t}{z} \cdot \frac{zs - pq}{z}\right) = 0,$$

qui admet le groupe infini

$$x' = X(x), \qquad y' = y, \qquad z' = zX'(x);$$

y, $\dfrac{q}{z}$, $\dfrac{t}{z}$ sont trois invariants différentiels de ce groupe. Toute intégrale de l'équation du second ordre appartient donc à une équation de la forme

$$\Phi\left(y, \frac{q}{z}, \frac{t}{z}\right) = 0$$

formant avec la première un système en involution. Pour appliquer la méthode de M. Darboux, il faudra donc chercher une intégrale intermédiaire du second ordre.

Il en est de même de l'équation $F\left(y, q, t, \dfrac{s}{e^2}\right) = 0$, qui admet le groupe de transformations (V) avec les trois invariants différentiels y, q, t. Pour l'équation

$$F\left(y, \frac{t}{q}, \frac{s - q z}{q^2}\right) = 0,$$

il suffira de pousser jusqu'aux dérivées du troisième ordre (n°172), car le groupe (VI) admet les invariants différentiels

$$y, \quad \frac{t}{q}, \quad \frac{p_{03}}{q}.$$

Tout ce que nous venons de dire s'applique aussi aux équations admettant un groupe infini de transformations de contact ; mais il est essentiel de remarquer que la théorie des groupes ne donne pas toutes les équations du second ordre intégrables par la méthode de M. Darboux. Ainsi l'équation $(x + y)^2 s^2 - 4\,pq = 0$ intégrée plus haut (n° 171) n'admet aucun groupe infini de transformations (¹).

(¹) On peut déterminer comme il suit toutes les transformations de contact qui ne changent pas la forme de l'équation $(x + y)^2 s^2 = 4pq$. Soient

$$x = \mathrm{X}\,(x', y'.\ z',\ p',\ q'),$$
$$y = \mathrm{Y}\,(x', y',\ z',\ p'.\ q'),$$
$$z = \mathrm{Z}\,(x', y',\ z',\ p',\ q'),$$
$$p = \mathrm{P}\,(x', y',\ z',\ p',\ q'),$$
$$q = \mathrm{Q}\,(x', y',\ z',\ p',\ q'),$$

les formules qui définissent une de ces transformations. Les deux familles de caractéristiques admettent respectivement une seule combinaison intégrable du premier ordre, $dx = 0$ et $dy = 0$. Les caractéristiques de l'équation transformée admettront donc les deux combinaisons intégrables du premier ordre $d\mathrm{X} = 0$, $d\mathrm{Y} = 0$. Pour que l'équation transformée soit identique à la première, il faudra donc que l'on ait

$$x = \mathrm{X}\,(x'), \qquad y = \mathrm{Y}\,(y'),$$
ou
$$x = \mathrm{Y}\,(y'), \qquad y = \mathrm{Y}\,(x');$$

la seconde forme se déduisant de la première en échangeant x et y, nous pouvons nous borner à considérer le premier cas. Comme on doit avoir $[\mathrm{X},\ \mathrm{Z}] = 0$, $[\mathrm{Y},\mathrm{Z}] = 0$, il s'ensuit que Z ne doit pas contenir p' et q', et la transformation est une transformation ponctuelle

$$x = \mathrm{X}(x'), \qquad y = \mathrm{Y}(y'), \qquad z = \mathrm{Z}(x', y', z').$$

Les valeurs de p et de q sont données par les formules

$$p = \frac{\dfrac{\partial \mathrm{Z}}{\partial x'} + \dfrac{\partial \mathrm{Z}}{\partial z'} p'}{\dfrac{\partial \mathrm{X}}{\partial x'}}, \qquad q = \frac{\dfrac{\partial \mathrm{Z}}{\partial y'} + \dfrac{\partial \mathrm{Z}}{\partial z'} q'}{\dfrac{\partial \mathrm{Y}}{\partial y'}},$$

et la nouvelle équation du second ordre est

$$\frac{(\mathrm{X}+\mathrm{Y})^2}{\mathrm{X}'\mathrm{Y}'}\left\{ \frac{\partial \mathrm{Z}}{\partial z'} s' + \frac{\partial^2 \mathrm{Z}}{\partial y'\partial z'} p' + \frac{\partial^2 \mathrm{Z}}{\partial x'\partial z'} q' + \frac{\partial^2 \mathrm{Z}}{\partial z'^2} p'q' + \frac{\partial^2 \mathrm{Z}}{\partial x'\partial y'} \right\}^2$$
$$= 4 \left(\frac{\partial \mathrm{Z}}{\partial x'} + \frac{\partial \mathrm{Z}}{\partial z'} p' \right) \left(\frac{\partial \mathrm{Z}}{\partial y'} + q' \frac{\partial \mathrm{Z}}{\partial z'} \right).$$

Pour qu'elle soit identique à la première, il faut d'abord qu'elle ne renferme que les deux termes en s'^2 et en $p'q'$, c'est-à-dire que l'on ait

$$\frac{\partial^2 \mathrm{Z}}{\partial y'\partial z'} = 0, \quad \frac{\partial^2 \mathrm{Z}}{\partial x'\partial z'} = 0, \quad \frac{\partial^2 \mathrm{Z}}{\partial z'^2} = 0, \quad \frac{\partial^2 \mathrm{Z}}{\partial x'\partial y'} = 0, \quad \frac{\partial \mathrm{Z}}{\partial x'} = 0, \quad \frac{\partial \mathrm{Z}}{\partial y'} = 0;$$

Z est donc de la forme $\mathrm{Z} = \mathrm{A}z' + \mathrm{B}$, A et B étant deux constantes arbitraires, et il reste à déterminer les deux fonctions $\mathrm{X}(x')$ et $\mathrm{Y}(y')$, de telle façon que l'on ait

(E) $$\frac{\mathrm{X}'\mathrm{Y}'}{(\mathrm{X}+\mathrm{Y})^2} = \frac{1}{(x'+y')^2}.$$

En intégrant par rapport à x', on en conclut que l'on doit avoir

$$\frac{\mathrm{Y}'}{\mathrm{X}+\mathrm{Y}} = \frac{1}{x'+y'} + \mathrm{F}(y');$$

si on attribue à y' une valeur déterminée, on voit que X est une fonction de x' de la forme

$$\mathrm{X} = \frac{ax'+b}{cx'+d}.$$

De même Y est une fonction de même forme de y', et, en substituant dans l'équation (E), on trouve qu'il faut prendre

$$\mathrm{Y} = -\frac{ay'-b}{cy'-d}.$$

174. Dans un Mémoire déjà cité ([1]), M. Julius König, en se plaçant à un point de vue tout différent, a été conduit à une méthode d'intégration qui ne diffère pas essentiellement de la méthode de M. Darboux. L'idée qui sert de point de départ et qui s'était déjà offerte à plusieurs géomètres, consiste à étendre à une équation du second ordre la méthode d'intégration de Lagrange et Charpit pour une équation du premier ordre. Étant donnée une équation du premier ordre $F(x, y, z, p, q) = o$, cette méthode consiste, comme on sait, à chercher une autre équation $u(x, y, z, p, q) = a$, telle que les valeurs de p et de q tirées des deux relations $F = o$, $u = a$, vérifient la condition d'intégrabilité

$$\left(\frac{dp}{dy}\right) = \left(\frac{dq}{dx}\right).$$

De même, étant donnée une équation du second ordre

$$F(x, y, z, p, q, r, s, t) = o,$$

il paraît naturel, pour intégrer cette équation, de chercher deux autres relations $F_1(x, y, z, p, q, r, s, t) = o$, $F_2(x, y, z, p, q, r, s, t) = o$, telles que les valeurs de r, s, t, déduites de ces trois équations rendent complètement intégrable le système d'équations aux différentielles totales

$$(70) \qquad \begin{cases} dz = pdx + qdy, \\ dp = rdx + sdy, \\ dq = sdx + tdy. \end{cases}$$

Avant de développer les conditions auxquelles doivent satisfaire les fonctions F_1 et F_2, nous présenterons quelques remarques sur les systèmes de la forme précédente. Supposons qu'on ait trois équations du second ordre résolues par rapport à r, s, t,

$$(71) \quad r = \varphi(x, y, z, p, q), \quad s = \psi(x, y, z, p, q), \quad t = \chi(x, y, z, p, q);$$

r, s, t étant supposées remplacées par les valeurs précédentes dans les équations (70), les conditions d'intégrabilité se réduisent à deux

$$(72) \quad \begin{cases} \dfrac{\partial \varphi}{\partial y} + \dfrac{\partial \varphi}{\partial z} q + \dfrac{\partial \varphi}{\partial p} \psi + \dfrac{\partial \varphi}{\partial q} \chi = \dfrac{\partial \psi}{\partial x} + \dfrac{\partial \psi}{\partial z} p + \dfrac{\partial \psi}{\partial p} \varphi + \dfrac{\partial \psi}{\partial q} \psi, \\[2ex] \dfrac{\partial \psi}{\partial y} + \dfrac{\partial \psi}{\partial z} q + \dfrac{\partial \psi}{\partial p} \psi + \dfrac{\partial \psi}{\partial q} \chi = \dfrac{\partial \chi}{\partial x} + \dfrac{\partial \chi}{\partial z} p + \dfrac{\partial \chi}{\partial p} \varphi + \dfrac{\partial \chi}{\partial q} \psi. \end{cases}$$

([1]) *Mathematische Annalen*, t. XXIV.

Si ces conditions sont vérifiées identiquement, par tout élément du premier ordre $(x_0, y_0, z_0, p_0, q_0)$, il passe une intégrale du système (71), pourvu que les fonctions φ, ψ, χ soient régulières dans le voisinage des valeurs $(x_0, y_0, z_0, p_0, q_0)$; x_0 et y_0 étant regardées comme des constantes numériques, l'intégrale générale de ce système dépend de trois constantes arbitraires z_0, p_0, q_0. Il est évident qu'on ne peut pas se proposer de déterminer une intégrale passant par une courbe donnée, lorsque la courbe est quelconque; mais on peut signaler la propriété suivante, qui sera invoquée un peu plus loin. Imaginons que l'on ait une courbe (C) et une surface développable (D) passant par cette courbe, en d'autres termes que x, y, z, p, q, soient des fonctions d'un paramètre θ satisfaisant à l'équation

$$\frac{dz}{d\theta} = p \frac{dx}{d\theta} + q \frac{dy}{d\theta}.$$

Les deux conditions

$$\frac{dp}{d\theta} = \varphi\,(x, y, z, p, q) \frac{dx}{d\theta} + \psi\,(x, y, z, p, q) \frac{dy}{d\theta},$$

$$\frac{dq}{d\theta} = \psi\,(x, y, z, p, q) \frac{dx}{d\theta} + \chi\,(x, y, z, p, q) \frac{dy}{d\theta},$$

ne seront pas en général vérifiées; mais, si elles sont satisfaites par ces cinq fonctions x, y, z, p, q, le système (71) admet une intégrale renfermant tous les éléments de la multiplicité M précédente, c'est-à-dire tangente à la développable (D) en tous les points de la courbe (C). Soit, en effet $(x_0, y_0, z_0, p_0, q_0)$ un élément de M, tel que φ, χ, ψ soient des fonctions régulières dans le voisinage des valeurs x_0, y_0, z_0, p_0, q_0. Cet élément appartient à une intégrale (S) du système (71), et il suffit de montrer que (S) renferme tous les autres éléments de M. En effet, établissons entre x et y une relation de forme quelconque $y = \pi\,(x)$, telle que $y_0 = \pi\,(x_0)$; les équations (71) deviennent

$$y = \pi(x), \qquad dz = \{\, p + q\pi'(x) \,\}\, dx,$$

$$dp = \{\, \varphi + \psi\pi'(x) \,\}\, dx, \qquad dq = \{\, \psi + \chi\pi'(x) \,\}\, dx,$$

et elles déterminent une multiplicité simplement infinie d'éléments M_1, issue de l'élément $(x_0, y_0, z_0, p_0, q_0)$.

L'intégrale (S) est le lieu de ces multiplicités M_1, quand on fait varier la fonction $\pi\,(x)$ de toutes les manières possibles. Si l'on choisit la fonction $\pi\,(x)$ de telle façon que la relation $y = \pi\,(x)$ soit identique à celle qui existe entre x et y le long de la courbe donnée (C) les équations différentielles de la multiplicité M_1 deviennent identiques à celles de M et, comme ces deux multiplicités ont un élément commun, il s'ensuit qu'elles sont identiques.

Prenons maintenant trois équations du second ordre de forme quelconque

$$(73) \quad \begin{cases} F(x, y, z, p, q, r, s, t) = 0, \\ F_1(x, y, z, p, q, r, s, t) = 0, \\ F_2(x, y, z, p, q, r, s, t) = 0, \end{cases}$$

telles que le déterminant fonctionnel

$$\frac{D(F, F_1, F_2)}{D(r, s, t)}$$

ne soit pas nul identiquement, ni en tenant compte des équations elles-mêmes. On peut alors en déduire les valeurs de

$$\frac{\partial r}{\partial x}, \quad \frac{\partial s}{\partial x}, \quad \frac{\partial t}{\partial x}, \quad \frac{\partial r}{\partial y}, \quad \frac{\partial s}{\partial y}, \quad \frac{\partial t}{\partial y},$$

par un calcul régulier, et, en égalant les valeurs de $\dfrac{\partial r}{\partial y}$ et de $\dfrac{\partial s}{\partial x}$, et celles de $\dfrac{\partial s}{\partial y}$ et de $\dfrac{\partial t}{\partial x}$, on obtient les deux conditions pour que le système (73) soit complètement intégrable sous la forme suivante

$$(74) \quad \begin{vmatrix} \left(\dfrac{dF}{dy}\right) & \dfrac{\partial F}{\partial s} & \dfrac{\partial F}{\partial t} \\ \left(\dfrac{dF_1}{dy}\right) & \dfrac{\partial F_1}{\partial s} & \dfrac{\partial F_1}{\partial t} \\ \left(\dfrac{dF_2}{dy}\right) & \dfrac{\partial F_2}{\partial s} & \dfrac{\partial F_2}{\partial t} \end{vmatrix} = \begin{vmatrix} \dfrac{\partial F}{\partial r} & \left(\dfrac{dF}{dx}\right) & \dfrac{\partial F}{\partial t} \\ \dfrac{\partial F_1}{\partial r} & \left(\dfrac{dF_1}{dx}\right) & \dfrac{\partial F_1}{\partial t} \\ \dfrac{\partial F_2}{\partial r} & \left(\dfrac{dF_2}{dx}\right) & \dfrac{\partial F_2}{\partial t} \end{vmatrix}$$

$$(75) \quad \begin{vmatrix} \dfrac{\partial F}{\partial r} & \left(\dfrac{dF}{dy}\right) & \dfrac{\partial F}{\partial t} \\ \dfrac{\partial F_1}{\partial r} & \left(\dfrac{dF_1}{dy}\right) & \dfrac{\partial F_1}{\partial t} \\ \dfrac{\partial F_2}{\partial r} & \left(\dfrac{dF_2}{dy}\right) & \dfrac{\partial F_2}{\partial t} \end{vmatrix} = \begin{vmatrix} \dfrac{\partial F}{\partial r} & \dfrac{\partial F}{\partial s} & \left(\dfrac{dF}{dx}\right) \\ \dfrac{\partial F_1}{\partial r} & \dfrac{\partial F_1}{\partial s} & \left(\dfrac{dF_1}{dx}\right) \\ \dfrac{\partial F_2}{\partial r} & \dfrac{\partial F_2}{\partial s} & \left(\dfrac{dF_2}{dx}\right) \end{vmatrix}.$$

Il suffira que les relations (74) et (75) soient des conséquences des équations (73) pour que le système proposé soit complètement intégrable;

si elles sont vérifiées identiquement, le système $F = C$, $F = C_1$, $F = C_2$ sera lui-même complètement intégrable, pour toutes les valeurs possibles des constantes C, C_1, C_2.

175. Cela posé, supposons qu'il s'agisse d'intégrer une équation du second ordre de la forme

$$(76) \qquad r + f(x, y, z, p, q, s, t) = 0$$

et qu'on cherche pour cela à lui adjoindre deux autres équations

$$(77) \qquad \begin{cases} u(x, y, z, p, q, s, t) = a_1, \\ v(x, y, z, p, q, s, t) = a_2, \end{cases}$$

avec deux constantes arbitraires a_1 et a_2, telles que le système formé par les équations (76) et (77) soit complètement intégrable pour toutes les valeurs des constantes a_1 et a_2. Les conditions d'intégrabilité deviennent ici, en développant les déterminants (74) et (75) et remplaçant F, F_1, F_2 par $r + f$, u, v respectivement,

$$(78) \quad \begin{cases} \dfrac{\partial u}{\partial t}\left(\dfrac{dv}{dx}\right) - \dfrac{\partial v}{\partial t}\left(\dfrac{du}{dx}\right) + \dfrac{\partial f}{\partial s}\left\{ \dfrac{\partial u}{\partial t}\left(\dfrac{dv}{dy}\right) - \dfrac{\partial v}{\partial t}\left(\dfrac{du}{dy}\right) \right\} \\[2mm] + \dfrac{\partial f}{\partial t}\left\{ \dfrac{\partial v}{\partial s}\left(\dfrac{du}{dy}\right) - \dfrac{\partial u}{\partial s}\left(\dfrac{dv}{dy}\right) \right\} + \left(\dfrac{df}{dy}\right)\left\{ \dfrac{\partial u}{\partial s}\dfrac{\partial v}{\partial t} - \dfrac{\partial u}{\partial t}\dfrac{\partial v}{\partial s} \right\} = 0, \end{cases}$$

$$(79) \quad \dfrac{\partial u}{\partial s}\left(\dfrac{dv}{dx}\right) + \dfrac{\partial u}{\partial t}\left(\dfrac{dv}{dy}\right) - \left(\dfrac{du}{dx}\right)\dfrac{\partial v}{\partial s} - \left(\dfrac{du}{dy}\right)\dfrac{\partial v}{\partial t} = 0.$$

Ces deux équations doivent être vérifiées identiquement, quand on remplace r par $-f(x, y, z, p, q, s, t)$, puisqu'elles ne contiennent pas les constantes a_1 et a_2. Inversement, tout système d'intégrales (u, v) des équations (78) et (79), pour lesquelles le déterminant $\dfrac{D(u, v)}{D(s, t)}$ ne sera pas nul identiquement, permettra de déterminer une intégrale complète de l'équation proposée; car, si on tire s et t des deux relations $u = a_1$, $v = a_2$,

$$s = \varphi(x, y, z, p, q, a_1, a_2), \qquad t = \psi(x, y, z, p, q, a_1, a_2),$$

le système

$$\begin{aligned} dz &= p\,dx + q\,dy, \\ dp &= -f\,dx + \varphi\,dy, \\ dq &= \varphi\,dx + \psi\,dy, \end{aligned}$$

est complètement intégrable, et l'intégration introduira trois nouvelles constantes arbitraires a_3, a_4, a_5.

M. König discute en détail, dans son Mémoire, le système d'équations simultanées (78) et (79); si l'on élimine l'une des inconnues, v par exemple, on est conduit à une seule équation de condition pour u. Il est aisé de s'en rendre compte *a priori*. En effet, si la fonction u est telle que les équations (78) et (79) admettent une intégrale commune v pour laquelle le déterminant $\dfrac{D\,(u, v)}{D\,(s, t)}$ n'est pas nul identiquement, les trois équations

$$r + f = 0, \qquad u = a_1, \qquad v = a_2$$

admettent une intégrale commune

$$z = F\,(x, y, a_1, a_2, a_3, a_4, a_5),$$

et on peut choisir a_2, a_3, a_4, a_5, de telle façon que, pour $x = x_0$, $y = y_0$, z, p, q et une des dérivées s ou t prennent des valeurs données à l'avance. Les deux équations

$$r + f = 0, \qquad u = a_1,$$

forment donc aussi un système complètement intégrable, ce qui exige (n° 149) que u vérifie une équation aux dérivées partielles du second ordre

$$(80) \qquad\qquad R = 0,$$

linéaire par rapport aux dérivées du second ordre de u. Réciproquement, si u satisfait à la condition $R = 0$, les deux équations $r + f = 0$, $u = a_1$ admettent une intégrale commune dépendant de quatre constantes arbitraires

$$z = \Phi\,(x, y, a_1, a_2, a_3, a_4, a_5),$$

et les relations

$$z = \Phi, \quad p = \frac{\partial \Phi}{\partial x}, \quad q = \frac{\partial \Phi}{\partial y}, \quad r = \frac{\partial^2 \Phi}{\partial x^2}, \quad s = \frac{\partial^2 \Phi}{\partial x \partial y}, \quad t = \frac{\partial^2 \Phi}{\partial y^2}$$

peuvent être résolues par rapport à a_1, a_2, a_3, a_4, a_5 et r, ce qui donne

$$r + f = 0, \quad u = a_1, \quad v = a_2, \quad v_1 = a_3, \quad v_2 = a_4, \quad v_3 = a_5,$$

v, v_1, v_2, v_3 étant des fonctions de x, y, z, p, q, s, t; en particulier, les trois équations

$$r + f = 0, \qquad u = a_1, \qquad v = a_2,$$

forment un système complètement intégrable, puisqu'elles admettent une intégrale commune dépendant des trois constantes a_3, a_4, a_5. L'équation $R = 0$ est donc la résultante des équations (78) et (79), lorsqu'on élimine v $(_1)$.

L'intégration de l'équation $r + f = 0$ est donc ramenée en définitive

---

$(^1)$ On peut obtenir cette résultante comme il suit. Si u ne vérifie pas la relation

$$(a) \qquad \left(\frac{\partial u}{\partial t}\right)^2 - \frac{\partial f}{\partial s}\frac{\partial u}{\partial s}\frac{\partial u}{\partial t} + \frac{\partial f}{\partial t}\left(\frac{\partial u}{\partial s}\right)^2 = 0,$$

on peut résoudre les deux équations (78) et (79) par rapport à $\left(\dfrac{dv}{dx}\right)$ et $\left(\dfrac{dv}{dy}\right)$; ce qui donne le système d'équations

$$(b) \qquad \begin{cases} X(v) = \dfrac{\partial v}{\partial x} + \dfrac{\partial v}{\partial z}p - \dfrac{\partial v}{\partial p}f + \dfrac{\partial v}{\partial q}s + A\dfrac{\partial v}{\partial s} + B\dfrac{\partial v}{\partial t} = 0, \\[2ex] Y(v) = \dfrac{\partial v}{\partial y} + \dfrac{\partial v}{\partial z}q + \dfrac{\partial v}{\partial p}s + \dfrac{\partial v}{\partial q}t + B\dfrac{\partial v}{\partial s} + C\dfrac{\partial v}{\partial t} = 0, \end{cases}$$

A, B, C étant des fonctions de x, y, z, p, q, s, t, et des dérivées partielles du premier ordre de u, qui satisfont à la condition

$$A + \left(\frac{df}{dy}\right) + B\frac{\partial f}{\partial s} + C\frac{\partial f}{\partial t} = 0.$$

La combinaison $X[Y(v)] - Y[X(v)] = 0$ se réduit donc à une équation de la forme

$$H\frac{\partial v}{\partial s} + K\frac{\partial v}{\partial t} = 0,$$

H et K renfermant les dérivées du premier et du second ordre de u et étant linéaires par rapport aux dérivées du second ordre. Comme les équations (78) et (79) et, par suite, les équations (b) admettent l'intégrale $v = u$, il s'ensuit que l'on doit avoir aussi

$$H\frac{\partial u}{\partial s} + K\frac{\partial u}{\partial t} = 0.$$

Pour que le déterminant $\dfrac{D(u,v)}{D(s,t)}$ ne soit pas nul, il faut donc que l'on ait $H = 0$, $K = 0$; ces deux équations admettent un facteur commun qui, égalé à zéro, donne la condition cherchée $R = 0$. On voit de plus que, si u satisfait à cette relation, les équations (78) et (79) forment un système complet, quand on y considère v comme la fonction inconnue.

Lorsque u vérifie l'équation (a), un raisonnement analogue au précédent montre que l'on doit avoir aussi

$$\left(\frac{du}{dx}\right)\frac{\partial u}{\partial s} + \left(\frac{du}{dy}\right)\left\{\frac{\partial f}{\partial s}\frac{\partial u}{\partial s} - \frac{\partial u}{\partial t}\right\} - \left(\frac{df}{dy}\right)\left(\frac{\partial u}{\partial s}\right)^2 = 0$$

pour que les équations (78) et (79) admettent une intégrale commune v telle que $\dfrac{D(u,v)}{D(s,t)}$ ne soit pas nul identiquement. C'est le cas qui va être discuté dans le texte.

à celle de l'équation $R = 0$. Il ne semble pas qu'il y ait là un progrès réel, puisque la nouvelle équation est, en général, tout aussi difficile à intégrer que la première. Mais l'étude d'un cas singulier a conduit M. König à une nouvelle méthode d'intégration, identique en réalité à celle de M. Darboux.

Les deux équations (78) et (79), considérées comme déterminant v, sont en général distinctes. Pour que ces deux équations se réduisent à une seule, il faut et il suffit que la fonction u vérifie les relations suivantes

$$\frac{\dfrac{\partial u}{\partial t}}{\dfrac{\partial u}{\partial s}} = \frac{\dfrac{\partial f}{\partial s}\dfrac{\partial u}{\partial t} - \dfrac{\partial f}{\partial t}\dfrac{\partial u}{\partial s}}{\dfrac{\partial u}{\partial t}} = \frac{\left(\dfrac{df}{dy}\right)\dfrac{\partial u}{\partial t} - \dfrac{\partial f}{\partial t}\left(\dfrac{du}{dy}\right)}{\left(\dfrac{du}{dx}\right)} = \frac{\dfrac{\partial f}{\partial s}\left(\dfrac{du}{dy}\right) - \left(\dfrac{df}{dy}\right)\dfrac{\partial u}{\partial s} + \left(\dfrac{du}{dx}\right)}{\left(\dfrac{du}{dy}\right)}$$

Soient m_1, m_2, les deux racines de l'équation caractéristique

$$m^2 - \frac{\partial f}{\partial s}\, m + \frac{\partial f}{\partial t} = 0\,;$$

on voit d'abord que l'on doit avoir

$$\frac{\partial u}{\partial t} - m_1\,\frac{\partial u}{\partial s} = 0, \qquad \text{ou} \qquad \frac{\partial u}{\partial t} - m_2\,\frac{\partial u}{\partial s} = 0.$$

Prenons, par exemple, la première hypothèse ; les deux dernières conditions précédentes se réduisent alors à une seule

$$\left(\frac{du}{dx}\right) + m_2\left(\frac{du}{dy}\right) - \frac{\partial u}{\partial s}\left(\frac{df}{dy}\right) = 0.$$

On voit donc que la fonction u doit satisfaire à l'un des deux systèmes d'équations

$$(81) \qquad \begin{cases} \dfrac{\partial u}{\partial t} - m_1\,\dfrac{\partial u}{\partial s} = 0, \\[2ex] \left(\dfrac{du}{dx}\right) + m_2\left(\dfrac{du}{dy}\right) - \dfrac{\partial u}{\partial s}\left(\dfrac{df}{dy}\right) = 0, \end{cases}$$

$$(82) \qquad \begin{cases} \dfrac{\partial u}{\partial t} - m_2\,\dfrac{\partial u}{\partial s} = 0, \\[2ex] \left(\dfrac{du}{dx}\right) + m_1\left(\dfrac{du}{dy}\right) - \dfrac{\partial u}{\partial s}\left(\dfrac{df}{dy}\right) = 0. \end{cases}$$

Ce sont précisément les conditions pour que les deux équations

$r + f = 0$, $u = a_1$ forment un système en involution (n° 134). Ce résultat s'explique tout naturellement, si l'on remarque que les relations (78) et (79) expriment que les 6 équations obtenues en différentiant $r + f = 0$, $u = a_1$, $v = a_2$ par rapport à x et par rapport à y se réduisent à quatre. Or, les quatre premières de ces relations se réduisent à trois lorsque $r + f = 0$, $u = a_1$ forment un système en involution ; il suffira donc d'une nouvelle condition pour que ces six relations se réduisent à quatre.

Lorsque l'un des systèmes (81) ou (82) admet deux intégrales distinctes, M. König démontre comme il suit que l'on peut obtenir l'intégrale générale de l'équation $r + f = 0$. Considérons d'abord une intégrale u_1 du système (81) par exemple, et proposons-nous de trouver une intégrale de $r + f = 0$ se réduisant pour $x = x_0$ à une fonction donnée de y, $\zeta(y)$, tandis que p se réduit à une autre fonction $\pi(y)$, les deux fonctions ζ et π vérifiant la relation

$$u(x_0, y, \zeta, \pi, \zeta', \pi', \zeta'') = a_1.$$

Soit

$$v_0(y, \zeta, \pi, \zeta', \pi', \zeta'') = 0$$

une autre relation à laquelle satisfont les fonctions ζ et π, telle que $\dfrac{D(u, v_0)}{D(\pi', \zeta'')}$ ne soit pas nul. On peut trouver une intégrale $v(x, y, z, p, q, s, t)$ de l'équation

$$\frac{\partial u}{\partial s}\left(\frac{dv}{dx}\right) + \frac{\partial u}{\partial t}\left(\frac{dv}{dy}\right) - \left(\frac{du}{dx}\right)\frac{\partial v}{\partial s} - \left(\frac{du}{dy}\right)\frac{\partial v}{\partial t} = 0$$

se réduisant, pour $x = x_0$, à $v_0(y, \zeta, \pi, \zeta', \pi', \zeta'')$, pourvu que x_0 n'ait pas été pris d'une façon particulière, et les trois équations

$$r + f = 0, \qquad u = a_1, \qquad v = 0,$$

dont les deux dernières peuvent être résolues par rapport à s et t, forment un système complètement intégrable. D'après la remarque faite plus haut (n° 174), l'intégrale de ce système qui passe par l'élément

$$x_0, \qquad y_0, \qquad z_0 = \zeta(y_0), \qquad p_0 = \pi(y_0), \qquad q_0 = \zeta'(y_0)$$

se réduit, pour $x = x_0$, à $\zeta(y)$, tandis que sa dérivée première p se réduit à $\pi(y)$.

Lorsque le système (81) admet deux intégrales distinctes u_1 et u_2, on peut déterminer une fonction $\varphi(u_1, u_2)$, telle que l'on ait identiquement $\varphi(u_1, u_2) = 0$, quand on remplace x par x_0, et z, p, q, s, t par $\zeta(y)$, $\pi(y)$, $\zeta'(y)$, $\pi'(y)$, $\zeta''(y)$ respectivement, et l'application de la méthode précédente permettra d'obtenir une intégrale de $r + f = 0$ se réduisant à $\zeta(y)$ pour $x = x_0$, tandis que p se réduit à $\pi(y)$, quelles que soient les fonctions ζ et π. Il serait facile d'obtenir de la même façon la solution du problème de Cauchy sous sa forme générale.

176. Il semble que la méthode de M. König exige plus d'intégrations que celle qui a été développée plus haut ; mais, en tenant compte des résultats déjà obtenus, il est possible de la simplifier. Rappelons d'abord qu'étant donnée une équation du premier ordre $f(x, y, z, p, q) = 0$, l'intégration de cette équation est ramenée à celle de l'équation linéaire $[f, \varphi] = 0$, φ étant regardée comme une fonction inconnue de x, y, z, p, q, si l'on emploie la méthode de Cauchy. Lorsqu'on emploie la méthode de Lagrange, il suffit d'obtenir une intégrale de $[f, \varphi] = 0$, telle que $\dfrac{D(f, \varphi)}{D(p, q)}$ ne soit pas nul ; tirant ensuite p et q des deux équations $f = 0$, $\varphi = a_1$, on a une équation complètement intégrable $dz = pdx + qdy$, dont l'intégration donnera une intégrale complète et, par suite, les caractéristiques de l'équation proposée. Ces deux méthodes se retrouvent dans l'intégration d'un système en involution

$$r + f(x, y, z, p, q, s, t) = 0, \qquad u(x, y, z, p, q, s, t) = C,$$

ou dans la détermination des caractéristiques de ce système, ce qui est le point essentiel. La méthode développée précédemment (n° 136), et qui est l'analogue de celle de Cauchy pour une équation du premier ordre, ramène le problème à l'intégration du système d'équations différentielles

$$dy = m_1 dx, \quad dz = pdx + qdy, \quad dp = -fdx + sdy, \quad dq = sdx + tdy$$

$$\left(\frac{du}{dx}\right) + \frac{\partial u}{\partial s}\frac{ds}{dx} = 0, \qquad \left(\frac{du}{dy}\right) + \frac{\partial u}{\partial s}\frac{dt}{dx} = 0, \qquad \text{où} \quad m_1 = \frac{\dfrac{\partial u}{\partial t}}{\dfrac{\partial u}{\partial s}}.$$

ou, ce qui revient au même, à l'intégration de l'équation linéaire et du premier ordre

$$(83) \qquad \frac{\partial u}{\partial s}\left(\frac{dv}{dx}\right) + \frac{\partial u}{\partial t}\left(\frac{dv}{dy}\right) - \left(\frac{du}{dx}\right)\frac{\partial v}{\partial s} - \left(\frac{du}{dy}\right)\frac{\partial v}{\partial t} = 0,$$

v étant une fonction inconnue de x, y, z, p, q, s, t.

Des idées de M. König on peut déduire une autre méthode, qui est analogue à celle de Lagrange pour les équations du premier ordre. En effet, pour que les équations

$$r + f = 0, \qquad u = a_1, \qquad v = a_2$$

forment un système complètement intégrable, il suffit, d'après le précédent paragraphe, que v satisfasse à une seule relation, qui est précisément l'équation (83). Si donc on a obtenu une intégrale particulière de cette équation, telle que $\dfrac{\mathrm{D}\,(u,\,v)}{\mathrm{D}\,(s,\,t)}$ ne soit pas identiquement nul, en tirant r, s, t des formules $r + f = 0$, $u = a_2$, $v = a_2$, on pourra former un système complètement intégrable

$$dz = p\,dx + q\,dy, \qquad dp = r\,dx + s\,dy, \qquad dq = s\,dx + t\,dy,$$

dont l'intégration introduira trois nouvelles constantes arbitraires a_3, a_4, a_5, et on obtiendra ainsi une intégrale complète

$$z = \Phi\,(x,\,y,\,a_1,\,a_2,\,a_3,\,a_4,\,a_5),$$

du système en involution proposé, d'où on pourra déduire les caractéristiques par des différentiations et des éliminations.

Lorsque l'un des systèmes (81) et (82) admet deux intégrales distinctes, la solution du problème de Cauchy se ramenant à la détermination des caractéristiques d'un système en involution, on pourra employer l'une ou l'autre des méthodes précédentes. Remarquons que, quelle que soit la méthode choisie, il faut toujours commencer par obtenir une intégrale, autre que u, de l'équation (83) ou de l'équation qui joue le même rôle.

177. M. König a généralisé sa méthode en adjoignant à une équation du second ordre une ou deux équations d'ordre quelconque. Nous nous bornerons à quelques courtes indications. On démontre d'abord que, pour que les trois équations

$$(84) \qquad \begin{cases} r + f\,(x,\,y,\,z,\,p,\,q,\,s,\,t) = 0, \\ u\,(x,\,y,\,z,\,p,\,q,\,s,\,t,\; \ldots \; p_{1,\,n-1},\,p_{0n}) = a_1, \\ v\,(x,\,y,\,z,\; \ldots \; \ldots \; p_{1,\,n-1},\,p_{0n}) = a_2, \end{cases}$$

où ne figurent que les dérivées $p_{1,\,k-1}$ et $p_{0,\,k}$, forment un système complètement intégrable, il faut et il suffit que u et v vérifient les équations simultanées

$$(85) \quad \begin{cases} \dfrac{\partial u}{\partial p_{0n}}\left(\dfrac{dv}{dx}\right) - \dfrac{\partial v}{\partial p_{0n}}\left(\dfrac{du}{dx}\right) + \dfrac{\partial f}{\partial s}\left\{ \dfrac{\partial u}{\partial p_{0n}}\left(\dfrac{dv}{dy}\right) - \dfrac{\partial v}{\partial p_{0n}}\left(\dfrac{du}{dy}\right) \right\} \\[2ex] + \dfrac{\partial f}{\partial t}\left\{ \dfrac{\partial v}{\partial p_{1,n-1}}\left(\dfrac{du}{dy}\right) - \dfrac{\partial u}{\partial p_{1,n-1}}\left(\dfrac{dv}{dy}\right) \right\} + \left(\dfrac{d^{n-1}f}{dy_{n-1}}\right)\dfrac{D\,(u,\,v)}{D\,(p_{1,n-1},p_{0n})} = o, \end{cases}$$

$$(86) \quad \dfrac{\partial u}{\partial p_{1,n-1}}\left(\dfrac{dv}{dx}\right) + \dfrac{\partial u}{\partial p_{0,n}}\left(\dfrac{dv}{dy}\right) - \dfrac{\partial v}{\partial p_{1,n-1}}\left(\dfrac{du}{dx}\right) - \dfrac{\partial v}{\partial p_{0n}}\left(\dfrac{du}{dy}\right) = o,$$

avec la condition accessoire que $\dfrac{D\,(u,\,v)}{D\,(p_{1,n-1},\,p_{0n})}$ ne soit pas nul identiquement. L'élimination de v entre les deux relations (85) et (86) conduit encore à une seule équation de condition qui est du second ordre en u et qui exprime que le système des deux équations $r + f = o,\ u = a_1$ est complètement intégrable (n° 149).

Pour que les deux relations (85) et (86), où on regarde v comme inconnue, se réduisent à une seule, il faut et il suffit que u vérifie un des deux systèmes d'équations

$$(87) \quad \dfrac{\partial u}{\partial p_{0,n}} - m_1 \dfrac{\partial u}{\partial p_{1,n-1}} = o, \quad \left(\dfrac{du}{dx}\right) + m_2\left(\dfrac{du}{dy}\right) - \dfrac{\partial u}{\partial p_{1,n-1}}\left(\dfrac{d^{n-1}f}{dy^{n-1}}\right) = o,$$

$$(88) \quad \dfrac{\partial u}{\partial p_{0,n}} - m_2 \dfrac{\partial u}{\partial p_{1,n-1}} = o, \quad \left(\dfrac{du}{dx}\right) + m_1\left(\dfrac{du}{dy}\right) - \dfrac{\partial u}{\partial p_{1,n-1}}\left(\dfrac{d^{n-1}f}{dy^{n-1}}\right) = o,$$

c'est-à-dire que le système $r + f = o,\ u = C$ soit en involution. M. König en déduit, comme plus haut, que l'on peut intégrer l'équation $r + f = o$, toutes les fois que l'un de ces systèmes admet deux intégrales distinctes.

De ces recherches de M. König on déduit encore un nouveau procédé pour intégrer le système en involution

$$r + f = o, \qquad u = C,$$

quel que soit l'ordre des dérivées qui figurent dans u. Les équations (85) et (86) se réduisant alors à une seule, soit v une intégrale de l'équation (86), telle que $\dfrac{D\,(u,\,v)}{D\,(p_{1,n-1},p_{0n})}$ ne soit pas identiquement nul. Les trois relations

$$r + f = o, \qquad u = C, \qquad v = a_2,$$

et celles qu'on déduit de la première par des différentiations successives permettent d'exprimer toutes les dérivées partielles de z jusqu'à l'ordre n, au moyen de

$$x, \, y, \, z, \, p_{1,0}, \, \ldots, \, p_{1, \, n-2}, \, p_{0,1}, \, p_{0,2}, \, \ldots, \, p_{0, \, n-1}$$

et on peut former un système complètement intégrable où les inconnues sont z, $p_{01,\ldots}$, $p_{0, \, n-1}$, $p_{1,0},\ldots$, $p_{1, \, n-2}$. L'intégration de ce système introduit $2n - 1$ constantes nouvelles $a_3, a_4, \ldots, a_{2n+1}$, et on obtient ainsi une intégrale complète

$$z = \mathrm{F}\,(x, \, y, \, \mathrm{C}, \, a_2, \, a_3, \, \ldots, \, a_{2n+1})$$

du système en involution proposé. Les caractéristiques s'en déduiront comme on l'a expliqué au chapitre précédent (n° 140) ([1]).

([1]) Parmi les travaux dont les résultats n'ont pu trouver place dans l'exposition précédente, je dois citer une note de G. Mainardi : « Consequenze a cui conduce il metodo di Charpit e Lagrange applicato alle equationi differentiali partiali di 2° ordine » (*Giornale dell I. R. Istituto Lombardo di Scienze, Lettere ed Arti t. IX*, p. 94-102 ; 1856), qui, vu la date de sa publication, offre un certain intérêt historique. En dépit de son titre, cette note parait bien plutôt un essai d'extension de la méthode de Cauchy. Après avoir établi exactement les équations différentielles des caractéristiques du second ordre, l'auteur recherche comment on doit associer ces caractéristiques pour obtenir une intégrale et fait l'application à plusieurs exemples.

CHAPITRE VIII

LES ÉQUATIONS DE LA PREMIÈRE CLASSE

Définition de l'intégrale générale, d'après Ampère. — Examen de cette défi-
nition. — Équations de la première classe. — Proposition de M. Darboux.
— Énoncés de différents problèmes auxquels conduit la méthode de M.
Darboux. — Recherches de M. Moutard. — Théorème de M. Maurice Lévy.

178. Au début de son grand mémoire : *Considérations générales sur
les intégrales des équations aux différentielles partielles* ([1]), Ampère adopte
la définition suivante de l'intégrale générale d'une équation aux dérivées
partielles d'ordre quelconque : *Pour qu'une intégrale soit générale, il
faut qu'il n'en résulte, entre les variables que l'on considère et leurs dérivées à l'infini, que les relations exprimées par l'équation donnée et par les
équations qu'on en déduit en la différentiant.* Il est relativement facile de
voir que la condition énoncée par Ampère est *nécessaire* pour qu'une
intégrale soit générale, au sens que nous avons adopté antérieurement
(I, n° 18); mais il faut un examen plus approfondi pour reconnaître si
cette condition est suffisante. Afin de fixer les idées, nous nous bornerons à une équation du second ordre :

$$(1) \qquad r + f(x, y, z, p, q, s, t) = 0 ;$$

et, pour plus de précision encore, nous ne considérerons que les intégrales qui sont holomorphes dans le voisinage d'un point (x_0, y_0), et qui
sont telles que la fonction f soit elle-même holomorphe pour $x = x_0$,
$y = y_0$, $z = z_0$, $p = p_0$, $q = q_0$, $s = s_0$, $t = t_0$, en désignant par z_0, p_0,
q_0, s_0, t_0 les valeurs que prennent z, p, q, s, t, respectivement pour
$x = x_0$, $y = y_0$. En d'autres termes, les intégrales ont un élément du

---

([1]) *Journal de l'École polytechnique*, 17ᵉ cahier.

second ordre appartenant à un certain domaine, à l'intérieur duquel la fonction $f(x, y, z, p, q, s, t)$ est régulière.

Si l'on différentie l'équation (1) un nombre quelconque de fois par rapport à x et à y, on obtient deux équations contenant les dérivées du troisième ordre, trois équations contenant les dérivées du quatrième ordre, ... et, en général, $(n-1)$ équations renfermant les dérivées d'ordre n; ces relations permettent d'exprimer toutes les dérivées partielles de la fonction inconnue z au moyen de x, y, z, et des dérivées $p_{1,k-1}$, $p_{0,k}$, l'indice k variant de 1 à $+ \infty$. Mais de l'équation (1) on ne peut déduire aucune relation ne renfermant que les dérivées partielles $p_{1,k-1}$ et $p_{0,k}$. La condition d'Ampère est donc équivalente à celle-ci : *pour qu'une intégrale de l'équation* (1) *soit générale, il faut que, de la définition de cette intégrale, on ne puisse déduire aucune relation* d'ÉGALITÉ *entre les variables* $(x, y, z, p_{1,0}, p_{1,1}, ..., p_{1,k-1}; p_{0,1}, ..., p_{0,k})$, *aussi grand que soit le nombre entier k.* Il est bien entendu qu'il s'agit de relations ne renfermant aucune des quantités arbitraires qui figurent dans l'intégrale considérée. Réciproquement, toute intégrale de l'équation (1), qui satisfait à la condition précédente, est générale au sens d'Ampère.

Rappelons maintenant qu'une intégrale, holomorphe dans le domaine du point (x_0, y_0), est générale, au sens que nous avons adopté, si on peut disposer des arbitraires qu'elle contient, de façon que, pour $x = x_0$, elle se réduise à une fonction donnée $\varphi(y)$, tandis que $\dfrac{\partial z}{\partial x}$ se réduit, pour la même valeur de x, à une autre fonction donnée $\psi(y)$, les deux fonctions arbitraires $\varphi(y)$ et $\psi(y)$ étant seulement assujetties à être holomorphes dans le domaine du point $y = y_0$. Cela revient à dire que l'on peut choisir arbitrairement, pour $x = x_0$, $y = y_0$, les valeurs initiales de z et de toutes les dérivées partielles $(p_{1,k-1})_0$, $(p_{0,k})_0$, ces valeurs étant assujetties à la seule condition de rendre convergentes les deux séries :

$$(2) \qquad \sum \frac{(p_{0,k})_0}{k!}(y-y_0)^k, \qquad \sum \frac{(p_{1,k-1})_0}{(k-1)!}(y-y_0)^{k-1};$$

pour des valeurs de $y - y_0$ dont le module ne dépasse pas une certaine limite. Nous dirons, pour abréger, qu'une intégrale est générale *au sens de Cauchy*, si elle satisfait à la condition précédente, le point (x_0, y_0) étant absolument quelconque ou pouvant varier arbitrairement à l'intérieur d'un domaine limité. Il est clair, d'après cela, que toute intégrale, qui est générale au sens de Cauchy, est nécessairement générale au sens d'Ampère, car la condition de rendre convergentes les séries (2) ne peut entraîner aucune relation d'égalité entre un nombre quelconque des coefficients $(p_{1,k-1})_0$, et $(p_{0,k})_0$, aussi grand que l'on suppose l'ordre des dérivées qui figureraient dans cette relation.

Mais la réciproque est loin d'être évidente. On peut concevoir, en effet, l'existence d'intégrales de l'équation (1) contenant assez d'arbitraires pour qu'il n'existe, entre x, y, z, et les dérivées $p_{1,k-1}$ et $p_{0,k}$, aucune relation d'égalité indépendante de ces arbitraires, sans que, pour cela, les dérivées $p_{1,k-1}$ et $p_{0,k}$ puissent prendre tous les systèmes de valeurs rendant convergentes les séries (2) pour des valeurs données de x_0 et de y_0. C'est ce qui arriverait, par exemple, si quelques-unes de ces dérivées étaient assujetties à rester comprises entre certaines limites, ou à ne prendre que des valeurs d'une forme déterminée. Il pourrait se faire aussi que, quoiqu'il n'existe aucune relation de la forme

$$F\left(z,\ p_{10},\ ...,\ p_{1,k-1},\ p_{0,1},\ ...,\ p_{0,k}\right) = 0,$$

quand les variables x et y sont quelconques, il se présente cependant de telles relations quand on attribue aux variables x et y des valeurs particulières. De telles intégrales, s'il en existe, sont générales au sens d'Ampère, sans être générales au sens de Cauchy.

De même, étant donnée une équation de la forme

$$(3) \qquad\qquad s + f\left(x,\ y,\ z,\ p,\ q\right) = 0,$$

une intégrale est générale au sens d'Ampère, si, de la définition de cette intégrale, il ne résulte aucune relation d'égalité entre les variables $\left(x,\ y,\ z, \dfrac{\partial z}{\partial x}, ..., \dfrac{\partial^n z}{\partial x^n}; \dfrac{\partial z}{\partial y}, ..., \dfrac{\partial^n z}{\partial y^n}\right)$, aussi grand que soit n. Une intégrale est générale au sens de Cauchy, si on peut disposer des arbitraires qu'elle contient, de façon que, pour $x = x_0$, elle se réduise à une fonction donnée de y, et, pour $y = y_0$, à une autre fonction donnée de x, sous certaines conditions de continuité.

Quelques exemples montreront, mieux que toutes les considérations générales qu'une intégrale peut être générale au sens d'Ampère, sans être générale au sens de Cauchy.

EXEMPLE I. — Prenons l'équation élémentaire $s = 0$; toutes les équations qui en résultent par la différentiation sont de la forme

$$\frac{\partial^{i+k} z}{\partial x^i \partial y^k} = 0, \qquad\qquad i, k = 1, 2, ..., n, ...$$

Soit $G(x)$ une de ces fonctions analytiques, auxquelles a conduit l'étude des équations différentielles linéaires, et dont le module reste toujours plus petit que l'unité, quelle que soit la valeur attribuée à la variable x. Les formules :

$$(4) \qquad x = \varphi(\alpha), \quad y = \psi(\beta), \quad z = G(\alpha) + G(\beta),$$

où $\varphi(\alpha)$ est une fonction arbitraire de α, $\psi(\beta)$ une fonction arbitraire de β, représentent une intégrale de l'équation $s = 0$, qui est générale au sens d'Ampère. On déduit en effet des formules (4) les valeurs suivantes des dérivées $\dfrac{\partial z}{\partial x}, \dfrac{\partial^2 z}{\partial x^2}, \ldots, \dfrac{\partial z}{\partial y}, \dfrac{\partial^2 z}{\partial y^2}, \ldots$

$$\frac{\partial z}{\partial x} = \frac{G'(\alpha)}{\varphi'(\alpha)}, \qquad \frac{\partial^2 z}{\partial x^2} = \frac{\dfrac{\partial}{\partial \alpha}\left(\dfrac{G'(\alpha)}{\varphi'(\alpha)}\right)}{\varphi'(\alpha)}, \ldots;$$

d'une manière générale $\dfrac{\partial^n z}{\partial x^n}$ s'exprime au moyen de $\varphi'(\alpha)$, $\varphi''(\alpha)$, ..., $\varphi^{(n)}(\alpha)$, et de fonctions connues de α, et $\dfrac{\partial^n z}{\partial y^n}$ s'exprime au moyen de $\psi'(\beta)$, $\psi''(\beta)$, ..., $\psi^{(n)}(\beta)$, et de fonctions connues de β. Les fonctions φ et ψ étant arbitraires, il ne peut évidemment exister aucune relation d'égalité entre x, y, z et les dérivées précédentes ; ce qui suffit pour prouver que l'intégrale est générale au sens d'Ampère. D'ailleurs, il est clair que cette intégrale ne peut être l'intégrale générale au sens habituel, dans un domaine aussi restreint qu'on le voudra, puisque le module de z est toujours inférieur à 2.

Exemple II. — L'équation linéaire

$$(5) \qquad s - qy = 0$$

a un invariant nul, et l'intégrale générale est représentée par la formule

$$(6) \qquad z = X + \int_0^y Y e^{xy} \, dy,$$

X étant une fonction arbitraire de x, et Y une fonction arbitraire de y. La suite de Laplace relative à l'équation (5) est terminée, d'une part, à l'équation elle-même, mais elle est illimitée dans l'autre sens, comme on s'en assure en calculant les invariants successifs. Il résulte des propositions établies précédemment (n° 169) que toute équation aux dérivées partielles formant avec l'équation (5) un système en involution est nécessairement de la forme

$$(7) \qquad F\left(x, y, \frac{\partial z}{\partial y}, \frac{\partial^2 z}{\partial y^2}, \dots, \frac{\partial^n z}{\partial y^n}\right) = 0.$$

Cela posé, considérons l'intégrale

$$(8) \qquad z = \int_0^y Y e^{xy} \, dy,$$

qui se réduit à zéro pour $y = 0$, et à une fonction arbitraire de y, $\int_0^y Y \, dy$, pour $x = 0$. Cette intégrale satisfait à la condition d'Ampère; en effet, si elle vérifiait une équation, qui ne serait pas une conséquence de l'équation (5), cette équation, formant avec la proposée un système en involution, serait de la forme (7), et, en attribuant à la variable x une valeur déterminée, on aurait une équation différentielle à laquelle devrait satisfaire la fonction arbitraire Y.

Plus généralement, soit

$$(9) \qquad F(x, y, z, p, q, r, s, t) = 0$$

une équation du second ordre, telle qu'il n'existe aucune équation aux dérivées partielles formant avec elle un système en involution. Toute intégrale de l'équation (9), dépendant d'une fonction arbitraire ou d'une infinité de constantes arbitraires, satisfait à la condition d'Ampère; car, si elle vérifiait une équation aux dérivées partielles $\Phi = 0$, autre que celles qu'on peut déduire de $F = 0$ par des différentiations, l'équation $\Phi = 0$ aurait en commun avec la proposée une intégrale commune dépendant d'une infinité de constantes arbitraires, sans les admettre toutes. Il existerait donc une équation formant avec $F = 0$ un système en involution, contrairement à l'hypothèse. Par exemple, si la suite de Laplace relative à l'équation linéaire:

$$(10) \qquad s + ap + bq + cz = 0$$

est illimitée dans les deux sens, il n'existe, nous l'avons vu, aucune équation formant avec l'équation (10) un système en involution (n° 169). Toute intégrale de l'équation (10), dépendant d'une fonction arbitraire, satisfait donc à la condition d'Ampère. On obtient de telles intégrales si l'on a obtenu, par un procédé quelconque, une intégrale de l'équation (10) dépendant d'un paramètre arbitraire $\psi(x, y, \alpha)$, en multiplian par une fonction arbitraire $f(\alpha)$ et en intégrant le produit $f(\alpha)\,\psi(x, y, \alpha)$ entre des limites déterminées :

$$z = \int_{\alpha_1}^{\alpha_2} \psi(x,\ y,\ \alpha)\ f(\alpha)\ d\alpha;$$

or cette intégrale, si la fonction ψ ne satisfait pas à des conditions particulières, n'est pas nécessairement l'intégrale générale au sens de Cauchy [1].

Les exemples précédents montrent bien qu'il est nécessaire, pour donner une base solide à la théorie des équations aux dérivées partielles du second ordre, d'adopter la définition de l'intégrale générale que M. Darboux a déduite des travaux de Cauchy et que nous avons prise pour point de départ [2].

179. Le *critérium* énoncé par Ampère pour qu'une intégrale soit générale étant une condition nécessaire, les conclusions qu'il en a déduites sont à l'abri de toute objection. Ainsi, *pour qu'une intégrale soit générale, il faut qu'elle renferme des arbitraires dont le nombre croît à l'infini par des différentiations.*

En effet, si les formules qui donnent x, y, z, et les dérivées successives de z ne contenaient jamais qu'un nombre fini K d'arbitraires, quel que soit l'ordre n des dérivées considérées, à partir d'une valeur de n assez grande, on aurait

$$2 + \frac{(n+2)(n+1)}{2} - K > \frac{n(n-1)}{2},$$

et l'élimination des K arbitraires conduirait certainement à plus de $\dfrac{n(n-1)}{2}$ relations distinctes entre x, y, z, et les dérivées de z jusqu'à l'ordre n. Une au moins de ces relations ne serait pas une conséquence de l'équation F $= 0$ proposée et de celles qu'on en déduit en la différentiant ; car on n'obtient ainsi que $\dfrac{n(n-1)}{2}$, relations distinctes ne renfermant aucune dérivée d'ordre supérieur à n.

[1] On pourra consulter sur ce sujet un article de M. Delassus : *Quelques remarques sur les intégrales partielles* (*Bulletin des Sciences mathématiques*, t. XIX, p. 37-56).

[2] On doit remarquer que, dans le passage cité plus haut, Ampère dit simplement *il faut*, mais qu'il n'ajoute pas *il suffit*. Il semble résulter cependant de la suite de son mémoire qu'il considère la condition énoncée comme suffisante pour la généralité d'une intégrale.

Il faut donc, pour qu'une intégrale ne renfermant qu'un nombre fini d'arbitraires soit générale, qu'en calculant les dérivées successives de la fonction z représentée par cette intégrale, à partir d'un certain moment, il s'introduise de nouvelles arbitraires. Le même raisonnement prouve que, si, en passant des dérivées d'ordre p aux dérivées d'ordre $p+1$, il ne s'introduit qu'une nouvelle arbitraire, l'intégrale considérée ne peut être générale. Supposons, pour fixer les idées, que les dérivées du premier et du second ordre soient homogènes à l'intégrale, mais qu'à partir du troisième ordre il s'introduise une nouvelle arbitraire à chaque différentiation, l'intégrale considérée, que l'on suppose renfermer k arbitraires, satisfera alors à

$$4 + \frac{(n+1)(n+2)}{2} - n - K,$$

relations distinctes au moins, renfermant les dérivées d'ordre n. Or, si on prend n assez grand, on aura encore

$$4 + \frac{(n+1)(n+2)}{2} - n - K > \frac{n(n-1)}{2},$$

ou $n > K - 5$, et la conclusion est la même que tout à l'heure.

On voit donc, par exemple, que des formules de la forme

$$(11) \quad \begin{cases} x = F_1\left(\alpha, \beta, \varphi(\alpha), \varphi'(\alpha), \dots, \varphi^p(\alpha)\right), \\[2mm] y = F_2\left(\alpha, \beta, \varphi(\alpha), \varphi'(\alpha), \dots, \varphi^p(\alpha)\right), \\[2mm] z = F_3\left(\alpha, \beta, \varphi(\alpha), \varphi'(\alpha), \dots, \varphi^p(\alpha)\right), \end{cases}$$

renfermant une seule fonction arbitraire $\varphi(\alpha)$ et ses dérivées en nombre fini, ne peuvent représenter l'intégrale générale d'une équation du second ordre. En effet, lorsque l'on sera arrivé à des dérivées dépendant de $\varphi^{(p+1)}(\alpha)$, les dérivées suivantes dépendront de $\varphi^{(p+2)}(\alpha)$, ..., etc., et il s'introduira une seule arbitraire nouvelle quand on passera des dérivées d'un certain ordre aux dérivées de l'ordre suivant. Ainsi, quand une équation du second ordre est susceptible d'une intégrale générale explicite, cette intégrale doit contenir au moins *deux* fonctions arbitraires. Il en est de même toutes les fois que l'intégrale générale appartient à la *première classe*, comme cela résultera facilement des considérations développées un peu plus loin. Mais on ne peut pas en conclure que l'intégrale générale d'une équation du second ordre dépend nécessairement de deux fonctions arbitraires, si cette intégrale n'appartient pas à la première classe.

Prenons, par exemple, une intégrale où la fonction arbitraire figure sous un signe d'intégration partielle :

$$(12) \qquad z = \int_{\alpha_1}^{\alpha_2} \varphi\,(x,\,y,\,\alpha)\, f(\alpha)\, d\alpha,$$

où α désigne un paramètre variable, $\varphi\,(x,\,y,\,\alpha)$ une fonction déterminée, $f(\alpha)$ une fonction arbitraire, et α_1, α_2 deux constantes. Si la fonction $\varphi\,(x,\,y,\,\alpha)$ satisfait, quel que soit le paramètre α, à une équation linéaire

$$(13) \qquad Ar + 2Bs + Ct + Dp + Eq + Fz = o,$$

où les coefficients A, B, C, D, E, F, sont des fonctions des variables x et y, indépendantes de α, on voit immédiatement qu'il en est de même de la fonction (12), quelle que soit la fonction arbitraire $f(\alpha)$. On a, pour cette intégrale,

$$p = \int_{\alpha_1}^{\alpha_2} \frac{\partial\varphi}{\partial x}\, f(\alpha)\, d\alpha, \qquad q = \int_{\alpha_1}^{\alpha_2} \frac{\partial\varphi}{\partial y}\, f(\alpha)\, d\alpha,$$

$$r = \int_{\alpha_1}^{\alpha_2} \frac{\partial^2\varphi}{\partial x^2}\, f(\alpha)\, d\alpha, \qquad s = \int_{\alpha_1}^{\alpha_2} \frac{\partial^2\varphi}{\partial x \partial y}\, f(\alpha)\, d\alpha, \qquad t = \int_{\alpha_1}^{\alpha_2} \frac{\partial^2\varphi}{\partial y^2}\, f(\alpha)\, d\alpha,$$

et, d'une manière générale,

$$\frac{\partial^{i+k} z}{\partial x^i \partial y^k} = \int_{\alpha_1}^{\alpha_2} \frac{\partial^{i+k} \varphi}{\partial x^i \partial y^k}\, f(\alpha)\, d\alpha.$$

Mais la fonction φ, satisfaisant à l'équation (13), toutes les dérivées partielles $\dfrac{\partial^{i+k}\varphi}{\partial x^i \partial y^k}$ sont des fonctions linéaires de quelques-unes d'entre elles ; par exemple, si A et C sont nuls, elles s'expriment toutes au moyen des dérivées $\dfrac{\partial^i\varphi}{\partial x^i}$ et $\dfrac{\partial^k\varphi}{\partial y^k}$. Il en résulte que toutes les dérivées partielles jusqu'à l'ordre n sont alors des fonctions linéaires des intégrales

$$\int_{\alpha_1}^{\alpha_2} \varphi f\, d\alpha, \quad \int_{\alpha_1}^{\alpha_2} \frac{\partial\varphi}{\partial x}\, f\, d\alpha, \,..., \int_{\alpha_1}^{\alpha_2} \frac{\partial^n\varphi}{\partial x^n}\, f(\alpha)\, d\alpha, \quad \int_{\alpha_1}^{\alpha_2} \frac{\partial\varphi}{\partial y}\, f(\alpha)\, d\alpha, \,..., \int_{\alpha_1}^{\alpha_2} \frac{\partial^n\varphi}{\partial y^n}\, f(\alpha)\, d\alpha,$$

dont les coefficients sont des fonctions déterminées de x et de y. Quand on passe des dérivées d'ordre n aux dérivées d'ordre $n + 1$, on voit qu'il s'introduit deux arbitraires nouvelles

$$\int_{\alpha_1}^{\alpha_3} \frac{\partial^{n+1}\varphi}{\partial x^{n+1}}\, f(\alpha)\, d\alpha, \qquad \int_{\alpha_1}^{\alpha_2} \frac{\partial^{n+1}\varphi}{\partial y^{n+1}}\, f(\alpha)\, d\alpha.$$

Il peut donc se faire qu'une intégrale de la forme (12) vérifie le critérium d'Ampère ; nous avons vu plus haut qu'il en est bien ainsi toutes les fois que l'équation (13) n'est pas intégrable par la méthode de Laplace, généralisée par Legendre, et que l'intégrale (12) dépend effectivement d'une fonction arbitraire.

Il n'est pas permis de conclure de ce qui précède que l'intégrale générale, au sens que nous avons adopté, d'une équation linéaire, peut être représentée par une formule de la forme (12). Dans un travail intéressant ([1]), M. Borel a démontré qu'il en est ainsi, mais l'intégrale $\varphi(x, y, \alpha)$ doit être choisie d'une façon particulière.

180. Il a été déjà question, à diverses reprises, des équations qui admettent une intégrale générale de la *première classe*, suivant une expression adoptée par Ampère. L'illustre auteur n'explique pas, il est vrai, d'une façon bien claire ce qu'il entend par là, et il se borne à dire que, dans les intégrales en question, les fonctions arbitraires ne doivent pas figurer dans une intégrale partielle. Mais il est possible de déduire de ses travaux une définition précise, en tenant compte de la propriété fondamentale sur laquelle sont basés les raisonnements. Nous dirons qu'une équation du second ordre :

$$(14) \qquad F(x, y, z, p, q, r, s, t) = 0,$$

admet une intégrale générale de la première classe, ou, plus simplement, que cette équation appartient à la première classe, s'il est possible d'obtenir, pour représenter l'intégrale générale de cette équation, des formules de la forme suivante

$$(15) \quad \begin{cases} x = V_1[\alpha, \beta, f_1(\alpha), f_1'(\alpha), \ldots, f_2(\alpha), f_2'(\alpha), \ldots, \varphi_1(\beta), \varphi_1'(\beta) \ldots], \\ y = V_2[\alpha, \beta, f_1(\alpha), f_1'(\alpha), \ldots, f_2(\alpha), f_2'(\alpha), \ldots, \varphi_1(\beta), \varphi_1'(\beta) \ldots], \\ z = V_3[\alpha, \beta, f_1(\alpha), f_1'(\alpha), \ldots, f_2(\alpha), f_2'(\alpha), \ldots, \varphi_1(\beta), \varphi_1'(\beta) \ldots], \end{cases}$$

([1]) E. Borel, *Sur les équations linéaires aux dérivées partielles* (*Comptes Rendus*, 25 mars 1895) ; *Remarques sur l'intégration des équations linéaires aux dérivées partielles* (*Bulletin des Sciences mathématiques*; 1895).

où V_1, V_2, V_3 sont des fonctions déterminées des deux variables auxiliaires α et β, de p fonctions de α, $f_1(\alpha)$, $f_2(\alpha)$, ..., $f_p(\alpha)$, de q fonctions de β, $\varphi_1(\beta)$, ..., $\varphi_q(\beta)$, et de leurs dérivées en nombre *fini*, les p fonctions de α, f_1, f_2, ..., f_p étant assujetties à vérifier $p-1$ équations différentielles d'ordre quelconque, et les q fonctions de β devant vérifier de même $q-1$, équations différentielles d'ordre quelconque; les formules (15) ne renferment donc, en réalité, que deux fonctions arbitraires, une fonction arbitraire de α et une fonction arbitraire de β.

Il est évident que les équations précédentes comprennent, comme cas particulier, les équations qui admettent une intégrale générale explicite; il suffit de supposer $p = q = 1$. On peut aussi ramener à la forme (15) les intégrales où les fonctions arbitraires et leurs dérivées figureraient sous certains signes de quadrature, chacune de ces fonctions n'étant engagée sous un pareil signe qu'avec la variable dont elle dépend, ou d'autres fonctions de cette variable. Par exemple, si les fonctions V_1, V_2, V_3 renfermaient une intégrale telle que

$$\int \pi \left[\alpha, f_1(\alpha), f_1'(\alpha), ..., f_2(\alpha), f_2'(\alpha), ...\right] d\alpha,$$

il suffirait d'introduire une nouvelle fonction $f_{p+1}(\alpha)$ égale à cette intégrale et d'ajouter aux équations différentielles qui lient les fonctions f_1, f_2, ..., f_p la nouvelle relation

$$f'_{p+1} = \pi \left[\alpha, f_1(\alpha), f_1'(\alpha), ...\right].$$

On peut aussi faire rentrer dans la définition précédente les intégrales où les fonctions arbitraires figureraient, avec la même restriction, sous plusieurs signes de quadrature superposés. Si, par exemple, les seconds membres des formules (15) renfermaient une expression telle que

$$\int \psi \left[\alpha, f_1(\alpha), f_1'(\alpha), ..., f_2(\alpha), f_2'(\alpha), ...\right] d\alpha \int \pi \left[\alpha, f_1(\alpha), f_1'(\alpha), ...\right] d\alpha,$$

en posant :

$$f_{p+1}(\alpha) = \int \pi \left[\alpha, f_1(\alpha), f_1'(\alpha), ...\right] d\alpha,$$

$$f_{p+2}(\alpha) = \int \psi \left[\alpha, f_1(\alpha), f_1'(\alpha), ..., f_2(\alpha), f_2'(\alpha), ...\right] f_{p+1}(\alpha) d\alpha,$$

no ajouterait aux équations différentielles qui ont lieu entre les fonctions $f_1, ..., f_p$, les deux suivantes

$$f'_{p+1}(\alpha) = \pi, \qquad f'_{p+2}(\gamma) = \psi f_{p+1}(\alpha),$$

et les formules (15) renfermeraient une nouvelle fonction de α, $f_{p+2}(\alpha)$.

D'après une remarque de M. Maurice Lévy (*Comptes Rendus*, t. 75, 1872) on peut ne laisser, dans les formules (15), que deux fonctions de α, et leurs dérivées, ces deux fonctions étant liées par une équation différentielle, et deux fonctions de β, et leurs dérivées, ces deux fonctions étant liées par une autre équation différentielle. Ceci tient à ce que, d'une manière générale, l'intégration d'un système de n équations différentielles à une seule variable indépendante et à n fonctions inconnues peut se ramener à l'intégration d'une équation différentielle d'ordre plus élevé à une seule inconnue ([1]).

([1]) Soient, en effet, x la variable indépendante et $y_1, y_2, ... y_n$ les fonctions inconnues. On peut supposer que les n équations $F_1 = 0$, $F_2 = 0$, ..., $F_n = 0$, ne renferment aucune dérivée d'ordre supérieur au premier, car, s'il en était autrement, il suffirait de prendre, pour inconnues auxiliaires, un certain nombre de ces dérivées pour être ramené à ce cas. Cela posé, si les équations proposées ne peuvent pas être résolues par rapport aux dérivées des fonctions inconnues $y'_1, y'_2, ..., y'_n$, on en déduira un certain nombre de relations entre $x, y_1, y_2, ..., y_n$. Si ces relations ne sont pas incompatibles, elles permettront d'exprimer quelques-unes des inconnues en fonction de x et des autres inconnues, et on diminuera l'ordre du système. En continuant de la sorte, si le système proposé n'est pas incompatible, on finira par arriver à un système que l'on pourra résoudre par rapport aux dérivées des fonctions inconnues

$$\frac{dy_1}{dx} = f_1(x, y_1, ..., y_m), \qquad \frac{dy_m}{dx} = f_m(x, y_1, ..., y_m),$$

où $m \leqq n$. Prenons comme inconnue auxiliaire une certaine fonction

$$U = F(x, y_1, y_2, ..., y_m)$$

et soit $X(\ ) = \frac{\partial}{\partial x} + \frac{\partial}{\partial y_1} f_1 + ... + \frac{\partial}{\partial y_m} f_m$. On aura successivement

$$\frac{dU}{dx} = X(F), \qquad \frac{d^2U}{dx^2} = X(X(F)), ..., \frac{d^pU}{dx^p} = X^{(p)}(F), ...$$

$X^{(p)}$ étant le résultat de l'opération $X(\ )$ répétée p fois de suite. Cette inconnue auxiliaire U satisfait à une équation différentielle d'ordre m et ne satisfait à aucune équation d'ordre inférieur, si la fonction F n'a pas été prise d'une façon particulière. Ayant obtenu l'intégrale générale de cette équation, les m équations

$$U = F, \quad \frac{dU}{dx} = X(F), ..., \frac{d^{m-1}U}{dx^{m-1}} = X^{(m-1)}(F),$$

permettent d'exprimer $y_1, y_2, .., y_m$ en fonction de x, U, $\frac{dU}{dx}, ..., \frac{d^{m-1}U}{dx^{m-1}}$.

Si nous appliquons ceci aux $p-1$ équations différentielles entre les p fonctions $f_1(\alpha), f_2(\alpha), ..., f_p(\alpha)$, on voit qu'en considérant l'une d'elles, $f_1(\alpha)$ par exemple, comme donnée, les $p-1$ autres s'exprimeront au moyen d'une fonction auxiliaire $U(\alpha)$ et de ses dérivées, cette fonction $U(\alpha)$ étant liée à la fonction $f_1(\alpha)$ par une équation différentielle.

181. À la fin de son mémoire (voir p. 121), M. Darboux annonce que sa méthode permet d'intégrer toutes les équations du second ordre qui admettent une intégrale générale de la première classe. La démonstration que nous allons donner s'étend à des équations possédant une intégrale d'une forme encore plus générale que celle qui est donnée par les formules (15). Soit $f(\alpha)$ une fonction arbitraire de α, et $\varphi(\beta)$ une fonction arbitraire de β ; soient ensuite $F_1, F_2, \ldots, F_k$ un système de k fonctions de α et de β, définies par un système d'équations aux différentielles totales :

$$(16) \quad dF_i = \Phi_i[\alpha,\beta,f(\alpha),f'(\alpha),\ldots,f^{(m)}(\alpha),\varphi(\beta),\varphi'(\beta),\ldots,\varphi^{(n)}(\beta),F_1,F_2,\ldots,F_k]d\alpha$$
$$+\Pi_i[\alpha,\beta,f(\alpha),f'(\alpha),\ldots,f^{(m)}(\alpha),\varphi(\beta),\varphi'(\beta),\ldots,\varphi^{(n)}(\beta),F_1,F_2,\ldots,F_k]d\beta$$
$$(i = 1, 2, \ldots, k),$$

que nous supposerons complètement intégrable, quelles que soient les fonctions arbitraires $f(\alpha)$ et $\varphi(\beta)$. Nous considérons les équations du second ordre dont l'intégrale générale est représentée par des formules telles que

$$(17) \quad \begin{cases} x = V_1[\alpha,\beta,f(\alpha),f'(\alpha),\ldots,f^{(m)}(\alpha),\varphi(\beta),\varphi'(\beta),\ldots,\varphi^{(n)}(\beta),F_1,F_2,\ldots,F_k], \\ y = V_2[\alpha,\beta,f(\alpha),f'(\alpha),\ldots,f^{(m)}(\alpha),\varphi(\beta),\varphi'(\beta),\ldots,\varphi^{(n)}(\beta),F_1,F_2,\ldots,F_k], \\ z = V_3[\alpha,\beta,f(\alpha),f'(\alpha),\ldots,f^{(m)}(\alpha),\varphi(\beta),\varphi'(\beta),\ldots,\varphi^{(n)}(\beta),F_1,F_2,\ldots,F_k], \end{cases}$$

où V_1, V_2, V_3 sont des fonctions déterminées de α, β, $F_1, \ldots, F_k$, de $f(\alpha)$, $\varphi(\beta)$, et de leurs dérivées jusqu'à un ordre fini. Pour retrouver les équations de la première classe, il suffit de supposer que les fonctions $F_1, F_2, \ldots, F_k$ se partagent en deux groupes, les unes ne dépendant que de la variable α, les autres ne dépendant que de la variable β. On peut, en effet, supposer que, dans les formules (15), les fonctions $f_2(\alpha), \ldots, f_p(\alpha)$ figurent seules, sans leurs dérivées ; il suffit d'introduire ces dérivées comme nouvelles fonctions pour être ramenées à ce cas.

Pour des formes déterminées des fonctions $f(\alpha)$, $\varphi(\beta)$, F_1, $F_2, \ldots, F_k$, vérifiant les relations (16), les formules (17) représentent, par hypothèse, une surface intégrale (S) de l'équation du second ordre proposée. Les considérations dont on s'est servi précédemment (t. I, n° 98) s'étendent sans difficulté à cette nouvelle forme de l'intégrale, et nous montrent que, sur la surface (S), les deux familles de caractéristiques sont précisément les courbes $\alpha = C^{te}$, et $\beta = C^{te}$. Proposons-nous, en effet, de calculer les dérivées successives de z par rapport à x et à y. Les dérivées du premier ordre p et q se déduisent de l'identité $dz = pdx + qdy$; or, si on remplace dans dx, dy, dz les différentielles dF_i par leurs valeurs (16), on voit que les coefficients de $d\alpha$ et de $d\beta$, renfermeront, outre les fonctions qui figurent dans V_1, V_2, V_3, les deux dérivées nouvelles $f^{(m+1)}(\alpha)$ et $\varphi^{(n+1)}(\beta)$. Les expressions de p et de q contiendront donc en général α, β, F_1, F_2, ..., F_k, $f(\alpha)$, ..., $f^{(m+1)}(\alpha)$, $\varphi(\beta)$, ..., $\varphi^{(n+1)}(\beta)$; si elles contiennent effectivement $f^{(m+1)}(\alpha)$ et $\varphi^{(n+1)}(\beta)$, elles sont *hétérogènes* à l'intégrale, sinon elles sont *homogènes* à l'intégrale. Connaissant p et q, on obtiendra les dérivées du second ordre au moyen des deux relations

$$dp = rdx + sdy, \qquad dq = sdx + tdy$$

et ainsi de suite. Si, à un moment, la dérivée $f^{(m+1)}(\alpha)$ apparaît dans les dérivées d'un certain ordre, les dérivées de l'ordre suivant contiendront $f^{(m+2)}(\alpha)$, ..., etc., chaque différentiation nouvelle fera apparaître une nouvelle dérivée de $f(\alpha)$. De même, à partir du moment où la dérivée $\varphi^{(n+1)}(\beta)$ fera son apparition dans les dérivées d'un certain ordre, chaque différentiation nouvelle amènera une nouvelle dérivée de $\varphi(\beta)$. Il peut d'ailleurs se faire que les dérivées $f^{(m+1)}(\alpha)$ et $\varphi^{(n+1)}(\beta)$ n'apparaissent pas simultanément; c'est ce qui arrivera, par exemple, si les dérivées du second ordre sont homogènes à l'intégrale relativement à α et hétérogènes à l'intégrale relativement à β. Quoiqu'il en soit, à partir des dérivées d'un certain ordre, quand on passera des dérivées d'ordre r aux dérivées d'ordre $r+1$, on introduira deux nouvelles arbitraires, une dérivée de la fonction $f(\alpha)$ et une dérivée de la fonction $\varphi(\beta)$. Les conséquences sont analogues à celles qui ont été déduites plus haut (n° 98).

Nous considérons α, β, F_1, ..., F_k, $f(\alpha)$, ..., $f^{(m)}(\alpha)$, ..., $\varphi(\beta)$, ..., $\varphi^{(n)}(\beta)$, ..., comme autant d'arbitraires distinctes, quoique ces fonctions ne soient pas indépendantes. Cela veut dire uniquement que, lorsqu'on a choisi pour un système particulier $\alpha = \alpha_0$, $\beta = \beta_0$ les valeurs de F_1. ..., F_k, des fonctions f et φ et de leurs dérivées, jusqu'à un ordre déterminé, on peut encore choisir arbitrairement les valeurs des dérivées suivantes pour $\alpha = \alpha_0$, $\beta = \beta_0$, jusqu'à un ordre aussi élevé qu'on le veut. Imaginons que l'on ait écrit les formules qui donnent les valeurs successives des dérivées du premier ordre, du second ordre, etc. Si on élimine α, β, F_1, ..., F_k, $f(\alpha)$, $f'(\alpha)$, ..., $\varphi(\beta)$, $\varphi'(\beta)$, ..., on est conduit à une infinité de relations entre x, y, z, p, q, r, s, t, ... La suite de ces relations est identique à celle qu'on obtiendrait en ajoutant à l'équation du second ordre proposée toutes celles qu'on en déduit par des différentiations à l'infini, puisque, par hypothèse, les formules (17) représentent l'intégrale générale de cette équation du second ordre.

Supposons maintenant que l'on prenne pour l'une des fonctions, $\varphi(\beta)$ par exemple, une forme bien déterminée et qu'on laisse arbitraire la seconde fonction $f(\alpha)$. Les surfaces intégrales représentées par les formules (17) ne dépendent plus que d'une fonction arbitraire $f(\alpha)$, et ces surfaces vérifient une infinité d'équations aux dérivées partielles, qui ne sont pas des conséquences de l'équation du second ordre $F = 0$. Pour fixer les idées, admettons que la dérivée $f^{(m+1)}(\alpha)$ apparaisse pour la première fois dans les dérivées d'ordre $h+1$; alors $f^{(m+2)}(\alpha)$ figurera dans les dérivées d'ordre $h+2$, ..., etc. Si donc l'on considère les expressions de x, y, z, et de toutes les dérivées partielles jusqu'à celles d'ordre $h+i+1$, ces quantités, au nombre de

$$\frac{(h+i+2)\,(h+i+3)}{2} + 2,$$

renferment $m+3+k+i$ arbitraires, à savoir α, β, $f(\alpha)$, $f''(\alpha)$, ... $f^{(m+i)}(\alpha)$, F_1, F_2, ..., F_k. L'élimination de ces arbitraires conduira donc à un groupe (G) d'au moins

$$\frac{(h+i+2)\,(h+i+3)}{2} + 2 - (m+3+k+i),$$

relations distinctes entre x, y, z, et les dérivées partielles de z jusqu'à celles d'ordre $h+i+1$; d'autre part, si on ajoute à l'équation du second ordre $F = 0$ toutes celles qu'on en déduit par des différentiations successives, on forme un nouveau groupe (G') de

$$\frac{(h+i+1)\,(h+i)}{2},$$

équations ne renfermant aucune dérivée d'ordre supérieur à $h+i+1$, et toutes les autres relations entre les dérivées que l'on peut déduire de $F = 0$ renferment au moins une dérivée d'ordre supérieur à $h+i+1$. Or, si le nombre i est assez grand, on aura certainement

$$\frac{(h+i+2)\,(h+i+3)}{2} + 2 - (m+3+k+i) > \frac{(h+i+1)\,(h+i)}{2};$$

il y aura donc une équation au moins du groupe (G) qui ne sera pas une conséquence des équations du groupe (G'). Soit (E) une équation de cette espèce; cette équation admet une infinité d'intégrales communes avec l'équation du second ordre proposée, sans les admettre toutes, et ces intégrales communes dépendent d'une fonction arbitraire $f(\alpha)$. Comme la fonction $\varphi(\beta)$, que nous avons supposée déterminée, peut être prise quelconque, nous sommes conduits en définitive au théorème suivant :

Toutes les fois qu'une équation du second ordre $\mathrm{F}(x, y, z, p, q, r, s, t) = o$ *admet une intégrale générale de la forme* (17), *toute intégrale de cette équation vérifie une autre équation aux dérivées partielles qui a une infinité d'intégrales communes avec la proposée, dépendant d'une fonction arbitraire, sans les admettre toutes.*

On conclut de là (n° 173) qu'il existe deux combinaisons intégrables pour l'un des systèmes de caractérisques de l'équation $\mathrm{F} = o$, et on peut reconnaître quel est celui de ces deux systèmes, de la façon suivante : ayant attribué à la fonction $\varphi\,(\beta)$ une forme déterminée, et laissant arbitraire la fonction $f\,(\alpha)$, toutes les surfaces représentées par les formules (17) vérifient, d'après ce qui précède, l'équation $\mathrm{F} = o$ et une autre équation $\Phi = o$, dont l'ordre peut être aussi élevé qu'on le veut, formant avec $\mathrm{F} = o$ un système en involution. Les courbes $\alpha = \mathrm{C^{te}}$ sont les caractéristiques de ce système ; en effet, si on attribue à la fonction $f\,(\alpha)$ une forme particulière et qu'on pose ensuite $\alpha = \sigma_0$, en faisant varier β, on obtient sur la surface intégrale une certaine courbe. Si l'on remplace maintenant $f\,(\alpha)$ par une autre fonction de α prenant la même valeur que la première, ainsi que ses dérivées jusqu'à un certain ordre, pour $\alpha = \alpha_0$, on obtiendra une nouvelle surface intégrale qui aura avec la première un contact d'un ordre aussi élevé qu'on le voudra tout le long de la courbe $\alpha = \alpha_0$. La démonstration est la même que celle qui a été donnée antérieurement (t. I, n° 98). Il faut remarquer seulement que le long de la courbe $\alpha = \alpha_0$, F_1, F_2, ..., F_k sont des fonctions de la seule variable β définies par les équations différentielles

$$\frac{d\mathrm{F}_i}{d\beta} = \Pi_i\,(\alpha_0, \beta, f\,(\alpha_0), f'\,(\alpha_0), ..., f^{(m)}\,(\alpha_0), \varphi\,(\beta), ..., \varphi^{(n)}\,(\beta), \mathrm{F}_1, ..., \mathrm{F}_k);$$

elles ne dépendent donc que de α_0 et des valeurs initiales de ces fonctions pour une valeur particulière β_0 de β, et, par suite, restent les mêmes pour toutes les fonctions $f\,(\alpha)$, qui prennent les mêmes valeurs, ainsi que leurs m premières dérivées, pour $\alpha = \alpha_0$.

En se reportant aux résultats établis dans le Chapitre VI, on conclut de là qu'il existe deux combinaisons intégrables pour les caractéristiques de la famille $\beta = \mathrm{C^{te}}$. Si, au lieu d'attribuer à la fonction $\varphi\,(\beta)$ une forme déterminée, on laissait cette fonction arbitraire en prenant pour $f\,(\alpha)$ une fonction déterminée, on démontrerait de la même façon qu'il existe deux combinaisons intégrables pour les caractéristiques de la seconde famille $\alpha = \mathrm{C^{te}}$. Nous pouvons donc énoncer la proposition suivante :

Toutes les fois qu'une équation du second ordre admet une intégrale générale de la forme (17), *il existe deux combinaisons intégrables distinctes pour les équations différentielles de chaque système de caractéristiques.*

La proposition réciproque a déjà été établie (n° 155). On peut déduire de là de nombreuses conséquences. Ainsi nous avons vu que la méthode de M. Darboux, appliquée aux équations linéaires :

$$\frac{\partial^2 z}{\partial x\, \partial y} + a\, \frac{\partial z}{\partial x} + b\, \frac{\partial z}{\partial y} + cz = 0,$$

conduit aux mêmes résultats que la méthode de Laplace. Une équation linéaire de cette forme ne peut donc appartenir à la première classe que si la suite de Laplace, relative à cette équation, est limitée dans les deux sens. D'une manière générale, une équation linéaire de forme quelconque ne peut appartenir à la première classe que si l'application du procédé de Legendre conduit à une suite d'équations linéaires qui se termine dans les deux sens.

On a vu aussi (n° 170) que l'équation $s = \sin z$ n'était pas intégrable par la méthode de M. Darboux ; cette équation, dont dépend la détermination des surfaces à courbure constante, ne peut donc appartenir à la première classe. Il en est de même, ainsi que l'a montré M. Sophus Lie, pour l'équation aux dérivées partielles en coordonnées cartésiennes des surfaces à courbure constante. Les deux faits peuvent du reste être rattachés l'un à l'autre au moyen d'une remarque générale. Supposons que deux équations du second ordre (E), (E′) soient liées l'une à l'autre de telle façon que toute intégrale de l'équation (E′) puisse se déduire d'une intégrale de l'équation (E) par l'intégration d'un système d'équations différentielles ordinaires. On peut concevoir analytiquement cette dépendance comme il suit : x, y, z désignant les coordonnées d'un point d'une surface intégrale de l'équation (E) exprimées au moyen de deux variables auxiliaires α, β, soient H_1, H_2, ..., H_i, i fonctions de α, β définies par un système d'équations aux différentielles totales complètement intégrable :

$$(18) \quad dH_j = R_j(x,y,z,p,q,...,H_1,H_2,...,H_i)dx + S_j(x,y,z,p,q,...,H_1,...,H_i)dy,$$
$$(j = 1,2, ... i),$$

les coordonnées d'un point d'une surface intégrale de l'équation (E′) s'expriment par des fonctions déterminées de x, y, z, p, q, ..., et de H_1, H_2, ..., H_i.

Lorsqu'il en est ainsi, si l'équation (E) admet une intégrale générale de la forme (17), il en sera de même pour l'équation (E′), car, en remplaçant x, y, z, p, q, ..., par leurs expressions tirées des formules (17), on aura des formules de même forme pour représenter l'intégrale générale de l'équation (E′) avec des fonctions intermédiaires nouvelles H_1, ..., H_l, qu'il faudra ajouter aux anciennes F_1, ..., F_k.

Il y a précisément une liaison de cette nature entre les deux équations

$$(E) \quad rt - s^2 + a^2 (1 + p^2 + q^2)^2 = 0, \qquad\qquad (E') \quad \frac{\partial^2 \omega}{\partial u \partial v} = \sin \omega.$$

Supposons, par exemple, qu'on ait obtenu une intégrale de l'équation (E), c'est-à-dire que l'on connaisse les coordonnées (x, y, z) d'un point d'une surface à courbure constante en fonction de deux variables auxiliaires quelconques α et β ; d'après M. Lie, on obtiendra, par de simples quadratures, les lignes de courbure de cette surface, et on en déduira ensuite une solution de l'équation (E′). De même, connaissant une solution de l'équation (E′), on obtiendra une solution de l'équation (E) par l'intégration d'un système d'équations différentielles [1].

182. Plus généralement, supposons qu'une équation du second ordre admette une intégrale représentée par des formules de la forme (17), mais ne dépendant que d'une fonction arbitraire $f(\alpha)$,

$$(19) \quad \left\{ \begin{array}{l} x = V_1 (\alpha, \beta, f(\alpha), f'(\alpha), ..., f^{(m)}(\alpha), F_1, F_2, ..., F_k), \\ y = V_2 (\alpha, \beta, f(\alpha), f'(\alpha), ..., f^{(m)}(\alpha), F_1, F_2, ..., F_k), \\ z = V_3 (\alpha, \beta, f(\alpha), f'(\alpha), ..., f^{(m)}(\alpha), F_1, F_2, ..., F_k), \end{array} \right.$$

où les fonctions F_1, F_2, ..., F_k sont définies par un système complètement intégrable de la forme (16), où les seconds membres ne renferment qu'une fonction arbitraire $f(\alpha)$. Les raisonnements employés plus haut prouvent que cette intégrale vérifie, quelle que soit la fonction $f(\alpha)$, une équation aux dérivées partielles qui n'admet pas toutes les intégrales de l'équation du second ordre proposée. Il existe donc au moins une autre équation aux dérivées partielles formant avec celle-là un système en involution. Réciproquement, si l'équation du second ordre forme avec une autre équation d'ordre quelconque un système en involution, l'intégrale générale de ce système est représentée par deux relations de la forme

$$\Phi(x, y, z, \alpha, f_1(\alpha), ..., f_n(\alpha)) = 0 \qquad \frac{d\Phi}{d\alpha} = 0,$$

<hr>

[1] Darboux, *Théorie générale des Surfaces.* Livre VII.

les n fonctions $f_1(\alpha), \ldots, f_n(\alpha)$ étant assujetties à vérifier $n - 1$ équations différentielles. Il est clair que ces formules peuvent être ramenées à la forme (19), en prenant pour la variable β une des coordonnées x, y, z.

On voit donc que, si une intégrale quelconque d'une équation du second ordre appartient à un groupe d'intégrales dépendant d'une fonction arbitraire et représentées par des formules de la forme (19), l'un des systèmes de caractéristiques de cette équation présente deux combinaisons intégrables, et réciproquement. Si deux équations du second ordre (E), (E') sont liées de telle façon que toute intégrale de l'équation (E') se déduise d'une intégrale de l'équation (E) par l'intégration d'un système d'équations différentielles ordinaires, comme on l'a expliqué tout à l'heure, et, s'il existe deux combinaisons intégrables pour l'un des systèmes de caractéristiques de l'équation (E), il en sera de même pour l'équation (E'). Lorsque la liaison entre ces deux équations est réciproque, on voit donc que, si l'une des deux équations est intégrable par la méthode de M. Darboux, il en est de même de l'autre.

183. L'étude de la méthode de M. Darboux suggère un grand nombre de sujets de recherches. Ainsi, il serait intéressant de connaître *toutes* les équations du second ordre auxquelles s'applique avec succès la méthode de M. Darboux, soit pour les deux systèmes de caractéristiques, soit pour un seul système, ou du moins d'avoir des types de plus en plus étendus d'équations auxquelles s'applique cette méthode. Lorsque les deux systèmes de caractéristiques sont confondus, le problème a été complètement résolu (n° 166); mais, dans le cas général, les solutions que l'on possède paraissent extrêmement particulières. Il y aurait aussi intérêt, en prenant un problème plus particulier, à former toutes les équations pour lesquelles il existe une *intégrale générale explicite*, c'est-à-dire telles que x, y, z puissent s'exprimer par des fonctions *déterminées* de deux variables auxiliaires α, β, d'une fonction arbitraire de α et d'une fonction arbitraire de β, et de leurs dérivées en nombre fini (t. I, n° 98).

Pour bien préciser l'état de la question, nous rappellerons les résultats connus, relatifs au seul type un peu général d'équations de cette espèce qui ait été étudié jusqu'ici. Soient

$$(20) \quad \begin{cases} x = V_1 \left[\alpha, \beta; \varphi(\alpha), \varphi'(\alpha), \ldots, \varphi^{(i)}(\alpha); \psi(\beta), \psi'(\beta), \ldots, \psi^{(h)}(\beta) \right], \\ y = V_2 \left[\alpha, \beta; \varphi(\alpha), \varphi'(\alpha), \ldots, \varphi^{(i)}(\alpha); \psi(\beta), \psi'(\beta), \ldots, \psi^{(h)}(\beta) \right], \\ z = V_3 \left[\alpha, \beta; \varphi(\alpha), \varphi'(\alpha), \ldots, \varphi^{(i)}(\alpha); \psi(\beta), \psi'(\beta), \ldots, \psi^{(h)}(\beta) \right], \end{cases}$$

les formules qui représentent l'intégrale générale d'une équation du second ordre $F = o$; on en déduira de proche en proche les expressions des dérivées successives $p, q, r, s, t, \ldots$, au moyen de α, β, des fonctions $\varphi(\alpha)$, $\psi(\beta)$ et de leurs dérivées successives. Cela posé, puisque l'intégrale générale de l'équation considérée appartient à la première classe, chacun des systèmes de caractéristiques doit admettre une infinité d'invariants distincts. Soient, par exemple, u et v les deux invariants les plus simples du système de caractéristiques $\alpha = C^{te}$, ceux au moyen desquels s'expriment tous les autres (n° 163). Si on remplace, dans l'un de ces invariants, $x, y, z, p, q, \ldots$, par leurs valeurs, le résultat doit être indépendant de β ; on a donc, après cette substitution,

$$u(x, y, z, p, q, \ldots) = F[\alpha, \varphi(\alpha), \varphi'(\alpha), \ldots],$$
$$v(x, y, z, p, q, \ldots) = \Phi[\alpha, \varphi(\alpha), \varphi'(\alpha), \ldots];$$

u_1 et v_1 étant les invariants qui jouent le même rôle pour le second système de caractéristiques $\beta = C^{te}$, on aura de même

$$u_1(x, y, z, p, q, \ldots) = F_1[\beta, \psi(\beta), \psi'(\beta), \ldots],$$
$$v_1(x, y, z, p, q, \ldots) = \Phi_1[\beta, \psi(\beta), \psi'(\beta), \ldots].$$

L'hypothèse la plus simple que l'on puisse faire est évidemment la suivante ; chacun des systèmes admet un invariant du premier ordre et, en appelant u et u_1 ces deux invariants, on a

$$u(x, y, z, p, q) = F(\alpha),$$
$$v_1(x, y, z, p, q) = F_1(\beta) :$$

comme on peut d'ailleurs remplacer u par une fonction quelconque de u, et u_1 par une fonction quelconque de u_1, il est permis de remplacer ces égalités par les suivantes :

$$u(x, y, z, p, q) = \alpha, \qquad u_1(x, y, z, p, q) = \beta.$$

L'hypothèse que nous faisons revient donc à celle-ci : des formules (20) et de celles qui donnent les dérivées du premier ordre p et q, *on peut tirer les valeurs de α et de β en fonction de x, y, z, p, q.*

Pour qu'il en soit ainsi, il faut que chacun des systèmes de caractéristiques de l'équation du second ordre admette un invariant du premier ordre. On démontre aisément que cela ne peut avoir lieu que si l'équation considérée est une équation de Monge-Ampère, et ces deux invariants u et u_1 doivent être en involution, $[u, u_1] = 0$. Si on fait une transformation de contact, de façon à ce que les nouvelles variables indépendantes soient précisément u et u_1, l'équation prendra la forme

$$\frac{\partial^2 z}{\partial u \partial u_1} = f\left(u, u_1, z, \frac{\partial z}{\partial u}, \frac{\partial z}{\partial v_1}\right),$$

et on aura pour l'intégrale générale de cette équation une fonction renfermant explicitement deux fonctions arbitraires de u et de u_1 respectivement, avec leurs dérivées jusqu'à un ordre fini. On est donc ramené au problème suivant, qui a fait l'objet des recherches de **M. Moutard** [1] :

Trouver toutes les équations du second ordre admettant une intégrale générale de la forme

$$(21) \qquad z = f(x, y, X, X', ..., X^{(m)}; Y, Y', ..., Y^{(n)})$$

X *désignant une fonction arbitraire de* x, *et* X', ..., X$^{(m)}$ *ses dérivées*, Y *désignant une fonction arbitraire de* y, *et* Y', ..., Y$^{(n)}$ *ses dérivées.*

Les théorèmes énoncés par **M. Moutard** ont été démontrés par **M. E. Cosserat** dans une note élégante [2], à laquelle nous renverrons le lecteur en résumant seulement les résultats. On voit directement qu'une équation qui admet une intégrale générale de cette espèce est nécessairement de la forme

$$s = f(x, y, z, p, q),$$

ce qui résulte aussi des raisonnements précédents. Mais le calcul direct montre de plus que la fonction f doit être linéaire par rapport à p et par rapport à q séparément, c'est-à-dire que l'équation précédente doit être de la forme

$$(22) \qquad s + \rho pq + ap + bq + c = 0,$$

ρ, a, b, c désignant des fonctions de x, y, z. Si l'on prend comme nouvelle inconnue, au lieu de z, une fonction θ de x, y, z, assujettie uniquement à vérifier la relation

$$\frac{\partial \theta}{\partial z} = e^{\int \rho \, dz},$$

l'équation définissant θ sera encore de la forme (22), mais ne contiendra

<hr>

[1] *Recherches sur les équations aux dérivées partielles du second ordre à deux variables indépendantes (Comptes Rendus, t. LXX, p. 834).*

[2] Note ajoutée au tome IV de la *Théorie générale des Surfaces* de **M. Darboux**, p. 405-422.

pas de terme en pq, et admettra une solution de même forme que
l'équation (22). Il suffit donc de traiter le problème pour une équation
de la forme

$$(23) \qquad s + ap + bq + c = o,$$

où a, b, c sont des fonctions de x, y, z.

Cela posé, pour que l'équation (23) admette une solution de la forme
(21), il faut, abstraction faite de deux cas particuliers dont il sera question tout à l'heure, que l'équation soit linéaire, ou bien qu'elle soit de
la forme

$$(24) \qquad \frac{\partial^2 z}{\partial x \partial y} + (me^{\omega z} + n) \frac{\partial z}{\partial x} + (m_1 e^{-\omega z} + n_1) \frac{\partial z}{\partial y} + c = o,$$

m, n, m_1, n_1, ω étant des fonctions de x et de y, et c une fonction de
x, y, z. Si l'équation (23) est linéaire, pour qu'elle admette une intégrale générale de la forme (21), il faut et il suffit que la suite de Laplace
relative à cette équation soit terminée dans les deux sens, et nous retombons sur une question déjà traitée. Si l'équation est de la forme (24), en
prenant pour nouvelle inconnue $z\omega$, il faudra qu'elle appartienne au type
suivant :

$$(25) \qquad \frac{\partial^2 z}{\partial x \partial y} - \frac{\partial}{\partial x} (Ae^z) + \frac{\partial}{\partial y} (Be^{-z}) + C = o,$$

A, B, C étant des fonctions de x et de y. Nous verrons au chapitre
suivant comment une transformation simple permet de ramener l'intégration de cette équation à celle d'une équation linéaire. Pour que
l'équation (25) admette une intégrale générale de la forme (21), il faut
et il suffit qu'il en soit de même de l'équation linéaire correspondante,
et on est ramené au même problème.

Si l'équation (23) n'est ni linéaire, ni du type (24), elle doit être de
l'une des trois formes suivantes, dont la seconde se déduit de la première en échangeant le rôle des variables x, y,

$$(26) \qquad \frac{\partial^2 z}{\partial x \partial y} + (mz + n) \frac{\partial z}{\partial x} + n_1 \frac{\partial z}{\partial y} + c = o,$$

$$(27) \qquad \frac{\partial^2 z}{\partial x \partial y} + n \frac{\partial z}{\partial x} + (m_1 z + n_1) \frac{\partial z}{\partial y} + c = o,$$

$$(28) \qquad \frac{\partial^2 z}{\partial x \partial y} + n \frac{\partial z}{\partial x} + n_1 \frac{\partial z}{\partial y} + c = o,$$

m, n, m_1, n_1 désignant des fonctions de x, y et c une fonction de x, y, z.
Pour que l'équation (26) admette une intégrale de la forme (21), il faut

qu'en prenant pour nouvelle inconnue une expression linéaire par rapport à z, et remplaçant y par une fonction choisie convenablement de y, on retombe sur l'équation intégrée déjà (n° 47) :

$$\frac{\partial^2 z}{\partial x \partial y} + z \frac{\partial z}{\partial x} = 0.$$

On a une conclusion analogue pour l'équation (27). Enfin, pour que l'équation (28) admette une intégrale de la forme (21), il faut qu'on puisse la ramener à l'équation de Liouville en prenant pour nouvelle inconnue une fonction linéaire de z. En définitive, la solution du problème de M. Moutard est ramenée à la formation de toutes les équations linéaires pour lesquelles la suite de Laplace est terminée dans les deux sens.

Considérons l'ensemble des équations qui admettent une intégrale générale de la forme (21) et de toutes celles que l'on en déduit par toutes les transformations de contact possibles. Nous avons ainsi une famille d'équations du second ordre admettant une intégrale générale explicite, qui sont caractérisées par la propriété énoncée plus haut : les variables auxiliaires α et β sont des fonctions *déterminées* de x, y, z, p, q. La plupart des équations dont nous avons obtenu l'intégrale générale sous forme explicite appartiennent à cette famille, mais ce ne sont point les seules. Par exemple, l'équation $(x + y)\, s = 2\sqrt{pq}$ intégrée au n° 171 ne peut être ramenée à la forme (23) par une transformation de contact, comme on le démontre facilement, en remarquant que cette transformation serait forcément de la forme

$$x' = \mathrm{X}(x), \qquad y' = \mathrm{Y}(y), \qquad z' = \mathrm{Z}(x, y, z),$$

ou de la forme

$$x' = \mathrm{Y}(y), \qquad x' = \mathrm{X}(x), \qquad z' = \mathrm{Z}(x, y, z).$$

Cependant cette équation admet, comme on l'a vu, une intégrale générale explicite; mais on a, dans ce cas,

$$x = \varphi''(\alpha), \qquad\qquad y = \psi''(\beta),$$

de sorte que α et β, tout en ne dépendant que de x et de y respectivement, sont des fonctions dont l'expression varie avec l'intégrale considérée. Cette remarque conduit à poser un problème plus général que celui de M. Moutard et dont voici l'énoncé : *Trouver toutes les équations du second ordre qui admettent une intégrale générale de la forme*

$$(29) \quad \begin{cases} x = V_1\left[\alpha, \varphi(\alpha), \varphi'(\alpha), \ldots, \varphi^{(m)}(\alpha)\right], \\ y = V_2\left[\beta, \psi(\beta), \psi'(\beta), \ldots, \psi^{(n)}(\beta)\right], \\ z = V_3\left[\alpha, \beta; \varphi(\alpha), \ldots, \varphi^{(m)}(\alpha); \psi(\beta), \ldots, \psi^{(n)}(\beta)\right], \end{cases}$$

x *ne dépendant que de* α, $\varphi(\alpha)$, $\ldots$, $\varphi^{(m)}(\alpha)$, *et* y *ne dépendant que de* β, $\psi(\beta)$, $\psi'(\beta)$, $\ldots$, $\psi^{(n)}(\beta)$. Il est clair que l'équation doit être de la forme $s + f(x, y, z, p, q) = 0$.

Il peut aussi arriver qu'une équation du second ordre admette une intégrale générale explicite, sans que les deux systèmes de caractéristiques admettent une combinaison intégrable du premier ordre. Prenons, par exemple, l'équation

$$(30) \qquad s + tz^2 + 2q^2 z = 0 \; ;$$

il existe, pour l'un des systèmes de caractéristiques du premier ordre, deux combinaisons intégrables distinctes :

$$dx = 0, \qquad d(p + qz^2) = 0,$$

tandis qu'il n'en existe aucune pour le second système. L'équation (30) admet l'intégrale intermédiaire

$$p + qz^2 = \Phi(x),$$

dont l'intégration se ramène à celle du système

$$(31) \qquad \frac{dx}{1} = \frac{dy}{z^2} = \frac{dz}{\Phi(x)} \; ;$$

si on pose $\Phi(x) = X''$, l'intégrale générale du système (31) est donnée par les formules

$$(32) \quad \begin{cases} z - X' = C_1, \\ y - \int X'^2 dx - 2X(z - X') - x(z - X')^2 = C_2. \end{cases}$$

On fera disparaître tout signe de quadrature en posant $X' = \alpha$, $x = \varphi''(\alpha)$, ce qui donne

$$X = \int X' \, dx = \alpha \varphi''(\alpha) - \varphi'(\alpha), \quad \int X'^2 dx = \alpha^2 \varphi''(\alpha) - 2\alpha \varphi'(\alpha) + 2\varphi(\alpha).$$

Pour obtenir l'intégrale générale de l'équation du second ordre, il faut établir une relation arbitraire entre C_1 et C_2 ou, ce qui revient au même, poser $C_1 = \beta$, $C_2 = \psi(\beta)$; finalement, on trouve que l'intégrale générale est donnée par les formules

$$z = \alpha + \beta, \qquad x = \varphi''(\alpha),$$
$$y = \alpha^2\varphi''(\alpha) - 2\alpha\varphi'(\alpha) + 2\varphi(\alpha) + 2(\alpha\varphi''(\alpha)) - \varphi'(\alpha))\beta + \varphi''(\alpha)\beta^2 + \psi(\beta).$$

Il est facile de trouver, d'après ces formules, les invariants du second système de caractéristiques. On a, en effet,

$$q\,\frac{\partial y}{\partial \beta} = 1,$$

et, en différentiant plusieurs fois de suite par rapport à β, on a successivement

$$t\left(\frac{\partial y}{\partial \beta}\right)^2 + q\,\frac{\partial^2 y}{\partial \beta^2} = 0,$$
$$p_{03}\left(\frac{\partial y}{\partial \beta}\right)^3 + 3t\,\frac{\partial y}{\partial \beta}\frac{\partial^2 y}{\partial \beta^2} + q\,\frac{\partial^3 y}{\partial \beta^3} = 0,$$
$$. \quad . \quad . \quad . \quad . \quad . \quad . \quad . \quad .$$

de sorte qu'inversement $\dfrac{\partial y}{\partial \beta}$, $\dfrac{\partial^2 y}{\partial \beta^2}$, $\dfrac{\partial^3 y}{\partial \beta^3}$, ..., s'expriment au moyen de q, t, p_{03}, ... Mais, à partir de la dérivée troisième $\dfrac{\partial^3 y}{\partial \beta^3}$, ces dérivées ne dépendent que de β. On a donc un invariant du troisième ordre et un du quatrième ordre pour le second système de caractéristiques.

184. Lorsque la méthode de M. Darboux réussit pour les deux familles de caractéristiques d'une éuqation du second ordre, l'intégration est ramenée à celle d'un système d'équations aux différentielles totales de la forme

$$(33) \quad \begin{cases} dz_i = \varphi_i\,(x,\,y,\,X,\,X',\,...,\,X^{(p)};\,Y,\,Y',\,...,\,Y^{(q)};\,z_1,\,z_2,\,...,\,z_m)\,dx \\ \qquad + \psi_i\,(x,\,y,\,X,\,X',\,...,\,X^{(p)};\,Y,\,Y',\,...,\,Y^{(q)};\,z_1,\,z_2,\,...,\,z_m)\,dy, \\ \qquad\qquad (i = 1,\,2,\,...,\,m), \end{cases}$$

qui ne diffère que par les notations du système (16) ; X désigne une fonction arbitraire de x, Y une fonction arbitraire de y, et le système est complètement intégrable pour toutes les formes possibles de ces fonctions arbitraires. Le système le plus simple de cette espèce, où n'entre qu'une seule fonction inconnue z, et où ne figure aucune dérivée des deux fonctions X et Y,

$$dz = \varphi\,(x,\,y,\,z,\,X,\,Y)\,dx + \psi\,(x,\,y,\,z,\,X,\,Y)\,dy,$$

a déjà été étudié au n° 42, sous une forme un peu différente. On a vu qu'en prenant pour nouvelle inconnue une fonction convenablement choisie de x, y, z, on pouvait ramener cette équation à la forme canonique

$$dZ = X\theta(x)\, dx + Y\theta_1(y)\, dy.$$

Nous ne connaissons aucun travail sur les systèmes les plus généraux de la forme (33). Lorsque les fonctions inconnues z_1, z_2, ..., z_m ne figurent pas dans les seconds membres, la proposition suivante permet de ramener les équations à une forme simple ([1]).

Si l'expression

$$(34) \quad \begin{cases} \varphi\,(x, y, X, X', ..., X^{(p)}, Y, Y'..., Y^{(p)})\, dx \\ \quad + \psi\,(x, y, X, X', ..., X^{(p)}, Y, Y', ..., Y^{(p)})\, dy, \end{cases}$$

où X *est une fonction arbitraire de* x, Y *une fonction arbitraire de* y, *et où* φ *et* ψ *renferment* X *et* Y *et leurs dérivées jusqu'à un ordre déterminé, est une différentielle exacte pour toutes les formes possibles des fonctions* X *et* Y, *on a*

$$\int \varphi\, dx + \psi\, dy = \int F\,(x, X, X', ..., X^{(p)})\, dx + \int F_1\,(y, Y, Y', ..., Y^{(p)})\, dy$$
$$+ F_2\,(x, y, X, ..., X^{(p-1)}, Y, Y', ..., Y^{(p-1)}),$$

F *ne renfermant que* x, X, X', ..., $X^{(p)}$; F_1 *ne renfermant que* y, Y, Y', ..., $Y^{(p)}$, *et* F_2 *étant une fonction déterminée des variables qui y figurent* ([2]).

Supposons, pour fixer les idées, que les dérivées de l'ordre le plus élevé des fonctions X, Y, qui figurent dans φ et ψ, sont celles d'ordre p, de telle sorte que l'une des dérivées $X^{(p)}$, $Y^{(p)}$ entre dans l'une au moins des fonctions φ et ψ, mais qu'il n'y entre aucune dérivée d'ordre supérieur à p. Par hypothèse, on doit avoir, pour toutes les formes possibles des fonctions X et Y,

$$\frac{d\varphi}{dy} = \frac{d\psi}{dx},$$

<hr>

([1]) *Bulletin de la Société mathématique*, t. XXV, p. 39 ; 1897.
([2]) La proposition s'étend sans difficulté aux expressions

$$\varphi_1 dx_1 + \varphi_2 dx_2 + ... + \varphi_n dx_n$$

où φ_1, φ_2, ..., φ_n, renferment n fonctions arbitraires X_1, X_2 ..., X_n de x_1, x_2, ..., x_n respectivement, et leurs dérivées en nombre fini, qui sont des différentielles totales exactes pour toutes les formes possibles des fonctions arbitraires.

en posant

$$\frac{d\varphi}{dy} = \frac{\partial\varphi}{\partial y} + \frac{\partial\varphi}{\partial Y} Y' + \ldots + \frac{\partial\varphi}{\partial Y^{(p-1)}} Y^{(p)} + \frac{\partial\varphi}{\partial Y^{(p)}} Y^{(p+1)}$$

$$\frac{d\psi}{dx} = \frac{\partial\psi}{\partial x} + \frac{\partial\psi}{\partial X} X' + \ldots + \frac{\partial\psi}{\partial X^{(p-1)}} X^{(p)} + \frac{\partial\psi}{\partial X^{(p)}} X^{(p+1)};$$

on voit que $\frac{d\psi}{dx}$ ne contient pas $Y^{(p+1)}$ et que $\frac{d\varphi}{dy}$ ne contient pas $X^{(p+1)}$. Il faudra donc que l'on ait

$$\frac{\partial\varphi}{\partial Y^{(p)}} = 0, \qquad \frac{\partial\psi}{\partial X^{(p)}} = 0,$$

c'est-à-dire que φ ne contiendra les dérivées de la fonction Y que jusqu'à celle d'ordre $p-1$ au plus, et de même ψ ne contiendra les dérivées de X que jusqu'à celle d'ordre $p-1$ au plus. Alors $\frac{d\psi}{dx}$, et par suite $\frac{d\varphi}{dy}$, doit être une fonction linéaire de $X^{(p)}$. On doit donc avoir

$$\frac{\partial^2\left(\dfrac{d\varphi}{dy}\right)}{[\partial X^{(p)}]^2} = 0,$$

ou, ce qui revient au même,

$$\frac{d}{dy}\left[\frac{\partial^2\varphi}{(\partial X^{(p)})^2}\right] = 0,$$

ce qui montre que $\frac{\partial^2\varphi}{(\partial X^{(p)})^2}$ est indépendant de y, Y, Y', ..., $Y^{(p-1)}$,

$$\frac{\partial^2\varphi}{(\partial X^p)^2} = v\ (x, X, X', X'', \ldots, X^{(p)}).$$

On en déduit que φ est de la forme

$$\varphi = \Phi(x, X, X', \ldots, X^{(p)}) + \Phi_1(x, y, X, X', \ldots, X^{(p-1)}, Y, Y', \ldots, Y^{(p-1)}) X^{(p)}$$
$$+ \Phi_2(x, y, X, X', \ldots, X^{(p-1)}, Y, \ldots, Y^{(p-1)}),$$

et l'on démontrera de la même façon que ψ doit être de la forme

$$\psi = \Psi(y, Y, Y', \ldots, Y^{(p)})) + \Psi_1(x, y, X, X', \ldots, X^{(p-1)}, Y, Y', \ldots, Y^{(p-1)}) Y^{(p)}$$
$$+ \Psi_2(x, y, X, X', \ldots, X^{(p-1)}, Y, \ldots, Y^{(p-1)}).$$

Le coefficient de $X^{(p)}Y^{(p)}$ est $\frac{\partial\Phi_1}{\partial Y^{(p-1)}}$ dans $\frac{d\varphi}{dy}$, et $\frac{\partial\Psi_1}{\partial X^{(p-1)}}$ dans $\frac{d\psi}{dx}$; on doit donc avoir

$$\frac{\partial \Phi_1}{\partial Y^{(p-1)}} = \frac{\partial \Psi_1}{\partial X^{(p-1)}},$$

ce qui montre que Φ_1 et Ψ_1 sont les dérivées partielles par rapport à $X^{(p-1)}$ et $Y^{(p-1)}$ respectivement d'une fonction

$$U(x, y, X, X', \ldots, X^{(p-1)}, Y, Y', \ldots, Y^{(p-1)}) = \int \Phi_1\, dX^{(p-1)} + \Psi_1\, dY^{(p-1)}.$$

La différentielle totale de cette fonction U a pour expression

$$dU = \left(\frac{\partial U}{\partial x} + \frac{\partial U}{\partial X} X' + \ldots, + \frac{\partial U}{\partial X^{(p-2)}} X^{(p-1)}\right) dx$$
$$+ \left(\frac{\partial U}{\partial y} + \frac{\partial U}{\partial Y} Y' + \ldots, + \frac{\partial U}{\partial Y^{(p-2)}} Y^{(p-1)}\right) dy$$
$$+ \Phi_1 X^{(p)}\, dx + \Psi_1 Y^{(p)}\, dy,$$

et l'on peut écrire

$$\int \varphi\, dx + \psi\, dy = \int \Phi\, dx + \int \Psi\, dy + U + \int \varphi_1\, dx + \psi_1\, dy,$$

en posant

$$\varphi_1 = \Phi_2 - \left(\frac{\partial U}{\partial x} + \frac{\partial U}{\partial X} X' + \ldots, + \frac{\partial U}{\partial X^{(p-2)}} X^{(p-1)}\right),$$
$$\psi_1 = \Psi_2 - \left(\frac{\partial U}{\partial y} + \frac{\partial U}{\partial Y} Y' + \ldots, + \frac{\partial U}{\partial Y^{(p-2)}} Y^{(p-1)}\right).$$

Remarquons maintenant que $\varphi_1\, dx + \psi_1\, dy$ doit être une différentielle exacte pour toutes les formes possibles des fonctions arbitraires X et Y, et que φ_1 et ψ_1 ne renferment les dérivées de ces fonctions que jusqu'à l'ordre $p - 1$ au plus. En répétant les mêmes opérations sur $\int \varphi_1\, dx + \psi_1\, dy$, et poursuivant l'application du procédé autant de fois qu'il est possible, on finira par arriver à une intégrale de la forme

$$\int \varphi_p(x, y, X)\, dx + \psi_p(x, y, Y)\, dy,$$

où l'expression $\varphi_p\, dx + \psi_p\, dy$ doit être une différentielle exacte pour toutes les formes possibles de X et de Y. On doit donc avoir

$$\frac{\partial \varphi_p}{\partial y} = \frac{\partial \psi_p}{\partial x};$$

or, φ_p ne contient pas Y, il doit donc en être de même de $\dfrac{\partial \psi_p}{\partial x}$, c'est-à-dire que ψ_p est de la forme $P(y, Y) + Q(x, y)$.

On voit de même que φ_p doit être de la forme $M(x, X) + N(x, y)$, et la condition d'intégrabilité devient $\dfrac{\partial N}{\partial y} = \dfrac{\partial Q}{\partial x}$.

L'intégrale en question peut donc s'écrire

$$\int \varphi_p\, dx + \psi_p\, dy = \int M(x, X)\, dx + \int P(y, Y)\, dy + \int N\, dx + Q\, dy.$$

En réunissant tous les résultats obtenus, on obtient bien pour l'intégrale $\int \varphi\, dx + \psi\, dy$ une expression de la forme annoncée.

On voit de même que, si les fonctions φ et ψ renferment une seule fonction arbitraire, X par exemple, on peut écrire

$$\int \varphi\, dx + \psi\, dy = \int F(x, X, \ldots X^{(p)})\, dx + F_2(x, y, X, \ldots X^{(p-1)}).$$

Remarque. — Si l'on suppose que les fonctions φ et ψ soient linéaires par rapport aux fonctions X, Y, et à leurs dérivées, on retrouve le théorème démontré par M. Darboux [1], et qui est d'un grand usage dans l'étude des équations linéaires. En effet, les fonctions φ et ψ sont alors de la forme

$$\varphi = A_0 X + A_1 X' + \ldots + A_p X^{(p)} + B_0 Y + B_1 Y' + \ldots + B_{p-1} Y^{(p-1)},$$
$$\psi = C_0 X + C_1 X' + \ldots + C_{p-1} X^{(p-1)} + D_0 Y + D_1 Y' + \ldots + D_p Y^{(p)},$$

A_i, B_i, C_i, D_i étant des fonctions déterminées de x et de y; si l'on pose

$$U = A_p X^{(p-1)} + D_p Y^{(p-1)},$$

on peut écrire

$$\int \varphi\, dx + \psi\, dy = U - \int \varphi_1\, dx + \psi_1\, dy,$$

φ_1 et ψ_1 étant des expressions de même forme que φ et ψ, qui ne renferment plus que les dérivées de X et de Y, jusqu'à l'ordre $p - 1$ au plus. En continuant ainsi, on arrivera à une expression

$$a X\, dx + b Y\, dy,$$

qui devra être une différentielle exacte pour toutes les formes possibles des fonctions X et Y, ce qui exige que a ne dépende que de la variable

____

[1] *Leçons sur la Théorie générale des Surfaces*, t. II, p. 151.

x, et que b ne dépende que de la variable y. Si ces fonctions ne sont pas nulles, on fera disparaître tous les signes de quadrature, en remplaçant X par $\dfrac{X_1'}{a}$ et Y par $\dfrac{Y_1'}{b}$, X_1 et Y_1 désignant deux nouvelles fonctions arbitraires de x et de y respectivement.

La proposition est encore vraie si les fonctions φ et ψ ne renferment qu'une seule fonction arbitraire, car cela revient à supposer que tous les coefficients A_i et C_i, ou tous les coefficients B_i et D_i, sont nuls simultanément.

185. On a vu, d'après l'exposition précédente, que la méthode d'intégration de Monge, celle de Laplace et les méthodes plus ou moins particulières proposées pour des équations spéciales, sont comprises comme cas particuliers dans la méthode d'intégration de M. Darboux, qui nous apparaît ainsi comme le moyen le plus puissant pour intégrer une équation aux dérivées partielles du second ordre, ou, d'une façon plus précise, pour ramener le problème à l'intégration d'un ou plusieurs systèmes d'équations différentielles ordinaires. Dans la note citée plus haut [1], M. Maurice Lévy énonce sans démonstration une condition nécessaire et suffisante pour qu'on puisse obtenir l'intégrale générale d'une équation aux dérivées partielles du second ordre, moyennant l'intégration de k systèmes successifs d'équations différentielles ordinaires, comprenant chacun un nombre quelconque d'équations avec un pareil nombre d'inconnues; et il est facile de voir que le critère de M. Maurice Lévy est identique à celui que l'on déduit de l'application de la méthode de M. Darboux. Cette proposition est restée longtemps sans démonstration, et ce n'est que dans ces derniers temps que M. E. von Weber [2] a donné du théorème de M. Maurice Lévy une démonstration que nous allons reproduire, en la modifiant sur quelques points.

D'après une remarque déjà faite (n° 173), pour qu'une équation du second ordre $F = o$ soit intégrable par la méthode de M. Darboux, il faut et il suffit que toute intégrale de cette équation appartienne à une autre équation $\Phi = o$, dont l'ordre peut être quelconque, qui a une infinité d'intégrales communes avec la proposée, dépendant d'une infinité de constantes arbitraires, sans les admettre toutes. On peut remplacer ce critère par le suivant, dont l'énoncé a un caractère plus géométrique. Prenons d'abord une équation ayant ses deux systèmes de caractéristiques distincts, et admettant deux invariants u et v, pour l'un des systèmes de caractéristiques d'ordre n (C_2^n). Soit (C_1^n) une caractéristique d'ordre n de l'autre système ; le long de (C_1^n), u et v sont des fonctions d'une seule variable indépendante, et la relation $u = \varphi(v)$ détermine la forme de la fonction φ. Toutes les surfaces intégrales de l'équation du second ordre, qui admettent tous les éléments de la caractéristique (C_1^n), sont donc des intégrales du système en involution

$$F = o, \qquad u = \varphi(v),$$

dont les caractéristiques ne dépendent que d'un nombre *fini* de paramètres. Or, ces caractéristiques sont précisément les caractéristique de $F = o$ du même système que (C_1^n), qui appartiennent aux intégrales passant par (C_1^n). On voit donc que, si une équation du second ordre $F = o$ est intégrable par la méthode de M. Darboux, *il existe au moins un des systèmes de caractéristiques d'ordre n, tel que, si l'on considère une quelconque des caractéristiques de ce système (C_1^n), toutes les autres caractéristiques du même système, qui appartiennent à une même surface intégrale que (C_1^n), ne dépendent que d'un nombre fini de paramètres.*

Comme les caractéristiques d'ordre n qui renferment une caractéristique du second ordre ne dépendent elles-mêmes que d'un nombre fini de paramètres, et qu'une caractéristique d'ordre n contient une seule caractéristique du second ordre, il s'ensuit que la propriété précédente s'applique aussi à l'une des familles de caractéristiques du second ordre d'une équation intégrable par la méthode de M. Darboux. Il en est encore de même pour une équation dont les deux systèmes de caractéristiques seraient confondus ; en effet, si cette équation est intégrable par la méthode de M. Darboux, il résulte des résultats obtenus (n° 166) que les caractéristiques qui engendrent les surfaces intégrales ne dépendent que d'un nombre fini de paramètres.

La condition qui précède est *suffisante* pour qu'une équation du second ordre soit intégrable par la méthode de M. Darboux. Soit (C_1^n) une caractéristique du second ordre de la famille qui jouit de cette propriété ; considérons toutes les surfaces intégrales (S) qui admettent tous les éléments du second ordre de (C_1^n). Ces surfaces dépendent d'une infinité de constantes arbitraires, et, par hypothèse, toutes les caractéristiques du second ordre de la même famille que (C_1^n), qui sont situées sur ces surfaces, ne dépendent que d'un nombre fini de paramètres. On peut donc les regarder comme engendrées par des courbes (Γ), qui ne dépendent que de k paramètres, associées suivant une loi convenable,

$$(35) \qquad \left\{ \begin{array}{l} f(x,\, y,\, z,\, a_1,\, a_2,\, \ldots,\, a_k) = o, \\ \varphi(x,\, y,\, z,\, a_1,\, a_2,\, \ldots,\, a_k) = o; \end{array} \right.$$

or, si l'on considère toutes les surfaces engendrées par les courbes (Γ), associées d'une façon absolument arbitraire, ces surfaces vérifient une équation aux dérivées partielles d'ordre $k - 1$,

$$(36) \qquad\qquad \Phi = 0,$$

qui a ainsi une infinité d'intégrales communes avec l'équation proposée, dépendant d'une fonction arbitraire. D'ailleurs, l'équation (36) ne peut admettre *toutes* les intégrales de l'équation du second ordre; s'il en était ainsi, les caractéristiques de l'un des systèmes, se composant des courbes (Γ), ne dépendraient que d'un nombre fini de paramètres, ce qui est impossible si les deux systèmes de caractéristiques sont distincts. Lorsque les deux systèmes de caractéristiques sont confondus, il pourrait se faire que l'équation (36) admette toutes les intégrales de l'équation du second ordre, mais la conclusion serait encore la même. En effet, l'équation d'une surface intégrale s'obtiendrait en éliminant le paramètre α entre les deux relations

$$(37) \qquad \begin{cases} f\,[x,\,y,\,z,\,\psi_1\,(\alpha),\,\psi_2\,(\alpha),\,...,\,\psi_k\,(\alpha)] = 0, \\ \varphi\,[x,\,y,\,z,\,\psi_1\,(\alpha),\,\psi_2\,(\alpha),\,...,\,\psi_k\,(\alpha)] = 0, \end{cases}$$

$\psi_1\,(\alpha),\,\psi_2\,(\alpha),\,...,\,\psi_k\,(\alpha)$ étant des fonctions convenablement choisies de α ; en écrivant que la surface ainsi obtenue est une intégrale de l'équation du second ordre proposée, on trouvera évidemment un certain nombre de relations entre les fonctions $\psi_1\,(\alpha),...\,\psi_k\,(\alpha)$, et leurs dérivées, de sorte que l'intégrale générale de l'équation du second ordre serait de la première classe. On peut donc remplacer le critère du n° 173 par le suivant : Pour qu'une équation du second ordre soit intégrable par la méthode de M. Darboux, *il faut et il suffit que*, (C_1^2) *étant une caractéristique quelconque de l'un des systèmes* (convenablement choisi), *toutes les autres caractéristiques du même système, qui peuvent être situées sur une même surface intégrale que* (C_1^2), *ne dépendent que d'un nombre* FINI *de paramètres*.

Lorsque la propriété appartient aux deux familles de caractéristiques, la méthode de M. Darboux réussit des deux côtés.

186. — Revenons maintenant à la proposition de M. Maurice Lévy. Étant donnée une équation du second ordre $F = 0$, intégrer cette équation revient à trouver toutes les multiplicités composées de ∞^2 éléments du second ordre vérifiant $F = 0$ et les relations

$$(38) \quad dz = p\,dx + q\,dy, \qquad dp = r\,dx + s\,dy, \qquad dq = s\,dx + t\,dy.$$

Si toutes ces multiplicités peuvent être obtenues par l'intégration de plusieurs systèmes successifs d'équations différentielles ordinaires, mal-

gré l'énoncé un peu vague du problème, on ne peut guère concevoir la
marche des opérations à effectuer que de la manière suivante. Après
l'intégration d'un ou plusieurs systèmes d'équations différentielles ordinaires, on sera conduit à un système définissant des multiplicités simplement infinies d'éléments du second ordre vérifiant les relations (38)
et l'équation F = o; soient

$$(39) \qquad \varphi_i \left(x, y, \ldots, t, \frac{dy}{dx}, \ldots, \frac{dt}{dx}, \frac{d^2y}{dx^2}, \ldots \right) = o$$
$$(i = 1, 2, \ldots,)$$

ces équations différentielles. Les fonctions φ_i dépendent de constantes
arbitraires ou de fonctions arbitraires introduites par l'intégration des
systèmes rencontrés antérieurement, et les multiplicités à une dimension
obtenues par l'intégration du système (39), en les associant convenablement, donnent une surface intégrale. De plus, toutes les intégrales, sauf
les intégrales singulières, peuvent être obtenues de cette façon.

Si l'on a fixé la valeur des constantes arbitraires ou la forme des
fonctions arbitraires qui figurent dans les fonctions φ_i, l'intégration du
système (39) nous donnera, par hypothèse, des intégrales de l'équation
F = o. M. E. von Weber admet, et c'est là le point le plus délicat de sa
démonstration, que les intégrales (S) que l'on peut déduire d'un même
système (39) forment un ensemble dépendant d'un nombre infini de paramètres (¹). Si l'on admet ce point, la démonstration est immédiate En
effet, les intégrales (S) appartiennent à une famille de surfaces engendrées par des courbes qui dépendent d'un nombre fini de paramètres, et
vérifient, par conséquent, une équation aux dérivées partielles qui n'est
pas une conséquence de l'équation F = o. Comme ces intégrales
dépendent d'une infinité de constantes, il s'ensuit que le critère pour
que la méthode de M. Darboux soit applicable est toujours satisfait. On
voit de plus que les multiplicités à une dimension définies par les équations (39) sont précisément les caractéristiques du second ordre de l'un
des systèmes.

(¹) Voici textuellement le passage du mémoire de M. E. von Weber :
« Je ∞^1 Integralstreifen dieses Systems müssen sich zu einer Integralmannigfal-
tigkeit von (1) zusammenordnen und die Gleichungen (3) müssen allgemein genüg
sein, um alle (nicht singulären) Integrale von (1) in dieser Weise zu liefern. Damit
aber durch Einführung des Systems (3) in die Rechnung eine wirkliche Vereinfa-
chung des Integrationsgeschäfts erzielt werde, d. h. damit die Ermittelung des Systems (3) nicht ein Problem von ebenso höher Ordnung sei als die Herstellung des
(von zwei arbiträren Funktionen eines arguments abhängenden, allgemeinen Inte-
grals von (1), werden wir verlangen, dass in die linken Seiten von (3) ausser einer
endlichen Zahl von Parametern nur noch die Coefficienten hochtens einer arbiträren
Funktion eines Arguments eingehen. Aus der endlichgliedrigen Schaar von Integralstreifen des einzelnen Systems (3a) muss sich somit eine unendlichgliedrige
Schaar zweifach ausgedehnter Integralmannigfaltigkeiten von (1) aufbauen lass en,
da sonst die Gesamtheit der Systeme (3a) nicht hinreichen würde, um das allgemei ne
Integral von (1) in dieser Weise entstehen zu lassen.

CHAPITRE IX

TRANSFORMATIONS DES ÉQUATIONS DU SECOND ORDRE

Recherche des équations du second ordre, telles que l'une des dérivées premières de la fonction inconnue vérifie une seule équation du second ordre. — Application à divers exemples. — Généralités sur les systèmes de deux équations du premier ordre à deux fonctions inconnues. — Cas où l'élimination de l'une des inconnues conduit à une équation du second ordre. — Exemples de transformations. — Cas des équations linéaires. — Équation adjointe. — Transformation de M. Moutard. — Transformations de M. Bäcklund. — Exemple de M. E. Cosserat. — Comparaison avec la méthode de M. Darboux. — Généralités sur les transformations des équations du second ordre.

187. On a vu, dans l'étude des équations aux dérivées partielles du premier ordre, le rôle important que joue la théorie des transformations de contact; intégrer une équation du premier ordre, à une seule fonction inconnue et à un nombre quelconque de variables indépendantes, revient au fond à déterminer une transformation de contact permettant de ramener cette équation à une forme immédiatement intégrable, par exemple $p_1 = 0$. Cette théorie ne permet point une étude aussi complète des équations du second ordre; nous avons déjà rappelé (I, chapitre II) que dans certains cas, étudiés par Ampère et, après lui, par Imschenetsky, une transformation de contact permet de ramener une équation du second ordre à une autre équation du second ordre d'une forme plus simple, mais on ne peut jamais passer ainsi d'une équation non intégrable par la méthode de M. Darboux à une équation intégrable. D'une façon plus précise, lorsque deux équations du second ordre se déduisent l'une de l'autre par une transformation de contact, si l'une d'elles est intégrable par la méthode de M. Darboux, la même méthode réussira pour la seconde après le même nombre d'opérations. Car une transformation de contact change évidemment les caractéristiques en caractéristiques et conserve l'ordre du contact.

Nous avons déjà eu l'occasion, dans le courant de ces *Leçons*, d'appliquer d'autres transformations, qui ne réussissent que grâce à la forme particulière des équations auxquelles on les applique. Telle est la transformation de Laplace ; telle est aussi la transformation qui permet d'intégrer l'équation de Liouville (t. I, n° 47). Nous allons passer en revue, dans ce chapitre, quelques-unes des transformations les plus employées, en essayant de les ramener à quelques types généraux.

Proposons-nous d'abord de trouver toutes les équations du second ordre $F(x, y, z, p, q, r, s, t) = o$ auxquelles s'applique la transformation $u = \dfrac{\partial z}{\partial y}$, c'est-à-dire telles qu'on puisse en déduire une relation entre $x, y, q, s, t, p_{21}, p_{12}, p_{03}$ et une seule, s'appliquant à toutes les intégrales de cette équation. Si l'équation proposée renferme la dérivée seconde r, on peut l'écrire

$$(E) \qquad r + f(x, y, z, p, q, s, t) = o ;$$

en prenant la dérivée par rapport à y, il vient

$$(1) \qquad p_{21} + \frac{\partial f}{\partial y} + \frac{\partial f}{\partial z} q + \frac{\partial f}{\partial p} s + \frac{\partial f}{\partial q} t + \frac{\partial f}{\partial s} p_{12} + \frac{\partial f}{\partial t} p_{03} = o.$$

Comme il ne peut y avoir deux relations distinctes entre $x, y, z, p, q, s, t, p_{12}, p_{21}, p_{03}$, puisque les valeurs initiales des variables $x, y, z, p, q, s, t, p_{12}, p_{03}$ doivent rester arbitraires, il s'ensuit que la relation (1) ne doit renfermer ni z ni p et être identique à la relation cherchée, ne renfermant que les quantités $x, y, q, s, t, p_{12}, p_{21}, p_{03}$. Autrement l'élimination de p_{21} entre ces deux relations conduirait à une équation de condition entre $x, y, z, p, q, s, t, p_{12}, p_{03}$, ce qui est impossible. Pour que l'équation (1) ne renferme ni p, ni z, il faut d'abord que l'on ait

$$\frac{\partial^2 f}{\partial t \partial z} = \frac{\partial^2 f}{\partial t \partial p} = o, \qquad\qquad \frac{\partial^2 f}{\partial s \partial z} = \frac{\partial^2 f}{\partial s \partial p} = o,$$

c'est-à-dire que f soit de la forme

$$f = \varphi(x, y, z, p, q) + \psi(x, y, q, s, t) ;$$

en remplaçant f par cette expression, on trouve ensuite que l'on doit avoir

$$\frac{\partial^2 \varphi}{\partial q \partial z} = \frac{\partial^2 \varphi}{\partial p \partial q} = \frac{\partial^2 \varphi}{\partial p^2} = \frac{\partial^2 \varphi}{\partial p \partial z} = o,$$

et φ est de la forme

$$\varphi = \varphi_1(x, y, z) + A(x, y) p + \varphi_2(x, y, q).$$

Il faut enfin que $\dfrac{\partial \varphi_1}{\partial y} + \dfrac{\partial \varphi_1}{\partial z}\, q + \dfrac{\partial A}{\partial y}\, p$ soit indépendant de p et de z, c'est-à-dire que l'on ait

$$\frac{\partial A}{\partial y} = 0, \qquad \frac{\partial^2 \varphi_1}{\partial y \partial z} = 0, \qquad \frac{\partial^2 \varphi_1}{\partial z^2} = 0,$$

de sorte que le coefficient de p doit être indépendant de y, et que φ_1 doit être de la forme $B\,(x)\, z + C\,(x, y)$. En définitive, l'équation (E) doit appartenir au type suivant

$$(2) \qquad r + X_1 p + X_2 z + F\,(x, y, q, s, t) = 0,$$

X et X_1 étant deux fonctions quelconques de x et F une fonction de x, y, q, s, t, de forme arbitraire.

Le raisonnement ne s'applique plus aux équations qui ne renferment pas la dérivée seconde r. Étant donnée une équation de cette espèce, supposons d'abord qu'elle dépende de p, on peut alors l'écrire

$$(3) \qquad p + f(x, y, z, q, s, t) = 0$$

et, en différentiant par rapport à x et par rapport à y, il vient

$$(4) \qquad r + \frac{\partial f}{\partial x} + \frac{\partial f}{\partial z}\, p + \frac{\partial f}{\partial q}\, s + \frac{\partial f}{\partial s}\, p_{21} + \frac{\partial f}{\partial t}\, p_{12} = 0,$$

$$(5) \qquad s + \frac{\partial f}{\partial y} + \frac{\partial f}{\partial z}\, q + \frac{\partial f}{\partial q}\, t + \frac{\partial f}{\partial s}\, p_{12} + \frac{\partial f}{\partial t}\, p_{03} = 0.$$

Ces deux équations, jointes à la relation

$$(6) \qquad \Phi\,(x, y, q, s, t, p_{21}, p_{12}, p_{03}) = 0$$

que nous supposons exister, forment un système de trois équations renfermant les dérivées partielles du troisième ordre. Ces trois équations doivent se réduire à deux, puisque deux des quatre dérivées du troisième ordre peuvent toujours être prises arbitrairement. Comme r ne figure que dans la première relation (4), cela ne peut arriver que si les équations (5) et (6) ne diffèrent pas l'une de l'autre, ce qui exige que l'équation (5) ne renferme pas z. On en déduit, comme tout à l'heure, que l'équation (3) doit être de la forme

$$(7) \qquad p + X_2 z + F\,(x, y, q, s, t) = 0,$$

X_2 étant une fonction de x seulement.

Enfin, si une équation du second ordre ne renferme ni r, ni p, en éliminant z entre cette équation et sa dérivée par rapport à y, on obtient bien une relation entre x, y, q, s, t, p_{21}, p_{12}, p_{03}. Si l'équation ne renferme aucune des quantités z, p, r, elle est de la forme $f(x, y, q, s, t) = 0$ et la dérivée q satisfait à une équation du premier ordre.

$$ f\left(x, y, q, \frac{\partial q}{\partial x}, \frac{\partial q}{\partial y}\right) = 0. $$

En résumé, *toute équation du second ordre, telle qu'en prenant pour nouvelle inconnue la dérivée $\dfrac{\partial z}{\partial y}$ on soit conduit à une nouvelle équation du second ordre, peut être ramenée à la forme*

$$ (8) \qquad Xr + X_1 p + X_2 z + F(x, y, q, s, t) = 0, $$

X, X_1, X_2 *désignant trois fonctions quelconques de x* [1].

En d'autres termes, les variables z, p, r ne doivent figurer dans cette équation que dans une combinaison linéaire où les rapports des coefficients ne dépendent que de la variable x. Toutes les équations qui ne renferment qu'une des trois lettres r, p, z, satisfont évidemment à cette condition, quelle que soit la façon dont y entrent les autres lettres x, y, q, s, t. On verrait de même que toute équation du second ordre, telle que la transformation $v = \dfrac{\partial z}{\partial x}$ conduise à une nouvelle équation du second ordre, peut être ramenée à la forme

$$ Yt + Y_1 q + Y_2 z + F(x, y, p, s, r) = 0, $$

Y, Y_1, Y_2 désignant trois fonctions quelconques de y.

188. Étant donnée une équation quelconque de la forme (8), il vient, en différentiant par rapport à y et remplaçant $\dfrac{\partial z}{\partial y}$ par u, s par $\dfrac{\partial u}{\partial x}$, t par $\dfrac{\partial u}{\partial y}$,

$$ (9)\ \ X \frac{\partial^2 u}{\partial x^2} + X_1 \frac{\partial u}{\partial x} + X_2 u + \frac{\partial F}{\partial y} + \frac{\partial F}{\partial u}\frac{\partial u}{\partial y} + \frac{\partial F}{\partial s}\frac{\partial^2 u}{\partial x \partial y} + \frac{\partial F}{\partial t}\frac{\partial^2 u}{\partial y^2} = 0 ; $$

c'est une équation linéaire du second ordre à laquelle satisfait la fonction u. A toute intégrale de l'équation (8) correspond évidemment

[1] La proposition s'étend aisément aux équations d'ordre quelconque.

une seule intégrale de l'équation (9). Inversement, soit u une intégrale de l'équation (9) ; proposons-nous d'examiner s'il lui correspond une intégrale de l'équation (8). Une telle intégrale devant satisfaire à la relation

$$\frac{\partial z}{\partial y} = u$$

est nécessairement de la forme

$$(10) \qquad z = \int_{y_0}^{y} u\, dy + \Phi(x),$$

$\Phi(x)$ désignant une fonction de x, et y_0 une constante que l'on choisira de telle façon que u soit holomorphe dans le voisinage. Si on remplace z par l'expression (10) dans le premier membre de l'équation (8), le résultat de la substitution est indépendant de y, puisque la dérivée de ce premier membre par rapport à y est identiquement nulle, d'après la façon même dont on a obtenu l'équation en u. Pour que ce résultat soit identiquement nul, il suffira donc qu'il soit nul quand on y remplace y par y_0, c'est-à-dire que l'on ait

$$(11) \quad X \frac{d^2\Phi}{dx^2} + X_1 \frac{d\Phi}{dx} + X_2 \Phi + F\left[x, y_0, u_0, \left(\frac{\partial u}{\partial x}\right)_0, \left(\frac{\partial u}{\partial y}\right)_0\right] = 0,$$

$u_0, \left(\dfrac{\partial u}{\partial x}\right)_0, \left(\dfrac{\partial u}{\partial y}\right)_0$ désignant les fonctions de x auxquelles se réduisent respectivement $u, \dfrac{\partial u}{\partial x}, \dfrac{\partial u}{\partial y}$ pour $y = y_0$. En définitive, *si $u(x, y)$ est une intégrale de l'équation (9), la formule*

$$z = \int_{y_0}^{y} u\, dy + \Phi(x),$$

représente une intégrale de l'équation (8), pourvu que $\Phi(x)$ soit une intégrale de l'équation (11).

Si X n'est pas nul, à toute intégrale de l'équation en u correspondent une infinité d'intégrales de l'équation en z, dépendant de *deux* constantes arbitraires, qui s'obtiennent par une quadrature et par l'intégration d'une équation différentielle linéaire du second ordre, où le second membre seul est variable avec u. Si X est nul et X_1 différent de zéro, à toute intégrale de l'équation en u correspondent une infinité d'intégrèles de l'équation en z, dépendant d'*une* constante arbitraire, qui s'obtiennent par des quadratures. Si X et X_1 sont nuls et X_2 différent de zéro, les intégrales des deux équations (8) et (9) se correspondent une à une ; à toute intégrale de l'équation en u correspond une seule intégrale de l'équation proposée qui s'obtient sans aucune quadrature, car cette équation nous donne

$$z = - \frac{F\left(x,\, y,\, u,\, \dfrac{\partial u}{\partial x},\, \dfrac{\partial u}{\partial y}\right)}{X_2}.$$

Enfin, si l'équation (8) ne renfermait ni r, ni p, ni z, la dérivée $u = \dfrac{\partial z}{\partial y}$ vérifierait une équation du premier ordre et à toute intégrale de cette équation en u correspondraient une infinité d'intégrales de l'équation en z, représentées par la formule (10), où $\Phi(x)$ est une fonction arbitraire de x.

189. Un grand nombre de transformations connues se ramènent à la précédente. Prenons, par exemple, une équation de la forme

$$r + f(s, t) = 0 ;$$

en prenant pour nouvelle inconnue $u = \dfrac{\partial z}{\partial y}$, la méthode conduit à l'équation

$$\frac{\partial^2 u}{\partial x^2} + \frac{\partial f}{\partial s}\frac{\partial^2 u}{\partial x \partial y} + \frac{\partial f}{\partial t}\frac{\partial^2 u}{\partial y^2} = 0,$$

où on suppose s et t remplacés par $\dfrac{\partial u}{\partial x}$ et $\dfrac{\partial u}{\partial y}$. Cette équation peut elle-même se ramener à une équation linéaire par la transformation de Legendre. L'ensemble de ces deux transformations revient à prendre pour nouvelles variables s, t et $v = q - sx - ty$, ce qui ramène l'intégration de l'équation proposée à celle de l'équation linéaire

$$\frac{\partial^2 v}{\partial t^2} - \frac{\partial f}{\partial s}\frac{\partial^2 v}{\partial s \partial t} + \frac{\partial f}{\partial t}\frac{\partial^2 v}{\partial s^2} = 0 ;$$

c'est précisément la méthode employée par Legendre [1].

Étant donnée une équation linéaire

$$(12) \qquad \frac{\partial^2 z}{\partial x \partial y} + a\frac{\partial z}{\partial x} + b\frac{\partial z}{\partial y} + cz = 0,$$

[1] *Histoire de l'Académie des Sciences*, 1787.

pour pouvoir appliquer l'une des transformations précédentes, il suffira de faire disparaître l'un des trois coefficients a, b, c, en changeant d'abord z en $\lambda(x, y)z$, la fonction $\lambda(x, y)$ étant choisie convenablement. Par exemple, en remplaçant z par $z_1 e^{\int a\,dy}$ et prenant pour nouvelle inconnue $\dfrac{\partial z_1}{\partial y} e^{\int a\,dy}$, on retrouve précisément une des transformations de Laplace. Pour pouvoir faire disparaître le terme en z de l'équation (12), il suffit de connaître une intégrale particulière z_1. En effet, si on pose d'abord $z = z_1 Z$, la nouvelle équation en Z, devant admettre la solution $Z = 1$, est de la forme

$$(13) \qquad \frac{\partial^2 Z}{\partial x \partial y} + A\,\frac{\partial Z}{\partial x} + B\,\frac{\partial Z}{\partial y} = 0,$$

et on peut prendre pour nouvelle inconnue $\dfrac{\partial Z}{\partial x}$ ou $\dfrac{\partial Z}{\partial y}$.

Si, par exemple, on prend pour nouvelle inconnue $\dfrac{\partial Z}{\partial y}$, on sera conduit à une nouvelle équation linéaire de même forme que l'équation (12), pourvu que A ne soit pas nul. Pour l'obtenir facilement, il suffit d'éliminer $\dfrac{\partial Z}{\partial x}$ entre la relation (13) et sa dérivée par rapport à y. Mais on peut aussi se dispenser de former l'équation (13) ; on a, en effet,

$$\frac{\partial Z}{\partial y} = \frac{z_1\,\dfrac{\partial z}{\partial y} - z\,\dfrac{\partial z_1}{\partial y}}{z_1^2}$$

et, comme on peut toujours multiplier la fonction inconnue par une fonction déterminée de x et de y, on en conclut que le produit

$$z_1^2\,\frac{\partial Z}{\partial y} = z_1\,\frac{\partial z}{\partial y} - z\,\frac{\partial z_1}{\partial y}$$

satisfait aussi à une équation linéaire du second ordre. Par conséquent, *si z_1 est une intégrale particulière de l'équation (12), l'expression*

$$u = z_1\,\frac{\partial z}{\partial y} - z\,\frac{\partial z_1}{\partial y},$$

où z est l'intégrale générale de l'équation (12), représente l'intégrale *générale d'une équation linéaire de même forme* [1]

$$(14) \qquad \frac{\partial^2 u}{\partial x \partial y} + a_1 \frac{\partial u}{\partial x} + b_1 \frac{\partial u}{\partial y} + c_1 u = 0;$$

à toute intégrale de l'équation en u correspondent une infinité d'intégrales de l'équation en z, dépendant d'une constante arbitraire, qui s'obtiendraient par une quadrature. On serait conduit à une autre équation du second ordre en prenant pour nouvelle inconnue

$$v = z_1 \frac{\partial z}{\partial x} - z \frac{\partial z_1}{\partial x}.$$

Si l'on connaît plusieurs intégrales particulières z_1, z_2, ..., z_i de l'équation (12), on peut appliquer plusieurs fois de suite des transformations analogues, et les combiner avec des transformations de Laplace. En partant d'une équation linéaire telle que (12), on peut donc former une infinité d'équations linéaires de même forme dont l'intégrale générale a pour expression

$$\theta = Az + B_1 \frac{\partial z}{\partial x} + \cdots + B_m \frac{\partial^m z}{\partial x^m} + C_1 \frac{\partial z}{\partial y} + \cdots + C_n \frac{\partial^n z}{\partial y^n},$$

A, B_1, ..., B_m, C_1, ..., C_n étant des fonctions déterminées de x et de y, et z l'intégrale générale de l'équation (12). Une étude très complète de ces transformations a été faite par M. Darboux [2].

La transformation par laquelle on ramène l'équation de Liouville $s = e^{kz}$ à l'équation $\dfrac{\partial^2 u}{\partial x \partial y} = ku \dfrac{\partial u}{\partial x}$, ainsi que la transformation de Laplace, se rattachent au cas où les intégrales des deux équations se correspondent une à une. Ainsi, dans le cas de l'équation de Liouville, on a les deux relations

$$\frac{\partial z}{\partial y} = u, \qquad\qquad \frac{\partial u}{\partial x} = e^{kz},$$

qui donnent u en fonction de z et inversement.

190. La transformation précédente conduit, dans certains cas, d'une équation linéaire à une équation non linéaire ou inversement. Reprenons

---

[1] Lévy (Lucien), « Sur quelques équations linéaires aux dérivées partielles du second ordre » (*Journal de l'École polytechnique*, LVI⁰ cahier, 1886).

[2] *Théorie générale des Surfaces*, t. II, chap. VIII.

une équation linéaire :

$$(15)\qquad \frac{\partial^2 z}{\partial x \partial y} + a \frac{\partial z}{\partial x} + b \frac{\partial z}{\partial y} + cz = 0,$$

et prenons pour nouvelle inconnue v le logarithme de z ; il vient, en divisant par e^v,

$$(16)\qquad \frac{\partial^2 v}{\partial x \partial y} + \frac{\partial v}{\partial x} \frac{\partial v}{\partial y} + a \frac{\partial v}{\partial x} + b \frac{\partial v}{\partial y} + c = 0.$$

La nouvelle équation ne contenant ni v, ni $\dfrac{\partial^2 v}{\partial x^2}$, ni $\dfrac{\partial^2 v}{\partial y^2}$, on peut prendre pour inconnue une des dérivées $\dfrac{\partial v}{\partial x}$, $\dfrac{\partial v}{\partial y}$. Posons, par exemple, $v_1 = \dfrac{\partial v}{\partial x}$; on tire de l'équation (16)

$$\frac{\partial v}{\partial y} = - \frac{\dfrac{\partial v_1}{\partial y} + av_1 + c}{v_1 + b},$$

et l'élimination de v conduit à une équation du second ordre en v_1 ; cette équation prend une forme plus simple si on pose encore $v_1 + b = e^{-u}$, u étant la nouvelle inconnue, et il reste, toutes réductions faites :

$$(17)\qquad \frac{\partial^2 u}{\partial x \partial y} + \frac{\partial}{\partial x}(ke^u) - \frac{\partial(e^{-u})}{\partial y} + k - h = 0,$$

h et k étant les invariants de l'équation (15)

$$h = \frac{\partial a}{\partial x} + ab - c, \qquad\qquad k = \frac{\partial b}{\partial y} + ab - c.$$

La correspondance entre les intégrales des deux équations (15) et (17) est résumée par les formules

$$(18)\qquad \begin{cases} \dfrac{\partial \log z}{\partial x} = e^{-u} - b, \\[2mm] \dfrac{\partial \log z}{\partial y} = \dfrac{\partial u}{\partial y} + ke^u - a; \end{cases}$$

à toute intégrale de l'équation en z correspond une intégrale et une seule de l'équation en u, tandis qu'à une intégrale de l'équation en u

correspondent une infinité d'intégrales de l'équation en z, qui s'obtiennent par une quadrature.

On peut ramener à la forme (17) toutes les équations

$$(19) \qquad \frac{\partial^2 u}{\partial x \partial y} + \frac{\partial}{\partial x}(Ae^u) - \frac{\partial}{\partial y}(Be^{-u}) + C = 0,$$

A, B, C étant trois fonctions quelconques des variables x, y. Si, en effet, on remplace dans cette dernière équation u par $u + \log B$, elle devient

$$\frac{\partial^2 u}{\partial x \partial y} + \frac{\partial}{\partial x}(ABe^u) - \frac{\partial}{\partial y}(e^{-u}) + \frac{\partial^2 \log B}{\partial x \partial y} + C = 0\,;$$

c'est une équation de la forme (17) où on aurait

$$k = AB, \qquad\qquad k - h = \frac{\partial^2 \log B}{\partial x \partial y} + C.$$

L'intégration de l'équation du second ordre

$$\frac{\partial^2 u}{\partial x \partial y} + \frac{\partial}{\partial x}(Ae^u) - \frac{\partial}{\partial y}(Be^{-u}) + C = 0,$$

où A, B, C *sont trois fonctions quelconques de x et de y, se ramène donc à l'intégration d'une équation linéaire dont les invariants h et k ont pour valeurs*

$$h = AB - C - \frac{\partial^2 \log B}{\partial x \partial y}, \qquad\qquad k = AB.$$

Les caractéristiques des deux équations (15) et (17) se correspondent et chacun des systèmes admet une combinaison intégrable. Si la méthode de M. Darboux réussit pour l'une des deux équations, elle s'applique aussi à l'autre. Supposons d'abord qu'il existe deux combinaisons intégrables pour l'une des familles de caractéristiques de l'équation en u

$$dx = 0, \qquad d\varphi \left\{ x, y, u, \frac{\partial u}{\partial x}, \ldots, \frac{\partial^n u}{\partial x^n} \right\} = 0\,;$$

d'après les formules (18), u s'exprime au moyen de $x, y, z, \dfrac{\partial z}{\partial x}$, et on déduira de $\varphi(x, y, u, \ldots)$ un invariant d'ordre $n + 1$ pour les caractéristiques du même système de l'équation en z. Réciproquement, si la méthode de M. Darboux s'applique à l'équation en z, c'est que la suite de Laplace, relative à cette équation, est terminée d'un côté, et l'intégrale générale de cette équation contient une fonction arbitraire et ses dérivées débarrassées de tout signe de quadrature, tandis que l'autre fonction arbitraire figure en général sous de pareils signes. Il en est de même, d'après les formules (18), pour l'intégrale générale de l'équation en u, ce qui suffit à prouver que cette équation peut être intégrée par la méthode de M. Darboux (n° 181).

On voit de même que, si la suite de Laplace relative à l'équation linéaire est terminée dans les deux sens, la méthode de M. Darboux s'applique aux deux familles de caractéristiques de l'équation en u, et réciproquement. Dans ce cas, l'intégrale générale de l'équation (17) est de la forme

$$u = F(x, y, X, X', ..., X^{(m)}; Y, Y', ..., Y^{(n)}),$$

X étant une fonction arbitraire de x, et Y une fonction arbitraire de y (n° 183).

REMARQUE. — On peut ramener facilement l'équation (19) à la forme canonique indiquée par M. Moutard. Si on change d'abord u en $u + f(x, y)$, on fera disparaître le terme $C(x, y)$ en prenant pour $f(x, y)$ une solution de l'équation $\dfrac{\partial^2 f}{\partial x \partial y} + C(x, y) = 0$. En changeant ensuite A en $-$ A et B en $-$ B, on pourra écrire l'équation

$$(20) \qquad \frac{\partial^2 u}{\partial x \partial y} - \frac{\partial}{\partial x}(A e^u) + \frac{\partial}{\partial y}(B e^{-u}) = 0.$$

Les invariants de l'équation linéaire correspondante ont pour valeurs :

$$h = AB - \frac{\partial^2 \log B}{\partial x \partial y}, \qquad k = AB;$$

l'équation linéaire

$$(21) \qquad \frac{\partial^2 z}{\partial x \partial y} - \frac{\partial \log B}{\partial y} \frac{\partial z}{\partial x} - AB z = 0$$

a précisément ces invariants, et la correspondance entre les intégrales des deux équations est définie par les formules

$$(22) \qquad \left\{ \begin{array}{l} \dfrac{\partial u}{\partial y} = A e^u + \dfrac{\partial \log z}{\partial y}, \\[2ex] B e^{-u} = - \dfrac{\partial \log z}{\partial x}. \end{array} \right.$$

On pourrait aussi ramener l'équation (20) à l'équation linéaire

$$(23) \qquad \frac{\partial^2 z_1}{\partial x \partial y} - \frac{\partial \log A}{\partial x} \frac{\partial z_1}{\partial y} - AB z_1 = 0 ;$$

on passe du reste de l'équation (21) à l'équation (23) par les formules

$$\frac{\partial z}{\partial x} = - B z_1, \qquad\qquad \frac{\partial z_1}{\partial y} = - A z.$$

191. Considérons encore l'équation ([1])

$$(24) \qquad s^2 - 4\lambda (x, y) \, pq = 0,$$

où $\lambda (x, y)$ est une fonction quelconque de x, y; on pourrait prendre pour nouvelle inconnue p ou q, mais, pour arriver à une équation plus simple, nous poserons $p = u^2$, $q = v^2$, ce qui nous donne

$$\frac{\partial u}{\partial y} = v \sqrt{\lambda}, \qquad\qquad \frac{\partial v}{\partial x} = u \sqrt{\lambda}.$$

L'élimination de v conduit à l'équation linéaire

$$(25) \qquad \frac{\partial^2 u}{\partial x \partial y} - \frac{1}{2} \frac{\partial \log \lambda}{\partial x} \frac{\partial u}{\partial y} - \lambda u = 0,$$

et celle de u à une autre équation linéaire

$$\frac{\partial^2 v}{\partial x \partial y} - \frac{1}{2} \frac{\partial \log \lambda}{\partial y} \frac{\partial v}{\partial x} - \lambda v = 0.$$

Considérons, par exemple, l'équation (25); si $u (x, y)$ est l'intégrale générale de cette équation, l'intégrale générale de l'équation proposée est donnée par une quadrature

$$(26) \qquad z = \int u^2 dx + \frac{1}{\lambda} \left(\frac{\partial u}{\partial y} \right)^2 dy.$$

Les invariants de l'équation (25) ont pour valeurs

$$h = \lambda, \qquad\qquad k = \lambda - \frac{1}{2} \frac{\partial^2 \log \lambda}{\partial x \partial y} ;$$

______
([1]) *Bulletin de la Société mathématique*, t. XXV, p. 36-48.

ceux que l'on en déduit par l'application de la première transformation de Laplace, et qui sont les mêmes que ceux de l'équation en v, ont pour valeurs

$$h_1 = 2h - k - \frac{\partial^2 \log h}{\partial x \partial y} = k, \qquad k_1 = h;$$

on voit qu'ils sont identiques à ceux de l'équation (25) pris dans l'ordre inverse. La suite de Laplace relative à cette équation linéaire ne peut donc se terminer dans un sens sans se terminer dans l'autre sens, d'après les formules de récurrence qui donnent les invariants des équations de la suite (n° 104). Lorsqu'il en est ainsi, l'équation proposée (24) appartient à la première classe (n° 184). Reprenons, par exemple, l'équation intégrée plus haut

$$s = \frac{2\sqrt{pq}}{x+y},$$

on a ici $\lambda(x, y) = \dfrac{1}{(x+y)^2}$, et l'intégrale générale de l'équation (25) est

$$u = X' + \frac{Y - X}{x + y},$$

X et Y étant deux fonctions arbitraires de x et de y respectivement. On en tire

$$v = Y' + \frac{X - Y}{x + y},$$

$$z = \int \left\{ X' + \frac{Y - X}{x + y} \right\}^2 dx + \left\{ Y' + \frac{X - Y}{x + y} \right\}^2 dy,$$

comme on l'a déjà obtenu directement.

192. Il peut arriver, dans certains cas, que la transformation qui consiste à prendre pour nouvelle inconnue une des dérivées partielles du premier ordre de la fonction inconnue primitive réussisse plusieurs fois successivement. Ainsi, dans l'équation de M. Beudon (n° 172),

$$s - qz = q^2 f\left(y, \frac{t}{q}\right),$$

qui ne contient ni p, ni r, on peut poser $q = e^v$, v étant la nouvelle inconnue, ce qui nous donne $s = e^v \dfrac{\partial v}{\partial x}$, $t = e^v \dfrac{\partial v}{\partial y}$. L'équation proposée peut s'écrire, en divisant par e^v,

$$\frac{\partial v}{\partial x} = z + e^v f\left(y, \frac{\partial v}{\partial y}\right),$$

et en différentiant par rapport à y on a une équation du second ordre en v qui est de la forme

$$\frac{\partial^2 v}{\partial x \partial y} = e^v \varphi\left(y, \frac{\partial v}{\partial y}, \frac{\partial^2 v}{\partial y^2}\right),$$

étudiée également au n° 167. On peut appliquer la même transformation à la nouvelle équation en posant $\frac{\partial v}{\partial y} = u$; l'équation s'écrit en effet

$$\frac{\partial u}{\partial x} = e^v \varphi\left(y, u, \frac{\partial u}{\partial y}\right),$$

et, en éliminant e^v entre cette équation et sa dérivée par rapport à y, il reste une équation de la forme

$$\frac{\partial^2 u}{\partial x \partial y} = \frac{\partial u}{\partial x} \psi\left(y, u, \frac{\partial u}{\partial y}, \frac{\partial^2 u}{\partial y^2}\right),$$

qui admet une intégrale intermédiaire du premier ordre dépendant de deux constantes arbitraires (t. I, n° 92).

193. En combinant la transformation qui vient d'être étudiée avec une transformation de contact, on est conduit à des transformations d'apparence beaucoup plus générale. Pour en donner un exemple, considérons une équation linéaire quelconque

$$(27) \qquad Ar + 2Bs + Ct + Dp + Eq + Fz = o,$$

où A, B, C, ..., F sont des fonctions de x, y, et proposons-nous de trouver tous les systèmes de trois fonctions α, β, γ de x, y, telles qu'en prenant une nouvelle inconnue

$$(28) \qquad u = \alpha p + \beta q + \gamma z,$$

u vérifie une équation du second ordre. On peut d'abord, en changeant z en λz, supposer qu'on a ramené u à la forme

$$(28)' \qquad u = \alpha p + \beta q ;$$

si on choisit ensuite deux nouvelles variables indépendantes η, ξ, telles que ξ vérifie la relation

$$\alpha \frac{\partial \xi}{\partial x} + \beta \frac{\partial \xi}{\partial y} = 0,$$

l'équation (27) se change en une autre équation linéaire

$$(27)' \qquad A_1 \frac{\partial^2 z}{\partial \xi^2} + 2B_1 \frac{\partial^2 z}{\partial \xi \partial \eta} + \ldots = 0,$$

et l'on a (I, n° 51)

$$A_1 = A\beta^2 - 2B\alpha\beta + C\alpha^2,$$

tandis que la formule (28)' prend la forme

$$u = K\,(\xi, \eta)\, \frac{\partial z}{\partial \eta}.$$

On peut évidemment négliger le facteur $K\,(\xi, \eta)$, et tout revient à chercher dans quel cas la transformation $v = \dfrac{\partial z}{\partial \eta}$, appliquée à l'équation (27)', conduit à une nouvelle équation du second ordre. Pour qu'il en soit ainsi, il faut et il suffit (n° 187) que les rapports des coefficients de $\dfrac{\partial^2 z}{\partial \xi^2}$, $\dfrac{\partial z}{\partial \xi}$, z soient indépendants de η. Supposons d'abord que A_1 ne soit pas nul; en cherchant les intégrales de l'équation (27), qui sont indépendantes de η, on est conduit à une équation linéaire du second ordre dont les coefficients sont indépendants de η. Il existe donc deux intégrales *distinctes* de l'équation (27)' pour lesquelles on a $u = 0$; et inversement, cela ne peut arriver que si les rapports des coefficients de $\dfrac{\partial^2 z}{\partial \xi^2}$, $\dfrac{\partial z}{\partial \xi}$, z sont indépendants de η. En revenant à l'équation (27), on en conclut que, lorsque $A\beta^2 - 2B\alpha\beta + C\alpha^2$ n'est pas nul, pour que la fonction $u = \alpha p + \beta q + \gamma z$ vérifie une équation du second ordre, il faut et il suffit que l'équation $\alpha p + \beta q + \gamma z = 0$ admette deux intégrales distinctes de l'équation (27). La forme générale de u est donc

$$u = \lambda\,(x, y) \begin{vmatrix} p & q & z \\ p_1 & q_1 & z_1 \\ p_2 & q_2 & z_2 \end{vmatrix},$$

$\lambda\,(x, y)$ étant une fonction quelconque de x, y, et z_1, z_2 deux intégrales distinctes de (27). Les fonctions α, β, γ étant données, on peut reconnaître sans aucune intégration si u est de cette forme. Pour qu'il en soit ainsi, il faut en effet que les deux équations (27) et $u = 0$ admettent une intégrale commune $C_1 z_1 + C_2 z_2$, dépendant de deux constantes arbitraires, c'est-à-dire qu'elles forment un système complètement intégrable.

Si l'on a $A_1 = A\beta^2 - 2B\alpha\beta + C\alpha^2 = 0$, il faudra que, dans l'équation $(27)'$, le rapport des coefficients de $\dfrac{\partial z}{\partial \xi}$ et de z soient indépendants de η. Si le coefficient de $\dfrac{\partial z}{\partial \xi}$ n'est pas nul, l'équation $(27)'$ admet une intégrale pour laquelle on aura $u = 0$; l'équation (27) doit donc admettre aussi une intégrale pour laquelle on aura $\alpha p + \beta q + \gamma z = 0$, et les rapports des coefficients seront définis par les deux relations

$$A\beta^2 - 2B\alpha\beta + C\beta^2 = 0, \qquad \alpha p_1 + \beta q_1 + \gamma z_1 = 0,$$

z_1 étant une intégrale quelconque de l'équation linéaire.

On a une troisième espèce de transformations en supposant que les coefficients de $\dfrac{\partial^2 z}{\partial \xi^2}$ et de $\dfrac{\partial z}{\partial \xi}$ sont nuls dans l'équation $(27)'$; on retrouve ainsi, il est facile de le voir, les deux transformations de Laplace, généralisées par Legendre (n° 113).

Remarque I. — Il peut arriver que, dans certains cas, la transformation (28) ramène à l'équation (27) elle-même; de toute intégrale de l'équation linéaire on peut alors déduire, par l'application répétée de la formule de transformation, une infinité d'autres intégrales. Par exemple, étant donnée une équation

$$s + ap + bq = 0,$$

si on prend pour inconnue $q = u$, l'équation en u est en général différente de l'équation en z; pour que les invariants des deux équations pris dans le même ordre soient les mêmes, il faut et il suffit que l'équation proposée soit de la forme

$$s + XYp + X_1 q = 0,$$

X, X_1 étant des fonctions de x, et Y une fonction de y. Si z est une intégrale, $\dfrac{1}{Y}\dfrac{\partial z}{\partial y}$ est aussi une intégrale. Une équation du second ordre

$$s + ap + bq + cz = 0$$

peut être ramenée à la forme précédente, pourvu que les invariants h et k soient de la forme :

$$h = \mathrm{YF}\,(x), \qquad k = \mathrm{Y}\Phi\,(x),$$

et inversement.

Remarque II. — Les transformations précédentes des équations linéaires ramènent, dans certains cas, l'intégration d'une équation linéaire à celle d'une équation plus simple, ou possédant des propriétés toutes différentes de celles de la première. L'exemple suivant offre un grand intérêt dans la théorie des surfaces. Étant donnée une équation de la forme

$$r - \lambda\,(x,\,y)\,t = 0,$$

si on la rapporte à ses caractéristiques, c'est-à-dire si on prend pour variables indépendantes deux fonctions $\rho\,(x,\,y)$, $\rho_1\,(x,\,y)$, telles que l'on ait

$$\frac{\partial \rho}{\partial x} = \sqrt{\lambda}\,\frac{\partial \rho}{\partial y}, \qquad \frac{\partial \rho_1}{\partial x} = -\sqrt{\lambda}\,\frac{\partial \rho_1}{\partial y},$$

la nouvelle équation a, en général, ses invariants h et k inégaux. Mais si, auparavant, on a pris comme nouvelle fonction inconnue une des dérivées partielles p ou q, puis qu'on rapporte la nouvelle équation à ses caractéristiques, on est conduit à une équation à invariants égaux. Le calcul se fait très simplement de la manière suivante ; de l'équation $r = \lambda t$, on tire

$$\frac{\partial p}{\partial x} = \lambda\,\frac{\partial q}{\partial y}, \qquad \frac{\partial p}{\partial y} = \frac{\partial q}{\partial x},$$

et, si on prend comme variables indépendantes ρ et ρ_1, ces relations deviennent

$$\frac{\partial p}{\partial \rho}\frac{\partial \rho}{\partial x} + \frac{\partial p}{\partial \rho_1}\frac{\partial \rho_1}{\partial x} = \lambda\left(\frac{\partial q}{\partial \rho}\frac{\partial \rho}{\partial y} + \frac{\partial q}{\partial \rho_1}\frac{\partial \rho_1}{\partial y}\right),$$

$$\frac{\partial p}{\partial \rho}\frac{\partial \rho}{\partial y} + \frac{\partial p}{\partial \rho_1}\frac{\partial \rho_1}{\partial y} = \frac{\partial q}{\partial \rho}\frac{\partial \rho}{\partial x} + \frac{\partial q}{\partial \rho_1}\frac{\partial \rho_1}{\partial x} ;$$

en remplaçant $\dfrac{\partial \rho}{\partial x}$ par $\sqrt{\lambda}\,\dfrac{\partial \rho}{\partial y}$ et $\dfrac{\partial \rho_1}{\partial x}$ par $-\sqrt{\lambda}\,\dfrac{\partial \rho_1}{\partial y}$, on en tire

$$\frac{\partial p}{\partial \rho} = \sqrt{\lambda}\,\frac{\partial q}{\partial \rho},$$

$$\frac{\partial p}{\partial \rho_1} = -\sqrt{\lambda}\,\frac{\partial q}{\partial \rho_1},$$

et l'élimination de l'une des fonctions p et q conduit à une équation à invariants égaux pour déterminer l'autre fonction inconnue.

Toute équation linéaire de la forme

$$r - t + 2Bs = o,$$

dont les caractéristiques forment sur le plan des x, y un réseau orthogonal, se ramène à la forme $r = \lambda t$, en prenant pour nouvelles variables $x + iy$ et $x - iy$, et par suite à une équation de Laplace à invariants égaux.

Remarque III. — Il peut aussi arriver que l'on puisse combiner quelques-unes des transformations précédentes. Ainsi, étant donnée une équation linéaire

$$s + ap + bq = o,$$

si l'on prend comme fonction inconnue le rapport des dérivées $u = \dfrac{q}{p}$, on en déduit pour u une seule équation du second ordre. La valeur de u peut, en effet, s'écrire, en tenant compte de l'équation elle-même,

$$u = -\frac{1}{b} \left\{ a + \frac{\partial \log p}{\partial y} \right\};$$

or, on a vu (n° 189) que, si on prend pour inconnue p, on a encore une équation linéaire de la forme de Laplace. Si, dans cette seconde équation, on prend ensuite comme inconnue $\dfrac{\partial \log p}{\partial y}$ (n° 190), on trouve une troisième équation du second ordre non linéaire. La suite de ces deux transformations est évidemment équivalente, en négligeant une transformation ponctuelle, à celle qui consiste à prendre $\dfrac{q}{p}$ pour nouvelle inconnue.

On peut arriver plus simplement à l'équation en u ; de l'équation proposée et de la relation $q = pu$, on tire en effet

$$d \log p = - \left(\frac{\partial \log u}{\partial x} + \frac{a + bu}{u} \right) dx - (a + bu)\, dy,$$

et la condition d'intégrabilité donne une équation du second ordre en u

$$\frac{\partial^2 \log u}{\partial x \partial y} + \frac{\partial}{\partial y} \left(\frac{a + bu}{u} \right) - \frac{\partial (a + bu)}{\partial x} = o.$$

A toute intégrale de l'équation en z correspond une seule intégrale de l'équation en u, tandis qu'à une intégrale de l'équation en u correspondent une infinité d'intégrales de l'équation en z, dépendant de deux constantes arbitraires ; si z_1 est l'une d'elles, toutes les autres sont de la forme $A z_1 + B$, A et B étant les deux constantes arbitraires.

194. L'étude des systèmes formés de deux équations simultanées du premier ordre à deux fonctions inconnues conduit aussi, dans certains cas, quand on élimine l'une des fonctions inconnues, à deux équations du second ordre qui s'intègrent en même temps. Soient

$$(29) \qquad \begin{cases} F_1\left(x,\, y,\, z,\, u,\, \dfrac{\partial z}{\partial x},\, \dfrac{\partial z}{\partial y},\, \dfrac{\partial u}{\partial x},\, \dfrac{\partial u}{\partial y}\right) = o, \\[2ex] F_2\left(x,\, y,\, z,\, u,\, \dfrac{\partial z}{\partial x},\, \dfrac{\partial z}{\partial y},\, \dfrac{\partial u}{\partial x},\, \dfrac{\partial u}{\partial y}\right) = o \end{cases}$$

deux équations simultanées du premier ordre à deux fonctions inconnues z et u. Pour éliminer l'inconnue z, imaginons les deux équations (29) résolues par rapport aux dérivées partielles de z,

$$(30) \qquad \begin{cases} \dfrac{\partial z}{\partial x} = f_1\left(x,\, y,\, z,\, u,\, \dfrac{\partial u}{\partial x},\, \dfrac{\partial u}{\partial y}\right), \\[2ex] \dfrac{\partial z}{\partial y} = f_2\left(x,\, y,\, z,\, u,\, \dfrac{\partial u}{\partial x},\, \dfrac{\partial u}{\partial y}\right); \end{cases}$$

la condition d'intégrabilité $\dfrac{df_1}{dy} = \dfrac{df_2}{dx}$, où

$$\frac{df_1}{dy} = \frac{\partial f_1}{\partial y} + \frac{\partial f_1}{\partial z} f_2 + \frac{\partial f_1}{\partial u}\frac{\partial u}{\partial y} + \frac{\partial f_1}{\partial\left(\frac{\partial u}{\partial x}\right)}\frac{\partial^2 u}{\partial x\partial y} + \frac{\partial f_1}{\partial\left(\frac{\partial u}{\partial y}\right)}\frac{\partial^2 u}{\partial y^2},$$

$$\frac{df_2}{dx} = \frac{\partial f_2}{\partial x} + \frac{\partial f_2}{\partial z} f_1 + \frac{\partial f_2}{\partial u}\frac{\partial u}{\partial x} + \frac{\partial f_2}{\partial\left(\frac{\partial u}{\partial x}\right)}\frac{\partial^2 u}{\partial x^2} + \frac{\partial f_2}{\partial\left(\frac{\partial u}{\partial y}\right)}\frac{\partial^2 u}{\partial x\partial y},$$

nous conduit à une relation de la forme

$$(31) \qquad \Phi\left(x,\, y,\, z,\, u,\, \frac{\partial u}{\partial x},\, \frac{\partial u}{\partial y},\, \frac{\partial^2 u}{\partial x^2},\, \frac{\partial^2 u}{\partial x\partial y},\, \frac{\partial^2 u}{\partial y^2}\right) = o,$$

d'où on tirera z et, en écrivant que cette valeur de z vérifie les deux équations proposées, on a deux équations simultanées du troisième ordre auxquelles doit satisfaire la fonction u ; à toute solution de ce système correspond une seule valeur de z qui est donnée par la formule (31).

On s'est borné, dans cet aperçu sommaire, aux circonstances les plus générales ; il nous faut maintenant examiner les cas particuliers qui peuvent conduire à une équation du second ordre. Nous supposerons d'abord que les équations (29) peuvent être résolues par rapport aux dérivées partielles de z ; on peut toujours écrire la condition d'intégrabilité (31). Si cette condition renferme l'inconnue z et quelques-unes des dérivées du second ordre de u, nous retombons sur le cas qui vient d'être examiné. Si la fonction Φ ne renferme pas z, mais contient quelques-unes des dérivées du second ordre de u, on voit que *la fonction inconnue u doit satisfaire à une seule équation du second ordre*, et qu'à toute intégrale de cette équation correspondent une infinité de fonctions z, dépendant d'une constante arbitraire. Ce sont les deux seuls cas qui puissent se présenter lorsque la condition d'intégrabilité renferme quelques-unes des dérivées du second ordre de u ([1]).

Remarque. — On peut former la condition d'intégrabilité (31) sans avoir à résoudre les équations (29) par rapport à $\dfrac{\partial z}{\partial x}$ et $\dfrac{\partial z}{\partial y}$. Si, en effet, on différentie ces relations par rapport à x et à y et qu'on élimine les trois dérivées du second ordre de z entre les quatre équations obtenues,

---

on aboutit à la relation suivante, en supposant que le déterminant fonctionnel de F_1 et de F_2 par rapport à $\frac{\partial z}{\partial x}$ et $\frac{\partial z}{\partial y}$ n'est pas nul.

$$(32) \quad \left(\frac{dF_1}{dx}\right)\frac{\partial F_2}{\partial p} + \left(\frac{dF_1}{dy}\right)\frac{\partial F_2}{\partial q} - \left(\frac{dF_2}{dx}\right)\frac{\partial F_1}{\partial p} - \left(\frac{dF_2}{dy}\right)\frac{\partial F_1}{\partial q} = 0,$$

où on a $p = \dfrac{\partial z}{\partial x}$, $q = \dfrac{\partial z}{\partial y}$,

$$\left(\frac{d}{dx}\right) = \frac{\partial}{\partial x} + \frac{\partial}{\partial z}p + \frac{\partial}{\partial u}\frac{\partial u}{\partial x} + \frac{\partial}{\partial\left(\frac{\partial u}{\partial x}\right)}\frac{\partial^2 u}{\partial x^2} + \frac{\partial}{\partial\left(\frac{\partial u}{\partial y}\right)}\frac{\partial^2 u}{\partial x \partial y},$$

$$\left(\frac{d}{dy}\right) = \frac{\partial}{\partial y} + \frac{\partial}{\partial z}q + \frac{\partial}{\partial u}\frac{\partial u}{\partial y} + \frac{\partial}{\partial\left(\frac{\partial u}{\partial x}\right)}\frac{\partial^2 u}{\partial x \partial y} + \frac{\partial}{\partial\left(\frac{\partial u}{\partial y}\right)}\frac{\partial^2 u}{\partial y^2}.$$

L'élimination de p et q entre les trois équations (29) et (32) conduira à la condition d'intégrabilité (31) ; si on peut éliminer à la fois les trois quantités p, q, z, on trouvera une équation du second ordre pour déterminer u.

Passons au cas où les deux équations (29) ne peuvent pas être résolues par rapport aux dérivées partielles de z. On en déduit alors, par l'élimination de ces dérivées, une nouvelle équation de la forme

$$(33) \qquad \Phi\left(x, y, z, u, \frac{\partial u}{\partial x}, \frac{\partial u}{\partial y}\right) = 0;$$

si cette relation ne contient pas z, l'intégration du système (29) est ramenée ainsi à l'intégration de deux équations du premier ordre successivement et, en particulier, la fonction inconnue u satisfait à une équation du premier ordre. Si la relation (33) contient z, on peut l'écrire

$$z = \varphi\left(x, y, u, \frac{\partial u}{\partial x}, \frac{\partial u}{\partial y}\right),$$

et le système (29) peut être remplacé par un système de la forme suivante

$$(34) \quad \left\{ \begin{array}{l} F_1\left(x, y, z, u, \dfrac{\partial z}{\partial x}, \dfrac{\partial z}{\partial y}, \dfrac{\partial u}{\partial x}, \dfrac{\partial u}{\partial y}\right) = 0, \\[2ex] z = \varphi\left(x, y, u, \dfrac{\partial u}{\partial x}, \dfrac{\partial u}{\partial y}\right); \end{array} \right.$$

l'élimination de z conduit immédiatement à une équation du second ordre en u, à moins que φ ne dépende pas des dérivées de u, et à toute intégrale de l'équation en u correspond, d'après la seconde des formules (34), une fonction z bien déterminée de x, y.

On voit donc que, dans certains cas que nous venons de préciser, l'élimination de l'une des fonctions inconnues entre les deux équations (29) conduit à une équation du second ordre pour l'autre inconnue. Il peut arriver que le fait ait lieu, quelle que soit celle des deux inconnues que l'on élimine, et l'on a ainsi deux équations du second ordre liées de telle façon que l'intégration de l'une entraîne celle de l'autre. Plusieurs cas sont encore à distinguer : 1° il peut se faire que les intégrales des deux équations se correspondent une à une ; 2° il peut se faire qu'à une intégrale de l'une des équations, la première, par exemple, corresponde une seule intégrale de la seconde, tandis qu'à une intégrale de la seconde équation correspondent une infinité d'intégrales de la première, dépendant d'une constante arbitraire ; 3° enfin, la correspondance peut être telle qu'à toute intégrale de l'une des deux équations correspondent une infinité d'intégrales de l'autre équation, dépendant d'une constante arbitraire. Nous donnerons des exemples de ces trois cas.

195. Lorsque les intégrales des deux équations du second ordre se correspondent une à une, les équations (29) peuvent être mises sous la forme

$$(35) \qquad \begin{cases} z = f\left(x, y, u, \dfrac{\partial u}{\partial x}, \dfrac{\partial u}{\partial y}\right), \\[2ex] u = \varphi\left(x, y, z, \dfrac{\partial z}{\partial x}, \dfrac{\partial z}{\partial y}\right); \end{cases}$$

quelles que soient les fonctions f et φ, il est clair que l'élimination de z conduit à une équation du second ordre en u et l'élimination de u à une équation du second ordre en z, à moins que l'une de ces fonctions ne renferme aucune dérivée, et que les intégrales des deux équations se correspondent une à une. Par exemple, supposons que les fonctions f et φ soient linéaires

$$z = au + b\frac{\partial u}{\partial x} + c\frac{\partial u}{\partial y},$$

$$u = a_1 z + b_1 \frac{\partial z}{\partial x} + c_1 \frac{\partial z}{\partial y},$$

$a, b, c, a_1, b_1, c_1,$ étant des fonctions de x, y ; en éliminant successivement les deux inconnues, on est conduit à deux équations linéaires du second ordre, et la transformation par laquelle on passe de l'une à l'autre est identique, en réalité, à l'une des transformations de Laplace, sous sa forme la plus générale (n° 144). Pour avoir une transformation de Laplace proprement dite, il faudrait que les formules précédentes se réduisent à l'une des formes ci-dessous

$$z = au + b\,\frac{\partial u}{\partial x}, \qquad u = a_1 z + \frac{\partial z}{\partial y},$$

$$z = au + b\,\frac{\partial u}{\partial y}, \qquad u = a_1 z + \frac{\partial z}{\partial x}.$$

De même, en partant du système

$$z = \frac{\partial u}{\partial y}, \qquad u = \frac{1}{k}\,\log\left(\frac{\partial z}{\partial x}\right),$$

où log désigne le logarithme népérien, si on élimine z on trouve l'équation de Liouville, et si on élimine u, l'équation

$$\frac{\partial^2 z}{\partial x \partial y} = kz\,\frac{\partial z}{\partial x}.$$

Prenons un cas un peu plus général ; si les formules (35) sont de la forme

$$(36) \qquad \begin{cases} z = f\left(x,\, y,\, u,\, \dfrac{\partial u}{\partial x}\right), \\[2mm] u = \varphi\left(x,\, y,\, z,\, \dfrac{\partial z}{\partial y}\right), \end{cases}$$

l'élimination de u conduit à une équation du second ordre

$$z = f\left(x,\, y,\, \varphi,\, \frac{\partial \varphi}{\partial x} + \frac{\partial \varphi}{\partial z}\,p + \frac{\partial \varphi}{\partial q}\,s\right),$$

qui, résolue par rapport à s, peut s'écrire

$$(37) \qquad\qquad Ms + Np + P = o,$$

M, N, P, étant des fonctions de x, y, z, q. Inversement, étant donnée une équation de la forme (37), cherchons s'il est possible de la rattacher à un système tel que (36). On voit d'abord, d'après la façon même dont on a obtenu l'équation (37), que la fonction $\varphi\,(x, y, z, q)$ doit satisfaire à la condition

$$\frac{\dfrac{\partial\varphi}{\partial q}}{M} = \frac{\dfrac{\partial\varphi}{\partial z}}{N};$$

supposons qu'on ait obtenu une fonction φ satisfaisant à cette condition, ce qui revient à intégrer l'équation différentielle du premier ordre $M\,dq + N\,dz = o$, et soit μ la valeur commune des rapports précédents, de telle sorte que l'on ait

$$\frac{\partial\varphi}{\partial q} = \mu M, \qquad \frac{\partial\varphi}{\partial z} = \mu N.$$

Si on pose $u = \varphi\,(x,\,y,\,z,\,q)$, il vient

$$\frac{\partial u}{\partial x} = \frac{\partial\varphi}{\partial x} + \frac{\partial\varphi}{\partial z}\,p + \frac{\partial\varphi}{\partial q}\,s = \mu\,(Ms + Np) + \frac{\partial\varphi}{\partial x},$$

et l'équation (37) résulte de l'élimination de u entre les deux équations

$$(38) \qquad \begin{cases} u = \varphi\,(x,\,y,\,z,\,q), \\ \dfrac{\partial u}{\partial x} = \dfrac{\partial\varphi}{\partial x} - \mu P = \psi\,(x,\,y,\,z,\,q); \end{cases}$$

si on substitue dans la seconde la valeur de q tirée de la première, on a une nouvelle relation

$$F\left(x,\,y,\,z,\,u,\,\frac{\partial u}{\partial x}\right) = o.$$

Lorsque z ne figure pas dans cette équation, on a une équation du premier ordre pour déterminer u, et l'équation proposée est intégrable par la méthode de Monge. Ce cas particulier écarté, on voit que le système (38) est équivalent à un système analogue au système (36) ; l'élimination de u conduit à l'équation proposée, tandis que l'élimination de z donne une équation du second ordre en u

$$M_1\,\frac{\partial^2 u}{\partial x\,\partial y} + N_1\,\frac{\partial u}{\partial y} + P_1 = o,$$

où M_1, N_1, P_1 sont des fonctions de x, y, u, $\dfrac{\partial u}{\partial x}$ [1].

---

[1] La transformation précédente a été indiquée par Imschenetsky (p. 259 de la traduction de Hoüel ; *Archives de Grünert*, t. LIV).

Cet exemple a été généralisé comme il suit par M. Gomes Teixeira [1]. Prenons le système suivant

$$(39) \qquad \begin{cases} z = f\left(x, y, u, \dfrac{\partial u}{\partial x}, \dfrac{\partial u}{\partial y}\right), \\[2mm] u = \varphi\left(x, y, z, \dfrac{\partial z}{\partial y}\right) ; \end{cases}$$

l'élimination de z conduit à une équation du second ordre en u, linéaire par rapport aux dérivées du second ordre

$$(40) \qquad A\,\frac{\partial^2 u}{\partial x\,\partial y} + B\,\frac{\partial^2 u}{\partial y^2} + C = 0,$$

A, B, C étant des fonctions de x, y, u, $\dfrac{\partial u}{\partial x}$, $\dfrac{\partial u}{\partial y}$, tandis qu'en éliminant u on parvient à une équation en z

$$z = f\left(x, y, \varphi, \frac{\partial\varphi}{\partial x} + \frac{\partial\varphi}{\partial z}p + \frac{\partial\varphi}{\partial q}s, \frac{\partial\varphi}{\partial y} + \frac{\partial\varphi}{\partial z}q + \frac{\partial\varphi}{\partial q}t\right),$$

qui, résolue par rapport à s, peut s'écrire

$$(41) \qquad Ms + Np + \psi(x, y, z, q, t) = 0,$$

M et N étant des fonctions de x, y, z, q. Inversement, étant donnée une équation de la forme (41), pour qu'on puisse la rattacher à un système tel que (39), il faut d'abord que la fonction $\varphi(x, y, z, q)$ vérifie la relation $N\dfrac{\partial\varphi}{\partial q} - M\dfrac{\partial\varphi}{\partial z} = 0$, ou que l'on ait

$$\frac{\partial\varphi}{\partial q} = \mu M, \qquad \frac{\partial\varphi}{\partial z} = \mu N.$$

Soit $\varphi(x, y, z, q)$ une fonction satisfaisant à cette condition. Si on prend pour nouvelle inconnue $u = \varphi(x, y, z, q)$, il vient

$$\frac{\partial u}{\partial x} = \frac{\partial\varphi}{\partial x} + \frac{\partial\varphi}{\partial z}p + \frac{\partial\varphi}{\partial q}s = \mu(Ms + Np) + \frac{\partial\varphi}{\partial x},$$

____

[1] *Comptes Rendus.* t. XCIII, p. 702 ; 7 novembre 1881.

et l'équation (41) résulte de l'élimination de u entre les relations

$$u = \varphi(x, y, z, q),$$
$$\frac{\partial u}{\partial x} = \frac{\partial \varphi}{\partial x} - \mu \psi(x, y, z, q, t);$$

mais de la première on tire

$$q = \theta(x, y, z, u),$$
$$t = \frac{\partial \theta}{\partial y} + \frac{\partial \theta}{\partial z}\theta + \frac{\partial \theta}{\partial u}\frac{\partial u}{\partial y},$$

et, en remplaçant q et t par ces valeurs dans la seconde, elle devient

$$F\left(x, y, z, u, \frac{\partial u}{\partial x}, \frac{\partial u}{\partial y}\right) = 0.$$

Si cette dernière relation contient z, on en tirera

$$z = f\left(x, y, u, \frac{\partial u}{\partial x}, \frac{\partial u}{\partial y}\right),$$

et on aura bien un système de la forme (39), de sorte que u vérifiera une équation telle que (40). Si F ne contient pas z, on voit que u vérifie une équation du premier ordre, et l'équation proposée admet une intégrale intermédiaire du premier ordre dépendant d'une fonction arbitraire. On peut énoncer ce résultat comme il suit

Soit l'équation

$$Ms + Np + \psi(x, y, z, q, t) = 0,$$

où M *et* N *sont des fonctions de* x, y, z, q ; *si on pose*

$$u = \varphi(x, y, z, q),$$

où φ *désigne une solution de l'équation*

$$N\frac{\partial \varphi}{\partial q} - M\frac{\partial \varphi}{\partial z} = 0,$$

u *satisfait à une équation du second ordre, linéaire par rapport aux dérivées du second ordre, dont l'intégration entraîne celle de la proposée, ou à une équation du premier ordre.*

198. Lorsque le système (35) est de la forme générale, c'est-à-dire lorsque f contient les deux dérivées $\dfrac{\partial u}{\partial x}$, $\dfrac{\partial u}{\partial y}$ et φ les deux dérivées $\dfrac{\partial z}{\partial x}$, $\dfrac{\partial z}{\partial y}$, les équations du second ordre auxquelles conduit l'élimination de l'une des inconnues sont encore d'une forme particulière. D'une façon un peu plus générale, étant donnée une équation du second ordre

$$(42) \qquad F\,(x,\, y,\, z,\, p,\, q,\, r,\, s,\, t) = 0,$$

proposons-nous de reconnaître si elle résulte de l'élimination d'une inconnue auxiliaire u entre deux équations de la forme

$$(43) \qquad \left\{ \begin{aligned} u &= \varphi\left(x,\, y,\, z,\, \frac{\partial z}{\partial x},\, \frac{\partial z}{\partial y}\right), \\ \Phi &\left(x,\, y,\, z,\, \frac{\partial z}{\partial x},\, \frac{\partial z}{\partial y},\, \frac{\partial u}{\partial x},\, \frac{\partial u}{\partial y}\right) = 0. \end{aligned} \right.$$

Il suffit, pour cela, de remarquer que, quand on élimine u, les dérivées du second ordre r, s, t ne figurent dans le résultat que par les deux combinaisons $\dfrac{\partial \varphi}{\partial p} r + \dfrac{\partial \varphi}{\partial q} s$, $\dfrac{\partial \varphi}{\partial p} s + \dfrac{\partial \varphi}{\partial q} t$; l'équation proposée (42), quand on y regarde x, y, z, p, q comme des constantes données et r, s, t comme des coordonnées courantes, doit donc représenter *un cylindre ayant ses génératrices parallèles à une droite située sur le cône qui a pour équation $s^2 - rt = 0$*. Cette condition est suffisante ; en effet, si elle est remplie, l'équation proposée peut s'écrire

$$(44) \qquad F_1\,(Mr + Ns,\ \ Ms + Nt,\, x,\, y,\, z,\, p,\, q) = 0,$$

M et N étant des fonctions de x, y, z, p, q. Déterminons une fonction $\varphi\,(x,\, y,\, z,\, p,\, q)$ par la condition

$$N\,\frac{\partial \varphi}{\partial p} - M\,\frac{\partial \varphi}{\partial q} = 0,$$

et posons $u = \varphi\,(x,\, y,\, z,\, p,\, q)$; on aura

$$\frac{\partial u}{\partial x} = \frac{\partial \varphi}{\partial x} + \frac{\partial \varphi}{\partial z}\, p + \mu\,(Mr + Ns),$$

$$\frac{\partial u}{\partial y} = \frac{\partial \varphi}{\partial y} + \frac{\partial \varphi}{\partial z}\, q + \mu\,(Ms + Nt),$$

u étant une fonction de x, y, z, p, q, et l'équation (44) prend la forme

$$\Phi_1\left(x,\, y,\, z,\, p,\, q,\, \frac{\partial u}{\partial x},\, \frac{\partial u}{\partial y}\right) = 0,$$

de sorte que l'équation (44) provient bien de l'élimination de u entre les deux relations

$$(45) \qquad \left\{ \begin{aligned} & u = \varphi\,(x,\, y,\, z,\, p,\, q), \\ & \Phi_1\left(x,\, y,\, z,\, p,\, q,\, \frac{\partial u}{\partial x},\, \frac{\partial u}{\partial y}\right) = 0. \end{aligned} \right.$$

Il pourra maintenant arriver, dans des cas très étendus, que l'élimination de z conduise aussi à une équation du second ordre en u; c'est ce qui aura lieu si on peut éliminer p et q entre ces deux relations, ou p, q, z entre ces deux équations et la condition d'intégrabilité établie plus haut. Il en sera ainsi, par exemple, si l'équation proposée ne contient pas z et si on prend, ce qui est possible, la fonction φ indépendante de z.

Une équation linéaire par rapport aux dérivées du second ordre

$$(46) \qquad Hr + 2Ks + Lt + M = 0$$

peut être considérée de deux manières différentes comme l'équation d'un cylindre ayant ses génératrices parallèles à une droite située sur le cône $s^2 - rt = 0$. Pour appliquer la recherche précédente, soit λ une racine de l'équation du second degré

$$\lambda^2 - 2K\lambda + HL = 0\,;$$

l'équation (46) peut s'écrire

$$(46)' \qquad Hr + \lambda s + \frac{L}{\lambda}\,(Hs + \lambda t) + M = 0,$$

et il faudra déterminer la fonction $\varphi\,(x,\, y,\, z,\, p,\, q)$ par la condition que l'on ait

$$\frac{\dfrac{\partial \varphi}{\partial p}}{H} = \frac{\dfrac{\partial \varphi}{\partial q}}{\lambda} = \mu.$$

La fonction φ ayant été choisie de cette façon, si on pose

$$u = \varphi\,(x,\, y,\, z,\, p,\, q),$$

l'équation linéaire (46)′ résulte de l'élimination de u entre les deux équations

$$u = \varphi\,(x,\,y,\,z,\,p,\,q),$$

$$\frac{\partial u}{\partial x} - \frac{\partial \varphi}{\partial x} - \frac{\partial \varphi}{\partial z}\,p + \frac{\mathrm{L}}{\lambda}\left(\frac{\partial u}{\partial y} - \frac{\partial \varphi}{\partial y} - \frac{\partial \varphi}{\partial z}\,q\right) + \mu\mathrm{M} = \mathrm{o},$$

et on aura à examiner si l'élimination de z conduit aussi à une équation du second ordre en u ([1]).

197. Lorsque les équations (29) peuvent être résolues par rappor t aux dérivées partielles $\dfrac{\partial u}{\partial x}$, $\dfrac{\partial u}{\partial y}$, et ne peuvent pas l'être par rapport aux dérivées de z, en négligeant les cas exceptionnels que nous avons laissés de côté plus haut, le système (29) pourra s'écrire sous l'une ou l'autre des formes équivalentes ci-dessous

$$(47)\qquad
\begin{cases}
\dfrac{\partial u}{\partial x} = f\,(x,\,y,\,z,\,u,\,p,\,q),\\[2mm]
\dfrac{\partial u}{\partial y} = \varphi\,(x,\,y,\,z,\,u,\,p,\,q);
\end{cases}$$

$$(48)\qquad
\begin{cases}
z = \psi\left(x,\,y,\,u,\,\dfrac{\partial u}{\partial x},\,\dfrac{\partial u}{\partial y}\right),\\[3mm]
\theta\left(x,\,y,\,u,\,p,\,q,\,\dfrac{\partial u}{\partial x},\,\dfrac{\partial u}{\partial y}\right) = \mathrm{o};
\end{cases}$$

l'élimination de z conduit toujours à une équation du second ordre en u de la forme considérée tout à l'heure. Si l'équation

$$\frac{df}{dy} = \frac{d\varphi}{dx}$$

ne contient pas u, on aura aussi pour z une équation du second ordre qui sera linéaire en r, s, t. C'est ce qui aura lieu certainement si les fonctions f et φ ne contiennent pas u. A toute intégrale de l'équation en u correspond une seule intégrale de l'équation en z, tandis qu'à une intégrale de l'équation en z correspondent une infinité d'intégrales de l'équation en u, dépendant d'une constante arbitraire.

([1]) Le cas particulier où H, K, L, M ne dépendent pas de z, et où on prend aussi la fonction φ indépendante de z, a été considéré par M R Liouville (*Comples Rendus*, t. XCVIII, p. 216, 569, 723 ; 1884). On trouvera d'autres cas particuliers étudiés dans un mémoire de M. Gomes Teixeira : « Sur l'intégration d'une classe d'équations aux dérivées partielles du second ordre » (*Bulletins de l'Académie de Belgique*, 3ᵉ série, t. III, p. 486 ; 1882).

A ce cas se rattachent les formules (18), qui établissent le passage de l'équation (15) à l'équation (17) (n° 190). Il en est de même des formules

$$\frac{\partial z}{\partial x} = u^2, \qquad \frac{\partial z}{\partial y} = \frac{1}{\lambda}\left(\frac{\partial u}{\partial y}\right)^2$$

qui conduiraient de l'équation (24) à l'équation (25).

Lorsque les équations (29) peuvent être résolues, soit par rapport à $\frac{\partial z}{\partial x}$ et $\frac{\partial z}{\partial y}$, soit par rapport à $\frac{\partial u}{\partial x}$ et $\frac{\partial u}{\partial y}$, si l'élimination de chacune des deux inconnues conduit pour l'autre à une équation de second ordre, ces deux équations sont nécessairement linéaires par rapport aux dérivées du second ordre, et à toute intégrale de l'une d'elles correspondent une infinité d'intégrales de l'autre, dépendant d'une constante arbitraire. On obtient des transformations de cette espèce en partant des deux relations arbitraires entre x, y, $\frac{\partial z}{\partial x}$, $\frac{\partial z}{\partial y}$, $\frac{\partial u}{\partial x}$, $\frac{\partial u}{\partial y}$,

$$f\left(x, y, \frac{\partial z}{\partial x}, \frac{\partial z}{\partial y}, \frac{\partial u}{\partial x}, \frac{\partial u}{\partial y}\right) = 0,$$

$$\varphi\left(x, y, \frac{\partial z}{\partial x}, \frac{\partial z}{\partial y}, \frac{\partial u}{\partial x}, \frac{\partial u}{\partial y}\right) = 0,$$

pourvu que ces relations puissent être résolues, soit par rapport à $\frac{\partial z}{\partial x}$ et $\frac{\partial z}{\partial y}$, soit par rapport à $\frac{\partial u}{\partial x}$ et $\frac{\partial u}{\partial y}$.

Un exemple remarquable et bien connu de cette dernière classe de transformations est fourni par le système

$$(49) \quad \begin{cases} \dfrac{\partial z}{\partial x} + \dfrac{\partial u}{\partial x} = \sin(z - u), \\[2mm] \dfrac{\partial z}{\partial y} - \dfrac{\partial u}{\partial y} = \sin(z + u), \end{cases}$$

qui se présente dans l'étude des surfaces à courbure constante ([1]). Quand on élimine u, on est conduit à l'équation

$$(50) \qquad \frac{\partial^2 z}{\partial x \partial y} = \frac{1}{2}\sin 2z,$$

([1]) DARBOUX, *Théorie générale des Surfaces*, t. III, p. 432 et suivantes.

et, quand on élimine z, on est conduit de même à l'équation

$$\frac{\partial^2 u}{\partial x \partial y} = \frac{1}{2} \sin 2u \, ;$$

de toute solution z de l'équation (50) on peut donc en déduire une infinité d'autres, dépendant d'une constante arbitraire, par l'intégration du système (49), où l'on considère u comme la fonction inconnue.

198. Après ces généralités, nous allons étudier plus spécialement le cas où les formules (29) sont linéaires par rapport aux deux fonctions inconnues z et u et à leurs dérivées. Nous pouvons tout d'abord écarter le cas déjà examiné (n° 195) où ce système ne pourrait être résolu par rapport aux dérivées partielles d'aucune des deux fonctions inconnues, et écrire ces équations

$$(51) \quad \left\{ \begin{aligned} \frac{\partial u}{\partial x} &= \alpha u + \beta z + \gamma \frac{\partial z}{\partial x} + \delta \frac{\partial z}{\partial y} + \eta, \\ \frac{\partial u}{\partial y} &= \alpha_1 u + \beta_1 z + \gamma_1 \frac{\partial z}{\partial x} + \delta_1 \frac{\partial z}{\partial y} + \eta_1, \end{aligned} \right.$$

$\alpha, \beta, \gamma, \ldots, \delta_1, \eta_1$ étant des fonctions de x, y. Pour que l'élimination de u conduise à une équation du second ordre en z, il faut et il suffit, comme on le voit facilement, que l'on ait

$$\frac{\partial \alpha}{\partial y} = \frac{\partial \alpha_1}{\partial x}, \qquad \text{ou} \qquad \alpha = \frac{\partial \theta}{\partial x}, \; \alpha_1 = \frac{\partial \theta}{\partial y} \, ;$$

si on multiplie les deux équations (51) par $e^{-\theta}$, on peut les écrire, en posant $\omega = e^{\theta}$,

$$(52) \quad \left\{ \begin{aligned} \frac{\partial}{\partial x}\left(\frac{u}{\omega}\right) &= \beta z + \gamma \frac{\partial z}{\partial x} + \delta \frac{\partial z}{\partial y} + \eta, \\ \frac{\partial}{\partial y}\left(\frac{u}{\omega}\right) &= \beta_1 z + \gamma_1 \frac{\partial z}{\partial x} + \delta_1 \frac{\partial z}{\partial y} + \eta_1, \end{aligned} \right.$$

les coefficients $\beta, \gamma, \delta, \ldots, \eta_1$ n'ayant plus les mêmes valeurs que plus haut; l'élimination de u conduit toujours à une équation linéaire du second ordre en z; si on suppose qu'on ait fait disparaître le terme indépendant de z dans cette équation, en changeant z en $z + z_1$, on aura $\dfrac{\partial \eta}{\partial y} = \dfrac{\partial \eta_1}{\partial x}$, ou

$$\eta = \frac{\partial \omega'}{\partial x}, \qquad \eta_1 = \frac{\partial \omega'}{\partial y}$$

et en remplaçant u par $u + \omega\omega'$ on fera disparaître η et η_1. On peut donc toujours, sans restreindre la généralité, supposer les formules qui définissent la transformation ramenées à la forme

$$(53) \qquad \begin{cases} \dfrac{\partial}{\partial x}\left(\dfrac{u}{\omega}\right) = \beta z + \gamma \dfrac{\partial z}{\partial x} + \delta \dfrac{\partial z}{\partial y}, \\[2mm] \dfrac{\partial}{\partial y}\left(\dfrac{u}{\omega}\right) = \beta_1 z + \gamma_1 \dfrac{\partial z}{\partial x} + \delta_1 \dfrac{\partial z}{\partial y}. \end{cases}$$

Pour que l'élimination de z conduise aussi à une équation du second ordre en u, on a deux cas à distinguer suivant que $\gamma\delta_1 - \delta\gamma_1$ est nul ou ne l'est pas.

Si $\gamma\delta_1 - \delta\gamma_1 = 0$, il en sera toujours ainsi, car on pourra tirer z en fonction de u, $\dfrac{\partial u}{\partial x}$, $\dfrac{\partial u}{\partial y}$ et, en remplaçant z par cette valeur dans l'une des deux équations, on sera conduit à une équation du second ordre en u.

Étant donnée une équation linéaire du second ordre en z

$$(54) \qquad Ar + Bs + Ct + Dp + Eq + Fz = 0,$$

pour trouver toutes les transformations de cette espèce qui conduisent de cette équation à une autre équation du second ordre en u, il faut l'identifier avec l'équation du second ordre

$$\gamma_1 r + (\delta_1 - \gamma)s - \delta t + \left(\frac{\partial \gamma_1}{\partial x} + \beta_1 - \frac{\partial \gamma}{\partial y}\right)p + \left(\frac{\partial \delta_1}{\partial x} - \beta - \frac{\partial \delta}{\partial y}\right)q + \left(\frac{\partial \beta_1}{\partial x} - \frac{\partial \beta}{\partial y}\right)z = 0,$$

obtenue par l'élimination de u entre les formules (53) ; ce qui donne les relations

$$\frac{\gamma_1}{A} = \frac{\delta_1 - \gamma}{B} = \frac{-\delta}{C} = \frac{\beta_1 + \dfrac{\partial \gamma_1}{\partial x} - \dfrac{\partial \gamma}{\partial y}}{D} = \frac{\dfrac{\partial \delta_1}{\partial x} - \dfrac{\partial \delta}{\partial y} - \beta}{E} = \frac{\dfrac{\partial \beta_1}{\partial x} - \dfrac{\partial \beta}{\partial y}}{F} = v,$$

auxquelles il faudra joindre la condition $\gamma\delta_1 - \gamma_1\delta = 0$. On tire de là

$$\gamma_1 = Av, \qquad \delta_1 = \gamma + Bv, \qquad \delta = -Cv$$

et par suite

$$\gamma^2 + B\gamma v + ACv^2 = 0,$$

ce qui nous donne les valeurs de γ, δ, γ_1, δ_1,

$$\gamma = \frac{-B \pm \sqrt{B^2 - 4AC}}{2}\,v, \qquad \delta = -Cv,$$

$$\gamma_1 = Av, \qquad \delta_1 = \frac{B \pm \sqrt{B^2 - 4AC}}{2}\,v,$$

les signes $\pm$ étant pris en même temps dans γ et δ_1. Il vient ensuite

$$\beta_1 = \mathrm{D}v + \frac{\partial \gamma}{\partial y} - \frac{\partial \gamma_1}{\partial x}, \qquad \beta = \frac{\partial \delta_1}{\partial x} - \frac{\partial \delta}{\partial y} - \mathrm{E}v,$$

et, en portant ces valeurs de β, β_1, γ, γ_1, δ, δ_1 dans la dernière relation $\frac{\partial \beta_1}{\partial x} - \frac{\partial \beta}{\partial y} = \mathrm{F}v$, il reste une équation linéaire pour déterminer l'inconnue auxiliaire v,

$$(55) \quad \frac{\partial^2 (\mathrm{A}v)}{\partial x^2} + \frac{\partial^2 (\mathrm{B}v)}{\partial x \partial y} + \frac{\partial^2 (\mathrm{C}v)}{\partial y^2} - \frac{\partial (\mathrm{D}v)}{\partial x} - \frac{\partial (\mathrm{E}v)}{\partial y} + \mathrm{F}v = 0 ;$$

à toute intégrale de cette équation correspondent deux transformations distinctes de l'équation proposée (54).

L'équation (55) est appelée l'équation *adjointe* de l'équation linéaire (54) ; elle exprime que le produit

$$v (\mathrm{A}r + \mathrm{B}s + \mathrm{C}t + \mathrm{D}p + \mathrm{E}q + \mathrm{F}z)$$

peut être mis sous la forme

$$\frac{\partial \mathrm{P}}{\partial x} + \frac{\partial \mathrm{Q}}{\partial y},$$

P et Q étant des fonctions de x, y, z, p, q ; on aurait pu l'écrire immédiatement en remarquant que le produit précédent doit être égal à

$$\frac{\partial \left(\beta_1 z + \gamma_1 \frac{\partial z}{\partial x} + \delta_1 \frac{\partial z}{\partial y} \right)}{\partial x} - \frac{\partial \left(\beta z + \gamma \frac{\partial z}{\partial x} + \delta \frac{\partial z}{\partial y} \right)}{\partial y}.$$

Dans le cas d'une équation linéaire de la forme de Laplace

$$(56) \qquad s + ap + bq + cz = 0,$$

on doit faire $\mathrm{A} = \mathrm{C} = 0$, $\mathrm{B} = 1$, $\mathrm{D} = a$, $\mathrm{E} = b$, $\mathrm{F} = c$, et l'équation adjointe devient

$$(57) \qquad \frac{\partial^2 v}{\partial x \partial y} - a \frac{\partial v}{\partial x} - b \frac{\partial v}{\partial y} + \left(c - \frac{\partial a}{\partial x} - \frac{\partial b}{\partial y} \right) v = 0.$$

Cette équation joue un grand rôle dans l'étude des équations linéaires, et nous renverrons le lecteur au chapitre IV du tome II de l'ouvrage de M. Darboux. Je rappellerai seulement la propriété suivante qui se vérifie immédiatement; les invariants de l'équation adjointe sont les mêmes que ceux de l'équation proposée, pris dans l'ordre inverse, de sorte que, si la suite de Laplace relative à l'équation (56) se termine d'un côté après un certain nombre d'opérations, la suite de Laplace relative à l'équation adjointe se termine dans l'autre sens après le même nombre d'opérations.

Revenons au problème proposé; dans le cas de l'équation réduite (56), si v_1 est une intégrale particulière de l'équation adjointe, on a pour β, γ, δ, β_1, γ_1, δ_1 deux systèmes de valeurs

$$\beta = \frac{\partial v_1}{\partial x} - bv_1, \quad \beta_1 = av_1, \quad \gamma = \gamma_1 = \delta = 0, \quad \delta_1 = v_1;$$

$$\beta = -bv_1, \quad \beta_1 = av_1 - \frac{\partial v_1}{\partial y}, \quad \gamma = -v_1, \quad \gamma_1 = \delta = \delta_1 = 0,$$

et la formule qui donne u a l'une des formes suivantes

$$\frac{u}{\omega} = \int \left(\frac{\partial v_1}{\partial x} - bv_1\right) z\,dx + v_1 \left(az + \frac{\partial z}{\partial y}\right) dy,$$

$$\frac{u}{\omega} = \int -v_1 \left(bz + \frac{\partial z}{\partial x}\right) dx + \left(av_1 - \frac{\partial v_1}{\partial y}\right) z\,dy,$$

d'où l'on déduit facilement que u vérifie une équation de même forme que z ([1]).

199. Supposons maintenant que, dans les formules (53), $\gamma\delta_1 - \gamma_1\delta$ soit différent de zéro ; on peut alors résoudre ces équations par rapport à $\frac{\partial z}{\partial x}$ et $\frac{\partial z}{\partial y}$, et former la condition pour que l'élimination de z conduise à une équation du second ordre en u. Cette condition peut s'obtenir très simplement comme il suit ; si, en éliminant z, on obtient une équation en u du second ordre, il est clair que cette équation doit admettre l'intégrale particulière $u = \omega$. A cette valeur de u correspond une valeur de z, dépendant d'une constante arbitraire, qui doit satisfaire aux deux équations

$$\beta z + \gamma \frac{\partial z}{\partial x} + \delta \frac{\partial z}{\partial y} = 0,$$

$$\beta_1 z + \gamma_1 \frac{\partial z}{\partial x} + \delta_1 \frac{\partial z}{\partial y} = 0;$$

([1]) Ces transformations ont été indiquées par M. Darboux (*Théorie générale des Surfaces*, t. II, p. 181), ainsi que des transformations beaucoup plus générales.

il faut donc que la condition d'intégrabilité de ce système soit vérifiée identiquement. Cette condition est suffisante ; en effet, soit z_1 une intégrale de ce système différente de zéro : si on remplace z par zz_1 les coefficients β et β_1 de z disparaissent dans les nouvelles formules de transformation ; on peut donc écrire les formules (53) sous la forme

$$(58) \quad \left\{ \begin{array}{l} \dfrac{\partial}{\partial x}\left(\dfrac{u}{\omega}\right) = \gamma\, \dfrac{\partial}{\partial x}\left(\dfrac{z}{z_1}\right) + \delta\, \dfrac{\partial}{\partial y}\left(\dfrac{z}{z_1}\right), \\[2mm] \dfrac{\partial}{\partial y}\left(\dfrac{u}{\omega}\right) = \gamma_1\, \dfrac{\partial}{\partial x}\left(\dfrac{z}{z_1}\right) + \delta_1\, \dfrac{\partial}{\partial y}\left(\dfrac{z}{z_1}\right), \end{array} \right.$$

où γ, δ, γ_1, δ_1 n'ont plus la même signification. Il est évident, d'après ces formules, qu'en éliminant z on arrivera à une équation du second ordre en u.

Étant donnée une équation en z telle que (54), pour trouver toutes les transformations de l'espèce précédente que l'on peut appliquer à cette équation, il faut l'identifier avec l'équation obtenue par l'élimination de u entre les deux relations (58). Pour faciliter le calcul, nous ferons d'abord le changement de fonction inconnue $z = z_1\, z'$, et, en désignant par p', q', r', s', t' les dérivées de z', et par p_1, q_1, r_1, s_1, t_1 les dérivées de z_1, les deux équations à identifier sont les suivantes

$$(59) \quad z_1(Ar' + Bs' + Ct') + (Dz_1 + 2Ap_1 + Bq_1)p' + (Ez_1 + Bp_1 + 2Cq_1)\, q'$$
$$+ (Ar_1 + Bs_1 + Ct_1 + Dp_1 + Eq_1 + Fz_1)\, z' = 0,$$

$$(60) \quad \gamma_1 r' + (\delta_1 - \gamma)\, s' - \delta t' + \left(\dfrac{\partial\gamma_1}{\partial x} - \dfrac{\partial\gamma}{\partial y}\right) p' + \left(\dfrac{\partial\delta_1}{\partial x} - \dfrac{\partial\delta}{\partial y}\right) q' = 0;$$

il faut d'abord que z_1 soit une intégrale particulière de l'équation proposée (54) et, de plus, que l'on ait

$$\frac{\gamma_1}{Az_1} = \frac{\delta_1 - \gamma}{Bz_1} = \frac{-\delta}{Cz_1} = \frac{\dfrac{\partial\gamma_1}{\partial x} - \dfrac{\partial\gamma}{\partial y}}{2Ap_1 + Bq_1 + Dz_1} = \frac{\dfrac{\partial\delta_1}{\partial x} - \dfrac{\partial\delta}{\partial y}}{Bp_1 + 2Cq_1 + Ez_1} = v.$$

On en tire

$$\gamma_1 = Az_1 v, \quad \delta_1 = \gamma + Bz_1 v, \quad \delta = -Cz_1 v,$$
$$\frac{\partial (Az_1 v)}{\partial x} - \frac{\partial\gamma}{\partial y} = (2Ap_1 + Bq_1 + Dz_1)\, v,$$
$$\frac{\partial (Bz_1 v)}{\partial x} + \frac{\partial\gamma}{\partial x} + \frac{\partial (Cz_1 v)}{\partial y} = (Bp_1 + 2Cq_1 + Ez_1)\, v,$$

et l'élimination de γ conduit à une équation du second ordre en v

$$\frac{\partial^2 (Av)}{\partial x^2} + \frac{\partial^2 (Bv)}{\partial x \partial y} + \frac{\partial^2 (Cv)}{\partial y^2} - \frac{\partial (Dv)}{\partial x} - \frac{\partial (Ev)}{\partial y} + Fv = o \, ;$$

nous retrouvons encore l'équation adjointe de l'équation proposée. Connaissant v, on aura γ par une quadrature, et on en déduira ensuite γ_1, δ, δ_1. Ainsi, pour pouvoir appliquer une transformation de la forme (58) à une équation linéaire donnée, *il suffit de connaître une intégrale particulière de l'équation proposée et une intégrale particulière de l'équation adjointe.*

A tout couple de solutions (z_1, v_1) de l'équation proposée (54) et de son adjointe (55) correspondent encore une infinité de transformations différentes, dépendant d'une constante arbitraire, car γ est donné par une quadrature. Dans toutes les équations en u que l'on peut ainsi déduire d'une équation linéaire donnée, les rapports des coefficients des dérivées du second ordre sont les mêmes que les rapports des coefficients homologues dans l'équation en z, de sorte que les caractéristiques sont les mêmes pour toutes ces équations. Si l'on suppose que les deux familles de caractéristiques de l'équation proposée sont distinctes, quand on ramène cette équation à la forme

$$(61) \qquad\qquad s + ap + bq + cz = o,$$

par un changement de variables, l'équation en u prendra elle-même la forme

$$(62) \qquad\qquad \frac{\partial^2 u}{\partial x \partial y} + a_1 \frac{\partial u}{\partial x} + b_1 \frac{\partial u}{\partial y} + c_1 u = o,$$

et les formules (58) seront remplacées par des formules analogues, où l'on aura $\delta = \gamma_1 = o$. Si la suite de Laplace relative à l'équation se termine d'un côté après n transformations, il résulte d'un théorème rappelé plus haut (n° 184) que la suite de Laplace relative à l'équation (62) se terminera dans le même sens après $n + 1$ transformations au plus ; mais il peut se faire aussi que cette suite se termine après n transformations seulement, ou même après moins de n transformations[1].

---

[1] On pourra consulter sur ce sujet un Mémoire de M. R. Liouville : « Sur les formes intégrables des équations linéaires du second ordre » (*Journal de l'Ecole polytechnique*, LVI° cahier, p. 7 ; 1886).

Voir aussi le Mémoire déjà cité de M. Burgatti (*Annali di Matematica*, t. XXIII, 2° série).

Exemple. — Étant donnée une équation de la forme

$$(63) \qquad r - t + \lambda(x, y)\, s = 0,$$

si z_1 est une intégrale particulière, $v_1 = \dfrac{\partial^2 z_1}{\partial x \partial y}$ est une intégrale de l'équation adjointe, comme cela résulte de l'identité

$$\frac{\partial^2 z_1}{\partial x \partial y}\,[r - t + \lambda s] = \frac{\partial}{\partial x}\left\{ \frac{\partial^2 z_1}{\partial x \partial y}\,p + \frac{\partial^2 z_1}{\partial y^2}\,q \right\} - \frac{\partial}{\partial y}\left\{ \frac{\partial^2 z_1}{\partial x^2}\,p + \frac{\partial^2 z_1}{\partial x \partial y}\,q \right\};$$

il suffit donc de connaître deux intégrales particulières ou même une seule de l'équation (63) pour pouvoir en déduire une transformation de la forme (58).

200. Bornons-nous maintenant au cas d'une équation réduite

$$(64) \qquad s + ap + bq + cz = 0;$$

soient z_1 une intégrale particulière de cette équation et v_1 une intégrale particulière de l'équation adjointe

$$(65) \qquad \frac{\partial^2 v}{\partial x \partial y} - a\,\frac{\partial v}{\partial x} - b\,\frac{\partial v}{\partial y} + \left(c - \frac{\partial a}{\partial x} - \frac{\partial b}{\partial y} \right) v = 0;$$

on a

$$\gamma = \int z_1 \left(bv_1 - \frac{\partial v_1}{\partial x} \right) dx - v_1\,(q_1 + az_1)\, dy,$$

$$\gamma_1 = 0, \qquad \delta_1 = \gamma + v_1 z_1, \qquad \delta = 0,$$

et u est donné par une nouvelle quadrature

$$\frac{u}{\omega} = \int \gamma\,\frac{\partial}{\partial x}\left(\frac{z}{z_1} \right) dx + \delta_1\,\frac{\partial}{\partial y}\left(\frac{z}{z_1} \right) dy,$$

ce qui peut encore s'écrire, en remplaçant δ_1 par $\gamma + v_1 z_1$ et intégrant par parties,

$$\frac{u}{\omega} = \gamma\left(\frac{z}{z_1} \right) - \int z \left(bv_1 - \frac{\partial v_1}{\partial x} \right) dx - v_1\,(q + az)\, dy.$$

Posons

$$w = \int z \left(b v_1 - \frac{\partial v_1}{\partial x} \right) dx - v_1 (q + az)\, dy\,;$$

d'après ce qu'on a vu au paragraphe précédent, w satisfait à une équation linéaire de même forme que z, dont γ est une intégrale particulière w_1, correspondante à l'intégrale particulière z_1 de l'équation proposée, et la formule qui donne u peut s'écrire

$$\frac{u}{\omega} = \frac{w_1 z - w z_1}{z_1} = \frac{w_1 \dfrac{\dfrac{\partial w}{\partial x}}{b v_1 - \dfrac{\partial v_1}{\partial x}} - w z_1}{z_1} = \frac{w_1 \dfrac{\partial w}{\partial x} - w \dfrac{\partial w_1}{\partial x}}{\dfrac{\partial w_1}{\partial x}}\,;$$

la transformation par laquelle on passe de l'équation en z à l'équation en u est donc une combinaison de deux transformations déjà étudiées. A tout système de deux solutions particulières, l'une de l'équation en z, l'autre de l'équation adjointe, correspondent, comme on l'a déjà remarqué, une infinité de transformations de l'espèce précédente, dépendant d'un paramètre arbitraire, puisque γ ou w_1 dépend encore d'une constante arbitraire.

Étant données deux équations linéaires telles que l'on passe de l'une à l'autre par une transformation de la forme

$$(66) \qquad \left\{ \begin{aligned} \frac{\partial}{\partial x}\left(\frac{u}{\omega}\right) &= \lambda\, \frac{\partial}{\partial x}\left(\frac{z}{z_1}\right), \\[2mm] \frac{\partial}{\partial y}\left(\frac{u}{\omega}\right) &= \mu\, \frac{\partial}{\partial y}\left(\frac{z}{z_1}\right), \end{aligned} \right.$$

où, pour plus de symétrie, nous remplaçons γ et δ_1 par λ et μ, soient (E) l'équation en z, (E)′ son adjointe, (E_1) l'équation en u et $(E_1′)$ son adjointe. Les invariants de l'équation (E) ont pour valeurs

$$h = \frac{\dfrac{\partial^2 \lambda}{\partial x \partial y}}{\lambda - \mu} - \frac{\dfrac{\partial \lambda}{\partial x}\dfrac{\partial \lambda}{\partial y}}{(\lambda - \mu)^2}, \qquad k = \frac{\dfrac{\partial^2 \mu}{\partial x \partial y}}{\mu - \lambda} - \frac{\dfrac{\partial \mu}{\partial x}\dfrac{\partial \mu}{\partial y}}{(\lambda - \mu)^2}\,;$$

ces invariants ne changent pas quand on multiplie λ et μ par un même facteur constant ou qu'on leur ajoute une même constante. Remarquons maintenant que, si l'on échange λ et μ, ces deux invariants

ne font que s'échanger, et il en est évidemment de même pour les invariants de l'équation en u. Donc, si dans les formules (66) on échange
λ et μ, les deux équations (E) et (E$_1$) sont remplacées par deux équations respectivement équivalentes à leurs adjointes ; nous disons que
deux équations sont équivalentes quand on passe de l'une à l'autre en
multipliant la fonction inconnue par une fonction de x, y, convenablement choisie, c'est-à-dire quand elles ont les mêmes invariants.

En particulier, si on suppose $\mu = -\lambda$, les invariants de l'équation
(E) ne changent pas quand on permute λ et μ ; elle est donc équivalente
à son adjointe, c'est-à-dire à ses invariants égaux. Il en est évidemment
de même de l'équation en u. Cette propriété est le point de départ des
belles recherches de M. Moutard sur les équations à invariants
égaux [1].

La remarque qui précède conduit à une conséquence intéressante.
Soit (E) une équation linéaire

$$s + ap + bq + cz = 0,$$

dont on connaît une intégrale particulière z_1 ; soit de même v_1 une intégrale particulière de l'équation adjointe (E)'

$$\frac{\partial^2 v}{\partial x \partial y} - a\frac{\partial v}{\partial x} - b\frac{\partial v}{\partial y} + \left(c - \frac{\partial a}{\partial x} - \frac{\partial b}{\partial y}\right)v = 0.$$

En appliquant la transformation considérée qui correspond aux deux
solutions z_1, v_1, et en fixant la constante d'intégration qui entre dans
$\lambda = \gamma$, on parvient à une certaine équation (E$_1$). Supposons maintenant
que l'on applique la transformation à l'équation adjointe en échangeant
le rôle des deux solutions z_1, v_1 ; la nouvelle valeur γ_1 de γ est, comme
le montre un calcul facile,

$$v_1 z_1 + \int z_1 \left(\frac{\partial v_1}{\partial x} - bv_1\right) dx + v_1 (q_1 + az_1)\, dy = -\gamma - v_1 z_1 = -\delta_1$$

et on aura de même, pour la nouvelle valeur de δ_1,

$$\gamma_1 + v_1 z_1 = -\gamma.$$

[1] Moutard : « Recherches sur les équations aux dérivées partielles du second ordre
à deux variables indépendantes » (*Comptes Rendus*, t. LXX, p. 834 ; 1870) ; « Sur la
construction des équations de la forme $\frac{1}{z}\frac{\partial^2 z}{\partial x \partial y} = \lambda(x, y)$, qui admettent une intégrale
générale explicite » (*Journal de l'Ecole polytechnique*, XLVe cahier, 1878).
    Voir aussi le chapitre sur les équations à invariants égaux dans le tome II de la
Théorie générale des Surfaces de M. Darboux.

La nouvelle équation en u s'obtiendra donc en changeant λ en μ et μ en λ dans les formules (66) qui conduiraient à la première ; elle aura par conséquent les mêmes invariants que l'adjointe de la première. Ainsi, *quand on échange les deux équations* (E), (E)′, *ainsi que les deux intégrales z_1, v_1, les deux équations en u auxquelles on parvient sont telles que l'une d'elles est équivalente à l'adjointe de l'autre.*

Par exemple, si l'équation (E) est *identique* à son adjointe, et si on prend $v_1 = z_1$, les deux transformations sont absolument identiques et conduisent, par conséquent, à la même équation en u ; cette équation, devant être équivalente à son adjointe, a donc ses invariants égaux. Nous retrouvons, sous une autre forme, le théorème de M. Moutard. L'équation étant de la forme

$$\frac{\partial^2 z}{\partial x \partial y} + cz = 0,$$

soit z_1 une intégrale particulière ; si on prend $v_1 = z_1$, il vient

$$\gamma = -\int z_1 \frac{\partial z_1}{\partial x}\, dx + z_1 \frac{\partial z_1}{\partial y}\, dy, \qquad \delta_1 = \gamma + z_1^2,$$

et, en prenant pour γ la valeur $-\dfrac{z_1^2}{2}$, il reste $\delta_1 = \dfrac{z_1^2}{2}$. Les formules de transformation deviennent alors, en remplaçant u par $-\dfrac{u}{2}$

$$\frac{\partial}{\partial x}\left(\frac{u}{\omega}\right) = z_1^2 \frac{\partial}{\partial x}\left(\frac{z}{z_1}\right),$$
$$\frac{\partial}{\partial y}\left(\frac{u}{\omega}\right) = -z_1^2 \frac{\partial}{\partial y}\left(\frac{z}{z_1}\right) ;$$

ce sont précisément les formules qui définissent la transformation de M. Moutard.

La proposition si curieuse de M. Moutard se trouve ainsi rattachée à une propriété générale de cette classe de transformations.

201. On peut se proposer, sur les transformations précédentes, un grand nombre de problèmes. Cherchons tous les cas où les deux équations que l'on ramène ainsi l'une à l'autre ont les mêmes invariants. Comme on peut multiplier les deux fonctions u et z par des fonctions quelconques de x, y, sans changer les invariants des équations linéaires correspondantes, on peut écrire les formules de transformations

$$(67) \qquad \frac{\partial u}{\partial x} = \lambda \frac{\partial z}{\partial x}, \qquad \frac{\partial u}{\partial y} = \mu \frac{\partial z}{\partial y};$$

soient

$$\frac{\partial^2 z}{\partial x \partial y} + a \frac{\partial z}{\partial x} + b \frac{\partial z}{\partial y} = 0,$$

$$\frac{\partial^2 u}{\partial x \partial y} + a_1 \frac{\partial u}{\partial x} + b_1 \frac{\partial u}{\partial y} = 0$$

les équations (E) et (E$_1$) ; on a

$$a = \frac{\frac{\partial \lambda}{\partial y}}{\lambda - \mu}, \qquad b = \frac{\frac{\partial \mu}{\partial x}}{\mu - \lambda}, \qquad a_1 = \frac{\mu}{\lambda} a, \qquad b_1 = \frac{\lambda}{\mu} b,$$

et, pour que les invariants soient les mêmes, il faut et il suffit que l'on ait

$$\frac{\partial a_1}{\partial x} = \frac{\partial a}{\partial x}, \qquad \frac{\partial b_1}{\partial y} = \frac{\partial b}{\partial y},$$

c'est-à-dire que $a_1 - a$ soit une fonction de y, et $b_1 - b$ une fonction de x. On en déduit, pour λ et μ, les relations

$$\frac{\partial \log \lambda}{\partial y} = f(y), \qquad \frac{\partial \log \mu}{\partial x} = f_1(x),$$

ce qui montre que λ et μ sont de la forme suivante

$$\lambda = F(x) \, \Phi(y), \qquad \mu = F_1(x) \, \Phi_1(y).$$

Ces conditions sont suffisantes ; on peut en effet écrire alors les formules (67)

$$\frac{\partial u}{\partial x} = XY_1 \frac{\partial z}{\partial x}, \qquad \frac{\partial u}{\partial y} = X_1 Y \frac{\partial z}{\partial y},$$

X et X$_1$ étant deux fonctions de x, et Y, Y$_1$ deux fonctions de y, ou, en remplaçant z par $\dfrac{1}{X_1 Y_1} z$, puis changeant X$_1$ en $\dfrac{1}{X_1}$ et Y$_1$ en $\dfrac{1}{Y_1}$,

$$\frac{\partial u}{\partial x} = X \frac{\partial (X_1 z)}{\partial x}, \qquad \frac{\partial u}{\partial y} = Y \frac{\partial (Y_1 z)}{\partial y},$$

ou encore

$$\frac{\partial(X_1 Y_1 z)}{\partial x} = \frac{Y_1}{X} \frac{\partial u}{\partial x}, \qquad \frac{\partial (X_1 Y_1 z)}{\partial y} = \frac{X_1}{Y} \frac{\partial u}{\partial y}.$$

Les deux fonctions z et u' vérifient une même équation du second ordre

$$(68) \qquad \frac{\partial^2 \theta}{\partial x \partial y} - \frac{Y Y_1'}{X X_1 - Y Y_1} \frac{\partial \theta}{\partial x} + \frac{X X_1'}{X X_1 - Y Y_1} \frac{\partial \theta}{\partial y} = 0,$$

et, si l'on connaît l'une de ces intégrales, on aura la seconde au moyen d'une quadrature

$$(69) \qquad u = \int X \frac{\partial (X_1 z)}{\partial x} dx + Y \frac{\partial (Y_1 z)}{\partial y} dy,$$

$$(70) \qquad z = \frac{1}{X_1 Y_1} \int \frac{Y_1}{X} \frac{\partial u}{\partial x} dx + \frac{X_1}{Y} \frac{\partial u}{\partial y} dy;$$

étant donnée une équation de la forme (68), si l'on connaît une intégrale particulière, l'emploi répété des formules (69) et (70) permettra, en général, de calculer une infinité d'autres intégrales de la même équation.

L'équation (68) peut encore s'écrire

$$s + \frac{F_1 (y)}{\Phi (x) - \Phi_1 (y)} p + \frac{F (x)}{\Phi (x) - \Phi_1 (y)} q = 0 ;$$

si aucune des fonctions $\Phi (x)$, $\Phi_1(y)$ ne se réduit à une constante, et qu'on prenne $\Phi (x)$ et $\Phi_1 (y)$ pour nouvelles variables indépendantes, l'équation en θ prend la forme suivante

$$s + \frac{\varphi (y)}{x - y} p + \frac{\psi (x)}{x - y} q = 0 ;$$

les équations de cette espèce ont été étudiées par M. Le Roux dans sa thèse [1].

202. Les transformations des équations du second ordre que nous venons d'étudier (n° 194 et suivants) appartiennent à une classe plus générale de transformations considérées par M. Bäcklund [2]. Étant

<hr>

[1] *Annales de l'Ecole Normale*, 1895.

[2] BÄCKLUND, « Zur Theorie der partiellen Differentialgleichung erster Ordnung » (*Mathematische Annalen*, t. XVII; 1880) et « Zur Theorie der Flächentransformationen » (*Ibid.*, t. XIX ; 1882).

données deux équations simultanées du premier ordre

$$(71)\quad F_1(x,y,z,z',p,q,p',q') = o,\quad F_2(x,y,z,z',p,q,p',q')=o,$$

où z, z' sont les deux fonctions inconnues, p' et q' les dérivées partielles de z', et un système d'intégrales

$$z = f(x, y),\qquad z' = \varphi(x, y),$$

considérons les deux surfaces (Σ) et (Σ') représentées par ces deux équations respectivement. Si nous faisons correspondre les points de ces deux surfaces qui sont situés sur une même parallèle à l'axe des z, les équations proposées (71) établissent deux autres relations entre les éléments correspondants du premier ordre de ces deux surfaces. En généralisant la question, on est conduit au problème suivant, que s'est proposé M. Bäcklund : *(Σ) et (Σ') désignant deux surfaces distinctes, peut-on établir entre les points de ces deux surfaces une correspondance telle que les éléments correspondants du premier ordre des deux surfaces (x, y, z, p, q) et (x', y', z', p', q') vérifient quatre relations distinctes données à l'avance ?*

Soient

$$(72)\quad F_i(x,y,z,p,q,x',y',z',p',q') = o\quad (i=1, 2, 3, 4)$$

ces quatre relations. Lorsque deux d'entre elles se réduisent à $x'=x$, $y'=y$, on retombe sur un système de deux équations simultanées du premier ordre à deux fonctions inconnues, et on voit qu'aucune des deux surfaces (Σ) et (Σ') ne peut être choisie arbitrairement. Il en est de même dans le cas général. Si on suppose, en effet, que z, x', y', z' aient été exprimées en fonction des deux variables indépendantes x et y, on déduit p' et q' des relations

$$\frac{\partial z'}{\partial x} = p'\frac{\partial x'}{\partial x} + q'\frac{\partial y'}{\partial x},$$

$$\frac{\partial z'}{\partial y} = p'\frac{\partial x'}{\partial y} + q'\frac{\partial y'}{\partial y},$$

et en remplaçant p' et q' par leurs valeurs tirées de ces formules dans les équations (72), on est conduit à un système de quatre équations simultanées aux dérivées partielles du premier ordre, entre deux variables indépendantes x, y, et quatre fonctions inconnues z, x', y', z'. L'élimination des trois inconnues x', y', z', conduira donc à une ou plusieurs équations aux dérivées partielles auxquelles devra satisfaire z, considérée comme fonction de x, y. Ce sont ces équations qu'il s'agit de former.

Nous supposerons que du système des quatre équations (72) on peut tirer les valeurs de quatre des variables x', y', z', p', q', en fonction de x, y, z, p, q et de la cinquième variable du même groupe ; autrement, l'élimination de x', y', z', p', q' conduirait à une ou plusieurs relations entre x, y, z, p, q, cas que nous écarterons. Il peut encore se présenter deux cas ; si les équations (72) peuvent être résolues par rapport à p', q' et deux des variables x', y', z', on peut supposer ces équations résolues par rapport à p', q', x', y', car, si elles étaient résolues par rapport à p', q', x', z', par exemple, il suffirait de prendre x' et z' pour variables indépendantes et de regarder y' comme fonction inconnue de ces deux variables pour être ramené à ce cas. Si on ne se trouve dans aucun des cas précédents, on peut tirer des équations (72) x', y', z' en fonction de x, y, z, p, q, et il reste une seule équation renfermant p' et q'.

$$(73) \qquad \Phi\,(x,\,y,\,z,\,p,\,q\,;\,x',\,y',\,z',\,p',\,q') = 0\,;$$

on voit facilement que, dans ce cas particulier, qui est l'analogue du cas traité plus haut (n° 194), z, considérée comme fonction de x et de y, doit satisfaire à une équation du second ordre. En effet, des formules qui donnent x', y', z',

$$(74) \quad x' = \varphi_1\,(x,y,z,p,q), \quad y' = \varphi_2(x,y,z,p,q), \quad z' = \varphi_3(x,y,z,p,q),$$

on tire, en portant dans la relation $dz' = p'dx' + q'dy'$,

$$(75) \quad \left\{ \begin{aligned} \left(\frac{d\varphi_3}{dx}\right) &= p'\left(\frac{d\varphi_1}{dx}\right) + q'\left(\frac{d\varphi_2}{dx}\right), \\ \left(\frac{d\varphi_3}{dy}\right) &= p'\left(\frac{d\varphi_1}{dy}\right) + q'\left(\frac{d\varphi_2}{dy}\right), \end{aligned} \right.$$

où

$$\left(\frac{d}{dx}\right) = \frac{\partial}{\partial x} + \frac{\partial}{\partial z}\,p + \frac{\partial}{\partial p}\,r + \frac{\partial}{\partial q}\,s,$$

$$\left(\frac{d}{dy}\right) = \frac{\partial}{\partial y} + \frac{\partial}{\partial z}\,q + \frac{\partial}{\partial p}\,s + \frac{\partial}{\partial q}\,t\,;$$

si on porte maintenant les valeurs de x', y', z', p', q', déduites des formules (74) et (75) dans l'équation $\Phi = 0$, on est conduit à une équation du second ordre pour déterminer z comme fonction de x, y. A toute surface (Σ) les formules (74) font correspondre une seule surface (Σ').

Prenons le cas général où les équations (72) peuvent être résolues par rapport à x', y', p', q',

$$x' = f_1 (x, y, z, p, q; z'),$$
$$y' = f_2 (x, y, z, p, q; z'),$$
$$p' = f_3 (x, \ .\ .\ .\ ; z'),$$
$$q' = f_4 (x, \ .\ .\ .\ ; z');$$

en remplaçant x', y', p', q' par f_1, f_2, f_3, f_4 dans la relation $dz' = p'dx' + q'dy'$, on arrive à une équation aux différentielles totales

$$(76) \qquad P dz' + Q dx + R dy = 0,$$

où P, Q, R sont des fonctions de x, y, z, z', p, q, r, s, t. De plus, les dérivées du second ordre r, s, t ne figurent que dans Q et R et y entrent linéairement; en formant la condition d'intégrabilité de cette équation

$$(77) \qquad F = 0,$$

on vérifie aisément que les dérivées partielles du troisième ordre de z disparaissent, et F est linéaire en r, s, t, $rt - s^2$. Il peut encore se présenter deux cas :

1° Si l'équation $F = 0$ contient z', en écrivant que cette valeur de z' vérifie l'équation aux différentielles totales (76), on est conduit à deux équations simultanées du troisième ordre pour z. Toute intégrale de ces deux équations donnera une surface (Σ), à laquelle correspondra une seule surface (Σ');

2° Si l'équation $F = 0$ ne contient pas z', on a, pour déterminer z, *une seule équation du second ordre* linéaire en r, s, t, $rt - s^2$. Toute intégrale de cette équation donnera une surface (Σ), et il lui correspondra une infinité de surfaces (Σ'), dépendant d'une constante arbitraire, qui s'obtiendraient par l'intégration de l'équation aux différentielles totales (76).

203. Pratiquement, il n'est pas nécessaire de résoudre les équations (72) par rapport à p', q', x', y', et on peut obtenir la condition d'intégrabilité (77) par un procédé plus élégant[1]. En différentiant les équations proposées (72), il vient

$$\left(\frac{dF_i}{dx}\right) dx + \left(\frac{dF_i}{dy}\right) dy + \left(\frac{\partial F_i}{\partial x'} + p' \frac{\partial F_i}{\partial z'}\right) dx'$$
$$+ \left(\frac{\partial F_i}{\partial y'} + q' \frac{\partial F_i}{\partial z'}\right) dy' + \frac{\partial F_i}{\partial p'} dp' + \frac{\partial F_i}{\partial q'} dq' = 0;$$

[1] Darboux, *Théorie générale des Surfaces*, t. III, p. 439 et suiv.

ces équations, résolues par rapport à dx, dy, dp', dq', nous donnent pour dp' et dq' des résultats de la forme suivante

$$N dp' = H dx' + K dy',$$
$$N dq' = L dx' + M dy',$$

où H, K, L, M, N sont des fonctions linéaires de r, s, t, $rt - s^2$. Pour que p' et q' soient les dérivées partielles d'une même fonction inconnue par rapport à x' et y', il faut évidemment que l'on ait $K = L$. En développant les calculs, on arrive à la condition suivante, qui a été donnée par M. Bäcklund,

$$(78) \quad \left\{ \begin{array}{l} (12)\,[F_3 F_4] + (13)\,[F_4 F_2] + (14)\,[F_2 F_3] \\ + (34)\,[F_1 F_2] + (42)\,[F_1 F_3] + (23)\,[F_1 F_4] = o, \end{array} \right.$$

où on a posé

$$(ik) = \left(\frac{dF_i}{dx}\right)\left(\frac{dF_k}{dy}\right) - \left(\frac{dF_i}{dy}\right)\left(\frac{dF_k}{dx}\right)$$

et où le crochet $[F_i F_k]$ a le sens habituel

$$[F_i F_k] = \left(\frac{\partial F_i}{\partial x'} + p' \frac{\partial F_i}{\partial z'}\right)\frac{\partial F_k}{\partial p'} - \left(\frac{\partial F_k}{\partial x'} + p' \frac{\partial F_k}{\partial z'}\right)\frac{\partial F_i}{\partial p'}$$
$$+ \left(\frac{\partial F_i}{\partial y'} + q' \frac{\partial F_i}{\partial z'}\right)\frac{\partial F_k}{\partial q'} - \left(\frac{\partial F_k}{\partial y'} + q' \frac{\partial F_k}{\partial z'}\right)\frac{\partial F_i'}{\partial q'}.$$

L'ensemble des cinq équations (72) et (78) forme un système équivalent aux équations (72) et (77). Si on peut résoudre ces cinq équations par rapport à x', y', z', p', q', en écrivant que les valeurs trouvées satisfont à la relation

$$dz' = p' dx' + q' dy',$$

on est conduit à deux équations du troisième ordre en z ; si on peut éliminer x', y', z', p', q', ce qui arrivera si, en tirant quatre de ces variables des relations (72) et les portant dans la condition (78), la cinquième variable du même groupe disparaît du résultat, on trouve pour z une seule équation du second ordre linéaire en r, s, t, $rt - s^2$.

204. On voit donc que, sous certaines conditions que nous venons de préciser, on déduira des équations (72) une seule équation du second ordre pour déterminer z comme fonction de x, y. Cela peut arriver dans deux circonstances différentes, qui se distinguent de la façon suivante : dans un cas, à une surface (Σ) correspond une seule surface (Σ') qui se réduit de (Σ) sans aucune intégration ; dans l'autre cas, à une surface (Σ) correspondent une infinité de surfaces (Σ'), dépendant d'une constante arbitraire, qui s'obtiennent par l'intégration d'une équation aux différentielles totales.

Les deux circonstances s'étaient déjà présentées dans la discussion du système (29) (n° 194).

Lorsqu'on trouve aussi pour z' une équation du second ordre, on a obtenu de cette façon deux équations du second ordre, en général très différentes l'une de l'autre, telles que l'intégration de l'une conduit à celle de l'autre, et la transformation définie par les formules (72) s'appelle une *transformation de Bäcklund*. Remarquons que, lorsqu'à une surface (Σ) correspondent une infinité de surfaces (Σ'), dépendant d'une constante arbitraire, l'équation du second ordre en z est une équation de Monge-Ampère. Lorsqu'à une surface (Σ) correspond une seule surface (Σ'), on voit aisément que l'équation qui définit z représente, quand on y considère x, y, z, p, q comme des paramètres et r, s, t comme des coordonnées courantes, une surface réglée ayant pour cône directeur le cône $s^2 - rt = 0$. En effet, avec ces conventions, les relations (75) représentent bien une droite parallèle à une génératrice de ce cône, cette droite dépendant de deux paramètres p' et q' liés par la relation (73). L'élimination de p' et de q' conduira donc à l'équation d'une surface réglée. *Une équation du second ordre provenant d'une transformation de Bäcklund admet donc au moins un système de caractéristiques du premier ordre.*

Remarque. — Si l'on se donne *a priori* les fonctions F_1, F_2, F_3, F_4, les formules (72) ne définissent pas, en général, une transformation de Bäcklund entre deux équations du second ordre. Mais il est facile d'en former autant qu'on voudra ; il suffira, par exemple, de prendre pour F_1, F_2, F_3, F_4 des fonctions où ne figurent pas une des trois variables x, y, z, ainsi qu'une des trois variables x', y', z'. En effet, l'élimination de p', q' et des deux variables (x', y'), ou (x', z'), ou (y', z') entre les cinq équations (72) et (77), conduira dans ce cas à une seule équation du second ordre en x, y, z ; et on trouvera de même une seule équation du second ordre en x', y', z'.

205. En dehors des cas examinés plus haut (n° 194 et suivants), on n'a étudié jusqu'ici qu'un petit nombre d'exemples de la transformation générale. M. Bäcklund a appliqué sa théorie à la recherche de deux surfaces (Σ), (Σ'), se correspondant de telle façon que la distance de deux points correspondants M, M' soit constante, et que les deux plans tangents en M et en M′ passent par la droite MM′ et fassent un angle constant [1], M. Darboux a ensuite généralisé le problème, en cherchant les couples de surfaces se correspondant de telle façon que les plans tangents en M, M′ et la droite MM′ forment un système invariable; ce qui conduit à des surfaces parallèles à des surfaces à courbure constante ou à des surfaces minima. On doit à M. E. Cosserat [2] un autre exemple remarquable, qui se rattache à la théorie de la déformation des surfaces. Considérons la transformation définie par les quatre équations

$$(79) \quad \begin{cases} z = \dfrac{\partial w}{\partial x'}, \qquad \dfrac{2z}{x-y} + p - q = q', \\[2ex] \dfrac{2}{x-y} = p', \qquad \dfrac{z^2 + (x-y)^2 pq}{2} = \dfrac{\partial w}{\partial y'}, \end{cases}$$

où w est une fonction donnée des seules variables x', y'. Ces formules définissent bien une transformation de Bäcklund, car elles ne contiennent pas z', et, si l'on prend pour variables $x_1 = x - y$ et $y_1 = x + y$ à la place de x et y, la lettre y_1 n'y figurera pas non plus.

Pour former l'équation du second ordre en z', remarquons qu'on tire des équations (79)

$$p+q = \sqrt{q'^2 - 2p'q'\dfrac{\partial w}{\partial x'} + 2p'^2\dfrac{\partial w}{\partial y'}}, \quad p-q = q' - p'\dfrac{\partial w}{\partial x'}, \quad x-y = \dfrac{2}{p'}, \quad z = \dfrac{\partial w}{\partial x'};$$

si, dans la relation

$$dz = pdx + qdy = \dfrac{p+q}{2} d(x+y) + \dfrac{p-q}{2} d(x-y),$$

on remplace z, $p+q$, $p-q$, $x-y$ par leurs expressions, il reste l'équation aux différentielles totales

$$\left\{ \dfrac{\partial^2 w}{\partial x'^2} + \dfrac{q' - p'\dfrac{\partial w}{\partial x'}}{p'^2} r' \right\} dx' + \left\{ \dfrac{\partial^2 w}{\partial x'\partial y'} + \dfrac{q' - p'\dfrac{\partial w}{\partial x'}}{p'^2} s' \right\} dy'$$
$$= \dfrac{1}{2}\sqrt{q'^2 - 2p'q'\dfrac{\partial w}{\partial x'} + 2p'^2\dfrac{\partial w}{\partial y'}}\, d(x+y),$$

<hr>

[1] Bäcklund, « Om ytar med konstant negativ krökning » (*Lunds Universitets Arsskrift*, t. XIX; 1883).

[2] Cosserat (Eugène), « Sur la déformation de certains paraboloïdes et sur le théorème de M. Weingarten » (*Comptes Rendus*, t. CXXIV, p. 741-744; avril 1897).

qui définit $x + y$ en fonction de x', y'. En écrivant la condition d'intégrabilité, on est conduit à une équation du second ordre définissant z' en fonction de x', y', et on trouve qu'elle est identique à l'équation bien connue à laquelle satisfait le résultat de la substitution, dans le premier membre de l'équation d'un plan isotrope, des coordonnées cartésiennes rectangulaires d'un point d'une surface dont l'élément linéaire est déterminé par l'équation

$$(80) \qquad ds^2 = du^2 + 2 \frac{\partial w}{\partial u}\, dudv + 2 \frac{\partial w}{\partial v}\, dv^2,$$

où u et v désignent les variables indépendantes x' et y' [1].

Pour obtenir l'équation du second ordre en z, on tirera des équations (79) les valeurs de x', y', p', q'

$$(81)\quad x' = \frac{\partial\varphi\,(z,\,\rho)}{\partial z},\; y' = \frac{\partial\varphi\,(z,\,\rho)}{\partial\rho},\; p' = \frac{2}{x-y},\; q' = \frac{2z}{x-y} + p - q,$$

où on a posé

$$\rho = \frac{z^2 + (x-y)^2\, pq}{2},$$

et où φ est une fonction des seules variables z et ρ. En portant ces valeurs de x', y', p', q' dans la relation $dz' = p'dx' + q'dy'$, et écrivant la condition d'intégrabilité, on obtient pour z l'équation du second ordre

$$(82) \qquad Hr + 2Ks + Lt + M + N\,(rt - s^2) = 0,$$

où on a posé

$$H = \frac{(x-y)^3}{2}\, q\, \frac{\partial^2\varphi}{\partial\rho^2},\quad L = -\frac{(x-y)^3}{2}\, p\, \frac{\partial^2\varphi}{\partial\rho^2},$$

$$2K = z(x-y)^2\frac{\partial^2\varphi}{\partial\rho^2} + (x-y)^3\frac{\partial^2\varphi}{\partial z\partial\rho},\quad M = (x-y)^2 pq\frac{\partial^2\varphi}{\partial\rho^2} + 2z\frac{\partial^2\varphi}{\partial\rho\partial z} + \frac{\partial^2\varphi}{\partial z^2} + z^2\frac{\partial^2\varphi}{\partial\rho^2}$$

$$N = -\frac{(x-y)^4}{4}\frac{\partial^2\varphi}{\partial\rho^2}.$$

Cette dernière équation peut se ramener à l'équation considérée par M. Weingarten par une transformation de contact. Si l'on considère, en

<hr>

[1] O. Bonnet, *Journal de l'École polytechnique*, XLIIe cahier ; Darboux, *Théorie générale des Surfaces*, t. III, p. 261.

effet, la surface-enveloppe du plan

$$(1 - xy)\, X + i\, (1 + xy)\, Y + (x + y)\, Z - (x - y)\, z = o,$$

où X, Y, Z sont les coordonnées courantes et où z désigne une solution de l'équation (82), on trouve pour ces surfaces l'équation aux dérivées partielles

$$(83) \qquad \frac{\partial^2 \varphi}{\partial p^2} - (\rho' + \rho'') \frac{\partial^2 \varphi}{\partial p \partial q} + \rho' \rho'' \frac{\partial^2 \varphi}{\partial q^2} = o,$$

dont M. Weingarten ([1]) a fait dépendre la recherche des surfaces admettant l'élément linéaire donné par la formule (80); ρ', ρ'' sont les rayons de courbure principaux, p est la distance de l'origine au plan tangent, et q la moitié du carré de la distance de l'origine à un point de la surface.

Si l'on considère, de même, la transformation définie par les quatre équations

$$\left\{ \begin{aligned} & z = \frac{\partial w}{\partial x'}, & & px - qy + \frac{x + y}{x - y}\, z = q', \\ & \frac{x + y}{x - y} = p', & & z^2 + (x - y)^2\, pq = 2\,\frac{\partial w}{\partial y'}, \end{aligned} \right.$$

elle conduit pour z à la même équation (82) que la précédente ; z' est également définie par une équation aux dérivées partielles du second ordre, qui n'est autre que l'équation connue, à laquelle satisfont les coordonnées cartésiennes rectangulaires d'un point d'une surface dont l'élément linéaire est défini par l'équation (80). L'équation de M. Weingarten se trouve ainsi reliée aux équations établies par O. Bonnet et par Bour dans le problème de la déformation.

206. Étant données deux équations du second ordre (E), (E') qui se déduisent l'une de l'autre par une transformation de Bäcklund, et deux surfaces intégrales correspondantes (Σ), (Σ'), les caractéristiques se correspondent sur les deux surfaces.

Prenons d'abord le cas où à la surface (Σ) correspond une seule surface (Σ'), dont les coordonnées s'expriment en fonction de x, y, z, p, q par les formules

$$(84) \quad x' = \varphi_1(x, y, z, p, q), \quad y' = \varphi_2(x, y, z, p, q), \quad z' = \varphi_3(x, y, z, p, q).$$

([1]) WEINGARTEN, « Sur la théorie des surfaces applicables » (*Comptes Rendus*, t. CXII, p. 607 et 706 ; 1891).

Soit (Γ) une caractéristique de la surface (Σ), et (Γ') la courbe correspondante de (Σ'). Des formules (84) on déduit les valeurs de p', q' en fonction de x, y, z, p, q, r, s, t, et, d'une manière générale, les dérivées partielles d'ordre n de z' par rapport à x' et y' s'expriment au moyen de x, y, z et des dérivées partielles de z par rapport à x et y jusqu'à celles d'ordre $n + 1$ inclusivement. Or, la courbe (Γ) étant une caractéristique de la surface (Σ), il existe une infinité d'intégrales de l'équation (E) ayant un contact d'ordre m avec la surface (Σ) le long de la courbe (Γ), aussi grand que soit le nombre entier m. A chacune de ces intégrales correspond une intégrale de l'équation (E') ayant un contact d'ordre $m - 1$ avec la surface (Σ') le long de (Γ'), ce qui prouve que cette courbe (Γ') est bien une caractéristique.

Lorsqu'à une surface (Σ) correspondent une infinité de surfaces (Σ'), ces surfaces s'obtiennent (n° 202) par l'intégration d'une équation aux différentielles totales

$$(85) \qquad \qquad P\,dz' + Q\,dx + R\,dy = o,$$

où P, Q, R sont des fonctions de x, y, z, z', p, q, r, s, t, et il suffit de se donner la valeur z_0' de z' qui correspond à un point particulier (x_0, y_0, z_0) de (Σ) pour que la surface (Σ') soit complètement déterminée. Soit (Γ) une caractéristique de (Σ); comme le point (x_0, y_0, z_0) est arbitraire, nous pouvons supposer que cette caractéristique passe par le point (x_0, y_0, z_0). La courbe (Γ') correspondante de la surface (Σ') s'obtiendra en intégrant une équation différentielle du premier ordre

$$dz' = f(x, z')\,dx,$$

que l'on formera en remplaçant dans l'équation (85) x, y, z, p, q, r, s, t, par leurs valeurs en fonction de x le long de (Γ), et en se servant en outre des formules qui donnent x', y', p', q' en fonction de x, y, z, p, q, z' (p. 285). Remarquons que cette courbe (Γ'), ainsi que le plan tangent en chaque point, ne dépend que des valeurs de x, y, z, p, q, s, t le long de (Γ) et de la constante d'intégration z_0'.

A toute intégrale de l'équation (E) ayant un contact du second ordre avec (Σ) le long de (Γ) correspond, par conséquent, une intégrale de l'équation (E') ayant un contact du premier ordre avec (Σ') le long de (Γ'); on en conclut, comme tout à l'heure, que la courbe (Γ') est une caractéristique.

Le même raisonnement prouve que, si l'on sait résoudre le problème de Cauchy pour l'une des deux équations (E), (E'), on saura aussi le résoudre pour la seconde.

Si l'une des deux équations est intégrable par la méthode de M. Darboux, il résulte d'une proposition générale déjà établie (n° 182) qu'il en est de même de la seconde. Mais il est à remarquer que les invariants des deux équations ne sont pas nécessairement du même ordre. Ainsi, étant donnée une équation linéaire intégrable par la méthode de Laplace, une suite de transformations de Laplace, c'est-à-dire de transformations de Bäcklund particulières, permet de la ramener à une équation qui admet deux invariants du premier ordre, pour un même système de caractéristiques. Le même fait a lieu aussi pour l'équation de M. Beudon (n° 192). On peut encore ajouter la remarque suivante : Étant donnée une équation linéaire pour laquelle la suite de Laplace est terminée dans les deux sens, l'application de la transformation de Laplace diminue l'ordre d'un invariant d'une unité, mais augmente d'une unité l'ordre d'un invariant de l'autre système de caractéristiques. Il existe aussi des transformations qui permettent de diminuer l'ordre d'un invariant dans chacun des systèmes. Ainsi, étant donnée une équation à invariants égaux $s = \lambda(x, y)z$, pour laquelle la suite de Laplace est limitée dans les deux sens, une suite de transformations de M. Moutard permet de la ramener à l'équation élémentaire $s = 0$.

Il serait intéressant d'examiner si ces propriétés ne peuvent pas être rattachées à une théorie générale, et de rechercher à quelles conditions une équation intégrable par la méthode de M. Darboux peut être ramenée, par une suite de transformations de Bäcklund, à une équation intégrable par la méthode de Monge.

207. Les transformations de Bäcklund ne sont pas les plus générales que nous ayons eu l'occasion d'appliquer. Ainsi nous avons vu (n⁰ˢ 187-188) que l'équation

$$(86) \qquad r + X_1 p + X_2 z + F(x, y, q, s, t) = 0$$

se ramène à l'équation

$$(87) \quad \frac{\partial^2 u}{\partial x^2} + X_1 \frac{\partial u}{\partial x} + X_2 u + \frac{\partial F}{\partial y} + \frac{\partial F}{\partial q} \frac{\partial u}{\partial y} + \frac{\partial F}{\partial s} \frac{\partial^2 u}{\partial x \partial y} + \frac{\partial F}{\partial t} \frac{\partial^2 u}{\partial y^2} = 0,$$

en posant $q = u$. La transformation précédente n'est pas une transformation de Bäcklund, puisque les intégrales de l'équation en z qui correspondent à une intégrale de l'équation en u dépendent de deux constantes arbitraires. Ce n'est pas non plus, au moins en général, une combinaison de transformations de Bäcklund, puisque toute équation provenant d'une pareille transformation doit représenter, quand on regarde r, s, t comme des coordonnées courantes, une surface réglée ayant ses génératrices parallèles à celles du cône $s^2 - rt = 0$; ce qui n'a pas lieu évidemment pour l'équation (86), si la fonction F est quelconque.

On peut remplacer l'équation (86) par un système de trois équations du premier ordre à trois inconnues, analogue au système (29),

$$(88) \quad \begin{cases} \dfrac{\partial v}{\partial x} + X_1 v + X_2 z + F\left(x,\, y,\, z,\, u,\, \dfrac{\partial u}{\partial x},\, \dfrac{\partial u}{\partial y}\right) = 0, \\[2ex] \dfrac{\partial z}{\partial x} = v, \qquad \dfrac{\partial z}{\partial y} = u. \end{cases}$$

Si on élimine v et u, on retrouve l'équation (86), tandis que l'élimination de v et de z conduit à l'équation (87).

Ceci nous conduit à envisager d'une manière encore plus générale les transformations des équations du second ordre. Considérons un système de m équations du premier ordre

$$(89) \qquad F_1 = 0, \qquad F_2 = 0, \;\ldots\ldots\; F_m = 0,$$

entre deux variables indépendantes x, y et n fonctions inconnues z_1, z_2, $\ldots$, z_n ($n \leqq m$). L'élimination de toutes les fonctions inconnues, sauf l'une d'elles, conduira en général à plusieurs équations simultanées pour déterminer la dernière. Imaginons que toutes les dérivées partielles de z_2, z_3 $\ldots$, z_n puissent, au moyen des équations (89) et de celles qu'on en déduit en les différentiant, s'exprimer, à partir d'un certain ordre, au moyen des dérivées partielles d'ordre inférieur et des dérivées partielles de z_1. Si, en écrivant les conditions d'intégrabilité, on est conduit à *une seule* équation du second ordre en z_1

$$(90) \qquad G\left(x,\, y,\, z_1,\, \frac{\partial z_1}{\partial x},\, \frac{\partial z_1}{\partial y},\, \frac{\partial^2 z_1}{\partial x^2},\, \frac{\partial^2 z_1}{\partial x \partial y},\, \frac{\partial^2 z_1}{\partial y^2}\right) = 0,$$

l'intégration du système (89) est ramenée à l'intégration de l'équation (90). A toute intégrale de cette équation correspondent des intégrales du système (89), dépendant d'un nombre *fini* de constantes arbitraires, qui s'obtiennent par l'intégration d'un système d'équations différentielles ordinaires. Maintenant, il peut se faire que cette réduction du système (89) à une équation du second ordre puisse être effectuée de plusieurs façons essentiellement distinctes. Par exemple, imaginons qu'après avoir effectué au besoin un changement de variables dans les équations (89) l'élimination de $n - 1$ des inconnues nouvelles conduise, pour la dernière inconnue, à une équation du second ordre

$$(91) \qquad G_1\left(x', y', \frac{\partial u_1}{\partial x'}, \frac{\partial u_1}{\partial y}, \ldots\right) = 0 \, ;$$

on a ainsi établi, entre les deux équations (90) et (91), une correspondance telle que l'intégration de l'une entraîne celle de l'autre. D'une façon plus précise, à toute intégrale de l'une d'elles correspondent des intégrales de l'autre dépendant d'un nombre *fini* de constantes arbitraires et s'obtenant par l'intégration d'un système d'équations différentielles ordinaires. Si l'une des deux équations est intégrable par la méthode de M. Darboux, il en est de même de la seconde (n°182). Il est clair que toutes les transformations que nous avons étudiées ne sont que des cas très particuliers de la transformation générale qui vient d'être définie.

Les transformations dont il s'agit constituent un moyen de recherches beaucoup plus puissant que les transformations de contact. Nous avons déjà fait observer qu'on pouvait, dans certains cas, ramener ainsi une équation, intégrable par la méthode de M. Darboux, à une équation intégrable par la méthode de Monge. Mais ces transformations s'appliquent aussi avec avantage aux équations non intégrables, au moins dans certains cas, en permettant de les ramener à une *forme canonique*. Par exemple, étant donnée une équation du second ordre linéaire par rapport à la fonction inconnue et à ses dérivées

$$Ar + 2Bs + Ct + Dp + Eq + Fz = 0,$$

cette équation admet toujours un groupe d'*ordre infini* de transformations de contact, car, si on remplace z par $z + z_1$, z_1 étant une intégrale particulière quelconque, l'équation ne change pas. Il en est évidemment de même de toute équation du second ordre qui se déduit d'une équation linéaire par une transformation de contact. Une condition *nécessaire* pour qu'une équation du second ordre puisse être ramenée à une équation linéaire par une transformation de contact est donc la suivante : cette équation doit se reproduire par une infinité de transformations de contact, dépendant d'une infinité de constantes arbitraires. Mais, si l'on emploie des transformations de Bäcklund ou des transformations plus générales, cette condition n'est plus nécessaire. Ainsi, nous avons pu ramener à une équation linéaire l'équation $s^2 = 4\lambda pq$, et il est facile de voir que les transformations de contact qui reproduisent cette équation ne dépendent que d'un nombre fini de constantes, lorsque λ n'est pas nul. (Note de la page 196.)

Prenons encore l'équation aux dérivées partielles des surfaces à courbure totale constante. M. Sophus Lie a démontré que les transformations de contact qu'admet cette équation ne dépendent que d'un nombre fini de paramètres; il est donc impossible de ramener cette équation à une équation linéaire par une transformation de contact. Mais rien ne nous permet jusqu'ici d'affirmer qu'une transformation de Bäcklund, par exemple, ne permettrait pas de la ramener à une équation linéaire.

On a pu voir, par cet exposé rapide, combien nous sommes loin de posséder une théorie vraiment générale de ce sujet, et combien de questions encore obscures restent à élucider. Je n'ai pu qu'indiquer sommairement l'état actuel de nos connaissances sur ce sujet difficile.

CHAPITRE X

GÉNÉRALISATIONS DIVERSES

Problème de Cauchy pour une équation d'ordre n. — Caractéristiques d'ordre n et d'ordre supérieur. — Extension des théorèmes établis pour le second ordre. — Caractéristiques d'ordre $n-1$. — Équations linéaires. — Équations de Natani. — Généralisation de la méthode de M. Darboux. — Systèmes du premier ordre à n inconnues. — Caractéristiques du premier ordre. — Extension de la méthode de Monge. — Systèmes singuliers. — Équations de Jacobi. — Systèmes linéaires. — Caractéristiques d'ordre nul. — Caractéristiques d'ordre supérieur. — Généralités sur les équations à plus de deux variables indépendantes.

208. La notion de caractéristiques s'étend sans difficulté aux équations d'ordre supérieur ou aux systèmes d'un nombre quelconque d'équations, pourvu que le nombre des variables indépendantes soit égal à deux. La méthode d'intégration de M. Darboux, qui repose sur la théorie des caractéristiques, s'étend aussi, comme on peut le prévoir, sans autre difficulté que la complication croissante des calculs. Pour plus de netteté, je me borne, dans ce chapitre, à deux cas particulièrement importants, celui d'une équation unique d'ordre n et celui d'un système de n équations du premier ordre à n inconnues. M. Hamburger a consacré à cette étude deux importants Mémoires [1]; la marche que j'ai adoptée est tout à fait différente de celle suivie par ce géomètre et me paraît plus

---

[1] *Zur Theorie der Integration eines Systems von n linearen partiellen Differentialgleichungen erster Ordnung mit zwei unabhängigen und n abhängigen Veränderlichen* (*Journal de Crelle*, t. LXXXI, p. 243-280).

Zur Theorie der Integration eines Systems von n nicht linearen partiellen Differentialgleichungen erster Ordnung mit zwei unabhängigen und n abhängigen Veränderlichen (Crelle, t. XCIII, p. 188-214).

Je n'ai pu utiliser pour la rédaction de ce chapitre deux mémoires récents de M. E. von Weber (*Mathematische Annalen*, t. XLIX et *Journal de Crelle*, t. CXVIII) dont je n'ai eu connaissance qu'au moment de la correction des épreuves.

naturelle et plus féconde. Le point de départ est toujours le problème de Cauchy, ou le problème analogue, qui conduit immédiatement à la définition des multiplicités d'éléments, pour lesquelles ce problème n'admet plus une solution unique, c'est-à-dire à la définition des caractéristiques.

Étant donnée une équation aux dérivées partielles d'ordre n

$$(1) \qquad F(x, y, z, p_{1,0}, p_{0,1}, ..., p_{n,0}, p_{n-1,1}, ..., p_{0,n}) = 0,$$

le problème de Cauchy généralisé consiste à déterminer une intégrale de cette équation admettant tous les éléments d'une orientation d'ordre $n-1$ donnée, et régulière dans le voisinage de l'un de ces éléments. En d'autres termes, supposons que $x, y, z, p_{1,0}, p_{0,1}, ...,$ et toutes les dérivées partielles jusqu'à celles d'ordre $n-1$ inclusivement soient des fonctions connues d'une variable auxiliaire λ :

$$(2) \quad x = X(\lambda), \quad y = Y(\lambda), \quad z = Z(\lambda), \quad p_{i,k} = R_{i,k}(\lambda), (i+k \leqq n-1),$$

ces fonctions satisfaisant aux conditions

$$dZ = R_{1,0} dX + R_{0,1} dY,$$
$$dR_{ik} = R_{i+1,k} dX + R_{i,k+1} dY, (i+k \leqq n-2);$$

il s'agit de déterminer une intégrale (S) de l'équation (1), passant par la courbe (C) représentée par les formules

$$x = X(\lambda), \qquad y = Y(\lambda), \qquad z = Z(\lambda),$$

et telle en outre que les dérivées partielles de z par rapport à x et à y, jusqu'à celles d'ordre $n-1$ inclusivement, aient en chaque point de la courbe (C) les valeurs données par les formules (2).

Les $n+1$ dérivées d'ordre n de la fonction inconnue en un point de la courbe (C) doivent satisfaire à l'équation proposée et aux n relations linéaires

$$(3) \quad \begin{cases} dp_{n-1,0} = p_{n,0}\, dx + p_{n-1,1}\, dy, \\ dp_{n-2,1} = p_{n-1,1}\, dx + p_{n-2,2}\, dy, \\ \quad . \quad . \quad . \quad . \quad . \quad . \quad . \quad . \\ dp_{0,n-1} = p_{1,n-1}\, dx + p_{0,n}\, dy\,; \end{cases}$$

ces $n+1$ équations déterminent, en général, un ou plusieurs systèmes de valeurs pour les $n+1$ dérivées $p_{n,0}, p_{n-1,1}, ..., p_{0,n}$. Prenons un de ces systèmes en particulier et proposons-nous de calculer ensuite les valeurs des dérivées d'ordre $n + 1$ pour le même point de la courbe (C). Ces dérivées satisfont, d'une part, aux deux équations obtenues en différentiant l'équation proposée par rapport à x et par rapport à y, d'autre part aux n relations

$$d^2 p_{n-1,0} = p_{n,0}\, d^2x + p_{n-1,1}\, d^2y + p_{n+1,0}\, dx^2 + 2p_{n,1}\, dxdy + p_{n-1,2}\, dy^2,$$
$$d^2 p_{n-2,1} = p_{n-1,1}\, d^2x + p_{n-2,2}\, d^2y + p_{n,1}\, dx^2 + 2p_{n-1,2}\, dxdy + p_{n-2,3}\, dy^2,$$
$$\cdot \quad \cdot \quad \cdot \quad \cdot \quad \cdot \quad \cdot \quad \cdot \quad \cdot \quad \cdot \quad \cdot \quad \cdot \quad \cdot \quad \cdot \quad \cdot \quad \cdot$$
$$d^2 p_{0,n-1} = p_{1,n-1}\, d^2x + p_{0,n}\, d^2y + p_{2,n-1}\, dx^2 + 2p_{1,n}\, dxdy + p_{0,n+1}\, dy^2,$$

les différentielles se rapportant toujours à un déplacement le long de la courbe (C). On a ainsi, pour déterminer les $n + 2$ inconnues, $p_{n+1,0}, \ldots p_{0,n+1}$, un système de $n + 2$ équations du premier degré où le déterminant des coefficients a pour expression

$$\begin{vmatrix} P_{n,0} & P_{n-1,1} & \cdot \;\; \cdot \;\; \cdot \;\; \cdot \;\; \cdot \;\; \cdot \;\; \cdot & P_{0,n} & 0 \\ 0 & P_{n,0} & \cdot \;\; \cdot \;\; \cdot \;\; \cdot \;\; \cdot \;\; \cdot \;\; \cdot & P_{1,n-1} & P_{0,n} \\ dx^2 & 2dxdy & dy^2 \;\; \cdot \quad \cdot \;\; \cdot \;\; \cdot & 0 & 0 \\ 0 & dx^2 & 2dxdy \quad \cdot \;\; \cdot \;\; \cdot & 0 & 0 \\ \cdot \;\; \cdot & \cdot \;\; \cdot & \cdot \;\; \cdot \;\; \cdot \;\; \cdot \;\; \cdot \;\; \cdot & \cdot & \cdot \\ 0 & 0 & 0 \;\; \cdot \;\; \cdot \;\; \cdot \;\; dx^2 & 2dxdy & dy^2 \end{vmatrix},$$

en posant

$$P_{ik} = \frac{\partial F}{\partial p_{ik}}.$$

En développant ce déterminant, on obtient un polynôme homogène de degré $2n$ en dx, dy, où le coefficient de dy^{2n} est $(P_{n,0})^2$; d'autre part, si on multiplie tous les termes de la première colonne par dy^{n+1}, ceux de la seconde par $- dxdy^n$, ceux de la troisième par dx^2dy^{n-1}, ..., ceux de la dernière par $(-1)^{n-1} dx^{n+1}$, puis qu'on ajoute, on reconnaît que ce déterminant est divisible par

$$(P_{n,0}dy^n - P_{n-1,1}dxdy^{n-1} + \ldots \pm P_{0,n}dx^n)^2 ;$$

il est donc égal à ce polynôme, puisque les coefficients de dy^{2n} sont les mêmes. Si l'expression

$$H = P_{n,0}dy^n - P_{n-1,1}dxdy^{n-1} + \ldots \pm P_{0,n}dx^n$$

n'est pas nulle, on aura donc pour les dérivées d'ordre $n + 1$ un système unique de valeurs, et, en procédant comme au n° 16, on démontrera que toutes les dérivées suivantes sont aussi déterminées sans ambiguïté. Pour établir la convergence du développement en série entière ainsi formé, on procède encore comme au n° 17, en effectuant une transformation ponctuelle de façon à ramener la courbe (C) à une courbe plane située dans un plan parallèle au plan des yz ; le théorème à démontrer n'est plus alors qu'un cas particulier du théorème classique de Cauchy. On voit donc qu'en général une orientation d'éléments d'ordre $n - 1$ donnée détermine des systèmes formés de une ou plusieurs intégrales de l'équation d'ordre n, et que, s'il existe plusieurs intégrales, elles n'ont qu'un contact d'ordre $n - 1$ le long de la courbe (C). Mais le raisonnement ne s'applique plus, lorsque le polynôme H est nul, et nous sommes ainsi conduits à étendre aux équations d'ordre n la notion si importante des multiplicités caractéristiques.

209. Sur une surface intégrale (S) de l'équation proposée, considérons les courbes définies par l'équation différentielle du premier ordre

$$(4) \quad P_{n,0}dy^n - P_{n-1,1}dxdy^{n-1} + P_{n-2,2}dx^2dy^{n-2} - \ldots \pm P_{0,n}dx^n = 0,$$

où on suppose que z et ses dérivées partielles ont été exprimées en fonction des variables indépendantes x et y. Par chaque point de la surface (S), il passe en général n courbes distinctes de cette espèce ; nous appellerons caractéristique de l'équation (1) la suite simplement infinie d'éléments d'ordre n de la surface (S) le long de l'une de ces courbes. On peut, sans connaître la surface (S), ajouter à l'équation (4) une autre relation indépendante de l'intégrale considérée. Le long d'une caractéristique on a, en effet,

$$dp_{n,0} = p_{n+1,0}dx + p_{n,1}dy,$$
$$dp_{n-1,1} = p_{n,1}dx + p_{n-1,2}dy,$$
$$\cdots \cdots \cdots \cdots \cdots$$
$$dp_{0,n} = p_{1,n}dx + p_{0,n+1}dy,$$

et on en tire, en supposant que dx n'est pas nul pour cette caractéristique,

$$p_{1,n} = \frac{dp_{0,n}}{dx} - p_{0,n+1}\frac{dy}{dx}.$$

$$p_{2,n-1} = \frac{dp_{1,n-1}}{dx} - \frac{dp_{0,n}}{dx}\frac{dy}{dx} + p_{0,n+1}\left(\frac{dy}{dx}\right)^2,$$

$$p_{3,n-2} = \frac{dp_{2,n-2}}{dx} - \frac{dp_{1,n-1}}{dx}\frac{dy}{dx} + \frac{dp_{0,n}}{dx}\left(\frac{dy}{dx}\right)^2 - p_{0,n+1}\left(\frac{dy}{dx}\right)^3,$$

$$\cdots \cdots \cdots \cdots \cdots \cdots \cdots \cdots \cdots$$

$$p_{n+1,0} = \frac{dp_{n,0}}{dx} - \frac{dp_{n-1,1}}{dx}\frac{dy}{dx} + \frac{dp_{n-2,2}}{dx}\left(\frac{dy}{dx}\right)^2 \cdots + (-1)^{n+1}p_{0,n+1}\left(\frac{dy}{dx}\right)^{n+1}.$$

Transportons ces valeurs de $p_{1,n}$, $p_{2,n-1}$, ..., $p_{n+1,0}$ dans les deux relations

$$(5) \quad \begin{cases} \left(\dfrac{dF}{dx}\right) + P_{n,0}p_{n+1,0} + P_{n-1,1}p_{n,1} + \ldots + P_{0,n}p_{1,n} = o, \\[2mm] \left(\dfrac{dF}{dy}\right) + P_{n,0}p_{n,1} + P_{n-1,1}p_{n-1,2} + \ldots + P_{0,n}p_{0,n+1} = o; \end{cases}$$

il reste, en tenant compte de la condition (4),

$$\left(\frac{dF}{dx}\right)dx + \Delta_n\left(\frac{dy}{dx}\right)dp_{n,0} - \Delta_{n-1}\left(\frac{dy}{dx}\right)dp_{n-1,1} + \ldots + (-1)^{n-1}\Delta_1\left(\frac{dy}{dx}\right)dp_{1,n-1} = o,$$

$$\left(\frac{dF}{dy}\right)dx + \Delta_n\left(\frac{dy}{dx}\right)dp_{n-1,1} - \Delta_{n-1}\left(\frac{dy}{dx}\right)dp_{n-2,2} + \ldots + (-1)^{n-1}\Delta_1\left(\frac{dy}{dx}\right)dp_{0,n} = o,$$

en posant, pour abréger,

$$\Delta(\lambda) = P_{n,0}\lambda^n - P_{n-1,1}\lambda^{n-1} + P_{n-2,2}\lambda^{n-2} \ldots + (-1)^n P_{0,n},$$

$$\Delta_1(\lambda) = P_{n,0}\lambda^{n-1} - P_{n-1,1}\lambda^{n-2} + P_{n-2,2}\lambda^{n-3} \ldots + (-1)^{n-1}P_{1,n-1}$$

$$\cdots \cdots \cdots \cdots \cdots \cdots \cdots$$

$$\Delta_{n-1}(\lambda) = P_{n,0}\lambda - P_{n-1,1},$$

$$\Delta_n(\lambda) = P_{n,0}.$$

Par la suite, nous appellerons caractéristique toute suite simplement infinie d'éléments d'ordre n vérifiant les équations

$$(6) \quad \begin{cases} F = o, \qquad dz = p_{1,0}dx + p_{0,1}dy, \qquad dy = \lambda dx, \\[1mm] dp_{i,k} = p_{i+1,k}dx + p_{i,k+1}dy, \qquad (i+k \leqq n-1), \\[1mm] \left(\dfrac{dF}{dx}\right)dx + \Delta_n(\lambda)dp_{n,0} - \Delta_{n-1}(\lambda)dp_{n-1,1} + \ldots + (-1)^{n-1}\Delta_1(\lambda)dp_{1,n-1} = o, \\[1mm] \left(\dfrac{dF}{dy}\right)dx + \Delta_n(\lambda)dp_{n-1,1} - \Delta_{n-1}(\lambda)dp_{n-2,2} + \ldots + (-1)^{n-1}\Delta_1(\lambda)dp_{0,n} = o, \end{cases}$$

où λ est une racine de l'équation $\Delta(\lambda) = o$. Une équation d'ordre n possède, en général, n systèmes distincts de caractéristiques, correspondant aux n racines de $\Delta(\lambda) = o$.

Les $\dfrac{n(n+1)}{2} + 4$ équations (6) se réduisent en réalité à $\dfrac{n(n+1)}{2} + 3$ équations distinctes, car on obtient $dF = o$ en combinant les deux dernières relations. Il y figure en tout $\dfrac{(n+1)(n+2)}{2} + 2$ variables, de sorte qu'on a n variables de plus que d'équations ; une caractéristique dépend donc de $n-1$ fonctions arbitraires d'une variable.

Pour simplifier l'exposition, nous supposerons que l'équation aux dérivées partielles proposée est résolue par rapport à la dérivée $p_{n,0}$, ce qui ne diminue pas la généralité des résultats. Soit

$$(7) \quad p_{n,0} + f\left(x, y, z, p_{1,0}, p_{0,1}, \ldots; p_{n-1,1}, \ldots, p_{0,n}\right) = 0$$

cette équation ; en la différentiant un nombre quelconque de fois par rapport à x et à y, on pourra exprimer toutes les dérivées partielles de z au moyen des dérivées $p_{i,k}$, où l'indice i ne dépasse pas $n - 1$. Nous supposerons, dans la suite, qu'on n'a laissé que ces dérivées dans les formules. Les caractéristiques sont alors définies par les équations

$$(8) \quad \begin{cases} p_{n,0} + f = 0, \qquad dz = p_{1,0}dx + p_{0,1}dy, \qquad dy = \lambda dx, \\ dp_{i,k} = p_{i+1,k}dx + p_{i,k+1}dy, \qquad (i + k \leqq n - 1), \\ \left(\dfrac{df}{dy}\right)dx + dp_{n-1,1} - \Delta_{n-1}(\lambda)dp_{n-2,2} + \cdots + (-1)^{n-1}\Delta_1(\lambda)dp_{0,n} = 0, \end{cases}$$

λ étant une racine de l'équation caractéristique

$$(9) \quad \Delta(\lambda) = \lambda^n - P_{n-1,1}\lambda^{n-1} + P_{n-2,2}\lambda^{n-2} \cdots + (-1)^n P_{0,n} = 0,$$

où
$$P_{i,k} = \frac{\partial f}{\partial p_{i,k}}$$

On peut aussi considérer la suite des valeurs prises par toutes les dérivées partielles jusqu'à un certain ordre le long d'une caractéristique, et définir des caractéristiques d'un ordre quelconque supérieur à n. En opérant comme tout à l'heure, on voit que les caractéristiques d'ordre $n + h$ sont définies par les équations

$$(10) \quad \begin{cases} dy = \lambda dx, \qquad dz = p_{1,0}dx + p_{0,1}dy, \\ dp_{i,k} = p_{i+1,k}dx + p_{i,k+1}dy, \qquad \left(\begin{array}{c} i \leqq n - 1 \\ i + k \leqq n + h - 1 \end{array}\right), \\ \left(\dfrac{d^{h+1}f}{dy^{h+1}}\right)dx + dp_{n-1,h+1} - \Delta_{n-1}(\lambda)dp_{n-2,h+2} + \cdots + (-1)^{n-1}\Delta_1(\lambda)dp_{0,n+h} = 0, \end{cases}$$

auxquelles il faut joindre les relations qui permettent d'exprimer toutes les dérivées où l'indice i est supérieur à $n - 1$ en fonction des autres. On remarquera qu'il y a toujours n équations de moins que de variables.

Toute caractéristique d'ordre $n + h + 1$ renferme une caractéristique d'ordre $n + h$, et une caractéristique donnée d'ordre $n + h$ appartient, en général, à une infinité de caractéristiques d'ordre

$n + h + 1$, dépendant d'une constante arbitraire. Démontrons-le, par exemple, pour $h = o$. Les dérivées jusqu'à celles d'ordre n inclusivement étant supposées des fonctions connues d'un paramètre, on a, pour déterminer les dérivées d'ordre $n + 1$, les relations

$$\left(\frac{d^2 f}{dy^2}\right) dx + dp_{n-1,2} - \Delta_{n-1}(\lambda) dp_{n-2,3} + \ldots + (-1)^{n-1} \Delta_1(\lambda) dp_{0, n+1} = o,$$

$$dp_{n-1,1} = p_{n,1} dx + p_{n-1,2} dy,$$

$$dp_{n-2,2} = p_{n-1,2} dx + p_{n-2,3} dy,$$

$$\cdots \cdots \cdots \cdots \cdots \cdots$$

$$dp_{0,n} = p_{1,n} dx + p_{0, n+1} dy.$$

On tire de ces dernières :

$$p_{1,n} = \frac{dp_{0,n}}{dx} - p_{0, n+1} \lambda,$$

$$p_{2,n-1} = \frac{dp_{1,n-1}}{dx} - \frac{dp_{0,n}}{dx} \lambda + p_{0, n+1} \lambda^2,$$

$$\cdots \cdots \cdots \cdots \cdots \cdots \cdots$$

$$p_{n-1,2} = \frac{dp_{n-2,2}}{dx} - \frac{dp_{n-3,3}}{dx} \lambda + \ldots + (-1)^{n-1} p_{0, n+1} \lambda^{n-1},$$

et, en substituant dans la première équation, on arrive à une équation différentielle du premier ordre pour déterminer $p_{0, n+1}$, où le coefficient de $\frac{dp_{0, n+1}}{dx}$ est, au signe près,

$$\lambda^{n-1} + \Delta_{n-1}(\lambda) \lambda^{n-2} + \ldots + \Delta_2(\lambda) \lambda + \Delta_1(\lambda) = \Delta'(\lambda).$$

Par conséquent, si λ est racine simple de l'équation $\Delta(\lambda) = o$, on voit bien que $p_{0, n+1}$ dépend d'une constante arbitraire ; on peut se donner la valeur de cette dérivée en un point de la caractéristique d'ordre n, et la caractéristique d'ordre $n + 1$ est alors complètement déterminée. Les conséquences sont analogues à celles qui ont été établies pour les équations du second ordre (I, n° 81) :

Si λ est racine simple de l'équation $\Delta(\lambda) = o$: 1° *une caractéristique d'ordre $n + h$ ($h \geqq o$) est renfermée dans une infinité de caractéristiques d'ordre $n + h + 1$, dépendant d'une constante arbitraire ; 2° une caractéristique d'ordre $n + h$ est renfermée dans une infinité de caractéristiques d'ordre $n + h + i$, dépendant de i constantes arbitraires ; 3° si deux intégrales admettent tous les éléments d'une caractéristique, l'ordre du contact est le même tout le long de la caractéristique commune.*

210. Pour établir qu'une caractéristique d'ordre n appartient à une infinité d'intégrales, nous commencerons par généraliser le théorème du n° 82. Soit

$$(11) \qquad p_{n-h,h} = F\left(x, y, z, p_{1,0}, \ldots; p_{n,0}, p_{n-1,1}, \ldots, p_{0,n}\right)$$

une équation d'ordre n résolue par rapport à la dérivée $p_{n-h,h}$. Supposons connues les valeurs initiales x_0, y_0, z_0, $(p_{i,k})_0$, où l'on a $i \leqq n - h - 1$, ou bien $k \leqq h - 1$; si la fonction F est régulière pour ces valeurs initiales, et si de plus, en posant $P_{i,k} = \dfrac{\partial F}{\partial p_{i,k}}$, on a

$$P_{n,0} = 0, \qquad P_{n-1,1} = 0, \qquad \ldots, \qquad P_{n-h+1,h-1} = 0,$$

pour ces valeurs initiales, on peut calculer de proche en proche les valeurs, pour $x = x_0$, $y = y_0$, de toutes les autres dérivées, par les seules opérations d'addition et de multiplication. En effet, les dérivées d'ordre $n + j + 1$ sont déterminées par les relations

$$p_{n+j+1-h,h} = P_{n-h-1,h+1}\, p_{n+j-h,h+1} + \cdots + P_{0,n}\, p_{j+1,n} + \cdots$$
$$p_{n+j-h,h+1} = P_{n-h-1,h+1}\, p_{n+j-h-1,h+2} + \cdots + P_{0,n}\, p_{j,n+1} + \cdots$$
$$\cdots \cdots \cdots \cdots \cdots \cdots \cdots \cdots \cdots \cdots \cdots \cdots \cdots \cdots$$
$$p_{n-h+1,h+j} = P_{n-h-1,h+1}\, p_{n-h,h+j-1} + \cdots + P_{0,n}\, p_{1,n+j} + \cdots$$
$$p_{n-h,h+j+1} = P_{n-h-1,h+1}\, p_{n-h-1,h+j+2} + \cdots + P_{0,n}\, p_{0,n+j+1} + \cdots$$

les termes non écrits ne renferment que les dérivées d'ordre inférieur à $n + j + 1$. La dernière équation donne $p_{n-h,h+j+1}$ en fonction de dérivées connues et des dérivées d'ordre inférieur à $n + j + 1$; l'avant-dernière équation donne ensuite $p_{n-h+1,h+j}$, et ainsi de suite. En faisant successivement $j = 0, 1, 2, \ldots$, on vérifie bien que toutes les dérivées successives peuvent se calculer au moyen des dérivées supposées connues par des additions et des multiplications seulement. Cela posé, le théorème du n° 82 peut être généralisé comme il suit :

Soit

$$(12) \qquad p_{n-h,h} = F\left(x, y, z, p_{1,0}, p_{0,1}, \ldots, p_{n,0}, p_{n-1,1}, \ldots, p_{0,n}\right)$$

une équation d'ordre n où le second membre est holomorphe dans le voisinage des valeurs

$$x_0, y_0, z_0, (p_{1,0})_0, (p_{0,1})_0, \ldots (p_{n,0})_0, (p_{n-1,1})_0, \ldots (p_{0,n})_0$$

et où les dérivées partielles de la fonction F *par rapport à*

$$p_{n,0}, \ p_{n-1,1}, \ \ldots, \ p_{n-h+1,h-1}$$

sont nulles pour ces valeurs; soient de plus

$$\varphi_0(x), \quad \varphi_1(x), \ldots, \varphi_{h-1}(x),$$

h fonctions de x, holomorphes dans le voisinage du point x_0 *et telles que l'on ait, pour* $x = x_0$,

$$\varphi_0(x_0) = z_0, \ \left(\frac{\partial^i \varphi_k(x)}{\partial x^i}\right)_{x_0} = (p_{i,k})_0 \qquad \binom{k = 0, 1, 2, \ldots h-1,}{i+k \leq n};$$

soient de même

$$\psi_0(y), \quad \psi_1(y), \ldots, \psi_{n-h-1}(y)$$

$n - h$ *fonctions de y, holomorphes dans le voisinage du point* y_0, *et telles que l'on ait, pour* $y = y_0$,

$$\psi_0(y_0) = z_0, \qquad \left(\frac{\partial^k \psi_i(y)}{\partial y}\right)_{y_0} = (p_{i,k})_0, \qquad \binom{i = 0, 1, 2, \ldots, n-h-1,}{i+k \leq n}.$$

Il existe une intégrale de l'équation proposée, régulière dans le domaine du point (x_0, y_0), *et telle que, pour* $y = y_0$, *on ait*

$$z = \varphi_0(x), \qquad \frac{\partial z}{\partial y} = \varphi_1(x), \ldots, \frac{\partial^{h-1} z}{\partial y^{h-1}} = \varphi_{h-1}(x),$$

et, pour $x = x_0$,

$$z = \psi_0(y), \qquad \frac{\partial z}{\partial x} = \psi_1(y), \ldots \frac{\partial^{n-h-1} z}{\partial x^{n-h-1}} = \psi_{n-h-1}(y).$$

La connaissance des n fonctions $\varphi_0(x)$, $\varphi_1(x)$, $\ldots$, $\varphi_{h-1}(x)$, $\psi_0(y) \ldots$, $\psi_{n-h-1}(y)$ entraîne la connaissance des valeurs initiales de toutes les dérivées partielles $(p_{i,k})_0$, où les indices satisfont à l'une des conditions $i \leq n-h-1, k \leq h-1$. Nous venons de voir comment on peut en déduire de proche en proche les valeurs initiales de toutes les autres dérivées partielles de la fonction inconnue, pour $x = x_0$, $y = y_0$, et cela au moyen d'additions et de multiplications seulement. On peut donc, pour démontrer la convergence du développement ainsi obtenu, employer la méthode des fonctions majorantes. Mais on peut auparavant remplacer les conditions initiales par des conditions plus simples. D'abord, il est permis de supposer $x_0 = y_0 = 0$, car il suffit de remplacer x et y par $x_0 + x$ et $y_0 + y$ respectivement pour être ramené à ce cas. Si nous remplaçons ensuite z par $\Phi(x, y) + u$, u étant la nouvelle inconnue, et $\Phi(x, y)$ une fonction holomorphe dans le domaine du point $x = 0$, $y = 0$, qui satisfait aux mêmes conditions initiales que z [1]

$$\Phi = \varphi_0(x), \qquad \frac{\partial \Phi}{\partial y} = \varphi_1(x), \dots \frac{\partial^{h-1}\Phi}{\partial y^{h-1}} = \varphi_{h-1}(x), \quad \text{pour } y = 0,$$

$$\Phi = \psi_0(y), \qquad \frac{\partial \Phi}{\partial x} = \psi_1(y), \dots \frac{\partial^{n-h-1}\Phi}{\partial x^{n-h-1}} = \psi_{n-h-1}(y). \qquad \text{pour } x = 0,$$

la nouvelle fonction u devra être nulle, ainsi que ses $h - 1$ premières dérivées par rapport à x pour $y = 0$; elle devra être nulle également, ainsi que ses $n - h - 1$ premières dérivées par rapport à y pour $x = 0$, de sorte que tous les termes du développement de u en série entière devront être divisibles par $x^h y^{n-h}$. L'équation proposée est donc remplacée par une équation de même forme, où, pour ne pas multiplier les notations, nous conserverons la lettre z pour désigner la fonction inconnue

$$(13) \qquad p_{n-h,h} = \mathrm{F}\,(x, y, z, p_{1,0}, p_{0,1}, \dots, p_{n,0}, \dots, p_{0,n})\,;$$

le second membre est holomorphe dans le voisinage des valeurs

$$x = y = z = p_{1,0} = \dots = p_{0,n} = 0,$$

et les dérivées partielles de la fonction F par rapport à

$$p_{n,0}, \; p_{n-1,1}, \dots, p_{n-h+1,h-1}$$

sont nulles pour ces valeurs. Tout revient donc à démontrer que cette nouvelle équation admet une intégrale holomorphe dans le domaine de

---

[1] Il existe évidemment une infinité de fonctions $\Phi(x, y)$ satisfaisant à ces conditions. Pour en former une, imaginons un tableau à double entrée dont le terme général a_{ik} sera pris égal à (p_{ik}), si l'indice i n'est pas supérieur à $n - h - 1$ ou l'indice k supérieur à $h - 1$, et sera nul si aucune de ces inégalités n'est vérifiée. La série

$$\sum_{i=0}^{+\infty} \sum_{k=0}^{+\infty} a_{ik} \frac{x^i y^k}{i!\,k!}$$

est convergente dans le voisinage de l'origine et représente une fonction satisfaisant aux conditions voulues.

l'origine et satisfaisant aux conditions suivantes

$$z = 0,\ \frac{\partial z}{\partial y} = 0,\ \cdots,\ \frac{\partial^{h-1} z}{\partial y^{h-1}} = 0, \qquad \text{pour} \qquad y = 0,$$

$$z = 0,\ \frac{\partial z}{\partial x} = 0,\ \cdots,\ \frac{\partial^{n-h-1} z}{\partial x^{n-h-1}} = 0, \qquad \text{pour} \qquad x = 0.$$

Le développement de la fonction F est, en n'écrivant pas les termes de degré supérieur au premier,

$$a_0 + a_1 x + a_2 y + a_3 z + b_{1,0} p_{1,0} + \ldots + b_{n-h-1,h+1} p_{n-h-1,h+1} + \ldots + b_{0,n} p_{0,n} + \ldots$$

les coefficients des dérivées $p_{n,0}$, $p_{n-1,1}$, ..., $p_{n-h+1,h-1}$ étant tous nuls. On peut encore faire disparaître le terme constant a_0 en remplaçant z par $z + a_0 \dfrac{x^{n-h} y^{h}}{h!\,(n--h)!}$. Toutes ces réductions faites, la fonction F admet pour fonction majorante une fonction de la forme

$$\Phi(x,y,z,p_{1,0},\ldots,p_{0,n}) = \cfrac{M}{\left(1 - \cfrac{x+y+z+p_{1,0}+\ldots+p_{0,n-1}}{\rho}\right)\left(1 - \cfrac{p_{n,0}+\ldots+p_{0,n}}{R}\right) - M\left\{1 + \cfrac{p_{n,0}+\ldots+p_{n-h+1,h-1}}{R}\right\}},$$

M, ρ, R étant des nombres positifs convenablement choisis ; si, dans cette fonction, on remplace x par $\dfrac{x}{\alpha}$, α étant un nombre positif moindre que l'unité, on augmente tous les coefficients, et la fonction ainsi obtenue est, à plus forte raison, majorante pour F. Le théorème en question sera donc établi, si on montre que l'équation

$$p_{n-h,h} = \cfrac{M}{\left(1 - \cfrac{\frac{x}{\alpha}+y+z+p_{1,0}+\ldots+p_{0,n-1}}{\rho}\right)\left(1 - \cfrac{p_{n0}+\ldots+p_{0n}}{R}\right) - M\left(1 + \cfrac{p_{n,0}+\ldots+p_{n-h+1,h-1}}{R}\right)}$$

admet une intégrale holomorphe dont tous les termes sont divisibles par $x^h y^{n-h}$ et, à plus forte raison, si on montre que cette équation admet une intégrale représentée par une série entière dont tous les coefficients sont réels et positifs. Pour démontrer ce dernier point, cherchons une intégrale qui soit fonction de la seule variable

$$u = x + \alpha y,$$

$$z = f(x + \alpha y);$$

on a

$$p_{i,k} = \frac{\partial^{i+k} z}{\partial u^{i+k}} \alpha^k,$$

et l'équation devient

$$\alpha^h \frac{\partial^n z}{\partial u^n} = \cfrac{M}{\left\{ 1 - \cfrac{\dfrac{u}{\alpha} + z + \dfrac{\partial z}{\partial u}(1+\alpha) + \ldots}{\rho} \right\} \left\{ 1 - \dfrac{\partial^n z}{\partial u^n} \dfrac{1 + \alpha + \ldots + \alpha^{h-1} + \alpha^{h+1} + \ldots + \alpha^n}{R} \right\} - M \left\{ 1 + \dfrac{1 + \alpha + \ldots + \alpha^{h-1}}{R} \dfrac{\partial^n z}{\partial u^n} \right\}}$$

ou encore

$$(14) \qquad A \frac{\partial^n z}{\partial u^n} - B \left(\frac{\partial^n z}{\partial u^n} \right)^2 = \Psi \left(u, z, \frac{\partial z}{\partial u}, \ldots \frac{\partial^{n-1} z}{\partial u^{n-1}} \right),$$

Ψ désignant une série entière dont tous les coefficients sont réels et positifs et sans terme constant, et les coefficients A et B ayant les valeurs suivantes

$$A = \alpha^h - \frac{M}{R} (\alpha^{h+1} + \ldots + \alpha^n),$$

$$B = \frac{1 + \alpha + \ldots + \alpha^{h-1} + \alpha^{h+1} + \ldots + \alpha^n}{R} \left\{ \alpha^h + M \frac{1 + \alpha + \ldots + \alpha^{h-1}}{R} \right\}.$$

Le coefficient B est toujours positif et, en prenant α assez petit, il en est de même du coefficient A; α étant choisi de cette façon, l'équation (14) admet une intégrale qui est nulle, ainsi que ses n premières dérivées, pour $u = 0$, et dont tous les autres coefficients, comme on le démontre aisément de proche en proche, sont positifs. Le théorème énoncé est donc établi.

211. Pour appliquer ce théorème général à la théorie des caractéristiques, effectuons d'abord une transformation ponctuelle, comme au n° 83, de façon que les équations de la caractéristique considérée soient

$$y = 0, \quad z = 0, \quad p_{ik} = 0, \quad (i + k \leqq n),$$

et choisissons l'origine des coordonnées de telle façon que le premier membre de l'équation proposée

$$F(x, y, z, p_{1,0} \ldots, p_{0,n}) = 0$$

soit holomorphe dans le voisinage des valeurs précédentes. Pour que l'axe des x soit une direction de caractéristique, il faut d'abord que l'on ait $P_{n,0} = 0$, et, si cette caractéristique provient d'une racine simple de l'équation (9), comme nous le supposerons, on doit avoir au contraire $P_{n-1,1}$ différent de zéro. On peut donc résoudre l'équation proposée par rapport à la dérivée $p_{n-1,1}$ et l'écrire sous la forme

$$(15) \qquad p_{n-1,1} = F\,(x, y, z, p_{1,0}, \ldots, p_{n,0}, \ldots, p_{0,n}),$$

le second membre étant développable en une série entière ordonnée suivant les puissances croissantes de x, y, z, p_{ik}. Ce second membre doit d'ailleurs être nul, quel que soit x, pourvu que y, z et toutes les dérivées $p_{i,k}$ soient nulles; il faut, pour cela, qu'il n'y ait aucun terme en x^m. D'autre part, les dérivées $p_{n+1,0}, p_{n,1}, \ldots, p_{1,n}$ doivent être nulles le long de l'axe ox; si on différentie l'équation précédente par rapport à x et par rapport à y, on voit que $\dfrac{\partial F}{\partial y}$ et $\dfrac{\partial F}{\partial p_{0,n}}$ doivent aussi être nuls, quel que soit x, de sorte que le développement du second membre ne doit contenir non plus aucun terme en yx^m, ni en $p_{0,n}x^m$.

Cela posé, soit $\psi\,(y)$ une fonction holomorphe dans le domaine de l'origine, nulle, ainsi que ses n premières dérivées, pour $y = 0$. D'après le théorème général qui vient d'être démontré, l'équation (15) admet une intégrale, régulière dans le domaine du point $x = 0$, $y = 0$, se réduisant à $\psi\,(y)$ pour $x = 0$, et nulle, ainsi que ses $n-2$ premières dérivées, pour $y = 0$. On démontre, comme au n° 83, que le développement en série de cette intégrale est divisible par y^{n+1}, de sorte que tous les éléments de la caractéristique considérée appartiennent à cette intégrale, quelle que soit la fonction $\psi\,(y)$. *Tous les éléments d'une caractéristique d'ordre n, correspondant à une racine simple de l'équation $\Delta\,(\lambda) = 0$, appartiennent donc à une infinité de surfaces intégrales dépendant d'une infinité de constantes arbitraires.* Ces constantes arbitraires sont précisément les coefficients de la série entière $\psi\,(y)$, à partir du coefficient de y^{n+1}. On en conclut encore que l'on peut trouver une infinité de surfaces intégrales, ayant un contact d'un ordre aussi élevé qu'on le veut avec une surface intégrale donnée le long d'une caractéristique.

Les théorèmes qui viennent d'être établis vont plus loin que les théorèmes correspondants du chapitre IV. En effet, dans ce chapitre, on s'est borné à établir qu'une intégrale d'une équation du second ordre est déterminée quand on se donne une caractéristique du second ordre et une autre courbe admettant un élément du second ordre de cette caractéristique et tangente à la seconde caractéristique située dans cet élément. Ici, au contraire, nous voyons qu'une intégrale d'une équation d'ordre n est déterminée par une caractéristique d'ordre n, et une autre courbe *quelconque* admettant un élément d'ordre n de cette caractéristique. Nous disons, pour abréger, qu'une courbe admet un élément d'ordre n lorsqu'elle a un contact d'ordre n avec toute surface admettant cet élément.

Bien qu'il y ait une grande analogie, dans les raisonnements et les résultats, entre le cas d'une équation d'ordre n et le cas d'une équation du second ordre, nous devons signaler cependant une différence essentielle. Nous avons reconnu que deux caractéristiques de systèmes différents d'une équation du second ordre, ayant un élément commun du second ordre, appartiennent à une même surface intégrale. Au contraire, dans le cas d'une équation d'ordre $n > 2$, deux caractéristiques d'ordre n, de systèmes différents, ayant un élément commun d'ordre n, n'appartiennent pas en général à une même surface intégrale. Nous verrons une confirmation de ce fait un peu plus loin.

212. Étant donnée, sur une surface intégrale (S), une caractéristique (C), il existe, nous venons de le voir, une infinité d'intégrales ayant un contact d'ordre n au moins avec la surface (S), tout le long de la caractéristique. Il est naturel de se demander s'il n'existe pas des équations possédant des caractéristiques d'ordre $n - 1$, comme cela a lieu pour les équations du second ordre, de telle sorte qu'il existe une infinité d'intégrales, dépendant d'une infinité de constantes arbitraires, ayant un contact d'ordre $n - 1$ seulement le long de la caractéristique. Pour qu'il en soit ainsi, il faut que le problème de Cauchy, relatif à cette multiplicité d'éléments d'ordre $n - 1$, conduise à une indétermination pour l'une des dérivées d'ordre n. Supposons que x, y, z et les dérivées $p_{i,k}$ soient des fonctions connues d'un paramètre λ $(i+k \leqq n-1)$ vérifiant les relations

$$dp_{i,k} = p_{i+1,k}\,dx + p_{i,k+1}\,dy\,; \qquad (i+k \leqq n-2)\,;$$

on a, pour déterminer les dérivées d'ordre n, les $n + 1$ équations

$$F = o$$

$$dp_{n-1,0} = p_{n,0}\,dx + p_{n-1,1}\,dy, \quad \ldots \quad dp_{0,n-1} = p_{1,n-1}\,dx + p_{0,n}\,dy.$$

Si on tire n des dérivées d'ordre n des dernières relations et qu'on les porte dans $F = o$, on doit arriver à une identité, pour avoir une caractéristique. On obtiendra des équations admettant une famille de caractéristiques d'ordre $n-1$ de la manière suivante ; partons de deux relations de forme arbitraire

$$(16) \quad \begin{cases} H\,(dx, dy\,; \quad dp_{n-1,0}, \quad dp_{n-2,1}, \ \dots \ dp_{0,n-1}) = 0, \\ H_1(dx, dy\,; \quad dp_{n-1,0}, \quad dp_{n-2,1}, \ \dots, \ dp_{0,n-1}) = 0, \end{cases}$$

où H et H_1 sont homogènes par rapport aux différentielles et renferment en outre les variables x, y, z, p_{10}, ..., $p_{0,n-1}$ d'une façon quelconque. Si l'on remplace $dp_{i,k}$ par $p_{i+1,k}dx + p_{i,k+1}dy$, puis qu'on élimine le rapport $\dfrac{dy}{dx}$ entre les deux relations obtenues, on aboutit à une équation d'ordre n, admettant une famille de caractéristiques d'ordre $n-1$, définies par les formules (16) et les suivantes :

$$dz = p_{1,0}dx + p_{0,1}dy,\ dp_{i,k} = p_{i+1,k}dx + p_{i,k+1}dy\ (i+k \leqq n-2).$$

Nous nous bornerons au cas où les formules (16) sont linéaires par rapport aux différentielles, et, comme nous n'écrirons que les relations entre les dérivées d'ordre n et d'ordre $n-1$, nous modifierons un peu la notation employée en posant

$$\pi_1 = \frac{\partial^{n-1} z}{\partial x^{n-1}}, \qquad \pi_2 = \frac{\partial^{n-1} z}{\partial x^{n-2}\partial y}, \qquad \dots, \qquad \pi_n = \frac{\partial^{n-1} z}{\partial y^{n-1}},$$

$$q_1 = \frac{\partial^n z}{\partial x^n}, \qquad q_2 = \frac{\partial^n z}{\partial x^{n-1}\partial y}, \qquad \dots, \qquad q_{n+1} = \frac{\partial^n z}{\partial y^n}.$$

Les formules (16) étant linéaires en dx, dy, $d\pi_1$, ..., $d\pi_n$, examinons d'abord le cas où elles sont de la forme

$$(17) \quad \begin{cases} dy = \lambda\, dx, \\ a_1 d\pi_1 + a_2 d\pi_2 + \dots + a_n d\pi_n = \mu\, dx, \end{cases}$$

a_1, a_2, ..., a_n, λ, μ étant des fonctions de x, y, z et des dérivées partielles de z jusqu'à celles d'ordre $n-1$. L'élimination du rapport $\dfrac{dy}{dx}$ conduit à l'équation linéaire par rapport aux dérivées d'ordre n

$$(18) \quad a_1(q_1 + q_2\lambda) + a_2(q_2 + q_3\lambda) + \dots + a_n(q_n + q_{n+1}\lambda) = \mu.$$

Inversement, étant donnée une équation linéaire d'ordre n,

$$(19) \quad A_1 q_1 + A_2 q_2 + \dots + A_{n+1} q_{n+1} = A,$$

où A, A_1, A_2, ..., A_{n+1} dépendent de x, y, z et des dérivées d'ordre inférieur à n, pour qu'elle provienne de l'élimination de $\dfrac{dy}{dx}$ entre les relations (17), il faut pouvoir déterminer a_1, a_2, ..., a_n, λ, μ par les conditions

$$a_1 = A_1, \quad a_1\lambda + a_2 = A_2, \quad a_2\lambda + a_3 = A_3, \quad ..., \quad a_n\lambda = A_{n+1}, \quad \mu = A,$$

et l'élimination de a_1, a_2, ..., a_n conduit à l'équation de degré n en λ

$$(20) \quad A_1\lambda^n - A_2\lambda^{n-1} + A_3\lambda^{n-2} ... + (-1)^n A_{n+1} = o;$$

c'est précisément l'équation qui détermine les caractéristiques, comme on devait s'y attendre. Une équation linéaire d'ordre n admet donc, en général, n familles distinctes de caractéristiques d'ordre $n-1$, qui sont définies par des équations linéaires par rapport aux différentielles. On peut donc étendre immédiatement aux équations linéaires d'ordre n la méthode employée par Monge pour les équations du second ordre[1]. Nous n'insisterons pas sur cette méthode, qui sera généralisée tout à l'heure.

Lorsque le coefficient A_1 est nul, l'équation (20) en λ a une racine infinie, et les formules (17) sont remplacées par les suivantes

$$dx = o, \quad A_2 d\pi_1 + ... + A_n d\pi_{n-1} + A_{n+1} d\pi_n = A\,dy.$$

Passons au cas où les caractéristiques d'ordre $n-1$ sont définies par des formules linéaires quelconques

$$(21) \quad \begin{cases} a_1 d\pi_1 + a_2 d\pi_2 + ... + a_n d\pi_n + \lambda_1 dx + \lambda_2 dy = o, \\ b_1 d\pi_1 + b_2 d\pi_2 + ... + b_n d\pi_n + \mu_1 dx + \mu_2 dy = o; \end{cases}$$

l'élimination du rapport $\dfrac{dy}{dx}$ conduit à l'équation suivante

$$(22) \quad \Sigma(a_i b_k - b_i a_k)(q_i q_{k+1} - q_{i+1} q_k) + \mu_2 \Sigma a_i q_i - \lambda_2 \Sigma b_i q_i$$
$$+ \lambda_1 \Sigma b_k q_{k+1} - \mu_1 \Sigma a_k q_{k+1} + \lambda_1\mu_2 - \lambda_2\mu_1 = o,$$

qui est de la forme

$$(23) \quad \sum B_{i,k}(q_i q_{k+1} - q_k q_{i+1}) + A_1 q_1 + A_2 q_2 + ... + A_{n+1} q_{n+1} = A.$$

____

[1] NATANI, *Die höhere Analysis*, p. 380.

Inversement, étant donnée une équation de cette espèce, pour qu'elle provienne de l'élimination de $\dfrac{dy}{dx}$ entre les deux relations (21), il faut pouvoir l'identifier avec l'équation (22). On voit que l'identification n'est pas toujours possible, dès que n est supérieur à 3, en remarquant que, les $2n$ inconnues a_1, a_2, ..., a_n, b_1, b_2, ..., b_n sont déterminées par les conditions

$$a_i b_k - b_i a_k = \mathrm{B}_{i,k},$$

les quantités $\mathrm{B}_{i,k}$ vérifiant les relations

$$\mathrm{B}_{i,i} = 0, \qquad \mathrm{B}_{i\,k} + \mathrm{B}_{k,i} = 0 ;$$

pour que les équations précédentes soient compatibles, il faut en outre que l'on ait, comme on s'en assure par un calcul facile, les relations suivantes, bien connues dans la théorie de la droite, entre les quantités $\mathrm{B}_{i,k}$

$$\mathrm{B}_{i,k}\mathrm{B}_{h,l} + \mathrm{B}_{i,h}\,\mathrm{B}_{l,k} + \mathrm{B}_{l,l}\mathrm{B}_{k,h} = 0, \qquad (i, k, h, l = 1, 2, ..., n).$$

Pratiquement, on peut s'assurer si l'identification est possible et calculer les coefficients de la façon suivante. L'une au moins des quantités $\mathrm{B}_{i,k}$ n'étant pas nulle, supposons, pour fixer les idées, que $\mathrm{B}_{1,2}$ ne soit pas nul ; comme $\mathrm{B}_{1,2} = a_1 b_2 - b_1 a_2$, il s'ensuit que les équations (21) sont résolubles par rapport à $d\pi_1$ et à $d\pi_2$; on peut alors, sans diminuer la généralité, supposer

$$a_1 = 1, \quad b_1 = 0, \quad a_2 = 0, \quad b_2 = 1, \quad \mathrm{B}_{1,2} = 1.$$

Si l'on fait $i = 1$ dans la relation générale

$$a_i b_k - b_i a_k = \mathrm{B}_{i,k},$$

il reste $b_k = \mathrm{B}_{1\,k}$; si l'on fait, au contraire, $k = 2$, il vient $a_i = \mathrm{B}_{i,2}$, et il n'y a plus qu'à examiner si ces valeurs des coefficients a_i, b_k satisfont aux autres conditions.

Lorsqu'il en est ainsi, il reste $n + 2$ équations pour déterminer les quatre coefficients λ_1, λ_2, μ_1, μ_2, $n + 1$ de ces équations étant linéaires, et la dernière étant du second degré. Il faudra encore que ces équations soient compatibles, ce qui n'a pas lieu, en général, lorsque n est supérieur à 2. Les équations de la forme (19) peuvent être considérées comme une généralisation de l'équation d'Ampère, mais on voit, d'après ce qui précède, qu'elles n'admettent de caractéristiques d'ordre $n-1$ que si les coefficients satisfont à certaines conditions [1].

213. La méthode d'intégration de M. Darboux s'étend sans difficulté aux équations d'ordre quelconque à deux variables indépendantes. L'extension de la méthode de Monge, quand elle est possible, est comprise comme cas particulier dans l'exposition qui va suivre. Étant donnée une équation de la forme

$$(24) \quad p_{n,0} + f(x, y, z; p_{1,0}, p_{0,1}, \ldots; p_{n-1,1}, \ldots, p_{0,n}) = 0,$$

cherchons d'abord s'il existe des combinaisons intégrables pour les équations différentielles des caractéristiques d'ordre n. Soit $d\varphi = 0$ une combinaison intégrable, φ ne renfermant pas $p_{n,0}$; si, dans $d\varphi$, on remplace dy, dz, $dp_{1,0}$, ..., $dp_{0,n-1}$, et $dp_{n-1,1}$ par leurs valeurs tirées des équations (8), il vient

$$d\varphi = \left[\frac{\partial\varphi}{\partial x} + \frac{\partial\varphi}{\partial y}\lambda + \frac{\partial\varphi}{\partial z}(p_{1,0} + \lambda p_{0,1}) + \frac{\partial\varphi}{\partial p_{1,0}}(p_{2,0} + p_{1,1}\lambda) + \ldots \right.$$
$$\left. + \frac{\partial\varphi}{\partial p_{0,n-1}}(p_{1,n-1} + p_{0,n}\lambda) \right] dx + \frac{\partial\varphi}{\partial p_{n-2,2}} dp_{n-2,2} + \ldots + \frac{\partial\varphi}{\partial p_{0,n}} dp_{0,n}$$
$$+ \frac{\partial\varphi}{\partial p_{n-1,1}} \Big\} \Delta_{n-1}(\lambda)\, dp_{n-2,2} - \Delta_{n-2}(\lambda)\, dp_{n-3,3} + \ldots$$
$$+ (-1)^n \Delta_1(\lambda)\, dp_{0n} - \left(\frac{df}{dy}\right) dx \Big\} .$$

Il faudra donc que les coefficients de dx, $dp_{n-2,2}$, ..., $dp_{0,n}$ soient nuls séparément, c'est-à-dire que l'on ait

$$(25) \begin{cases} \left(\dfrac{d\varphi}{dx}\right) + \lambda\left(\dfrac{d\varphi}{dy}\right) - \dfrac{\partial\varphi}{\partial p_{n-1,1}}\left(\dfrac{df}{dy}\right) = 0, \\[2ex] \dfrac{\partial\varphi}{\partial p_{n-2,2}} + \Delta_{n-1}(\lambda)\dfrac{\partial\varphi}{\partial p_{n-1,1}} = 0, \ldots, \dfrac{\partial\varphi}{\partial p_{0,n}} + (-1)^n\Delta_1(\lambda)\dfrac{\partial\varphi}{\partial p_{n-1,1}} = 0, \end{cases}$$

et on aura à rechercher si ces équations linéaires simultanées admettent une solution commune. Les relations de la dernière ligne ont une signification importante. L'équation qui détermine les caractéristiques de l'équation $\varphi = C$ est, en divisant par dx et posant $dy = \mu dx$,

$$\mu^{n-1} + \Delta_{n-1}(\lambda)\mu^{n-2} + \ldots + \Delta_1(\lambda) = 0,$$

[1] Cette extension de l'équation d'Ampère a été aussi indiquée par Natani (*Die höhere Analysis*, p. 387).

c'est-à-dire, en se reportant à l'expression de Δ_1, Δ_2, ...,

$$\frac{\Delta(\mu)}{\mu - \lambda} = 0.$$

On voit que l'équation $\varphi = C$ doit admettre comme directions de caractéristiques les $n - 1$ directions de caractéristiques de l'équation proposée, autres que celle qui donne les caractéristiques considérées.

De même, pour qu'il existe une combinaison intégrable pour une famille de caractéristiques d'ordre $n + h$,

$$d\psi(x, y, z; p_{10}, ..., p_{0, n+h}) = 0,$$

la fonction ψ ne renfermant que les dérivées $p_{i,k}$ pour lesquelles l'indice i ne dépasse pas $n - 1$, on trouve que la fonction ψ doit vérifier les équations simultanées

$$(26)\begin{cases} \left(\dfrac{d\psi}{dx}\right) + \lambda\left(\dfrac{d\psi}{dy}\right) - \dfrac{\partial\psi}{\partial p_{n-1,h+1}}\left(\dfrac{d^{h+1}f}{dy^{h+1}}\right) = 0 \\ \dfrac{\partial\psi}{\partial p_{n-2,h+2}} + \Delta_{n-1}(\lambda)\dfrac{\partial\psi}{\partial p_{n-1,h+1}} = 0, ..., \dfrac{\partial\psi}{\partial p_{0, n+h}} + (-1)^n\Delta_1(\lambda)\dfrac{\partial\psi}{\partial p_{n-1,h+1}} = 0, \end{cases}$$

dont les dernières ont la même signification que plus haut. On opérerait de la même façon pour reconnaître si les équations différentielles des caractéristiques d'ordre $n - 1$, quand il en existe, admettent des combinaisons intégrables.

Cela posé, considérons une équation d'ordre n admettant n systèmes de caractéristiques différents, et soient

$$du_1 = 0, \qquad du_2 = 0, \qquad ..., \qquad du_{n-1} = 0$$

$n - 1$ combinaisons intégrables appartenant respectivement à $n - 1$ de ces systèmes, u_1, u_2, ..., u_{n-1} renfermant les dérivées de z jusqu'à l'ordre $n + h$ au plus. Les n équations

$$p_{n,0} + f = 0, \qquad u_1 = C_1, \qquad u_2 = C_2, \qquad ..., \qquad u_{n-1} = C_{n-1},$$

où C_1, C_2, ..., C_{n-1} sont des constantes quelconques, forment *un système en involution*. Par toute orientation d'éléments d'ordre $n + h$, dont les coordonnées vérifient ces équations et celles qu'on déduit de $p_{n,0} + f = 0$ par des différentiations, il passe une intégrale commune. En effet, l'intégrale (S) de $p_{n,0} + f = 0$, qui passe par cette multiplicité d'éléments, peut être considérée de $n - 1$ manières différentes comme un lieu de caractéristiques. En particulier, on peut la regarder comme le lieu des caractéristiques de la famille qui admet la combinaison intégrable $du_1 = 0$, ces caractéristiques étant issues des divers éléments de l'orientation précédente. Comme u_1 est constant tout le long de chacune de ces caractéristiques, il s'ensuit que l'on a bien $u_1 = C_1$ en chaque point de la surface (S), et on démontrerait de la même façon que cette surface (S) satisfait aux autres relations $u_2 = C_2, ..., u_{n-1} = C_{n-1}$.

Cette intégrale commune (S) peut être obtenue par l'intégration d'un système d'équations différentielles ordinaires. D'après ce qui précède, en chaque élément de (S), les n équations

$$p_{n,0} + f = 0, \qquad u_1 = C_1, \qquad u_2 = C_2, \qquad ..., \qquad u_{n-1} = C_{n-1}$$

ont une direction de caractéristique commune, de sorte que (S) est aussi un lieu de caractéristiques communes à ces n équations, et il nous suffira de déterminer ces caractéristiques communes. Soit λ_n la racine de $\Delta(\lambda) = 0$ qui correspond à ces caractéristiques ; on a, pour déterminer les valeurs des dérivées d'ordre $n + h$ le long d'une de ces caractéristiques, n équations

$$\begin{cases} dp_{n-1,h+1} - \Delta_{n-1}(\lambda_n)dp_{n-2,h+2} + ... + (-1)^{n-1}\Delta_1(\lambda_n)dp_{0,n+h}... = 0, \\ dp_{n-1,h+1} - \Delta_{n-1}(\lambda_i)dp_{n-2,h+2} + ... + (-1)^{n-1}\Delta_1(\lambda_i)dp_{0,n+h}... = 0, \end{cases}$$
$$i = 1, 2, \qquad ..., \qquad n-1,$$

dont la première n'est autre que l'une des relations (10) et dont les autres se déduisent de $u_1 = C_1, ..., u_{n-1} = C_{n-1}$, en tenant compte des conditions (26). On vérifie sans peine que ces équations peuvent être résolues par rapport à $dp_{n-1,h+1}, ..., dp_{0,n+h}$, si les racines $\lambda_1, \lambda_2, ..., \lambda_n$ sont distinctes, comme nous le supposons. En ajoutant les relations

$$dy = \lambda_n dx, \qquad dz = (p_{1,0} + p_{0,1}\lambda_n)dx, \qquad dp_{i,k} = (p_{i+1,k} + p_{i,k+1}\lambda_n)dx,$$
$$i + k < n + h,$$

on forme un système d'équations différentielles ordinaires, permettant de déterminer complètement ces caractéristiques communes, quand on en connaît un élément d'ordre $n + h$. L'intégration de ce système donnera l'intégrale cherchée (S).

Plaçons-nous toujours dans le cas où les n systèmes de caractéristiques sont distincts et supposons, de plus, que, pour $n - 1$ de ces systèmes, il existe deux combinaisons intégrables distinctes. On peut reprendre sans modification les raisonnements qui ont été faits pour le second ordre; l'équation proposée admet $n - 1$ intégrales intermédiaires distinctes

$$u_1 = \varphi_1(v_1), \qquad u_2 = \varphi_2(v_2), \qquad \ldots, \qquad u_{n-1} = \varphi_{n-1}(v_{n-1}),$$

et *la solution du problème de Cauchy est ramenée à l'intégration d'un système d'équations différentielles ordinaires.*

Lorsque les n systèmes de caractéristiques admettent chacun deux combinaisons intégrables distinctes, on a n intégrales intermédiaires distinctes

$$u_1 = \varphi_1(v_1), \ldots, u_n = \varphi_n(v_n),$$

et on pourrait démontrer, par des considérations analogues à celles qui nous ont servi pour le second ordre, que ces équations, jointes à $F = 0$, forment un système complètement intégrable,

Remarque. — Nous avons dit plus haut (n° 211) que deux caractéristiques d'ordre n, de systèmes différents, n'appartiennent pas en général à une même surface intégrale. Il est facile de le vérifier. Soit (C), (C') ces deux caractéristiques ; supposons que les équations différentielles d'un des autres systèmes de caractéristiques admettent deux combinaisons intégrables distinctes d'ordre n, $du = 0$, $dv = 0$, de sorte que l'équation proposée admette l'intégrale intermédiaire

$$u = \varphi(v).$$

Le long de la caractéristique (C), u et v sont des fonctions d'une seule variable, et toutes les surfaces intégrales qui admettent les éléments de cette caractéristique satisfont à une même équation $u = \varphi_1(v)$, où la fonction φ_1 a une forme déterminée. De même, toutes les surfaces intégrales qui admettent tous les éléments de la caractéristique (C') satisfont à une équation $u = \varphi_2(v)$, où la fonction φ_2 ne dépend que de cette caractéristique. Pour que la même surface intégrale contienne à la fois les éléments des deux caractéristiques, il faudra donc que l'on ait $\varphi_1 = \varphi_2$, ce qui n'aura pas lieu évidemment, si ces caractéristiques sont quelconques.

214. Nous étudierons encore rapidement un système de n équations du premier ordre à deux variables indépendantes x, y, et à n fonctions inconnues $z_1, z_2, \ldots, z_n$,

$$(27) \quad F_i(x, y, z_1, z_2, \ldots, z_n ; p_1, p_2, \ldots, p_n ; q_1, q_2, \ldots, q_n) = 0 \quad (i = 1, 2, \ldots, n),$$
$$p_i = \frac{\partial z_i}{\partial x}, \quad q_i = \frac{\partial z_i}{\partial y}.$$

On définit les caractéristiques en se posant un problème analogue au problème de Cauchy. Donnons-nous les valeurs de z_1, z_2, ..., z_n pour une suite de valeurs des variables vérifiant une relation $\varphi(x, y) = 0$, et proposons-nous de trouver un système d'intégrales prenant les valeurs précédentes; en langage géométrique, cela revient à chercher n surfaces associées

$$z_1 = f_1(x, y), \ z_2 = f_2(x, y), \ ..., \ z_n = f_n(x, y),$$

passant respectivement par n courbes données (Γ_1), (Γ_2), ... (Γ_n) situées sur un même cylindre ayant ses génératrices parallèles à oz. Le long de ces courbes, x, y, z_1, ..., z_n sont des fonctions connues d'un paramètre variable, et les valeurs de p_1, p_2, ..., p_n, q_1, q_2, ..., q_n s'obtiendront par la résolution des $2n$ équations

$$(28) \quad \begin{cases} F_1 = 0, \ ... \ F_n = 0, \\ dz_1 = p_1 dx + q_1 dy, \ dz_2 = p_2 dx + q_2 dy, \ ..., \ dz_n = p_n dx + q_n dy; \end{cases}$$

les valeurs obtenues pour les variables p_i et q_k seront aussi des fonctions régulières du paramètre variable, à moins que le déterminant fonctionnel des $2n$ équations précédentes par rapport à p_1, p_2, ..., p_n, q_1, q_2, ..., q_n ne soit nul. Ce jacobien a pour expression

$$\begin{vmatrix} \dfrac{\partial F_1}{\partial p_1}, & \dfrac{\partial F_1}{\partial q_1}, & \dfrac{\partial F_1}{\partial p_2}, & \dfrac{\partial F_1}{\partial q_2}, & ..., & \dfrac{\partial F_1}{\partial p_n}, & \dfrac{\partial F_1}{\partial q_n}, \\ \cdot & \cdot & \cdot & \cdot & \cdot & \cdot & \cdot \\ \dfrac{\partial F_n}{\partial p_1}, & \dfrac{\partial F_n}{\partial q_1}, & \dfrac{\partial F_n}{\partial p_2}, & \dfrac{\partial F_n}{\partial q_2}, & ..., & \dfrac{\partial F_n}{\partial p_n}, & \dfrac{\partial F_n}{\partial q_n}, \\ dx, & dy, & 0, & 0, & ..., & 0, & 0, \\ 0, & 0, & dx, & dy, & ..., & 0, & 0, \\ \cdot & \cdot & \cdot & \cdot & \cdot & \cdot & \cdot \end{vmatrix};$$

en multipliant toutes les colonnes d'ordre impair par dy, celles d'ordre pair par dx, et retranchant chaque colonne d'ordre pair de la précédente on remplace, à une puissance de dy près, ce déterminant par le suivant

$$\Delta = \begin{vmatrix} \dfrac{\partial F_1}{\partial p_1} dy - \dfrac{\partial F_1}{\partial q_1} dx, & \dfrac{\partial F_1}{\partial p_2} dy - \dfrac{\partial F_1}{\partial q_2} dx, & ..., & \dfrac{\partial F_1}{\partial p_n} dy - \dfrac{\partial F_1}{\partial q_n} dx \\ \cdot & \cdot & & \cdot \\ \dfrac{\partial F_n}{\partial p_1} dy - \dfrac{\partial F_n}{\partial q_1} dx, & \dfrac{\partial F_n}{\partial p_2} dy - \dfrac{\partial F_n}{\partial q_2} dx, & ..., & \dfrac{\partial F_n}{\partial p_n} dy - \dfrac{\partial F_n}{\partial q_n} dx \end{vmatrix}$$

Cela posé, nous définirons les caractéristiques comme il suit. Étant donné un système d'intégrales

$$z_1 = f_1(x, y), \qquad z_2 = f_2(x, y), \qquad \ldots, \qquad z_n = f_n(x, y),$$

nous appellerons *éléments associés* du premier ordre les éléments de ces n intégrales

$$(x, y, z_1, p_1, q_1), \qquad (x, y, z_2, p_2, q_2), \qquad \ldots, \qquad (x, y, z_n, p_n, q_n),$$

qui correspondent à un même système de valeurs pour x et y. Une caractéristique du premier ordre de ce système d'intégrales est une suite simplement infinie d'éléments associés du premier ordre, définie par l'équation différentielle du premier ordre

$$(29) \qquad\qquad \Delta = 0,$$

où l'on suppose qu'on a remplacé $z_1, z_2, \ldots, z_n, p_1, \ldots p_n, q_1, q_2, \ldots, q_n$ par leurs expressions en fonction de x, y. On voit que tout système d'intégrales possède n familles, en général distinctes, de caractéristiques.

Le rôle important de ces caractéristiques tient toujours à la propriété suivante. Soit μ une racine de l'équation $\Delta = 0$, où l'on regarde $\dfrac{dy}{dx}$ comme l'inconnue ; le long d'une caractéristique correspondant à cette racine, on a, entre les éléments associés du premier ordre, les relations

$$(30) \quad \left\{ \begin{array}{l} F_1 = 0, \qquad F_2 = 0, \qquad \ldots, \qquad F_n = 0, \\ dy = \mu dx, \quad dz_1 = p_1 dx + q_1 dy, \quad \ldots, \quad dz_n = p_n dx + q_n dy. \end{array} \right.$$

Nous allons montrer que l'on peut ajouter à ces relations évidentes une autre équation indépendante du système d'intégrales qui nous a servi à définir les caractéristiques. On a, en effet,

$$\left(\frac{dF_i}{dx}\right) + \frac{\partial F_i}{\partial p_1}\frac{\partial p_1}{\partial x} + \cdots + \frac{\partial F_i}{\partial p_n}\frac{\partial p_n}{\partial x} + \frac{\partial F_i}{\partial q_1}\frac{\partial q_1}{\partial x} + \cdots + \frac{\partial F_i}{\partial q_n}\frac{\partial q_n}{\partial x} = 0,$$

en posant

$$\left(\frac{dF_i}{dx}\right) = \frac{\partial F_i}{\partial x} + \frac{\partial F_i}{\partial z_1} p_1 + \cdots + \frac{\partial F_i}{\partial z_n} p_n ;$$

si on remplace $\dfrac{\partial q_k}{\partial x}$ par $\dfrac{\partial p_k}{\partial y}$ et $\dfrac{\partial p_k}{\partial x}$ par $\dfrac{dp_k - \dfrac{\partial p_k}{\partial y} dy}{dx}$, il vient, en multipliant par dx,

$$(31) \quad \left(\frac{dF_i}{dx}\right) dx + \sum_{k=1}^{n} \frac{\partial F_i}{\partial p_k} dp_k + \sum \frac{\partial p_k}{\partial y} \left\{ \frac{\partial F_i}{\partial q_k} dx - \frac{\partial F_i}{\partial p_k} dy \right\} = 0.$$

Imaginons écrites ces n relations où l'on aurait fait successivement $i = 1, 2, \ldots n$; on peut éliminer de ces n relations les termes qui contiennent les dérivées du second ordre $\frac{\partial p_k}{\partial y}$. En effet, si le rapport $\frac{dy}{dx}$ satisfait à l'équation $\Delta = 0$, on pourra trouver n coefficients $\lambda_1, \lambda_2, \ldots, \lambda_n$ différents de zéro, satisfaisant aux n conditions

$$(32) \quad \begin{cases} \lambda_1 \left(\frac{\partial F_1}{\partial q_1} dx - \frac{\partial F_1}{\partial p_1} dy\right) + \ldots + \lambda_n \left(\frac{\partial F_n}{\partial q_1} dx - \frac{\partial F_n}{\partial p_1} dy\right) = 0, \\ \cdot \quad \cdot \quad \cdot \quad \cdot \quad \cdot \quad \cdot \quad \cdot \quad \cdot \quad \cdot \quad \cdot \quad \cdot \quad \cdot \quad \cdot \quad \cdot \\ \lambda_1 \left(\frac{\partial F_1}{\partial q_n} dx - \frac{\partial F_1}{\partial p_n} dy\right) + \ldots + \lambda_n \left(\frac{\partial F_n}{\partial q_n} dx - \frac{\partial F_n}{\partial p_n} dy\right) = 0 ; \end{cases}$$

si on ajoute les n équations (31), après les avoir multipliées respectivement par $\lambda_1, \lambda_2, \ldots \lambda_n$, il reste

$$(33) \quad \left\{ \lambda_1 \left(\frac{dF_1}{dx}\right) + \lambda_2 \left(\frac{dF_2}{dx}\right) + \ldots + \lambda_n \left(\frac{dF_n}{dx}\right) \right\} dx$$
$$+ \sum_{k=1}^{n} \left\{ \lambda_1 \frac{\partial F_1}{\partial p_k} + \ldots + \lambda_n \frac{\partial F_n}{\partial p_k} \right\} dp_k = 0.$$

On verrait de même que l'on a

$$(34) \left[\lambda_1 \left(\frac{dF_1}{dy}\right) + \ldots + \lambda_n \left(\frac{dF_n}{dy}\right) \right] dy + \sum_{k=1}^{n} \left[\lambda_1 \frac{\partial F_1}{\partial q_k} + \ldots + \lambda_n \frac{\partial F_n}{\partial q_k} \right] dq_k = 0,$$

en posant

$$\left(\frac{dF_i}{dy}\right) = \frac{\partial F_i}{\partial y} + \frac{\partial F_i}{\partial z_1} q_1 + \ldots + \frac{\partial F_i}{\partial z_n} q_n.$$

On peut donc définir les caractéristiques comme une suite simplement infinie d'éléments du premier ordre satisfaisant aux équations simultanées (30), (33) et (34). Ces $2n + 3$ équations entre $3n + 2$ variables se réduisent d'ailleurs à $2n + 2$ équations distinctes, car, en ajoutant les relations (33) et (34), il vient

$$\lambda_1 dF_1 + \lambda_2 dF_2 + \ldots + \lambda_n dF_n = 0,$$

de sorte qu'il y a n variables de plus que d'équations. Par exemple, si les équations proposées (27) peuvent être résolues par rapport à p_1, p_2, ..., p_n, on pourra ne laisser dans les équations différentielles des caractéristiques que les variables x, y, z_1, z_2, ..., z_n, q_1, q_2, ..., q_n.

Cela posé, l'extension de la méthode de Monge et d'Ampère se fait toujours d'après les mêmes principes. Si les n systèmes de caractéristiques sont distincts et si chacun d'eux admet une combinaison intégrable, les n équations

$$(35) \qquad F_1 = 0, \; ... \; F_n = 0, \qquad u_1 = C_1, ..., u_n = C_n,$$

où $du_i = 0$ est la combinaison qui correspond au i^{me} système, forment un système complètement intégrable. Si on résout ces $2n$ équations par rapport à p_1, p_2, ..., p_n, q_1, ..., q_n, les conditions d'intégrabilité du système d'équations aux différentielles totales

$$dz_i = p_i dx + q_i dy \qquad (i = 1, 2, ..., n)$$

sont vérifiées identiquement, quelles que soient les constantes C_1, C_2, ... C_n. Je renverrai, pour la démonstration, au Mémoire de M. Hamburger [1]. Lorsque chacun des systèmes de caractéristiques admet deux combinaisons intégrables distinctes, le système proposé admet n intégrales intermédiaires distinctes

$$u_1 = \varphi_1 (v_1), \qquad u_2 = \varphi_2 (v_2), \qquad ..., \qquad u_n = \varphi_n (v_n),$$

et l'intégration du système proposé est ramenée à celle d'un système complètement intégrable

$$F_1 = 0, \quad F_2 = 0, ..., \quad F_n = 0, \quad u_1 = \varphi_1 (v_1), ..., u_n = \varphi_n (v_n)$$

avec n fonctions arbitraires φ_1, φ_2, ..., φ_n.

Si $n - 1$ seulement des systèmes de caractéristiques admettent deux combinaisons intégrables distinctes, la solution du problème analogue à celui de Cauchy se ramène encore à l'intégration d'un système d'équations différentielles ordinaires. Pour plus de simplicité, supposons les équations (27) résolues par rapport à p_1, ..., p_n, et soient $\psi_1 (y)$, $\psi_2 (y)$, ..., $\psi_n (y)$ les fonctions auxquelles doivent se réduire z_1, z_2, ..., z_n respectivement pour $x = x_0$.

Les valeurs de $3n$ fonctions z_i, p_i, q_i, étant connues pour $x = x_0$, on en déduira, comme on l'a déjà expliqué plusieurs fois, la forme des

<hr>

[1] *Journal de Crelle*, t. XCIII, p. 193 et suivantes.

$n - 1$ fonctions $\varphi_1, \varphi_2, ..., \varphi_{n-1}$, de sorte que le système d'intégrales cherché doit satisfaire aux $2n - 1$ équations

$$F_1 = o, \quad F_2 = o, ..., F_n = o, \quad u_1 = \varphi_1(v_1), ..., \quad u_{n-1} = \varphi_{n-1}(v_{n-1});$$

on obtiendra ce système d'intégrales en cherchant les caractéristiques du système qui n'a pas encore été employé. Ces caractéristiques sont définies par le système d'équations connues, auquel on ajoutera les $n - 1$ relations

$$u_1 = \varphi_1(v_1), ..., u_{n-1} = \varphi_{n-1}(v_{n-1}),$$

de façon que le nombre des variables ne dépasse que d'une unité le nombre des équations.

215. Telle est, dans ses grandes lignes, l'extension de la méthode de Monge aux systèmes d'équations simultanées du premier ordre. Cette extension suggère un grand nombre de questions ; nous examinerons quelques-unes des plus importantes. Remarquons d'abord que le déterminant Δ, qui joue le rôle fondamental dans cette étude, est un invariant, relativement à un changement quelconque des variables indépendantes. Soient x', y' un nouveau système de variables indépendantes, définies en fonction des anciennes par les formules

$$x = \varphi(x', y'), \qquad y = \psi(x', y');$$

les dérivées p'_i, q'_i de z_i par rapport aux nouvelles variables ont pour valeurs

$$p'_i = p_i \frac{\partial \varphi}{\partial x'} + q_i \frac{\partial \psi}{\partial x'},$$

$$q'_i = p_i \frac{\partial \varphi}{\partial y'} + q_i \frac{\partial \psi}{\partial y'}.$$

L'équation $F_i = o$ se change en une nouvelle équation

$$G_i(x', y', z_1, z_2, ..., z_n; p'_1, p'_2, ..., p'_n; q'_1, q'_2, ..., q'_n) = o,$$

et l'on a

$$\frac{\partial F_i}{\partial p_k} = \frac{\partial G_i}{\partial p'_k} \frac{\partial \varphi}{\partial x'} + \frac{\partial G_i}{\partial q'_k} \frac{\partial \varphi}{\partial y'},$$

$$\frac{\partial F_i}{\partial q_k} = \frac{\partial G_i}{\partial p'_k} \frac{\partial \psi}{\partial x'} + \frac{\partial G_i}{\partial q'_k} \frac{\partial \psi}{\partial y'},$$

d'où l'on déduit l'identité

$$\frac{\partial F_i}{\partial p_k} dy - \frac{\partial F_i}{\partial q_k} dx = \left(\frac{\partial G_i}{\partial p'_k} dy' - \frac{\partial G_i}{\partial q'_k} dx' \right) \frac{D(\varphi, \psi)}{D(x', y')}.$$

Quand on effectue le changement de variables précédent, un élément quelconque de Δ est multiplié par le jacobien $\dfrac{D\,(\varphi,\,\psi)}{D\,(x',\,y')}$; on a donc, en désignant par Δ' le nouveau déterminant,

$$\Delta = \Delta' \left\{ \frac{D\,(\varphi,\,\psi)}{D\,(x',\,y')} \right\}^n.$$

Cette remarque nous permet de montrer que le problème de Cauchy, tel qu'il a été posé plus haut pour un système de n équations du premier ordre à n inconnues, admet une solution lorsque le déterminant Δ n'est pas nul. Supposons que l'on connaisse la suite d'éléments associés du premier ordre, correspondant aux valeurs de x, y, vérifiant une relation donnée $\Phi\,(x,\,y) = 0$, et satisfaisant aux équations proposées (27). Les éléments appartiennent à un système unique d'intégrales holomorphes, pourvu que Δ ne soit pas nul pour tous ces éléments. Prenons, en effet, pour nouvelles variables indépendantes, $x' = \Phi\,(x,\,y)$, $y' = \Psi\,(x,\,y)$, la fonction Ψ étant distincte de Φ; on aura $dx' = 0$, et le nouveau déterminant Δ' se réduira à

$$\frac{D\,(G_1,\,G_2,\,\ldots,\,G_n)}{D\,(p'_1,\,p'_2,\,\ldots,\,p'_n)};$$

ce nouveau déterminant étant différent de zéro, comme le premier Δ, on pourra résoudre les nouvelles équations par rapport à $p'_1,\,p'_2,\,\ldots,\,p'_n$ et appliquer au nouveau système le théorème de Cauchy sous sa forme habituelle.

Remarque I. — La méthode d'intégration qui fait l'objet du paragraphe précédent ne s'applique pas aux intégrales telles que le déterminant Δ soit identiquement nul, quels que soient dx et dy, pour tous les éléments de ces intégrales; nous les appellerons des *intégrales singulières*.

Remarque II. — Il peut se faire que le déterminant Δ soit identiquement nul, pour toutes les intégrales du système (27), alors même que les équations du système ont été mises sous la forme la plus simple. La théorie des surfaces nous offre des exemples remarquables de pareils *systèmes singuliers*. Tel est le système

$$p_1^2 + p_2^2 + p_3^2 = u\,(x,\,y),\quad p_1q_1 + p_2q_2 + p_3q_3 = v\,(x,\,y),\quad q_1^2 + q_2^2 + q_3^2 = w\,(x,\,y);$$

qui se présente dans la recherche des surfaces applicables sur une surface donnée ; tel est aussi le système

$$p_1 + p_3 \frac{\partial f}{\partial x} = o, \qquad q_1 + p_2 + q_3 \frac{\partial f}{\partial x} + p_3 \frac{\partial f}{\partial y} = o, \qquad q_2 + q_3 \frac{\partial f}{\partial y} = o,$$

que l'on rencontre dans la théorie de la déformation infiniment petite.

Un système non singulier peut toujours, d'après ce qui précède, être ramené à un système de forme normale

$$(36) \quad \begin{cases} p_1 + f_1\,(x,\ y,\ z_1,\ z_2,\ \ldots,\ z_n\,;\ q_1,\ q_2,\ \ldots,\ q_n) = o, \\ \quad \cdot \quad \cdot \quad \cdot \quad \cdot \quad \cdot \quad \cdot \quad \cdot \quad \cdot \quad \cdot \quad \cdot \quad \cdot \quad \cdot \quad \cdot \\ p_n + f_n\,(x,\ y,\ z_1,\ z_2,\ \ldots,\ z_n\,;\ q_1,\ q_2,\ \ldots,\ q_n) = o, \end{cases}$$

résolu par rapport à p_1, p_2, ..., p_n, au moyen d'un changement de variables, tandis que cela est impossible pour un système singulier.

216. Pour obtenir les équations différentielles des caractéristiques, nous avons eu à déterminer les coefficients λ_1, λ_2, ..., λ_n par les n équations linéaires et homogènes (32), qui sont compatibles quand on remplace $\frac{dy}{dx}$ par une racine μ de l'équation $\Delta = o$. Revenons à la discussion de ce système. Si μ est racine simple, cette valeur de μ ne peut annuler à la fois tous les mineurs du premier ordre de Δ, et les équations (32) déterminent complètement les rapports mutuels des coefficients λ_1, λ_2, ..., λ_n, de sorte que l'on ne peut éliminer que d'une façon les dérivées du second ordre $\frac{\partial p_k}{\partial y}$ des relations (31). Mais, si μ est racine multiple de $\Delta = o$, il peut se présenter des circonstances toutes différentes. Supposons, pour prendre le cas général, qu'une valeur de μ annule tous les mineurs à r lignes et à r colonnes de Δ, sans annuler tous les mineurs qui ont moins de r lignes ; cette valeur de μ sera d'après une théorie bien connue, racine de $\Delta = o$ d'un ordre de multiplicité au moins égal à $n - r + 1$. On pourra, dans ce cas, déduire des équations (31) $n - r + 1$ relations distinctes ne renfermant pas les dérivées du second ordre. Si on suppose, par exemple, que l'on n'ait laissé dans les équations différentielles des caractéristiques que les $2n + 2$ variables x, y, z_1, z_2, ..., z_n, p_1, p_2, ..., p_n, nous aurons $2n - r + 2$ équations, et la différence entre le nombre des variables et celui des équations sera égale à r seulement, au lieu d'être égale à n, comme dans le cas général.

Nous n'examinerons pas les modifications que doit subir la théorie générale dans tous les cas particuliers qui peuvent se présenter, et nous nous bornerons à considérer le cas limite où $r = 1$. Si un tel cas se présente, le système proposé n'admet qu'une famille de caractéristiques, et ces caractéristiques sont définies par un système d'équations différentielles, dont le nombre n'est inférieur que d'une unité au nombre des variables, c'est-à-dire par un système d'équations différentielles ordinaires. Ces caractéristiques ne dépendent donc que d'un nombre fini de paramètres, et l'intégration du système proposé doit présenter la plus grande analogie avec celle d'une équation aux dérivées partielles du premier ordre à une seule fonction inconnue.

Pour déterminer les systèmes qui jouissent de la propriété précédente, on peut toujours les supposer ramenés à la forme normale :

$$(37) \quad F_i = p_i + f_i(x, y, z_1, z_2, ..., z_n \,; q_1, q_2, ..., q_n) = 0, \quad (i = 1, 2, ..., n);$$

tous les éléments de Δ

$$\frac{\partial F_i}{\partial p_k} dy - \frac{\partial F_i}{\partial q_k} dx$$

doivent être identiques à un facteur de proportionnalité près. Or, si on suppose i et k différents, on a $\dfrac{\partial F_i}{\partial p_k} = 0$; on doit donc avoir aussi $\dfrac{\partial F_i}{\partial q_k} = 0$, et le système est de la forme

$$(38) \quad F_i = p_i + f_i(x, y, z_1, z_2, ..., z_n, q_i) = 0, \quad (i = 1, 2, ..., n).$$

On a maintenant

$$\frac{\partial F_i}{\partial p_i} dy - \frac{\partial F_i}{\partial q_i} dx = dy - \frac{\partial f_i}{\partial q_i} dx;$$

il faut donc que l'on ait

$$\frac{\partial f_1}{\partial q_1} = \frac{\partial f_2}{\partial q_2} = ... = \frac{\partial f_n}{\partial q_n},$$

et la valeur commune des dérivées précédentes est nécessairement indépendante de $q_1, q_2..., q_n$. La forme générale des systèmes cherchés est donc la suivante

$$(38 \; bis) \quad \begin{cases} A_1 p_1 + A_2 q_1 = B_1, \\ A_1 p_2 + A_2 q_2 = B_2, \\ \cdots \cdots \cdots \cdots \\ A_1 p_n + A_2 q_n = B_n. \end{cases}$$

$A_1, A_2, B_1, ..., B_n$ étant des fonctions de $x, y, z_1, z_2, ..., z_n$.

Si on applique à ce système la théorie générale, on voit qu'il possède une seule famille de caractéristiques pour laquelle on a

$$\frac{dx}{A_1} = \frac{dy}{A_2};$$

en tenant compte des équations elles-mêmes, les relations

$$dz_i = p_i dx + q_i dy$$

nous donnent un système de $n + 1$ équations différentielles ordinaires

$$(39) \qquad \frac{dx}{A_1} = \frac{dy}{A_2} = \frac{dz_1}{B_1} = \cdots \frac{dz_n}{B_n},$$

entre x, y, z_1, ..., z_n seulement. On voit que l'on peut négliger ici les équations qui renferment les dérivées p_i et q_i. Convenons, pour abréger, d'appeler caractéristique d'*ordre zéro* toute suite simplement infinie de valeurs de $(x, y, z_1, ..., z_n)$ vérifiant les relations (39) ; le calcul précédent prouve que tout système d'intégrales des équations proposées s'obtient en prenant une infinité simple de caractéristiques d'ordre zéro.

Soit

$$u_1 = C_1, \qquad u_2 = C_2, ..., u_n = C_n, \qquad u_{n+1} = C_{n+1},$$

l'intégrale générale des équations (39). Toute intégrale des équations proposées satisfait à des relations de la forme

$$(40) \qquad u_1 = \varphi_1(u_{n+1}), ..., u_n = \varphi_n(u_{n+1})$$

et inversement, quelles que soient les fonctions φ_1, φ_2, ..., φ_n, un calcul direct prouve que les fonctions z_1, z_2, ..., z_n, définies par ces formules, satisfont bien aux équations (38) ([1]).

217. Lorsque les équations du système (27) sont linéaires par rapport aux dérivées p_i, q_i, on peut déduire des équations différentielles des caractéristiques deux relations au moins ne contenant que x, y, z_1,

______

([1]) Le résultat précédent est dû à Jacobi (*Journal de Crelle*, t. II, p. 321), qui a aussi étendu la méthode aux équations simultanées

$$A_1 \frac{\partial z_i}{\partial x_1} + \cdots + A_r \frac{\partial z_i}{\partial x_r} = B_i, \quad (i = 1, 2, ..., n),$$

à un nombre quelconque de variables indépendantes.

x_2, ..., x_n. Du reste, il est facile d'établir directement ces équations. Considérons le système linéaire

$$(41) \quad \begin{cases} a_{11}p_1 + a_{21}p_2 + ... + a_{n1}p_n + b_{11}q_1 + ... + b_{n1}q_n = e_1, \\ a_{12}p_1 + a_{22}p_2 + ... + a_{n2}p_n + b_{12}q_1 + ... + b_{n2}q_n = e_2, \\ \cdots \cdots \cdots \cdots \cdots \cdots \cdots \cdots \cdots \\ a_{1n}p_1 + a_{2n}p_2 + ... + a_{nn}p_n + b_{1n}q_1 + ... + b_{nn}q_n = e_n, \end{cases}$$

où les coefficients a_{ik}, b_{ik} et les seconds membres sont des fonctions de x, y, z_1, ..., z_n seulement. Si on pose $dy = \mu dx$, l'élimination de p_1, p_2, ..., p_n entre les équations proposées et les relations

$$dz_1 = (p_1 + q_1\mu)\, dx, ..., dz_n = (p_n + q_n\mu)\, dx$$

conduit au système

$$(42) \quad \begin{cases} a_{11}dz_1 + ... + a_{n1}dz_n + [\,(b_{11} - a_{11}\mu)\,q_1 + ... \\ \qquad\qquad\qquad + (b_{n1} - a_{n1}\mu)\,q_n\,]\,dx = e_1 dx, \\ \cdots \cdots \cdots \cdots \cdots \cdots \cdots \cdots \cdots \\ a_{1n}dz_1 + ... + a_{nn}dz_n + [\,(b_{1n} - a_{1n}\mu)\,q_1 + ... \\ \qquad\qquad\qquad + (b_{nn} - a_{nn}\mu)\,q_n\,]\,dx = e_n dx; \end{cases}$$

pour qu'on puisse éliminer q_1, q_2, ..., q_n entre ces relations, il faut et il suffit que μ soit racine de l'équation

$$(43) \quad \Delta(\mu) = \begin{vmatrix} b_{11} - a_{11}\mu, & ..., & b_{n1} - a_{n1}\mu \\ \cdot \cdot \cdot & \cdot \cdot \cdot & \cdot \cdot \cdot \\ \cdot \cdot \cdot & \cdot \cdot \cdot & \cdot \cdot \cdot \\ b_{1n} - a_{1n}\mu, & ..., & b_{nn} - a_{nn}\mu \end{vmatrix} = 0.$$

Si on a pris pour μ une racine de cette équation, on en déduira une relation au moins de la forme

$$\lambda_1 (a_{11}dz_1 + ... + a_{n1}dz_n) + ... + \lambda_n (a_{1n}dz_1 + ... + a_{nn}dz_n)$$
$$= (\lambda_1 e_1 + ... + \lambda_n e_n)\, dx,$$

ou encore

$$A_1 dz_1 + ... + A_n dz_n = B dx,$$

A_1, ..., A_n, B étant des fonctions de $x, y, z_1, ... z_n$. Lorsque cette valeur de μ n'annule pas simultanément tous les mineurs du premier ordre de $\Delta(\mu)$, ce qui aura lieu certainement si μ est racine simple, on n'obtiendra qu'une relation de cette forme. Nous appellerons *caractéristiques d'ordre nul* tout système simplement infini de valeurs de x, y, z_1, ..., z_n satisfaisant aux deux équations

$$(44) \qquad \begin{cases} dy = \mu dx, \\ A_1 dz + \dots + A_n dz_n = B dx; \end{cases}$$

un système linéaire possède donc, en général, n systèmes de caractéristiques d'ordre nul, correspondant aux n racines de $\Delta(\mu) = o$, définis par des formules analogues aux précédentes (44).

Les équations (44) admettent au plus deux combinaisons intégrables distinctes. Lorsqu'il en est ainsi, le système proposé admet une intégrale première de la forme

$$u = \varphi(v),$$

u et v étant des fonctions de x, y, z_1, ..., z_n. Si le même fait a lieu pour les n systèmes de caractéristiques, on a n intégrales premières distinctes

$$u_1 = \varphi_1(v_1), \dots, u_n = \varphi_n(v_n),$$

et l'intégrale générale est représentée par les formules précédentes, φ_1, φ_2, ..., φ_n étant des fonctions arbitraires. Si l'on a en tout r intégrales premières $(r < n)$

$$u_1 = \varphi_1(v_1), \dots, u_r = \varphi_r(v_r),$$

on pourra exprimer z_1, z_2, ..., z_n au moyen de x, y, et de $n - r$ inconnues nouvelles, et on ramènera le système proposé à un système linéaire de $n - r$ équations, dépendant de r fonctions arbitraires.

Lorsque μ est racine multiple d'ordre s de $\Delta(\mu) = o$, on peut déduire des formules (42) s équations au plus indépendantes de q_1, q_2, ..., q_n. Les caractéristiques correspondantes sont définies par $r + 1$ équations

$$(45) \qquad \begin{cases} dy = \mu dx, \\ A^i_1 dz_1 + A^i_2 dz_2 + \dots + A^i_n dz_n = B^i \end{cases}$$
$$\text{où} \qquad i = 1, 2, \dots, r, \qquad 1 \leq r \leq s.$$

Ces équations admettent au plus $s + 1$ combinaisons intégrables distinctes, dans le cas le plus favorable où $r = s$. Par suite, les caractéristiques correspondant à une racine multiple d'ordre s de $\Delta(\mu) = o$ fournissent au plus s intégrales premières du système proposé. Si ce nombre maximum est atteint pour chaque famille de caractéristiques, on aura l'intégrale générale du système ; sinon, on pourra en diminuer l'ordre.

On voit donc que, dans certains cas, un système d'équations linéaires admet un certain nombre d'intégrales premières de la forme

$$v_i = \varphi_i(u_i), \qquad i = 1, 2, \ldots, r,$$

les fonctions φ_i étant arbitraires, et les fonctions u_i n'étant pas nécessairement distinctes. Mais cette propriété n'est pas spéciale aux équations linéaires ; elle appartient aussi à certains systèmes d'équations de la forme

$$a_{1i}p_1 + \ldots + a_{ni}p_n + b_{1i}q_1 + \ldots + b_{ni}q_n + \sum C_{r,s}^i (p_r q_s - p_s q_r) = e_i,$$
$$(i, r, s = 1, 2, \ldots n).$$

On trouvera la discussion complète de cette question dans le mémoire de M. Hamburger ([1]).

218. La méthode exposée dans les paragraphes précédents, identique au fond à celle de M. Hamburger, constitue en réalité l'extension de la méthode de Monge aux systèmes d'équations simultanées du premier ordre. Pour étendre la méthode de M. Darboux, il faut commencer par définir les caractéristiques d'ordre supérieur au premier. Afin de simplifier les calculs, supposons le système proposé ramené à la forme normale

$$(46) \quad \begin{cases} p_1 + f_1(x, y, z_1, \ldots z_n, q_1, q_2, \ldots, q_n) = 0, \\ p_2 + f_2(x, y, z_1, \ldots z_n, q_1, q_2, \ldots, q_n) = 0, \\ \quad \cdot \quad \cdot \quad \cdot \quad \cdot \quad \cdot \quad \cdot \quad \cdot \quad \cdot \quad \cdot \quad \cdot \\ p_n + f_n(x, y, z_1, \ldots, z_n, q_1, q_2, \ldots, q_n) = 0. \end{cases}$$

Les équations (46) et celles qu'on en déduit par des différentiations successives permettent d'exprimer toutes les dérivées partielles des fonctions inconnues au moyen de $x, y, z_1, \ldots, z_n$ et des dérivées partielles prises par rapport à la variable y seulement. Nous supposerons toujours qu'on ne laisse que ces variables dans les formules qui vont suivre.

Cela posé, étant donné un système d'intégrales, nous appellerons *caractéristique* d'ordre m la suite simplement infinie des éléments associés d'ordre m le long d'une caractéristique. Entre les variables

$$x, y, z_1, z_2, \ldots, z_n, q_1, q_2, \ldots, q_n; \frac{\partial^2 z_1}{\partial y^2}, \ldots, \frac{\partial^m z_n}{\partial y^m}$$

([1]) *Journal de Crelle*, t. LXXXI, p. 261-272.

On pourra consulter aussi un Mémoire de M. Kœnigsberger : *Ueber die Integration simultaner partieller Differentielgleichungs-systeme* (*Mathematische Annalen*, t. XLI, p. 260-285).

on a d'abord les relations

$$(47) \quad \begin{cases} dy = \mu.dx, \qquad dz_i = -f_i dx + q_i dy, \\[2mm] d\left(\dfrac{\partial^{m-h} z_i}{\partial y^{m-h}}\right) = \dfrac{\partial^{m-h+1} z_i}{\partial x \partial y^{m-h}}\, dx + \dfrac{\partial^{m-h+1} z_i}{\partial y^{m-h+1}}\, dy \\[2mm] i = 1, 2, \ldots, n, \\[1mm] h = 1, 2, \ldots, m-1, \end{cases}$$

où μ est l'une des racines de l'équation

$$(48) \qquad \Delta(\mu) = \begin{vmatrix} \dfrac{\partial f_1}{\partial q_1} - \mu, & \dfrac{\partial f_1}{\partial q_2} \ldots \dfrac{\partial f_1}{\partial q_n} \\[2mm] \cdot \quad \cdot \quad \cdot \quad \cdot \quad \cdot \quad \cdot \quad \cdot \\[2mm] \dfrac{\partial f_n}{\partial q_1} & \dfrac{\partial f_n}{\partial q_2} \ldots \dfrac{\partial f_n}{\partial q_n} - \mu \end{vmatrix} = 0.$$

Aux formules (47) on peut en ajouter au moins une autre, indépendante du système d'intégrales qui a servi pour la définition. En différentiant m fois de suite par rapport à y la première des équations (46), il vient

$$\left(\frac{d^m f_1}{dy^m}\right) + \frac{\partial^{m+1} z_1}{\partial x \partial y^m} + \frac{\partial f_1}{\partial q_1}\frac{\partial^{m+1} z_1}{\partial y^{m+1}} + \cdots + \frac{\partial f_1}{\partial q_n}\frac{\partial^{m+1} z_n}{\partial y^{m+1}} = 0 ;$$

multiplions par dx et remplaçons $\dfrac{\partial^{m+1} z_1}{\partial x \partial y^m}\, dx$ par

$$d\left\{ \frac{\partial^m z_1}{\partial y^m} \right\} - \frac{\partial^{m+1} z_1}{\partial y^{m+1}}\, dy,$$

nous trouvons

$$(49)\left(\frac{d^m f_1}{dy^m}\right)dx + d\left\{\frac{\partial^m z_1}{\partial y^m}\right\} + dx\left[\left(\frac{\partial f_1}{\partial q_1} - \mu\right)\frac{\partial^{m+1} z_1}{\partial y^{m+1}} + \cdots + \frac{\partial f_1}{\partial q_n}\frac{\partial^{m+1} z_n}{\partial y^{m+1}}\right] = 0,$$

En opérant de même avec les autres équations (46), on arrive à n équations, entre lesquelles on pourra éliminer les dérivées d'ordre $m+1$

$$\frac{\partial^{m+1} z_1}{\partial y^{m+1}}, \ldots, \frac{\partial^{m+1} z_n}{\partial y^{m+1}},$$

pourvu que μ soit racine de l'équation $\Delta(\mu) = 0$. Cette élimination nous fournit une ou plusieurs équations de la forme

$$(50) \quad \left\{ \begin{array}{l} \lambda_1 d\left(\dfrac{\partial^m z_1}{\partial y^m}\right) + \dots + \lambda_n d\left(\dfrac{\partial^m z_n}{\partial y^m}\right) \\[2ex] \quad + \left[\lambda_1\left(\dfrac{d^m f_1}{dy^m}\right) + \dots + \lambda_n\left(\dfrac{d^m f_n}{dy^m}\right)\right] dx = 0, \end{array} \right.$$

que l'on devra ajouter aux équations (47). Dans le cas général, où μ est racine simple de $\Delta(\mu) = 0$, cette élimination ne peut se faire que d'une façon, et le nombre des variables qui figurent dans les équations différentielles des caractéristiques dépasse toujours de n unités le nombre des équations. On montrera encore de la même façon qu'une caractéristique d'ordre m est contenue dans une infinité de caractéristiques d'ordre $m + 1$, dépendant d'une constante arbitraire.

Une fois les caractéristiques d'ordre supérieur définies, l'extension de la méthode de M. Darboux se fait toujours d'après les mêmes principes, et son application ne présente que des difficultés de calcul, du moins lorsque les n systèmes de caractéristiques sont distincts.

219. On voit donc qu'en définitive toutes les méthodes développées dans cet ouvrage reposent sur la considération de certaines multiplicités à une dimension, ou multiplicités caractéristiques, qui jouissent de propriétés particulières relativement à une équation donnée. Pour étendre ces méthodes aux équations à plus de trois variables indépendantes, il semble donc que le premier pas à faire consisterait à étendre d'abord la notion si féconde des caractéristiques. Cette extension peut se faire de plusieurs façons, suivant la propriété des caractéristiques que l'on regarde comme la plus importante. On peut, par exemple, partir du problème de Cauchy généralisé ; c'est ce qu'a fait récemment M. Beudon pour les équations du second ordre à un nombre quelconque de variables indépendantes [1]. Il arrive ainsi à définir des multiplicités à $n - 1$ dimensions d'éléments du second ordre, appartenant à une infinité d'intégrales, et qui sont les analogues des multiplicités caractéristiques à une dimension pour une équation à deux variables. Mais ces multiplicités sont définies par des relations quadratiques par rapport aux dérivées, ce qui ne permet pas l'application de la méthode de M. Darboux.

On pourrait partir d'une autre propriété pour essayer cette extension. Étant donnée une équation du second ordre à deux variables indépendantes

$$F(x, y, z, p, q, r, s, t) = 0,$$

<hr>

[1] J. Beudon, « Sur les caractéristiques des équations aux dérivées partielles » (*Bulletin de la Société mathématique*, t. **XXV**, p. 108-120).

soit (S) une surface intégrale ; si on considère sur cette surface une famille de courbes définies par l'équation différentielle

$$dy = \mu.dx,$$

où l'on prend pour μ une fonction convenablement choisie de x, y, z, p, q, r, s, t, nous avons vu qu'on pouvait ajouter à l'équation précédente une autre relation de la forme

$$A dr + B ds + C dt + D dp + \ldots = 0,$$

différente de $dF = 0$ et indépendante de l'intégrale considérée. Tous les raisonnements que nous avons faits sont basés sur l'existence de cette nouvelle équation linéaire en dr, ds, dt, dp, dq, dx, que l'on peut ajouter à $dy = \mu dx$. Étant donnée alors une équation du second ordre, à trois variables, par exemple,

$$(51) \qquad F\,(x_1, x_2, x_3, z\,;\, p_1, p_2, p_3\,;\, p_{11}, p_{12}, \ldots, p_{33}) = 0,$$

où on pose

$$p_i = \frac{\partial z}{\partial x_i}, \qquad p_{ik} = \frac{\partial^2 z}{\partial x_i \partial x_k}, \qquad (i, k = 1, 2, 3),$$

et une intégrale de cette équation, considérons, sur cette intégrale, une famille de multiplicités à une dimension définies par deux relations

$$(52) \qquad \frac{dx_1}{\lambda_1} = \frac{dx_2}{\lambda_2} = \frac{dx_3}{\lambda_3},$$

où λ_1, λ_2, λ_3 sont des fonctions de x_1, x_2, x_3, …, p_{33}. Si, en choisissant convenablement ces fonctions λ_1, λ_2, λ_3, on pouvait déduire de l'équation proposée une relation linéaire en dp_{11}, …, dp_{33}, autre que $dF = 0$, indépendante de l'intégrale considérée, l'analogie serait complète avec une équation du second ordre à deux variables indépendantes, et les méthodes employées dans ce cas particulier s'étendraient d'elles-mêmes. Mais il est facile de vérifier que la chose n'est pas possible, du moins si la fonction F est quelconque ; de sorte qu'on ne sera conduit par cette voie qu'à des équations à trois variables d'une forme particulière.

Natani ([1]) avait déjà indiqué une extension possible de la méthode de Monge à des équations linéaires du second ordre à un nombre quelconque de variables, en se plaçant à un point de vue analogue. Bornons-nous toujours, pour fixer les idées, à une équation à trois variables

---

([1]) NATANI, *Die höhere Analysis*, p. 388.

indépendantes:

$$(53) \quad A_{11}p_{11} + A_{12}p_{12} + A_{13}p_{13} + A_{22}p_{22} + A_{23}p_{23} + A_{33}p_{33} = B,$$

où $A_{11}, \ldots, B$ sont des fonctions de $x_1, x_2, x_3, z, p_1, p_2, p_3$; par analogie avec l'équation de Monge

$$A r + 2B s + C t + D = 0,$$

cherchons si l'équation (53) ne proviendrait pas de l'élimination des rapports $\dfrac{dx_2}{dx_1}, \dfrac{dx_3}{dx_1}$ entre trois équations de la forme :

$$\frac{dx_1}{\lambda_1} = \frac{dx_2}{\lambda_2} = \frac{dx_3}{\lambda_3}$$
$$a\,dp_1 + b\,dp_2 + c\,dp_3 + f\,dx_1 = 0.$$

Il faut pour cela l'identifier avec l'équation

$$(54) \quad \left\{ \begin{aligned} & a\lambda_1 p_{11} + (a\lambda_2 + b\lambda_1)p_{12} + (a\lambda_3 + c\lambda_1)\,p_{13} + b\lambda_2 p_{22} \\ & + (b\lambda_3 + c\lambda_2)\,p_{23} + c\lambda_3 p_{33} + f\lambda_1 = 0; \end{aligned} \right.$$

on en tire :

$$a\lambda_1 = A_{11}, \qquad a\lambda_2 + b\lambda_1 = A_{12}, \qquad a\lambda_3 + c\lambda_1 = A_{13}, \qquad b\lambda_2 = A_{22},$$
$$b\lambda_3 + c\lambda_2 = A_{23}, \qquad c\lambda_3 = A_{33}, \qquad f\lambda_1 = -B.$$

Supposons que A_{11} n'est pas nul; on peut alors prendre $\lambda_1 = 1$, et on tire des conditions précédentes :

$$a = A_{11}, \qquad b = A_{12} - A_{11}\lambda_2, \qquad c = A_{13} - A_{11}\lambda_3, \qquad f = -B,$$
$$A_{22} = \lambda_2\,(A_{12} - A_{11}\lambda_2), \qquad A_{33} = \lambda_3\,(A_{13} - A_{11}\lambda_3),$$
$$A_{23} = A_{12}\lambda_3 + A_{13}\lambda_2 - 2A_{11}\lambda_2\lambda_3;$$

pour que l'identification soit possible, il faut donc que les trois dernières relations soient compatibles en λ_2, λ_3, ce qui exige que les coefficients A_{ik} de l'équation (53) vérifient une certaine condition (¹). Plus généralement, en partant de trois équations linéaires quelconques en dx_1, $dx_2, dx_3, dp_1, dp_2, dp_3$,

$$a_{11}dp_1 + a_{21}dp_2 + a_{31}dp_3 + b_{11}dx_1 + b_{21}dx_2 + b_{31}dx_3 = 0,$$
$$a_{12}dp_1 + a_{22}dp_2 + a_{32}dp_3 + b_{12}dx_1 + b_{22}dx_2 + b_{32}dx_3 = 0,$$
$$a_{13}dp_1 + a_{23}dp_2 + a_{33}dp_3 + b_{13}dx_1 + b_{23}dx_2 + b_{33}dx_3 = 0,$$

(¹) Cette condition s'obtient en égalant à zéro le discriminant de la forme quadratique :
$$A_{11}x_1{}^2 + A_{22}x_2{}^2 + A_{33}x_3{}^2 + A_{12}x_1x_2 + A_{13}x_1x_3 + A_{23}x_2x_3.$$

l'élimination de dx_1, dx_2, dx_3 conduit à une équation du second ordre analogue à l'équation d'Ampère.

A cette catégorie appartiennent, comme il est facile de s'en assurer, les équations qui admettent une intégrale intermédiaire du premier ordre

$$u_3 = \varphi\,(u_1,\,u_2),$$

u_1, u_2, u_3 étant des fonctions déterminées de x_1, x_2, x_3, z, p_1, p_2, p_3, et φ une fonction arbitraire. On pourra consulter sur ce sujet un travail récent de M. G. Vivanti : *Sulle equazioni a derivate parziali del second'ordine a tre variabili independenti* (*Mathematische Annalen*, t. XLVIII, p. 474-513 ; 1897).

NOTE I

SUR L'ÉQUATION AUXILIAIRE

Soient

$$(1) \qquad F(x, y, z, p, q, r, s, t) = 0$$

une équation du second ordre, et z_1 une intégrale non singulière de cette équation. Il existe, comme on sait, une infinité d'intégrales infiniment voisines de celle-là, et dépendant d'autant de paramètres arbitraires qu'on le veut. Prenons, en particulier, une famille d'intégrales dépendant d'un seul paramètre arbitraire ε ; ces intégrales sont représentées par un développement en série de la forme

$$(2) \qquad z = z_1 + \varepsilon z' + \varepsilon^2 z'' + \ldots = \Phi(x, y, \varepsilon),$$

qui se réduit à z_1, pour $\varepsilon = 0$. Si on substitue cette expression de z dans l'équation proposée et qu'on développe suivant les puissances croissantes de ε, en égalant à 0 le coefficient de ε, on obtient, pour déterminér z', l'équation linéaire suivante :

$$(3) \quad \frac{\partial F}{\partial z_1} z' + \frac{\partial F}{\partial p_1} p' + \frac{\partial F}{\partial q_1} q' + \frac{\partial F}{\partial r_1} r' + \frac{\partial F}{\partial s_1} s' + \frac{\partial F}{\partial t_1} t' = 0,$$

où on a posé

$$p_1 = \frac{\partial z_1}{\partial x}, \qquad q_1 = \frac{\partial z_1}{\partial y}, \qquad r_1 = \frac{\partial^2 z_1}{\partial x^2}, \qquad s_1 = \frac{\partial^2 z_1}{\partial x \partial y}, \qquad t_1 = \frac{\partial^2 z_1}{\partial y^2},$$

$$p' = \frac{\partial z'}{\partial x}, \qquad q' = \frac{\partial z'}{\partial y}, \qquad r' = \frac{\partial^2 z'}{\partial x^2}, \qquad s' = \frac{\partial^2 z'}{\partial x \partial y}, \qquad t' = \frac{\partial^2 z'}{\partial y^2}.$$

L'équation (3) a été considérée pour la première fois par M. Darboux [1], qui lui a donné le nom d'*équation auxiliaire* de l'équation proposée. Nous nous proposons de montrer comment on peut utiliser cette équation dans l'application de la méthode de M. Darboux.

Prenons d'abord une équation de la forme

$$(4) \qquad s = F(x, y, z, p, q),$$

et supposons cette équation intégrable par la méthode de M. Darboux. Toute intégrale z_1 satisfait à une relation, telle que

$$(5) \qquad f(x, y, z, p_1, p_2, ..., p_n) = \varphi(x),$$

ou à une relation analogue, obtenue en remplaçant p_1, p_2, ..., p_n, x par q_1, q_2, ..., q_n, y respectivement. (Les notations employées sont celles du n° 145.) Dans cette formule $f(x, y, z, p_1, ..., p_n)$ est une fonction déterminée, et $\varphi(x)$ une fonction arbitraire dont la forme varie avec l'intégrale que l'on considère. Une intégrale infiniment voisine de la première doit vérifier une relation de même forme, où $\varphi(x)$ est remplacée par une autre fonction

$$\varphi(x) + \varepsilon\varphi_1(x) + \varepsilon^2\varphi_2(x) + ...$$

Si on remplace dans f l'intégrale z par l'expression (3) et qu'on égale les coefficients de ε dans les deux membres, on voit que z' doit satisfaire aussi à l'équation

$$\frac{\partial f}{\partial z} z' + \frac{\partial f}{\partial p_1} p_1' + ... + \frac{\partial f}{\partial p_n} p_n' = \varphi_1(x),$$

ce qui montre que l'équation auxiliaire

$$(6) \qquad s' = \frac{\partial F}{\partial z} z' + \frac{\partial F}{\partial p} p' + \frac{\partial F}{\partial q} q'$$

est intégrable par la méthode de Laplace (n°ˢ 110, 168).

Pour reconnaître si l'équation (4) est intégrable par la méthode de M. Darboux, on peut donc procéder comme il suit : on formera les invariants successifs de l'équation linéaire (6), où on considère z comme

<hr>

[1] « Sur les équations aux dérivées partielles » (*Comptes Rendus*, t. XCVI, p. 766 ; 19 mars 1883).
Voir aussi la note XI du t. IV des *Leçons sur la Théorie générale des Surfaces*, p. 505.

une fonction de x, y, satisfaisant à l'équation (4). Grâce à cette équation, on peut exprimer tous ces invariants successifs au moyen de x, y, z, et des dérivées p_i et q_i. Il faudra qu'en allant assez loin dans un sens ou dans l'autre on arrive à un invariant identiquement nul. Ce procédé de récurrence offre l'avantage de permettre d'utiliser les calculs déjà faits pour pousser les essais plus loin.

Comme vérification, reprenons l'équation de Liouville, $s = e^z$, l'équation auxiliaire est ici $s' = e^z z'$; on a pour les invariants

$$h = k = e^z,$$

et par suite $h_1 = 2h - k - \dfrac{\partial^2 \log h}{\partial x \partial y} = e^z - \dfrac{\partial^2 z}{\partial x \partial y} = 0$. Plus généralement, cherchons à quelles conditions l'invariant h de l'équation auxiliaire sera nul. On a pour expression de cet invariant

$$h = - \frac{\partial^2 F}{\partial p^2} r - \frac{\partial^2 F}{\partial x \partial p} - \frac{\partial^2 F}{\partial p \partial z} p - \frac{\partial^2 F}{\partial p \partial q} F + \frac{\partial F}{\partial p} \frac{\partial F}{\partial q} + \frac{\partial F}{\partial z} ;$$

pour que cet invariant soit nul pour toute intégrale de l'équation (4), il faut d'abord que l'on ait $\dfrac{\partial^2 F}{\partial p^2} = 0$, c'est-à-dire que F soit de la forme

$$F = C(x, y, z, q)\, p + D(x, y, z, q),$$

et la condition $h = 0$ devient

$$\frac{\partial D}{\partial z} + C \frac{\partial D}{\partial q} = \frac{\partial C}{\partial x} + D \frac{\partial C}{\partial q},$$

comme on l'a déjà obtenu directement (I, n° 46).

On démontrera de la même façon que, si une équation du second ordre de forme quelconque est intégrable par la méthode de M. Darboux, l'équation auxiliaire (3) est intégrable par la méthode de Legendre (n°ˢ 113-115).

NOTE II

SUR LES CARACTÉRISTIQUES DES ÉQUATIONS SIMULTANÉES

1. Nous établirons d'abord le théorème auxiliaire suivant

Soit un système de n équations,

$$(1) \quad \begin{cases} p_1 = f_1 (x, y, z_1, ..., z_n; p_{i+1}, ..., p_n; q_1, q_2, ..., q_i), \\ \cdot \quad \cdot \quad \cdot \quad \cdot \quad \cdot \quad \cdot \quad \cdot \quad \cdot \quad \cdot \quad \cdot \quad \cdot \quad \cdot \\ p_i = f_i (x, y, z_1, ..., z_n; p_{i+1}, ..., p_n; q_1, q_2, ..., q_i), \\ q_{i+1} = f_{i+1} (x, y, z_1, ..., z_n; p_{i+1}, ..., p_n; q_1, q_2, ..., q_i), \\ \cdot \quad \cdot \quad \cdot \quad \cdot \quad \cdot \quad \cdot \quad \cdot \quad \cdot \quad \cdot \quad \cdot \quad \cdot \quad \cdot \\ q_n = f_n (x, y, z_1, ..., z_n; p_{i+1}, ..., p_n; q_1, q_2, ..., q_i), \end{cases}$$

où les seconds membres $f_1, f_2, ..., f_n$ sont des fonctions holomorphes dans le voisinage d'un certain système de valeurs

$$x_0, y_0, (z_1)_0, ..., (z_n)_0; (p_{i+1})_0, ..., (p_n)_0; (q_1)_0, ..., (q_i)_0$$

et où les dérivées partielles

$$\frac{\partial f_k}{\partial p_{i+1}}, \qquad \frac{\partial f_k}{\partial p_{i+2}}, \qquad ..., \qquad \frac{\partial f_k}{\partial p_n}, \qquad (k = 1, 2, ..., n)$$

sont nulles simultanément pour ces valeurs initiales.

Soient, de plus,

$$\varphi_1 (y), \varphi_2 (y), \qquad ..., \qquad \varphi_i (y),$$

i fonctions de y, holomorphes pour $y = y_0$, et telles que

$$\varphi_1 (y_0) = (z_1)_0, \qquad \varphi_2 (y_0) = (z_2)_0, ..., \varphi_i (y_0) = (z_i)_0,$$
$$\varphi_1' (y_0) = (q_1)_0, \qquad \varphi_2' (y_0) = (q_2)_0, ..., \varphi_i' (y_0) = (q_i)_0,$$

et

$$\psi_{i+1}(x), \qquad \psi_{i+2}(x), \qquad \ldots, \qquad \psi_n(x),$$

$n - i$ *fonctions de* x, *holomorphes pour* $x = x_0$, *et telles que*

$$\psi_{i+1}(x_0) = (z_{i+1})_0, \qquad \ldots, \qquad \psi_n(x_0) = (z_n)_0,$$
$$\psi'_{i+1}(x_0) = (p_{i+1})_0, \qquad \ldots, \qquad \psi'_n(x_0) = (p_n)_0.$$

Les équations (1) admettent un système d'intégrales $z_1, \ldots, z_n$, *holomorphes dans le voisinage du point* (x_0, y_0), *et telles que, pour* $x = x_0$, $z_1, z_2, \ldots, z_i$ *se réduisent respectivement à* $\varphi_1(y), \varphi_2(y), \ldots, \varphi_i(y)$, *tandis que, pour* $y = y_0, z_{i+1}, \ldots, z_n$ *se réduisent à* $\psi_{i+1}(x), \psi_{i+2}(x), \ldots, \psi_n(x)$.

Les fonctions φ et ψ étant données, on connaît par là même les valeurs initiales de toutes les dérivées partielles par rapport à y des i fonctions $z_1, z_2, \ldots, z_i$, ainsi que de toutes les dérivées partielles par rapport à x des $n-i$ fonctions $z_{i+1}, \ldots z_n$. Les valeurs initiales de toutes les autres dérivées partielles s'en déduiront ensuite de proche en proche, comme on le voit facilement, par les seules opérations d'addition et de multiplication. Il est donc permis d'employer la méthode des fonctions majorantes pour établir la convergence des développements en série entière ainsi obtenus. En procédant comme on l'a déjà fait plusieurs fois (n°s 82 et 210), on est ramené à démontrer que le système auxiliaire

$$p_1 = p_2 = \ldots = p_i = q_{i+1} = \ldots = q_n = \cfrac{M}{\left(1 - \dfrac{x}{\alpha + y + z_1 + \ldots + z_n}{\rho}\right)\left(1 - \dfrac{q_1 + \ldots + q_i + p_{i+1} + \ldots + p_n}{R}\right)}$$
$$- M\left(1 + \frac{p_{i+1} + \ldots + p_n}{R}\right),$$

où M, ρ et R sont des nombres positifs déterminés et α un nombre positif quelconque inférieur à l'unité, admet un système d'intégrales holomorphes dans le domaine du point $x = y = 0$, et représentées par des développements en série dont tous les coefficients sont réels et positifs. Cherchons, pour cela, à satisfaire à ce système en posant

$$u = x + \alpha y, \; z_1 = z_2 = \ldots = z_i = f(x + \alpha y), \; z_{i+1} = \ldots = z_n = \frac{1}{\alpha} f(x + \alpha y);$$

on en tire

$$p_1 = p_2 = \ldots = p_i = q_{i+1} = \ldots = q_n = \frac{\partial f}{\partial u},$$

$$q_1 = q_2 = \ldots = q_i = \alpha \frac{\partial f}{\partial u}, \qquad p_{i+1} = \ldots = p_n = \frac{1}{\alpha} \frac{\partial f}{\partial u},$$

et il reste, pour déterminer la fonction $f(u)$, l'équation unique

$$(3)\quad \frac{\partial f}{\partial u} = \cfrac{M}{\left(1-\cfrac{\dfrac{u}{\alpha}+if+\dfrac{n-i}{\alpha}f}{\rho}\right)\left(1-\cfrac{\left(\alpha i+\dfrac{n-i}{\alpha}\right)\dfrac{\partial f}{\partial u}}{R}\right)} - M\left(1+\frac{n-i}{R\alpha}\frac{\partial f}{\partial u}\right),$$

qui peut encore s'écrire

$$(4)\qquad A\frac{\partial f}{\partial u} - B\left(\frac{\partial f}{\partial u}\right)^2 = \Psi(u, f),$$

en posant :

$$A = 1 - \frac{Mi\alpha}{R}, \qquad B = \left(1 + M\frac{n-i}{R\alpha}\right)\left(\frac{i\alpha^2 + n - i}{R\alpha}\right),$$

$$\Psi(u, f) = \cfrac{M}{1-\cfrac{\dfrac{u}{\alpha}+if+\dfrac{n-i}{\alpha}f}{\rho}} - M.$$

Le coefficient B est positif ; il en sera de même de A, pourvu que l'on prenne α inférieur à $\dfrac{R}{Mi}$. Quant au développement de Ψ, il ne renferme pas de terme constant, et tous les coefficients sont réels et positifs.

L'équation (4) admet une intégrale qui est nulle, ainsi que sa première dérivée, pour $u = 0$; on vérifie, de proche en proche, que tous les coefficients du développement de cette intégrale sont des nombres réels et positifs (n° 82). D'où résulte l'exactitude du théorème énoncé au début de cette note.

2. Cela posé, considérons un système de n équations du premier ordre à n inconnues et à deux variables indépendantes :

$$(5)\quad\left\{\begin{array}{l} F_1(x, y, z_1, ..., z_n; p_1, p_2, ..., p_n; q_1, q_2, ..., q_n) = 0, \\ F_2(x, y, z_1, ..., z_n; p_1, p_2, ..., p_n; q_1, q_2, ..., q_n) = 0, \\ \ \cdot\quad\cdot\quad\cdot\quad\cdot\quad\cdot\quad\cdot\quad\cdot\quad\cdot\quad\cdot\quad\cdot\quad\cdot\quad\cdot\quad\cdot\quad\cdot \\ F_n(x, y, z_1, ..., z_n; p_1, p_2, ..., p_n; q_1; q_2, ..., q_n) = 0. \end{array}\right.$$

Nous dirons qu'une racine μ de l'équation caractéristique

$$(6) \quad \Delta(\mu) = \begin{vmatrix} \dfrac{\partial F_1}{\partial p_1}\,dy - \dfrac{\partial F_1}{\partial q_1}\,dx & \cdots & \dfrac{\partial F_1}{\partial p_n}\,dy - \dfrac{\partial F_1}{\partial q_n}\,dx \\ \cdot \ \cdot \ \cdot \ \cdot \ \cdot \ \cdot & \cdots & \cdot \ \cdot \ \cdot \ \cdot \ \cdot \\ \dfrac{\partial F_n}{\partial p_1}\,dy - \dfrac{\partial F_n}{\partial q_1}\,dx & \cdots & \dfrac{\partial F_n}{\partial p_n}\,dy - \dfrac{\partial F_n}{\partial q_n}\,dx \end{vmatrix} = 0,$$

où $dy = \mu\,dx$, est de *rang* r lorsque cette valeur de $\dfrac{dy}{dx}$ annule tous les mineurs à $n - r + 1$ lignes de Δ, sans annuler tous les mineurs à $n - r$ lignes ; ce rang est au plus égal à l'ordre de multiplicité de la racine. Pour une racine simple, on a $r = 1$.

Nous allons établir que toute caractéristique du système, provenant d'une racine *dont le rang r est égal à l'ordre de multiplicité*, appartient à une infinité de systèmes d'intégrales, dépendant de r fonctions arbitraires. En particulier, toute caractéristique provenant d'une racine simple appartient à une infinité de systèmes d'intégrales dépendant d'une fonction arbitraire.

Étant donnée une caractéristique provenant d'une racine de l'équation $\Delta(\mu) = 0$, dont nous désignerons l'ordre et le rang par $n - i$, imaginons que l'on effectue une transformation ponctuelle de façon que les équations finies de cette caractéristique soient

$$x = 0, \qquad z_i = p_i = q_i = 0, \qquad (i = 1, 2, \ldots, n).$$

Dans le déterminant Δ, faisons $dx = 0$, $dy = 1$; le déterminant ainsi obtenu

$$\begin{vmatrix} \dfrac{\partial F_1}{\partial p_1} & \cdots & \dfrac{\partial F_1}{\partial p_n} \\ \cdot & \cdot & \cdot \\ \dfrac{\partial F_n}{\partial p_1} & \cdots & \dfrac{\partial F_n}{\partial p_n} \end{vmatrix}$$

doit être nul, ainsi que tous ses mineurs à $i + 1$ lignes, sans que tous les mineurs à i lignes soient nuls.

Nous pouvons supposer, par exemple, que le mineur

$$\frac{D(F_1, F_2, \ldots, F_i)}{D(p_1, p_2, \ldots, p_i)}$$

n'est pas nul pour $x = y = z_i = p_i = q_i = 0$, et résoudre les i premières équations par rapport à p_1, p_2, ..., p_i :

$$(7) \quad \begin{cases} p_1 = f_1 (x, y, z_1, ..., z_n; p_{i+1}, ... p_n; q_1, ... q_n), \\ \cdot \quad \cdot \quad \cdot \quad \cdot \quad \cdot \quad \cdot \quad \cdot \quad \cdot \quad \cdot \quad \cdot \quad \cdot \\ p_i = f_i (x, y, z_1, ..., z_n; p_{i+1}, ..., p_n; q_1, ..., q_n). \end{cases}$$

Les fonctions f_1, ..., f_i étant supposées régulières dans le voisinage des valeurs $x = y = z_i = p_i = q_i = o$, on peut admettre, sans diminuer la généralité, que les dérivées partielles

$$\frac{\partial f_k}{\partial p_{i+1}} ... \frac{\partial f_k}{\partial p_n} \qquad (k = 1, 2, ..., i)$$

sont nulles pour ces valeurs. Il suffirait, en effet, de remplacer z_1, z_2, ..., z_i par de nouvelles inconnues, en posant

$$z_1 = Z_1 + \alpha_{i+1} z_{i+1} + ... + \alpha_n z_n,$$
$$z_2 = Z_2 + \beta_{i+1} z_{i+1} + ... + \beta_n z_n,$$
$$\cdot \quad \cdot \quad \cdot \quad \cdot \quad \cdot \quad \cdot \quad \cdot \quad \cdot \quad \cdot \quad \cdot$$

pour être ramené à ce cas, en choisissant convenablement les constantes α_{i+1}, β_{i+1} ... Pour ne pas multiplier les notations, nous supposerons les équations (7) ramenées à cette forme.

La caractéristique considérée provenant d'une racine d'ordre $n - i$ de $\Delta (\mu) = o$, le déterminant Δ doit être divisible par dx^{n-i} et ne doit pas être divisible par dx^{n-i+1}. Or, à l'origine, ce déterminant se réduit à

$$\begin{vmatrix} dy + \frac{\partial f_1}{\partial q_1} dx, & \frac{\partial f_1}{\partial q_2} dx & \cdots & & & \frac{\partial f_1}{\partial q_n} dx \\ \cdots & & & & & \\ \frac{\partial f_i}{\partial q_1} dx, & \frac{\partial f_i}{\partial q_2} dx, & \cdots & dy + \frac{\partial f_i}{\partial q_i} dx, & \frac{\partial f_i}{\partial q_{i+1}} dx, & \cdots & \frac{\partial f_i}{\partial q_n} dx \\ -\frac{\partial F_{i+1}}{\partial q_1} dx, & & \cdots & & \frac{\partial F_{i+1}}{\partial p_{i+1}} dy - \frac{\partial F_{i+1}}{\partial q_{i+1}} dx, & \cdots & \\ \cdots & & & & & \\ -\frac{\partial F_n}{\partial q_1} dx & & \cdots & & & \frac{\partial F_n}{\partial p_n} dy - \frac{\partial F_n}{\partial q_n} dx. \end{vmatrix}$$

D'autre part, quand on fait dans ce déterminant $dy = 1$, $dx = o$, tous les mineurs à $i + 1$ lignes doivent être nuls, ce qui exige que l'on ait

$$\frac{\partial F_{i+1}}{\partial p_{i+1}} = 0, \qquad \ldots, \qquad \frac{\partial F_{i+1}}{\partial p_n} = 0$$

$$\frac{\partial F_n}{\partial p_{i+1}} = 0, \ldots \frac{\partial F_n}{\partial p_n} = 0.$$

Le coefficient de $dy^i dx^{n-i}$ est alors

$$\pm \frac{D(F_{i+1}, \ldots, F_n)}{D(q_{i+1}, \ldots, q_n)},$$

et, comme nous supposons que la racine $dx = 0$ est d'ordre $n - i$ seulement, on voit qu'on pourra résoudre les $n - i$ dernières équations par rapport à $q_{i+1}, \ldots, q_n$. Finalement, le système proposé (5) peut être ramené à la forme

$$(8) \quad \begin{cases} p_1 = f_1(x, y, z_1, \ldots, z_n; p_{i+1}, \ldots, p_n; q_1, q_2, \ldots, q_i), \\ \cdot \quad \cdot \quad \cdot \quad \cdot \quad \cdot \quad \cdot \quad \cdot \quad \cdot \quad \cdot \quad \cdot \quad \cdot \quad \cdot \quad \cdot \\ p_i = f_i(x, y, z_1, \ldots, z_n; p_{i+1}, \ldots, p_n; q_1, q_2, \ldots, q_i), \\ q_{i+1} = f_{i+1}(x, y, z_1, \ldots, z_n; p_{i+1}, \ldots, p_n; q_1, q_2, \ldots, q_i), \\ \cdot \quad \cdot \quad \cdot \quad \cdot \quad \cdot \quad \cdot \quad \cdot \quad \cdot \quad \cdot \quad \cdot \quad \cdot \quad \cdot \quad \cdot \\ q_n = f_n(x, y, z_1, \ldots, z_n; p_{i+1}, \ldots, p_n; q_1, q_2, \ldots, q_i), \end{cases}$$

les fonctions $f_1, f_2, \ldots, f_n$ étant holomorphes dans le domaine de l'origine, et les dérivées partielles de ces n fonctions par rapport à $p_{i+1}, \ldots, p_n$ étant toutes nulles à l'origine.

On peut appliquer à ce système le théorème démontré au début; mais nous remarquerons d'abord que, pour que ce système admette pour multiplicité caractéristique la multiplicité

$$x = 0, \qquad z_i = p_i = q_i = 0, \qquad (i = 1, 2, \ldots, n),$$

il faut que les développements en série des fonctions $f_1, f_2, \ldots, f_n$ ne renferment aucun terme en y^m, ni de terme constant, et que les fonctions $f_{i+1} \ldots, f_n$ ne renferment pas de terme en x. Cela posé, faisons dans le théorème général $\varphi_1(y) = \varphi_2(y) = \ldots = \varphi_i(y) = 0$, et prenons pour $\psi_{i+1}(x), \psi_{i+2}(x), \ldots, \psi_n(x)$ des fonctions holomorphes de x dont le développement commence par un terme en x^2. On démontrera, de proche en proche, que les développements de $z_1, z_2, \ldots, z_n$ contiendront tous x^2 en facteur, quels que soient les autres coefficients de $\psi_{i+1}, \ldots, \psi_n$. Tous les éléments de la multiplicité considérée appartiennent donc à ce système d'intégrales.

TABLE DES MATIÈRES

CHAPITRE VIII

Les équations de la première classe

CHAPITRE IX

Transformations des équations du second ordre

CHAPITRE X

Généralisations diverses